高等学校公共基础课系列教材

大学计算机

主编 龚尚福 贾澎涛

西安电子科技大学出版社

内容简介

本书是根据计算机基础教育教学改革的新理念、新思想和新要求编写的，充分体现了培养"计算思维"创新能力与学习能力的基本精神。本书共有三篇分 9 章，内容包括计算机与信息社会、计算机系统基础、操作系统与应用(Windows 7)、办公自动化工具软件与应用(Office 2013 文字处理软件、电子表格软件和演示文稿软件)、数据库基础与应用、多媒体技术与应用、计算机网络基础与应用、程序设计与软件工程基础以及上机实验与技能训练。

本书结构清晰、内容丰富、描述简洁、图文并茂、通俗易懂、易教易学，书中根据"夯实基础、面向应用、培养创新、提高素质"的指导思想，加强了基础性、应用性和创新性特色，旨在提高大学生的计算机应用能力，并为学生学习后续课程打下扎实的基础。

本书适合作为高等教育大学本科计算机基础公共课的教材，也可作为计算机培训教材或自学用书。

图书在版编目（CIP）数据

大学计算机 / 龚尚福，贾澎涛主编. —西安：西安电子科技大学出版社，2016.9(2025.7 重印)
ISBN 978-7-5606-4291-8

Ⅰ. ①大… Ⅱ. ①龚… ②贾… Ⅲ. ①电子计算机—高等学校—教材 Ⅳ. ①TP3

中国版本图书馆 CIP 数据核字（2016）第 220992 号

策　　划　陈　婷
责任编辑　张　玮
出版发行　西安电子科技大学出版社（西安市太白南路 2 号）
电　　话　（029）88202421　88201467　　　邮　　编　710071
网　　址　//www.xduph.com　　　　　　电子邮箱　xdupfxb001@163.com
经　　销　新华书店
印刷单位　西安日报社印务中心
版　　次　2016 年 9 月第 1 版　　2025 年 7 月第 8 次印刷
开　　本　787 毫米×1092 毫米　1/16　印　张　25.75
字　　数　614 千字
定　　价　57.00 元
ISBN 978-7-5606-4291-8
XDUP　4583001-8
***** 如有印装问题可调换 *****

前 言

21世纪科技进步日新月异，现代信息技术深刻地改变着人类的思维、生产、生活、学习方式。作为信息技术之一的计算机与网络技术迅速普及与发展，渗透于各行各业，在人们日常的工作、学习、生活中已经成为与语言、数学、物理一样必要的工具和手段。

"大学计算机"是高等学校各专业开设的计算机公共基础课，是非计算机类专业学生必修的一门计算机基础课程。本书根据教育部高等学校非计算机专业计算机基础课程教学指导分委员会有关"大学计算机基础"课程的教学基本要求和大纲编写，贯穿了计算机基础教育教学改革的新理念、新思想和新要求，以及体现"计算思维"创新能力与学习能力培养的基本精神，旨在培养学生用计算思维方式思考问题、解决和处理问题的能力，提升学生应用计算机的综合能力与素养。

"大学计算机"课程是高等院校各专业学生的第一门计算机基础课程，是计算机教学的基础和重点，是在"计算机文化基础"和"大学计算机基础"课程基础上的提升，其教学目的在于"培养计算思维能力→拓宽知识面→提高应用能力→培养创新能力"。具体体现为以下几个方面：

(1) 培养计算思维能力：以计算机文化素养为核心，在课程内容与教学方面加强了知识性、综合素养与实践性的结合，突出了思维能力、学习能力和应用能力培养理念，体现了"重基础、强能力、学以致用"的教育原则。

(2) 拓宽学生的计算机基础知识面：综合介绍计算机与信息系统的基本原理、技术和方法，引入计算机新技术和了解计算机的发展趋势。

(3) 掌握计算机的基本使用技能：常用操作系统和应用软件的使用。

(4) 提高计算机的应用能力：重点掌握网络、多媒体、数据库等技术的基本知识和应用；理解信息安全和程序设计方面的基本知识。

(5) 通过实践培养创新意识和动手能力，为学生学习后继计算机相关课程夯实基础。

(6) 最终目标是培养学生在各专业领域中应用计算机解决问题的意识和能力。

本书基于主流操作系统 Windows 7 和 Office 2013（Word、Excel、PowerPoint、Access）工具软件应用，通过对 Windwos 7 操作平台和 Office 2013 办公软件的学习，熟练掌握计算机操作的基础技能；通过对计算机系统和计算机网络知识的学习，理解并掌握在实际应用中获取信息、处理信息、使用信息的能力；通过对程序设计与软件工程知识的学习，了解并掌握利用计算机进行问题求解的一般步骤和方法。

本书特点是理论与实践紧密结合，注重应用；涉及的知识点多、内容丰富；重点突出，叙述简明扼要，主要包括基础篇、应用篇和实践篇三部分内容。全书共 9 章。基础篇由计算机与信息社会、计算机系统基础两章组成；应用篇由操作系统与应用、办公自动化工具软件与应用、数据库基础与应用、多媒体技术与应用、计算机网络基础与应用、程序设计与软件工程基础 6 章组成；实践篇是上机实验与技能训练。建议教学课时安排 32 学时为宜：课堂讲授 16 学时；机房上机练习课内 16 学时，课外上机辅助配比 8 学时。在每章的后面均有习题，供读者加强练习。

全书由龚尚福教授统稿，其中第 1、2、5 章由龚尚福编写，第 3 章由王建军编写，第 4、7 章和附录由龚星宇编写，第 6 章由温乃宁编写，第 8 章由贾澎涛编写，第 9 章由温乃宁、黄旭和李娜编写。

本书可作为高等学校大学计算机基础等课程的教学用书，也可作为准备参加计算机水平考试的辅导及培训用书，还可作为工程技术人员的参考书。

由于计算机技术发展很快，加上作者水平有限，书中难免有不尽如人意之处，恳请读者批评指正。

编　者
2016 年 6 月

目　录

基　础　篇

应　用　篇

实 践 篇

基础篇

第 1 章 计算机与信息社会

本章重点：
◇ 信息与计算机文化
◇ 计算机的历史与发展
◇ 计算机的分类、特点与发展趋势
◇ 计算机的应用领域、发展趋势与新热点
◇ 计算机中的数据表示
◇ 计算机与信息安全

本章难点：
◇ 数制与数制之间的相互转换
◇ 计算机与信息安全

自 1946 年世界上第一台电子数字计算机 ENIAC 诞生以来，计算机科学与技术得到了飞速发展，人类从此步入了计算机时代。随着微型计算机的出现及计算机网络的发展，计算机及其应用已渗透到社会的各个领域，有力地推动了整个信息化社会的发展。计算机已成为人们生活中不可缺少的现代工具，计算机应用的深度和广度已成为一个行业乃至一个国家科学技术水平和经济发展程度的标志，并且形成了一种被称为"第二文化"的"计算机文化"。

本章将从计算机文化角度，介绍计算机的基础知识、计算机发展历史、计算机系统的组成以及计算机安全基础，让大家更加深入地了解计算机，迈进计算机世界的大门。通过学习，使读者对计算机知识有更深层次的认识和兴趣，为后续章节的学习奠定良好的基础。

1.1 信息与计算机文化

人类社会已迈入 21 世纪。随着计算机及网络技术对人类社会文明的推进，21 世纪被称为信息化时代。人类在信息化社会里生活、学习和工作的显著特征是必须要了解并掌握获取信息、加工信息和再生信息的方法和能力。计算机作为信息处理的必要计算工具，是培养具有现代科学思维精神和能力的必修基础课程之一，是 21 世纪每个人都应该掌握的一种科学技术和应用工具。

1.1.1 信息概述

1. 信息

信息、物质和能量是人类社会赖以生存与发展的三大要素。物质和能量的重要性毋庸解释，把信息与物质及能量并列，足见信息在现代社会举足轻重的地位。

人类社会对物质和能量的利用，正在逐渐由信息的活动来引导与控制。人类使用信息的主要目的是传播、沟通与交流。沟通的纽带是信息交换，而信息交换的方式是传播，传播在现代技术里的具体情况就是通信。

信息一词来源于拉丁文"Information"，在英文、法文、德文、西班牙文字中该词同字，在俄语、南斯拉夫语中同音，表明了它在世界范围内使用的广泛性。信息是人们表示一定意义的符号的集合，是客观存在的一切事物通过物质载体所发生的消息、情报和信号中所包含的一切可传递的符号，如数字、文字、表格、图表、图形、图像、动画、声音等。

在信息化社会里，计算机的存在总是和信息的计算、加工与处理、存储与检索等分不开的。可以说，没有计算机就没有信息化，没有计算机科学、通信和网络技术的综合应用，就没有日益发展的信息化社会。

2. 信息的主要特征

(1) 信息无处不在。信息是客观世界一切事物的运动变化的反映，并表现出不同的特征和差异。从有人类存在以来，人们就一直在利用大自然中无穷无尽的信息资源，自觉或不自觉地接收并传递着各种各样的信息。读书、看报可以获得信息，与朋友和同学交谈、家庭聚会可以获得信息，看电视、听广播、运动也可以获得信息。信息就在人们身边，人们需要信息，并时刻在分析、研究与处理信息。

(2) 信息的可传递性和共享性。信息无论在空间上还是在时间上都具有可传递性和可共享性。例如，人们可以通过多种渠道、采用多种方式传递信息。在信息传递中，人们可以使用语言、文字、表情或动作，对于公众信息的传递则可以通过报纸、杂志、文件等实现。随着现代通信技术的发展，信息传递可以通过电话、电报、广播、通信卫星、计算机网络等多种手段实现。在信息传递过程中，其自身信息量并不减少，而且同一信息可供给多个接收者。这也是信息区别于物质的另一个重要特征，即信息的可共享性。例如，教师授课、专家报告、新闻广播、音乐会、影视和网站等都是典型的信息共享的实例。

(3) 信息必须依附于载体。信息是事物运动的状态和方式而不是事物本身，因此，它不能独立存在，必须借助某种符号才能表现出来，而这些符号又必须依附于某种载体上，没有物质载体，信息就不能存储和传播。

(4) 信息的可处理性。信息是可以加工处理的，既可以被编辑、压缩、存储及有序化，也可以由一种状态转换成另一种状态，例如，由一个数据表转换成一幅图形或图表。在使用过程中，经过计算、综合与分析等处理，原有信息可以实现增值，也可以更有效地服务于不同的人群或不同的领域。例如，新生入学时的"学生登记表"内容包括：编号、姓名、性别、出生日期、民族、学习经历、家庭主要成员、身体状况、家庭住址、邮编等信息。这些信息经过选择、重组、分析、统计可以分别为学生处、团委、图书馆、医务室、教务处以及财务部门等使用。

3. 信息与数据

数据是人类在认识和改造自然过程中对客观事物抽象定性或定量的描述。通常信息与数据这两个词会被人们不加区别地混用，实际上两者有本质的区别。

(1) 数据是信息的表示，具有如下特点：

① 数据是事实，可用于分析或参考；

② 数据可以是数字、字符、符号、图形等，它们可以被计算机处理；

③ 数据可以被人或机器解释，并得出相应的意义。

(2) 信息是经过解释的数据，具有如下特点：

① 信息是知识，可以通过学习、经验或者指导获得；

② 信息是智能的交流；

③ 信息是任何类型的关于事情、事实、概念等的知识，存在于某种上下文中。

4. 信息技术与信息系统

现代信息技术指电子信息技术，是关于信息的生产、处理、传输、存储、显示、安全保护等方面的技术。关于这些技术的性质、特征、原理、方法、模型、描述、演算、证明以及信息系统的结构、行为等的理论和方法，就构成了信息科学技术。信息技术的应用直接体现就是计算机系统和现代网络技术，利用计算机和网络技术构成的应用系统称为信息系统。

1.1.2　计算机文化

通俗意义上的"文化"通常表现为对人类的生活方式产生广泛影响的事物或现实，例如，"语言文化"、"饮食文化"、"电视文化"和"汽车文化"等；另一种严格意义上的理解，认为其应当具有信息传递和知识传授功能，并对人类社会从生产方式、工作方式、学习方式到生活方式都能产生广泛而深刻影响的事物才能称得上是文化，例如，语言文字的应用、计算机的日益普及和 Internet 的迅速发展。也就是说，严格意义上的文化应具有广泛性、传递性、教育性及深刻性等属性。

那么什么是计算机文化呢？世界上有关"计算机文化"的提法最早出现在 20 世纪 80 年代初。1981 年在瑞士洛桑召开的第三次世界计算机教育大会上，苏联学者伊尔肖夫首次提出："计算机程序设计语言是第二文化。"这个观点受到与会专家的广泛认可与支持，从那时起"计算机文化"的说法就在世界各国流传开来。我国出席这次会议的代表也对此做出积极响应，并向我国政府提出在中小学开展计算机教育的建议。根据这些代表的建议，1982 年教育部做出决定：在清华大学、北京大学和北京师范大学等 5 所大学的附中试点开设 BASIC(Beginner's All-purpose Symbolic Instruction Code)语言选修课，这就是我国中小学计算机教育的起源。

到 20 世纪 80 年代中期以后，国际上的计算机教育专家逐渐认识到"计算机文化"的内涵并不等同于计算机程序设计语言，尤其随着微型计算机、多媒体技术、校园计算机网络和 Internet 的日益普及，世界各国乃至各个行业及领域对计算机及其网络的普适与应用，极大地改变了人们生活、学习与工作的方式，"计算机文化"的深入内涵日益得到诠释。

当前，计算机科学技术已经融入到各个学科，包括云计算、大数据和物联网等新技术的出现，使计算机作为一种"文化"的意义更加深远。它不仅指信息化社会中一个人的科技水平与能力，还代表着一个群体，甚至是一个国家整体的科技水平与能力。所以说，计算机文化是人类因使用计算机而产生的一种崭新的科技文化形态。这种文化形态主要体现在：一是计算机理论及技术对自然科学、社会科学的广泛渗透表现出丰富的文化内涵；二是计算机的软、硬件设备，作为人类所创造的物质设备丰富了人类文化的物质设备品种；三是计算机应用深入人类社会的方方面面，从而创造和形成的科学思想、科学方法、科学精神、价值标准等成为一种崭新的文化观念。

1.1.3 计算机文化教育与能力培养

1. 计算机文化教育对学生思维品质的作用

计算机文化作为当今最具活力的一种崭新文化形态，加快了人类社会前进的步伐，其产生的思想观念、带来的物质基础条件以及计算机文化教育的普及，有力地推动了人类社会的进步与发展。同时，也带来了人类崭新的学习观念。计算机文化教育是指通过对计算机的学习实现人类计算思维能力的构建，包括基本的信息素养与学习能力，亦即能够"自觉"地学习计算机的相关技术和知识，以达到有兴趣和会用计算机来解决实际问题，从而终身受益。计算机文化教育对学生思维品质的作用主要体现在以下几个方面：

(1) 有助于培养学生的创造性思维。创造性思维是人在解决问题的活动中所表现出的独特、新颖并有价值的思维成果。学生在解题、写作、绘画等学习活动中会得到创造性思维的训练，而计算机教育的特殊性无疑对学生创造性思维的培养更有优势。由于在计算机程序设计的教学中，算法描述语言既不同于自然语言，也不同于纯粹的数学语言，它可以以计算思维的方法改变人们通常对事物的描述方法。因此，在用程序设计解决实际问题时，摒弃了大量其他学科教学中所形成的常规思维模式。例如，在累加运算中使用了源于数学但又有别于数学的程序语句"X=X+1"，它表现的是一种算法逻辑。因此，在编程解决问题中所使用的各种方法和策略(如排序算法、搜索算法、穷举算法等)都打破了以往常规的思维方式。

(2) 有助于发展学生的抽象计算思维。用概念、判断、推理的形式进行的思维就是抽象思维。计算机教学中的程序设计是以抽象思维为基础的，要通过程序设计解决实际问题。首先，要考虑恰当的算法，通过对问题的分析研究，归纳出一般性的规律，构建数学模型；然后，通过编程用计算机语言描述出来。在程序设计中大量使用判断、归纳、推理等思维方法，将一般规律经过高度抽象的思维过程后表述出来，形成计算机程序。例如，用筛选法找出 $1 \sim N$ 之间的所有素数，学生要有素数的概念，判别素数的方法，自动生成 $1 \sim N$ 之间自然数的方法等数学基本知识；再从简单问题入手，归纳出搜索素数的方法和途径，总结抽象出规律，建立数学模型，最后编程解决。

(3) 有助于强化学生计算思维训练，促进学生思维品质优化。计算机是一门操作性很强的学科，学生通过上机操作，使手、眼、心、脑并用而形成强烈的专注，使大脑皮层高度兴奋，从而将所学的知识高效内化。在计算机语言学习中，学生通过上机体会各种指令的功能，分析程序运行过程，及时验证及反馈运行结果，都容易使学生产生成就感，激发学生的求知欲望，逐步形成一个感知心智活动的良性循环，从而培养出勇于进取的精神和独立探索的能力。通过程序模块化设计思维的训练，使学生逐步学会将一个复杂问题分解为若干简单问题来解决，从而形成良好的结构思维品质。由于计算机运行的高度自动化，精确地按程序执行，在程序设计或操作中需要严谨的科学态度，稍有疏忽便会出错，即便是一个小小的符号都不能忽略，只有检查更正后才能再运行。严格的语法规则和严谨的工作作风，其中既含心智因素又含技能因素。因此，计算机的学习过程是一个培养坚韧不拔的意志、强化计算思维、增强毅力的自我修炼过程。

2. 计算机能力是学生适应工作的需要

计算机能力是指利用计算机解决实际问题的能力，如文字处理能力、数据分析能力、各类软件的使用与开发能力、资料数据查询与获取能力、信息的检索与筛选能力等。

在 21 世纪的今天，信息技术的广泛应用已经引起了人们生产方式、生活方式乃至思想观念的巨大变化，推动了人类社会的发展和文明的进步。信息已成为社会发展的重要战略资源和决策资源。信息化水平已成为衡量一个国家现代化程度和综合国力的重要标志。所以说，在信息化社会里，学习计算机科学技术将会更好地培养学生的思维能力和综合素质，以适应社会发展的需要，为今后走进社会奠定坚实的基础。

3. 计算机教育对其他学科的作用

今天，几乎所有专业都与计算机息息相关，计算机教育不仅仅针对计算机专业的学生，也不仅仅停留在掌握基础知识和基本技能上，所有专业学生都应该学习、掌握计算机科学知识和科学计算能力。计算机教学着眼于帮助学生提升思维能力，使学生能够用现代化的工具和方法分析、解决专业问题，进而发展学生的思维品质与创新意识。例如，数学作为抽象思维学科，在培养学生逻辑思维、抽象思维能力上发挥了重要作用。而计算机程序设计也具有抽象性、逻辑性和系统性，其解决问题的过程也有理论基础和基本的研究方法。更为重要的是，计算机科学利用最新的科技手段与现代化的研究方法研究、解决问题，这一点正好作为数学教育的补充和完善，如利用计算机辅助证明数学中"四色"等一些古老问题。另外，在程序设计中常采用的分割问题的方法，以及穷举、递归、搜索算法和各种解决问题的策略，对学生学习理工科知识，解决物理、化学、生物等问题都有着极大的帮助。

4. 塑造学生计算机文化素养

那么如何体现"计算机文化"素养呢？根据国内外大多数计算机教育专家的观点，最能体现"计算机文化"素养的表现为与"信息获取、信息分析、信息加工"有关的知识结构和计算思维能力。其中，信息获取包括信息发现、信息采集与信息优选；信息分析包括信息分类、信息综合、信息查错与信息评价；信息加工则包括信息的排序与检索、信息的组织与表达、信息的存储与变换以及信息的控制与传输等。这种与信息获取、分析、加工有关的知识与能力既是"计算机文化"水平高低和素质优劣的具体体现，又是信息社会对新型人才培养所提出的基本要求。

1.2　计算机的历史与发展

1.2.1　电子计算机的发展

1946 年 2 月，世界上第一台全自动电子数字计算机(Electronic Numerical Integrator And Calculator，ENIAC)在美国宾夕法尼亚大学诞生了，其名的意思是"电子数值积分计算机"。该机一共使用了 18 000 个电子管，1500 个继电器；机重约 30 t，功耗为 150 kW，占地面积为 170 m^2；每秒钟可做 5000 次加减法或 400 次乘法运算，计算速度相当于手工计算的 20 万倍，它使科学家们从繁琐的计算工作中解脱出来。至今人们公认，ENIAC 计算机的问世，表明了现代计算机时代的到来，它的出现具有划时代的意义。

自计算机问世以来，计算机的系统结构不断变化，应用领域也在不断拓宽。根据计算机采用的物理器件，一般将计算机的发展划分为四个阶段。

1. 第一代电子计算机

第一代电子计算机是电子管计算机，其存续时间为 1946—1958 年。其基本特征是采用电子管作为计算机的逻辑元件；内存采用水银延迟线；外存采用磁鼓、纸带、卡片等；数据表示主要是定点数；用机器语言或汇编语言编写程序。由于当时电子技术的限制，每秒运算速度仅为几千次，内存容量仅几千字节。因此，第一代电子计算机体积庞大，造价很高，主要用于军事和科学部门进行数值计算。代表机型有 IBM650(小型机)、IBM709(大型机)等。

2. 第二代电子计算机

第二代电子计算机是晶体管电路电子计算机，其存续时间为 1958—1964 年。其基本特征是逻辑元件逐步由电子管改为晶体管，内存所使用的器件大都使用铁淦氧磁性材料制成的磁芯存储器。外存储器有了磁盘、磁带，外设种类也有所增加。运算速度达每秒几十万次，内存容量扩大到几千字节。与此同时，计算机软件也有了较大发展，出现了 FORTRAN、COBOL、ALGOL 等高级语言。与第一代计算机相比，晶体管电子计算机体积小、成本低、功能强、可靠性大大提高。计算机的应用从数值计算扩大到数据处理、工业过程控制等领域，并开始进入商业市场。代表机型有 IBM7094、CDC7600 等。

3. 第三代电子计算机

第三代电子计算机是集成电路计算机，其存续时间为 1964—1971 年。其基本特征是逻辑元件采用小规模集成电路(Small Scale Integration，SSI)和中规模集成电路(Middle Scale Integration，MSI)。其运算速度已提高到每秒几十万次到几百万次。存储器进一步发展，体积更小，价格更低，容量更大。同时，软件技术进一步发展，特别是操作系统的逐步成熟，成为第三代计算机的显著特点；高级程序设计语言在这个时期有了很大发展，并出现了会话式语言。计算机向着标准化、多样化、通用化、机种系列化等方向发展，计算机开始广泛应用在各个领域。典型代表机型有 IBM-360 系列计算机。

4. 第四代电子计算机

第四代电子计算机称为大规模集成电路电子计算机，其存续时间从 1971 年至今。计算机逻辑元件采用大规模集成电路(Large Scale Integration，LSI)和超大规模集成电路(Very Large Scale Integration，VLSI)技术，在硅半导体上集成了 1000～100 000 个电子元器件。集成度很高的半导体存储器代替了服役达 20 年之久的磁芯存储器。计算机的速度可以达到上千万次到十万亿次以上。操作系统不断完善，应用软件已成为现代工业的一部分。计算机进入了以网络为特征的计算机时代。

第四代电子计算机中最有影响的机种莫过于微型计算机。它诞生于 20 世纪 70 年代初，80 年代得到迅速发展和普及，堪称计算机发展史上的重要事件。

1.2.2　微型计算机的发展

　　1971 年 Intel 公司的工程师特德·霍夫(M. E. Hoff)成功地在一个芯片上实现了中央处理器(Center Processing Unit，CPU)的功能，制成了世界上第一片 4 位微处理器 Intel 4004，组成了世界上第一台 4 位微型计算机——MCS-4，从此揭开了世界微型计算机大发展的帷幕。随后许多公司(如 Motorola、Zilog 等)也争相研制微处理器，推出了 8 位、16 位、32 位、64 位的微处理器。每 18 个月，微处理器的集成度和处理速度提高一倍，价格却下降一半。

　　自 IBM 公司于 1981 年采用 Intel 的微处理器推出 IBM PC 以来，微型计算机因其小巧、轻便、价廉等优点在过去几十年中得到迅速的发展，成为计算机的主流。今天，微型计算机的应用已经遍及社会的各个领域：从工厂的生产控制到政府的办公自动化，从商店的数据处理到家庭的信息管理，几乎无所不在。

　　微型计算机发展阶段的划分是以微处理器的换代为标志的。

1. 第一代微处理器

　　1972 年，Intel 公司研制成功 8 位微处理器 Intel 8008，它主要采用工艺简单、速度较低的 P 沟道 MOS(Metal Oxide Semiconductor，金属氧化物半导体)电路。这就是人们通常所说的第一代微处理器，由它装备起来的微型计算机称为第一代微型机。

2. 第二代微处理器

　　1973 年，出现了采用速度较快的 N 沟道 MOS 技术的 8 位微处理器，这就是第二代微处理器。具有代表性的产品有 Intel 公司的 Intel 8085、Motorola 公司的 M6800、Zilog 公司的 Z80 等。第二代微处理器的功能比第一代显著增强，以它为核心的微型机及其外围设备都得到相应发展并进入盛期。由它装备起来的微型计算机称为第二代微型机。

3. 第三代微处理器

　　1978 年，16 位微处理器的出现，标志着微处理器进入第三代。首先开发成功 16 位微处理器的是 Intel 公司。由于它采用了 H-MOS 新工艺，使新的微处理器 Intel 8086 比第二代的 Intel 8085 在性能上又提高了将近十倍。类似的 16 位微处理器还有 Z8000、M68000 等。由第三代微处理器装备起来的微型计算机称为第三代微型机，典型的代表机型即人们熟知的 IBM-PC。

4. 第四代微处理器

　　1985 年起采用超大规模集成电路的 32 位微处理器开始问世，标志着第四代微处理器的诞生。如 Intel 公司的 Intel 80386、Zilog 公司的 Z80000、惠普公司的 HP-32、NS 公司的 NS-16032 等，新型的微型机系统完全可以与 20 世纪 70 年代大中型计算机相匹敌。用第四代微处理器装备起来的微型计算机称为第四代微型机。1993 年，Intel 公司推出 32 位微处理器芯片 Pentium(奔腾)，它的外部数据总线为 64 位，工作频率为 66～200 MHz 乃至更高，Pentium Pro、Pentium MMX、Pentium Ⅱ、Pentium Ⅲ等都是 32 位 CPU 的典型产品，21 世纪进一步推出 64 位微处理器芯片 P4 系列以及目前主流产品 Core 2、Core i7 等多核处理器都已进入实用阶段。

1.3　计算机的分类与特点

1.3.1　计算机的分类

计算机种类繁多，分类的方法也很多。根据用途及其使用的范围，计算机可分为通用机和专用机两大类。通用机的特点是通用性强，具有很强的综合处理能力，能够解决各类型的问题，广泛应用于科学和工程计算、信息的加工处理、企事业单位的事务处理等方面。专用机功能单一，配用解决特定问题的软件、硬件，但能够高速、可靠地解决特定的问题。根据计算机的运算速度、字长、存储容量、软件配置等多方面的综合性能指标，计算机可以分为巨型机、大型机、小型机、微型机、工作站、服务器、网络计算机等。按一次所能传输和处理的二进制位数，可分为 8 位机、16 位机、32 位机、64 位机乃至 128 位机等各种类型。如果按照计算机系统的功能和规模则可将其分为以下几大类：

(1) 巨型机。巨型机是目前运算速度最快、存储容量最大、通道速率最快、处理能力最强、工艺技术性能最先进的通用超级计算机，主要用于复杂的科学和工程计算，如天气预报、飞行器的设计以及科学研究等特殊领域。目前，巨型机的处理速度已达到每秒数千亿次。巨型机代表了一个国家的科学技术发展水平。

(2) 大型机。大型机也称为主机(HOST)，其特点是大型、通用，具有较快的处理速度和较强的处理能力。大型机一般作为大型"客户机/服务器"系统的服务器，或者"终端/主机"系统中的主机，主要用于规模较大的银行、公司、高等学校和科研院所，用来处理日常大量繁忙的数据业务。

(3) 小型机。小型机规模小，结构简单(与以上两种机型相比较)，价格便宜，而且通用性强，维修使用方便。适合工业、商业和事务处理应用。

近年来，随着微型计算机的迅速发展，小型机受到了严重的挑战。为了加强竞争能力，小型机普遍采用了两大技术：一是采用 RISC 技术，即只将比较常用的指令用硬件实现，很少使用的、复杂的指令留给软件去完成，借以降低芯片的制造成本，提高整机的性能价格比；二是采用多处理器结构，如采用许多个 CPU 组成一个计算机，就能显著提高速度。

(4) 微型机。微型计算机又称个人计算机(Personal Computer，PC)，通常简称微机，俗称电脑，是当今计算机的主流。它体积小、功耗低、成本低、灵活性大，性价比明显地优于其他类型的计算机，因而得到了广泛应用和迅速普及。微型机的普及程度代表了一个国家的计算机应用水平。

微型机也可按系统规模划分，分为单片机、单板机、台式机、笔记本计算机、工作站、服务器等几种类型：

① 单片机。把微处理器、一定容量的存储器以及输入输出接口电路等集成在一个芯片上，就构成了单片计算机(Single Chip Computer)，简称单片机。可见单片机仅是一片特殊的、具有计算机功能的集成电路芯片。

单片机的特点是体积小、功耗低、使用方便、便于维护和修理；缺点是存储器容量较小，一般用来做专用机或做智能化的一个部件，例如，用来控制高级仪表、家用电器等。

② 单板机。把微处理器、存储器、输入/输出接口电路安装在一块印刷电路板上，就成为单板计算机(Single Board Computer)。一般在这块板上还有简易键盘、液晶或数码管显示器、盒式磁带机接口，只要再外加上电源便可直接使用，极为方便。

单板机广泛应用于工业控制、微型机教学和实验，或作为计算机控制网络的前端执行机。它不但价格低廉，而且非常容易扩展，用户买来这类机器后主要的工作是根据现场的需要编制相应的应用程序并配备相应的接口。

③ 台式机。台式机是现在用得最多的一种微型计算机，它配置有视频显示装置、键盘、软磁盘驱动器、硬磁盘、光盘机、打印机，以及一个紧凑的机箱和某些可扩展的插槽。台式机主要用于事务处理，包括财务处理、电子数据表、文字处理、数据库管理等。最常见的是以 Intel 公司系列 CPU 芯片作为处理器的各种原装机和兼容机。

④ 笔记本计算机。笔记本计算机是为事务旅行或从家庭到办公室之间方便携带而设计的。它可以用电池直接供电，具备便携性、灵活性的优点。

目前，市面上的笔记本计算机在存储容量和运行速度上已基本具备了台式机的功能，而且可以内置 DVD CD-ROM 驱动器、扬声器等，使之具有多媒体功能。笔记本计算机还可通过网络进行信息交换，共享资源。当然，因为受体积、重量等的限制，与台式机相比仍有缺陷，若内置扬声器、DVD CD-ROM 驱动器后则便携性较差等，未来的便携式微机将会逐步克服这些缺点，从而取代台式机。

(5) 工作站。工作站是介于微型机与小型机之间的高档台式微型计算机。工作站采用高分辨图形显示器以显示复杂资料，并有一个窗口驱动的用户环境。它的另一个特点是便于应用的联网技术。与网络相连的资源被认为是计算机中的部分资源，用户可以随时采用。

典型工作站的特点包括：用户透明的联网；高分辨率图形显示；可利用网络资源；多窗口型用户接口等。例如著名的 SUN 工作站，就具有非常强的图形处理能力。

(6) 服务器。服务器是一种高性能计算机，在网络环境中能为多个用户提供资源共享和通信调度服务。根据其提供的服务功能，可以分为文件服务器、通信服务器、打印服务器等。

1.3.2 计算机的特点

计算机之所以能被广泛应用于各个领域，是因为它可以进行自动控制并具有记忆功能，是现代化的计算工具和信息处理工具。概括地说，计算机具有以下几方面的特点：

(1) 运算速度快。一般计算机的运算速度是每秒数百万次或几千万次。目前，世界上运算速度最快的计算机已达几十亿次。我国自行研制的"银河 II 号"巨型计算机，其运算速度达每秒 10 亿次以上，其运算能力是人类和其他计算工具所不能比拟的。

(2) 存储容量大。计算机的存储器不但能够存储大量的信息(原始数据、运算结果、指令)，而且能够快速准确地存入或取出这些信息。存储器的容量是用字节(B)来度量的。由于一般存储器的容量都非常大，现在常用 KB(简称 K)、MB(简称 M)来度量。目前大容量存储器不断推出，还有 GB(简称 G)、TB(简称 T)和 PB(简称 P)。

1 KB = 1024 B，1 MB = 1024 KB，1 GB = 1024 MB，1 TB = 1024 GB，1 PB = 1024 TB

(3) 具有逻辑判断能力。计算机不仅能进行算术运算，而且还具有逻辑判断能力。它能够根据各种条件来进行判断和分析，并根据判断分析的结果决定以后的执行方法和步骤。

还可以进行逻辑推理和定理证明，计算机被称为"电脑"，便是缘于这一特点。

(4) 程序控制下的工作自动化。计算机内部的操作运算是根据人们预先编制的程序自动控制执行的。只要把包含一连串指令的处理程序输入计算机，计算机便会依次取出指令，逐条执行，完成各种规定的操作，直到得出结果为止。计算机和计算器本质的区别就在于计算机可以依赖程序摆脱人工干预而自动处理安排好的工作。

(5) 通用性强。计算机可以广泛应用于数值计算、信息处理、过程控制、CAD/CAM/CBE辅助、人工智能等许多方面，不同行业的用户可以通过设计不同的软件来解决各自的问题。

另外，计算机还具有运算精度高、工作可靠和多媒体信息处理等优点。

1.4　计算机的应用领域

计算机的应用已渗透到社会的各行各业，正在改变着传统的工作、学习和生活方式，推动着社会的发展。计算机的应用主要表现在以下几个方面。

1. 科学与工程计算

科学计算也称为数值计算，是指用于完成科学研究和工程技术中提出的数学问题的计算，它是电子计算机的重要应用领域之一。世界上第一台计算机的研制就是为科学计算而设计的。计算机高速、高精度的运算是人工计算所望尘莫及的。随着科学技术的发展，各种领域中的计算模型日趋复杂，人工计算已无法解决这些复杂的计算问题。例如，在天文学、量子化学、空气动力、核物理学和天气预报等领域中，都需要依靠计算机进行复杂的运算和处理。科学计算的特点是计算量大和数值变化范围大。

2. 数据和信息处理

数据和信息处理是计算机重要的应用领域。计算机中的数据包括图、文、声、像等多媒体数据。数据处理是指对大量信息进行收集、存储、加工、分析和传输的全过程。

人类在很长一段时间内，只能用自身的感官去收集信息，用大脑存储和加工信息，用语言交流信息。当今社会正从工业社会进入信息社会，面对积聚起来的浩如烟海的各种信息，为了全面、深入、精确地认识和掌握这些信息所反映的事物本质，必须用计算机进行处理。目前，数据和信息处理广泛应用于办公自动化、企业管理、事务管理、情报检索等方面，已成为计算机应用的一个重要分支。

3. 过程控制

过程控制又称实时控制，指用计算机及时采集数据，将数据处理后，按最佳值迅速地对控制对象进行反馈控制。

现代工业由于生产规模不断扩大，技术、工艺日趋复杂，从而对实现生产过程自动化控制系统的要求也日益增高。利用计算机进行过程控制，不仅可以大大提高控制的自动化水平，而且可以提高控制的及时性和准确性，从而改善劳动条件、提高质量、节约能源、降低成本。计算机过程控制已在煤炭、冶金、石油、化工、纺织、水电、机械、航天等部门得到广泛的应用。

4. 计算机辅助系统

计算机辅助系统包括 CAD、CAM、CBE/CAI 等。

计算机辅助设计(Computer-Aided Design，CAD)，就是用计算机帮助各类设计人员进行设计。由于计算机有快速的数值计算、较强的数据处理以及模拟的能力，使 CAD 技术得到广泛应用。例如，飞机设计、船舶设计、建筑设计、机械设计、大规模集成电路设计等。采用计算机辅助设计后，不但降低了设计人员的工作量，提高了设计的速度，更重要的是提高了设计的质量。

计算机辅助制造(Computer-Aided Manufacturing，CAM)是指用计算机进行生产设备的管理、控制和操作的技术。例如，在产品的制造过程中，用计算机控制机器的运行、处理生产过程中所需的数据、控制和处理材料的流动以及对产品进行检验等。使用 CAM 技术可以提高产品的质量、降低成本、缩短生产周期、降低劳动强度。

计算机辅助教育(Computer-Based Education，CBE)是指用计算机进行教育教学，包括计算机辅助教学(Computer-Assisted Instruction，CAI)、计算机辅助测试(Computer-Aided Test，CAT)和计算机管理教学(Computer-Management Instruction，CMI)等。近年来由于多媒体技术和网络技术的发展，推动了 CBE 的发展，网上教学和远程教学已在许多学校开展。开展 CBE 不仅使学校教育教学模式与手段发生了根本变化，还可以使学生在学校里就能体验计算机的应用，增强技能和智力训练。

5. 人工智能

人工智能(Artificial Intelligence，AI)一般是指模拟人脑进行演绎推理和采取决策的思维过程。在计算机中存储一些定理和推理规则，然后设计程序让计算机自动探索解题的方法。人工智能是计算机应用研究的前沿学科。

6. 计算机网络与应用

信息高速公路和各种计算机网络的建立和运行则更离不开计算机。有了世界性的计算机互联网络，商贸企业可通过电子数据交换 (Electronic Data Interchange，EDI)或电子商务(E-Business)系统自动完成订货、运输、报关、商检和银行账户往来等方面的单据传递和处理；金融机构可通过专门的网络快速完成国内外的金融汇兑、结算和支付业务；科技人员足不出户即可查阅世界各大院校图书馆内的资料。计算机网络已极大地改变了人们的学习、工作和生活方式。

7. 多媒体技术与应用

多媒体技术的发展给计算机的应用开辟了更为广泛的领域。目前的计算机已有了处理文本、图像、声音、动画和视频的能力。随着电子图书和多媒体光盘的普及，已经给人类生活带来许多变化。

1.5 计算机的发展趋势

随着计算机的广泛应用，对计算机技术本身又提出了更高的要求。当前，计算机的发展主要表现为五种趋向：巨型化、微型化、网络化、多媒体化和智能化。

1.5.1　计算机的发展趋势

1. 巨型化

巨型化是指发展和研制速度更快、存储量更大和功能更强的巨型计算机。这是诸如天文、气象、地质、航天、核物理等尖端科学的需要，也是记忆巨量的知识信息，以及使计算机具有类似人脑的学习和复杂推理的功能所必需的。巨型机的发展集中体现了计算机科学技术的发展水平。

2. 微型化

微型化就是进一步提高集成度，利用高性能的超大规模集成电路研制质量更加可靠、性能更加优良、价格更加低廉、整机更加小巧的微型计算机。

3. 网络化

网络化就是把各自独立的计算机用通讯线路连接起来，形成各计算机用户之间可以相互通信并能使用公共资源的网络系统。网络化能够充分利用计算机的宝贵资源并扩大计算机的使用范围，为用户提供方便、及时、可靠、广泛、灵活的信息服务。

4. 多媒体化

多媒体计算机是可以使用多种信息媒体的计算机，实际上就是计算机技术与电视声像技术结合的产物。由于集文字、图形、图像、声音等多种信息媒体于一体进行处理，内容丰富多彩、声图并茂，使人们能以耳闻、目睹、口述、手触等多种方式与计算机进行交流。人们预言，多媒体计算机将为计算机技术的发展和应用开创一个新的时代，给社会经济的发展带来深远的影响。

5. 智能化

智能化是指让计算机具有模拟人的感觉和思维过程的能力。智能计算机具有解决问题和逻辑推理的功能，知识处理和知识库管理的功能等。人与计算机的联系是通过智能接口，用文字、声音、图像等与计算机进行自然对话。目前，已研制出各种"机器人"，有的能代替人劳动，有的能与人下棋等。智能化使计算机突破了"计算"这一初级的含义，从本质上扩充了计算机的能力，可以越来越多地代替人类的脑力劳动。

展望未来，在计算机的发展中，将会是半导体技术、光学技术、超导和电子仿生技术与计算机相结合，许多高性能、功能奇特且具有智能化的新型计算机，如光子计算机、量子计算机、生物计算机、超导计算机等将在某些方面取得革命性的突破，成为科学技术进步的显著象征。

1.5.2　计算机的发展新热点

回顾计算机技术的发展历史，从大、中、小型机时代，到微型计算机、互联网时代，再到如今的云计算、移动互联、物联网时代，技术革命一直是整个 IT 产业发展的驱动力。目前，在新思想、新技术、新应用的驱动下，云计算、移动互联网、物联网等产业呈现出蓬勃发展的态势，全球 IT 产业正经历着一场深刻的变革。

1. 云计算

云计算(Cloud Computing)是信息技术的一个新热点，更是一种新的思想方法。它将计算任务分布在大量计算机构成的资源池上，使各种应用系统能够根据需要获取计算能力、存储空间和信息服务。云计算中的"云"是一个形象的比喻，人们以云可大可小、可以飘来飘去的这些特点来形容云计算中服务能力和信息资源的伸缩性，以及后台服务设施位置的透明性。

Google 在 2006 年首次提出"云计算"的概念，其后开始在大学校园推广云计算计划，将这种先进的大规模快速计算技术推广到校园，并希望能降低分布式计算技术在学术研究方面的成本，随后云计算逐渐延伸到商业应用、社会服务等多个领域。目前云计算按部署方式大致分为两种，即公共云和私有云。公共云是指云计算的服务对象没有特定限制，即它是为外部客户提供服务的云。私有云是指组织机构建设的专供自己使用的云，它所提供的服务外部人员和机构无法使用。在实际使用中还有一些衍生的云计算形态，如社区云、混合云等。

总体来说，云计算主要包括 3 个层次，云计算服务层、云服务层和云服务数据层。

云计算结构最底层是信息系统硬件平台，包括服务器、网络设备、CPU、存储器等所有硬件设施，它是云计算的数据中心。现在的虚拟技术可以让多个操作系统共享一个大的硬件设施，可提供各类云平台的硬件需求。

中间层是云服务平台，提供类似操作系统层次的服务与管理，如数据库、分布式操作系统等。另外，它也是云服务的运行平台，具有各类程序语言如 Java 运行库、Web 2.0 应用运行库、中间件等功能。

最上层是云服务，指可以在互联网上使用一种标准接口来访问一个或多个软件服务功能，如库存管理服务、人力资源管理服务等。

云计算有很多优点，对于个人用户，它提供了最可靠、最安全的数据存储中心，不用担心数据丢失、病毒入侵等问题；对用户端的终端设备要求低，可以轻松实现不同设备间的数据与应用共享。另外，它为人们使用网络提供了更大的空间。对于中小企业来说，"云"为它们送来了大企业级的技术，并且升级方便，使商业成本大大降低。简单地说，当今最强大、最具革新意义的技术已不再为大型企业所独有。"云"让每个普通人都能以极低的成本接触到顶尖的 IT 技术。

2. 大数据

对于"大数据"(Big Data)研究机构 Gartner 给出了这样的定义："大数据"是需要新处理模式才能具有更强的决策力、洞察发现力和流程优化能力的海量、高增长率和多样化的信息资产。大数据具有 5V + 1C 特征(IBM 提出)：Volume(海量)、Velocity(高速)、Variety(多样化)、Value(价值性)、Veracity(真实性)和 Complexity(复杂性)。

海量(Volume)：数据的大小决定了所考虑的数据的价值的和潜在的信息；

多样化(Variety)：数据类型的多样性；

高速(Velocity)：获得数据的速度；

价值性(Value)：数据使用的深度与广度；

真实性(Veracity)：数据的质量；

复杂性(Complexity)：数据复杂且来源渠道多。

麦肯锡全球研究所针对"大数据"给出的定义是：一种规模大到在获取、存储、管理、分析方面远远超出了传统数据库软件工具能力范围的数据集合，具有数据体量巨大、数据处理与流转快速、数据类型多样和价值密度低等特征。

大数据技术的战略意义不在于掌握庞大的数据信息，而在于对这些含有意义的数据进行专业化处理。换而言之，如果把大数据比作一种产业，那么这种产业实现盈利的关键，在于提高对数据的"加工能力"，通过"加工"实现数据的"增值"。

从技术上看，大数据与云计算的关系就像一枚硬币的正反面一样密不可分。大数据必然无法用单台的计算机进行处理，必须采用分布式架构。它的特色在于对海量数据进行分布式数据挖掘。但它必须依托云计算的分布式处理、分布式数据库和云存储、虚拟化技术。

随着云时代的来临，大数据也吸引了越来越多的关注。著云台的分析师团队认为，大数据通常用来形容一个公司创造的大量非结构化数据和半结构化数据，这些数据在下载到关系型数据库用于分析时会花费过多时间和金钱。大数据分析常和云计算联系到一起，因为实时的大型数据集分析需要像 MapReduce 一样的框架来向数十、数百或其至数千的电脑分配工作。

大数据需要特殊的技术，以有效地处理大量的容忍经过时间内的数据。适用于大数据的技术，包括大规模并行处理(MPP)数据库、数据挖掘电网、分布式文件系统、分布式数据库、云计算平台、互联网和可扩展的存储系统。

最小的数据信息基本单位是 bit，按顺序给出所有单位：bit、Byte、KB、MB、GB、TB、PB、EB、ZB、YB、BB、NB、DB(按照 $1024 = 2^{10}$ 进率计算)。由此可表征大数据的容量。

3. 移动互联网

简单来说，移动互联网就是将移动通信和互联网二者结合起来成为一体。移动与互联网相结合的趋势是历史的必然，因为越来越多的人希望在移动的过程中能够高速地接入互联网。在最近几年里，移动通信和互联网已成为当今世界发展最快、市场潜力最大的两大产业，它们的增长速度都是任何预测家未曾预料到的。据统计，2012 年全球移动用户已超过 60 亿，互联网用户也已逾 24 亿。中国移动通信用户总数超过 10 亿，互联网用户总数则超过 5.6 亿。这一历史上从来没有过的高速增长现象，充分反映了随着时代与技术的进步，人类对信息业务的移动性和灵活性需求急剧上升。因此，国家网络安全与信息化领导小组正在大力推进公共服务场所的移动互联网基础设施建设，实现无线覆盖。

移动互联网是广域性的以宽带 IP 为技术核心的并可同时提供话音、传真、数据、图像、多媒体等高品质电信服务的新一代开放的电信网络，是国家信息化建设的重要组成部分。移动互联网的应用特点是"小巧轻便"与"通信便捷"，它正逐渐渗透到人们生活、工作与学习等各个领域。移动环境下的网页浏览、文件下载、位置服务、在线游戏、电子商务等丰富多彩的互联网应用迅猛发展，正在深刻改变信息时代的社会生活。

4. 物联网

物联网被称为继计算机和互联网之后，世界信息产业的第三次浪潮，代表着当前和今后相当一段时间内信息网络的发展方向。从一般的计算机网络到互联网，从互联网到物联网，信息网络已经从人与人之间的沟通发展到人与物、物与物之间的沟通，功能和作用日益强大，对社会的影响也越发深远。

物联网的概念在 1999 年由美国 MIT Auto-ID 中心提出，在计算机互联网的基础上，利用射频识别技术(Radio-frequency Identification，RFID)、无线数据通信技术等构造一个实现全球物品信息实时共享的实物互联网，当时也称为传感器网。2005 年国际电信联盟发布《ITU 互联网报告 2005：物联网》报告，将物联网的定义和覆盖范围进行较大的拓展，传感器技术、纳米技术、智能嵌入技术等得到更加广泛的应用。2008 年，IBM 提出"智慧地球"概念，即新一代的智慧型基础设施建设。美国总统奥巴马也曾将新能源和物联网列为振兴经济的两大重点。2009 年 8 月温家宝总理在视察中国科学院无锡物联网产业研究所时提出"感知中国"，物联网被正式列为国家五大新兴战略性产业之一，写入《政府工作报告》，物联网在中国得到了全社会极大的关注，也表示了中国的物联网技术及应用早已起步。

物联网英文名称是"the Internet of things"，顾名思义，"物联网就是物物相连的互联网"。这里有两层含义：第一，物联网的核心和基础仍然是互联网，是在互联网基础上延伸和扩展的网络；第二，其用户端延伸和扩展到任何物品与物品之间都可以进行信息交换和通信。因此，物联网是一个基于互联网、传统电信网等信息承载体，让所有能够被独立寻址的普通物理对象实现互联互通的网络，可实现对物品的智能化识别、定位、跟踪、监控和管理。它具有普通对象设备化、自治终端互联化和普适服务智能化的重要特征。应用创新是物联网发展的核心，以用户体验为核心的创新是物联网发展的灵魂，现在的物联网应用领域已经扩展到了智能交通、仓储物流、环境保护、平安家居、个人健康等多个领域。

5. 互联网+

通俗来说，"互联网+"就是"互联网+各个传统行业"，但这并不是简单的两者相加，而是利用信息通信技术以及互联网平台，让互联网与传统行业进行深度融合，创造新的发展生态。它代表一种新的社会形态，即充分发挥互联网在社会资源配置中的优化和集成作用，将互联网的创新成果深度融合于国民经济各领域之中，提升全社会的创新力和生产力，形成更广泛的以互联网为基础设施和实现工具的经济发展新形态。

国内"互联网+"理念的提出，最早可以追溯到 2012 年 11 月易观国际董事长兼首席执行官于扬首次提出"互联网+"理念。他认为"在未来，'互联网+'公式应该是我们所在的行业的产品和服务，在与我们未来看到的多屏全网跨平台用户场景结合之后产生的这样一种化学公式。我们可以按照这样一个思路找到若干这样的想法。而怎么找到你所在行业的'互联网+'，则是企业需要思考的问题。"

2014 年 11 月，国务院总理李克强出席首届世界互联网大会时指出，互联网是大众创业、万众创新的新工具。其中"大众创业、万众创新"正是此次政府工作报告中的重要主题，被称为中国经济提质增效升级的"新引擎"，可见其重要作用。

2015 年 3 月，全国两会上，全国人大代表马化腾提交了《关于以"互联网+"为驱动，推进我国经济社会创新发展的建议》的议案，表达了对经济社会的创新提出了建议和看法。他呼吁，我们需要持续以"互联网+"为驱动，鼓励产业创新、促进跨界融合、惠及社会民生，推动我国经济和社会的创新发展。马化腾表示，"互联网+"是指利用互联网的平台、信息通信技术把互联网和包括传统行业在内的各行各业结合起来，从而在新领域创造一种新生态。他希望这种生态战略能够被国家采纳，成为国家战略。

2015 年 3 月 5 日上午十二届全国人大三次会议上，李克强总理在政府工作报告中首次提出"互联网+"行动计划。李克强在政府工作报告中提出，"制定'互联网+'行动计划，推动移动互联网、云计算、大数据、物联网等与现代制造业结合，促进电子商务、工业互联网和互联网金融(ITFIN)健康发展，引导互联网企业拓展国际市场。"

1.5.3　我国计算机的发展

勤劳聪明的中华民族自古以来就不断探索研究计算技术和工具。据《汉书·律历志》记载我国春秋时期出现的算筹就是世界上最古老的计算工具。人们往往把算盘的发明与中国古代四大发明相提并论，算盘就是中华民族对人类计算工具的重大贡献。另外，中国人于公元前 14 世纪发明了十进计数制，到了商朝，中国人就已经能够用 0～9 十个数字来表示任意大的自然数。这种计数法简洁明了，成为国际通用的计数法。英国皇家学会会员李约瑟教授认为："如果没有十进制，就几乎不能出现我们现在这个统一的世界了。"十进制在计算科学和计算技术的发展中起了非常重要的作用，充分展示了中国古代劳动人民的独创性，在世界计算史上有着重要的地位。

1. 中国计算机的发展

1958 年我国第一台电子数字计算机"103 机"的诞生，开启了中国计算机的发展历程。我国先后研制了小型、中型、大型和微型计算机。1995 年曙光 1000 大规模并行计算机系统"MPP"问世，达到了国际先进水平；2000 年我国自行研制成功高性能计算机"神威Ⅰ"，其主要技术指标和性能指标达到国际先进水平，成为继美国、日本之后，世界上第三个具备研制高性能计算机能力的国家；2004 年由中国科学院计算所、曙光公司和上海超级计算中心联合研制的 10 万亿次超级计算机"曙光 4000A"在人民大会堂正式发布，并成功进入全球超级计算机 TOP 500 排行榜前十。"曙光 4000A"于 2004 年 11 月在上海超级计算中心正式启动，构建中国国家网格南方主节点，标志着中国已成为世界上继美、日之后第三个能制造 10 万亿次商品化高性能计算机的国家。2008 年我国百万亿次超级计算机"曙光 5000"问世，中国高性能计算机的研发迈上了新的台阶。这标志着中国已拥有国产品牌的百万亿次超级计算机，上海超级计算中心也成为世界最大的通用计算平台。"曙光 5000"的问世使中国成为继美国之后第二个能制造和应用超百万亿次商用高性能计算机的国家，也表明我国生产、应用、维护高性能计算机的能力达到了世界先进水平。

2009 年 10 月 29 日，中国生产的第一台千万亿次超级计算机"天河一号"在湖南长沙亮相，使我国拥有了历史上计算速度最快的工具。"天河一号"从 2010 年 9 月开始进行系统调试与测试，并分步提交用户使用。2010 年 11 月 14 日，天河一号创"世界纪录协会"世界最快的计算机世界纪录，国际 TOP500 组织在网站上公布了最新全球超级计算机前 500 强排行榜，中国首台千万亿次超级计算机系统"天河一号"位居世界第一。

2. 中国自主研发的 CPU：龙芯

龙芯(Loongson)是我国第一款自主研发的高性能通用 CPU 芯片，由中国科学院计算机技术研究所于 2002 年研制成功。数年来，龙芯系列芯片将我国高性能通用 CPU 与国际先进水平的距离缩短了 15 年。龙芯的每一个动作，都成为整个计算机产业关注的焦点。

中国生产的千万亿次超级计算机"天河一号"使用的就是中国自主研发的龙芯 CPU，充分展示了中国的科技力量。

1.6　计算机中数据的表示

计算机最基本的功能是对数据进行计算和加工处理，这些数据包括数值、字符、文字、图形、图像和声音等。在计算机内部，各种信息都必须转换成二进制数或编码的形式才能被计算机所接受。因此，掌握计算机中数的表示、信息编码概念与处理技术是至关重要的。

1.6.1　数字化信息编码的概念

所谓编码，就是采用少量的基本符号，选用一定的组合原则，以表示大量复杂多样的信息的方法。基本符号的种类和这些符号的组合规则是一切信息编码的两大要素。例如，用 10 个阿拉伯数码表示数字，用 26 个英文字母表示英文词汇等，都是编码的典型例子。

在计算机中，广泛采用的是用"0"和"1"两个基本符号组成的"基 2 码"，或称为二进制码，用来表示各种信息。在计算机中采用二进制码的原因是：

(1) 二进制码在物理上容易实现。二进制码的两个符号"1"和"0"正好与电子元器件的两种稳定状态相对应。例如，逻辑电路电平的"低"和"高"，开关的断和通，发光二极管的暗和亮等都可以用数字"1"和"0"表示。

(2) 二进制运算简单，通用性强。

(3) 二进制码的两个符号"1"和"0"正好与逻辑命题的两个值"是"和"否"或称"真"和"假"相对应，为计算机实现逻辑运算和程序中的逻辑判断提供了便利的条件。

1.6.2　常用计数制及其转换

在计算机中，全部信息都是用二进制表示的。另外，在书写时也常用到十六进制数和八进制数，所以简单介绍一下常用的几种数制及其转换方法。

1. 进位计数制

在采用进位计数的数字系统中，如果只用 r 个基本符号(例如 0，1，2，…，r – 1)表示数值，则称其为基 r 数制(Radix-r Number System)，r 称为该数制的基(Radix)。如日常生活中常用的十进制数，就是 r = 10，即基本符号为 0，1，2，…，9。如取 r = 2，即基本符号为 0 和 1，则为二进制数。

对于不同的数制，它们的共同特点是：

(1) 每一种数制都有固定的基本符号称"数码"。如二进制数有 0 和 1 两个数码，十进制数有 0，1，2，…，9 十个数码，十六进制数有 0～9 以及 A～F 十六个数码。

(2) 都使用位置表示法。处于不同位置的数符所代表的值不同，与它所在位置的权值有关。

例如：十进制数 555.555 可表示为

$$555.555 = 5 \times 10^2 + 5 \times 10^1 + 5 \times 10^0 + 5 \times 10^{-1} + 5 \times 10^{-2} + 5 \times 10^{-3}$$

二进制数 1011.1011 可表示为

$$1011.1011 = 1 \times 2^3 + 0 \times 2^2 + 1 \times 2^1 + 1 \times 2^0 + 1 \times 2^{-1} + 0 \times 2^{-2} + 1 \times 2^{-3} + 1 \times 2^{-4}$$

八进制数 327.46 可表示为

$$327.46 = 3 \times 8^2 + 2 \times 8^1 + 7 \times 8^0 + 4 \times 8^{-1} + 6 \times 8^{-2}$$

十六进制数 327D.1AE 可表示为

$$327D.1AE = 3 \times 16^3 + 2 \times 16^2 + 7 \times 16^1 + 13 \times 16^0 + 1 \times 16^{-1} + 10 \times 16^{-2} + 14 \times 16^{-3}$$

可以看出，各种进位计数制中的权的值恰好是基数的某次幂，且高位权值是低位权值的基数倍。因此，对任何一种进位计数制表示的数都可以写出按其权位展开的多项式之和，任意一个 r 进制数的值 N 都可以用下式表示：

$$N = \sum_{i=m-1}^{-k} D_i \times r^i$$

式中，D_i 为该数制采用的基本数符，r^i 是位权，r 是基数。数制中不同的是基数，表示不同的进制数。有意义的是，各进位计数制按其权位展开的多项式之和，恰好是十进位计数制所对应的和。

(3) 加减法的运算规律是"逢 r 进一，借一当 r"。

表 1-1 所示的是计算机中常用的几种进位计数制形式。

表 1-1 计算机中常用的几种进位计数制形式

进位制	二进制	八进制	十进制	十六进制
规则	逢 2 进 1	逢 8 进 1	逢 10 进 1	逢 16 进 1
基数	r = 2	r = 8	r = 10	r = 16
采用数符	0,1	0,1,…,7	0,1,…,9	0,1,…,9,A,B,C,D,E,F
权	2^i	8^i	10^i	16^i
单位表示	B	O	D	H

在计算机中书写不同进制的数时，常用如下的符号来标识：

"B"表示二进制数；"O"或"Q"表示八进制数；"H"表示十六进制数；"D"表示十进制数(通常省略)。

2. 二进制数(Binary)

1) 二进制数的特点

一个二进制数具有以下三个特征：

(1) 有两个不同的计数符号，即 0 和 1；

(2) 计数规律为"逢二进一，借一当二"；

(3) 位权关系为 2^i(其中 i 的取值为 m，m − 1，…，1，0，−1，−2，…，−k)。

一个二进制数的值，可以用它的按权展开式来表示。如：

$$(1011.101)_2 = 1 \times 2^3 + 0 \times 2^2 + 1 \times 2^1 + 1 \times 2^0 + 1 \times 2^{-1} + 0 \times 2^{-2} + 1 \times 2^{-3} = (11.625)_{10}$$

2) 二进制数的运算规律

(1) 加法：$0 + 0 = 0$ $0 + 1 = 1$ $1 + 0 = 1$ $1 + 1 = 0$(有进位发生)

(2) 减法：$0 - 0 = 0$ $1 - 1 = 0$ $1 - 0 = 1$ $0 - 1 = 1$(有借位发生)

(3) 乘法：$0 \times 0 = 0$ $0 \times 1 = 0$ $1 \times 0 = 0$ $1 \times 1 = 1$

(4) 除法：$0 \div 0 = 0$ $0 \div 1 = 0$ $1 \div 0 = 0$ $1 \div 1 = 1$

可以看出，二进制具有极其简单的运算规则。

3. 十六进制(Hexadecimal)

1) 十六进制数的特点

一个十六进制数具有以下三个特征：

(1) 有 16 个不同的计数符号，即 0～9 以及 A、B、C、D、E、F；

(2) 计数规律为"逢十六进一，借一当十六"。

(3) 位权关系为 16^i(其中 i 的取值为 m，m − 1，…，1，0，−1，−2，…，−k)。

一个十六进制数的值，可以用它的按权展开式来表示。如：

$$(3A.C8)_{16} = 3 \times 16^1 + 10 \times 16^0 + 12 \times 16^{-1} + 8 \times 16^{-2} = (58.78125)_{10}$$

2) 计算机中采用十六进制的原因

计算机中采用十六进制数的目的不是为了计算，而是用来简化二进制数的书写和便于记忆。因为二进制数和十六进制数之间具有 $2^4 = 16$ 的对等关系。即可用 1 位十六进制数表示 4 位二进制数，它们之间存在着直接而又唯一的对应关系。如：

$$(0110)_2 = (6)_{16} \quad (1011)_2 = (B)_{16}$$

二进制数 1000 1010 1110 1001 可以写成十六进制数 8AE9。

1024 KB(1 兆字节)内存地址可表示为：1111 1111 1111 1111 1111B=FFFFFH。

十六进制数简短，便于书写和读数，尤其是容易转换为二进制数，因此在微机中应用很普遍。它可以用来表示机器指令和常数，也可以用来表示各种字符和字母。

十进制、二进制和十六进制数的对应关系如表 1-2 所示。

表 1-2 十进制、二进制和十六进制数对照表

十进制数	二进制数	十六进制数	十进制数	二进制数	十六进制数
0	0000	0	8	1000	8
1	0001	1	9	1001	9
2	0010	2	10	1010	A
3	0011	3	11	1011	B
4	0100	4	12	1100	C
5	0101	5	13	1101	D
6	0110	6	14	1110	E
7	0111	7	15	1111	F

4. 不同进制数之间的转换

不同进制之间的数是可以互相转换的，下面介绍十进制数、二进制数、十六进制数之间的转换方法。

1) 十进制数转换成二进制数

转换方法：整数部分"除以 2 取余数反序排列"；小数部分"乘以 2 取整数正序排列"。

"除 2 取余"即用 2 去除十进制数整数部分，得到一整数商和一余数，该余数就是相应二进制数整数部分的最低位；再继续用 2 去除上一步得到的商，又得到一整数商和一余数，该余数就是相应的二进制数整数部分的次低位；如此反复进行，直到商为零和一余数为止。最后一次得到的余数便是相应二进制数整数部分的最高位。

"乘 2 取整"即用 2 去乘十进制数小数部分，得到一乘积，其整数部分就是相应二进制数小数部分的最高位；再继续用 2 去乘上一次乘积的小数部分，又得到一乘积，其整数部分就是相应二进制数小数部分的次高位；如此反复进行，直到乘积的小数部分为零或取够精确位数为止。最后一次得到的整数部分便是相应二进制数小数部分的最低位。

【例 1-1】　将十进制整数 156 转换成二进制数。

用除 2 取余法，转换过程如下：

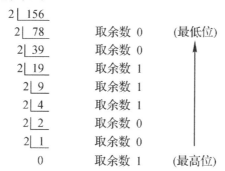

故十进制数 156 转换成二进制数为 10011100B，即 156 = 10011100B

【例 1-2】　将十进制小数 0.625 转换成二进制数。

用乘 2 取整法，转换过程如下：

$$0.625 \times 2 = 1.25 \qquad \text{取出整数 } 1 \text{(最高位)}$$
$$0.25 \times 2 = 0.5 \qquad \text{取出整数 } 0 \qquad \downarrow$$
$$0.5 \times 2 = 1.0 \qquad \text{取出整数 } 1 \text{(最低位)}$$

故十进制小数 0.625 对应的二进制数为 0.101B，即 0.625 = 0.101B

需要说明的是，有的十进制小数不能用二进制数精确表示，也就是说上述乘法过程永远不能达到小数部分为零而结束。这时可根据精度要求取够一定位数的二进制数即可。

【例 1-3】　将十进制小数 0.1 转换成二进制数。

用乘 2 取整法，转换过程如下：

$$0.1 \times 2 = 0.2 \qquad \text{取整 } 0 \qquad \text{(最高位)}$$
$$0.2 \times 2 = 0.4 \qquad \text{取整 } 0 \qquad \downarrow$$
$$0.4 \times 2 = 0.8 \qquad \text{取整 } 0 \qquad \downarrow$$
$$0.8 \times 2 = 1.6 \qquad \text{取整 } 1 \qquad \downarrow$$
$$0.6 \times 2 = 1.2 \qquad \text{取整 } 1 \qquad \downarrow$$
$$0.2 \times 2 = 0.4 \qquad \text{取整 } 0 \qquad \downarrow$$
$$\downarrow \qquad\qquad\qquad \downarrow \qquad \text{(最低位)}$$

运算到这里可以看出，乘法过程进入了循环状态，永远无法结束。这时可根据要求取够一定位数的二进制数即可。如取小数点后 5 位，结果就是 0.00011B。

对于既有整数部分又有小数部分的十进制数的转换，将两部分的转换分开进行，最后再将结果合并在一起即可。例如，十进制数 156.625 转换成二进制数为 10011100.101B，即

$$156.625 = 10011100.101B$$

2) 二进制数转换成十进制数

转换方法：把一个二进制数转换成十进制数，只需根据前面讲过的按位权展开后相加求和即得结果。

【例 1-4】把 11010.011B 转换成十进制数。

按位权展开相加得

$$
\begin{aligned}
11010.011B &= 1 \times 2^4 + 1 \times 2^3 + 0 \times 2^2 + 1 \times 2^1 + 0 \times 2^0 + 0 \times 2^{-1} + 1 \times 2^{-2} + 1 \times 2^{-3} \\
&= 16 + 8 + 2 + 0.25 + 0.125 \\
&= (26.375)_{10}
\end{aligned}
$$

3) 二进制数与十六进制数的相互转换

前面讲过，二进制数和十六进制数之间存在着一种唯一对应关系 $2^4 = 16$，即可用 4 位二进制数表示 1 位十六进制数。所以，根据表 2-2 可以很容易地实现二进制数和十六进制数的相互转换。

二进制数转换成十六进制数的方法是"四位合一位"法，即将二进制数的整数部分自右至左分节，每 4 位为一节，最左边不够 4 位的用 0 补齐；将二进制数的小数部分自左至右分节，也是每 4 位一节，最右边不够 4 位的同样以 0 补齐。然后，根据表 2-2 中的对应关系，把每 4 位二进制数化成 1 位十六进制数书写，便可得到转换结果。

【例 1-5】 将 1110101.01B 转换成十六进制数。

$$
\begin{array}{ccc}
0111 & 0101. & 0100 \\
\downarrow & \downarrow & \downarrow \\
7 & 5\,. & 4
\end{array}
$$

转换结果为

$$1110101.01B = 75.4H$$

十六进制数转换成二进制数方法，正好与二进制数转换成十六进制数的方法相逆，即"一位扩展四位"法。按表 2-2 中的对应关系将每位十六进制数化成 4 位二进制数书写，便可得到转换结果。

【例 1-6】 将 3A6.C5H 转换成二进制数。

$$
\begin{array}{cccccc}
3 & A & 6 & . & C & 5 \\
\downarrow & \downarrow & \downarrow & & \downarrow & \downarrow \\
0011 & 1010 & 0110 & . & 1100 & 0101
\end{array}
$$

转换结果为

$$3A6.C5H = 1110100110.11000101B$$

4) 十进制数与十六进制数的转换

十进制数转换为十六进制数，其方法与十进制数转换成二进制数的方法十分类似，即整数部分"除 16 取余"，小数部分"乘 16 取整"。但这种转换十分烦琐，一般可采用二进制数作为"中介桥梁"，即先把十进制数转换为二进制数，再把二进制数缩写成十六进制数。

十六进制数转换为十进制数，可按位权展开式求和获得；但仍可采用二进制数作为"中介桥梁"，即先把十六进制数转换为二进制数，再把二进制数按权展开后求和获得十进制数。

【例 1-7】　将十进制数 156.625 转换成十六进制数。

按整数部分"除 2 取余"，小数部分"乘 2 取整"先将 156.625 分别转换成二进制数，再将该二进制数缩写为十六进制数，即

$$156.625 \rightarrow 10011100.101 \rightarrow 9C.AH$$

【例 1-8】　将十六进制数 9C.AH 转换成十进制数。

先将 9C.AH 写成二进制数，再把该二进制数按位展开求和即可获得十进制数，即

$$9C.AH \rightarrow 10011100.101 \rightarrow 156.625$$

计算机系统中有些应用还使用到八进制数，八进制数具备 $2^3 = 8$ 的对应关系，转换方法类似十六进制，请读者参考上述各进位计数制的关系自行理解，此处不再赘述。

1.6.3　数值格式的表示

1. 整数的表示范围

计算机里通常采用固定的二进制位数来表示机器数，因此，数的表示范围是有限的。例如，用 16 个二进制数位表示正整数，最小的数是 0000 0000 0000 0000，最大的数是 1111 1111 1111 1111，分别等于十进制数的 0 和 65 535，在这个范围内共有 65 536 个整数。如果采用 32 个二进制数位表示整数，那么可以表示的最大整数大约达到 40 亿，这个数虽然很大，但仍然是有限的。

为了区分正数和负数，要有一个二进制数位(通常是用数的最高位)来表示数的符号，约定最高位为 0 时表示正数，为 1 时表示负数，即符号数字化。这样，当整数用 16 个二进制位表示时，用于表示数值大小就只剩下 15 位了。

为了计算方便，计算机中一般采用"补码"的方式表示和存储数据。一个实际的二进制数据称为"真值"；把真值的符号数字化处理，即将"+"用"0"代写，"–"用"1"代写后就变成该数的"原码"；一个负数的原码保留符号位不变，其余位按位取反就成为该数的"反码"；一个负数的反码 "末位加 1"就成为该数的"补码"。需要特别注意的是，一个正数的原码、反码和补码形式是一样的。例如，真值 –108 的二进制补码(假定字长采用 16 个二进制数位)表示如下：

108 的原码是：　　0000 0000 0110 1100B；

–108 符号数字化后是：1000 0000 0110 1100B

变成反码是：　　　1111 1111 1001 0011B

加 1 为补码是： 1111 1111 1001 0100B

对于 16 位的补码表示，它能够表示的绝对值最大的负数是 1000 0000 0000 0000，它代表数 -2^{15}，即 $-32\,768$；最大的正数是 0111 1111 1111 1111，它代表的数是 $2^{15}-1$，即 32767。所以对字长为 16 位的补码表示法，整数的补码表示范围是 $-32\,768 \sim 32\,767$。依此类推，对字长为 8 位的补码表示，整数的补码表示范围是 $-128 \sim 127$。

补码表示法的主要优点是减法运算可以变成加法运算。两个带有符号的整数可以像两个自然数一样地执行加法运算，即在计算时符号位与表示数值的其他位同样参加运算，运算时产生最高位的进位可以被自然丢去而不影响运算结果。可以证明，只要计算的结果仍然在数值表示的范围之内，这种计算得到的结果，包括符号位在内，总是正确的。

两个补码运算后产生的结果仍然是补码，补码"求补"后得到原码，符号还原后得到真值。

2. 实数的表示范围

计算机不仅处理整数，还需要处理实数(带小数部分的数)。实数通常采用"浮点数"表示法。这类似于数学的"科学表示法"：将带小数点的实数写成规格化的尾数和阶码两部分乘积的形式，尾数部分决定一个数的有效数字，而阶码则决定数的大小量级。例如：

$$-1234.4567 = -0.123\,445\,67 \times 10^4$$
$$0.000\,096\,824 = 0.968\,24 \times 10^{-4}$$

在计算机中用两个二进制数分别表示尾数及阶码，并采用 2(而不是 10)作为浮点数的指数部分的"底"，数的表示形式如下：

阶符	阶码	尾符	尾码

其中，尾符位表示该数的符号，尾码位表示该数的有效数，阶符位表示还原该数时小数点的移动方向，阶码位表示该数的指数有效数。例如：

$$(139)_{10} = (10001011)_2 = (0.10001011)_2 \times 2^8$$
$$(-139)_{10} = (-10001011)_2 = (-0.10001011)_2 \times 2^8$$

则 139 和 -139 在计算机中(用 32 位二进制)分别表示如下：

阶符	阶码	尾符	尾码
0	000 1000	0	100 0101 1000 0000 0000 0000
0	000 1000	1	011 1010 1000 0000 0000 0000

由于尾数和阶码都采用固定位数的二进制数表示，所以浮点数的表示范围也是有限的。粗略地说，尾数部分的位数决定了数的精度，阶码部分的位数决定了浮点数的表示范围。

国际标准的单精度浮点数表示采用 8 位阶码和 24 位尾数，总共 32 位(四个字节)表示一个浮点数(上述两个例子符合该标准)。8 位阶码所能表示的带符号整数的范围是 $-128 \sim +127$。因此整个浮点数的表示范围大约在正负 $\pm 2^{127} \approx \pm 10^{38}$ 区间内；24 位尾数大约相当于 7 位十进制数，所以，单精度浮点数表示的有效数字大约为十进制数 7 位。

浮点数的另一种标准是双精度表示，它采用 64 位二进制码(8 个字节)的表示方式，其中用 11 个二进制位表示带符号的阶码，用 53 个二进制位表示带符号尾数。这样，表示的数值范围大约是 $-10^{308} \sim 10^{308}$，而且尾数达到 16～17 位十进制有效数字。

3. 浮点数与误差

浮点表示法所表示的数值常常只是数的近似值，其原因大体有以下几个方面：

(1) 由于现实世界中的数量关系的无限性，无论计算机中数的表示如何精确，一般只能是近似地表示。

(2) 在数的表示和数制转换中可能出现"舍入误差"。

由于计算机的字长总是有限的，特别是由于采用固定字长，故当将一个实数放入计算机时，如果实数的有效位数超过计算机字长，必然要舍去超出的有效数字。

另外，当我们把十进制数转换为浮点数时，任意十进制小数并不能保证精确地转换为有限位数的二进制小数。例如

$$(0.8)_{10}=(0.1100\ 1100\ 1100\ 110)_2$$

转换的最终结果必然要舍去尾部的有效数字。反过来，由二进制数到十进制数的转换在转换计算中一般不会出现舍入误差(对有小数的情况也如此)；但如果限定十进制表示的位数，则也可能出现(舍去尾部)舍入误差。因此一个数在转换为二进制表示(字长固定)后再转换回来，得到的可能不是原来的数(但误差极小)。

(3) 在算术运算过程中还可能产生新的误差积累。为方便起见，以十进制数为例来讨论 0.2156×10^3 和 0.1709×10^2 这两个实数相加的问题。

当 $0.2156 \times 10^3 + 0.1709 \times 10^2$ 运算时，通过小数点对位，然后相加，得到结果是 0.23269×10^3。假设规定用四位数表示尾数，一位数表示阶码，则在小数点对位时，要舍去 0.1709×10^2 的末位数字 9，得到的只能是近似值 0.2327×10^3，这就产生了误差。

一般来说，如果两个带有误差的数参与运算，它们会把误差继续传播给运算结果，而且其传播的规律是比较复杂的。在编制计算程序时一定要充分重视限制误差的产生并控制误差的传播。否则，由于参与运算的初始数据不可避免地带有误差，而大量运算又会传播误差，很可能导致误差不断地积累，甚至使计算结果失去意义。

1.6.4　字符的表示

计算机除了处理数字信息外，还需要识别和处理字母和其他符号，这些数字、字母和符号统称为字符。字符也必须按特定规则用二进制编码表示，才能被计算机识别和处理。计算机中常用的字符二进制编码有 BCD 码和 ASCII 码两种。

1. BCD 码

BCD(Binary Coded Decimal)码又称为"二—十进制"编码，即用二进制数符书写的十进制数符。尽管在计算机内部数据的表示和运算均采用二进制数，但由于二进制数不直观，故在计算机输入和输出时，通常还是采用十进制数。不过，这种十进制数仍然需要用二进制编码来表示，常见的表示方法为：用 4 位二进制编码表示一位十进制数。这种用二进制编码的十进制数叫 BCD 码。

同样是 BCD 码，表示的方法也有很多种，比较常用的是 8421BCD 码。表 1-3 列出了其中部分编码关系。

表 1-3　8421BCD 编码表

十进制数	8421BCD 码	十进制数	8421BCD 码
0	0000	10	0001 0000
1	0001	11	0001 0001
2	0010	12	0001 0010
3	0011	13	0001 0011
4	0100	14	0001 0100
5	0101	15	0001 0101
6	0110	16	0001 0110
7	0111	17	0001 0111
8	1000	18	0001 1000
9	1001	19	0001 1001
		20	0010 0000

由表 1-3 可以看出，8421BCD 码共有 10 个基本编码，即从 0000 到 1001，分别表示十进制数的 0～9。从表中还可以看出，8421BCD 码也是逢十进位的，2 位的十进制数需要用两个 BCD 编码表示，形成两组 4 位二进制；3 位的十进制数需要用三个 BCD 编码表示，形成三组 4 位二进制，依此类推。

BCD 码是比较直观的，只要熟悉了 BCD 的 10 个编码，就可以很容易地实现十进制数与 BCD 码的转换。

【例 1-9】　写出十进制数 5390.18 的 BCD 码。

根据表 1-3 可以很方便地写出对应结果，即

$$5390.18 = (0101\ 0011\ 1001\ 0000.0001\ 1000)_{BCD}$$

【例 1-10】　写出 BCD 码 0100 0111 0110 0010.0011 1001 对应的十进制数。

同理，按对应关系写出：

$$(0100\ 0111\ 0110\ 0010.00111001)_{BCD} = 4762.39$$

需要指出的是：

(1) BCD 码不同于二进制数。首先，BCD 码必须是 4 个二进制位为一组，而二进制数则没有这种限制。其次，4 个二进制位可组成 0000～1111 共 16 种编码状态，BCD 码只用了其中的前 10 种 0000～1001，余下的 6 种状态 1010～1111 被视为非法码；在二进制数中则使用全部 16 种编码状态。若在 BCD 码运算中出现非法码，则需要按修正原则和方法进行修正，才能得到正确结果。

(2) BCD 码和二进制数之间不能直接转换，必须先将 BCD 码转换成十进制数，然后再转换成二进制数；反之亦然。

2. ASCII 码

计算机中最常用的字符编码是 ASCII 码，即 American Standard Code for Information Interchange(美国信息交换标准代码)。ASCII 码采用 7 位二进制编码(前 3 位称高三位，后 4

位称低四位),可以表示 2^7 即 128 个字符,其中包括 26 个大写英文字母和 26 个小写英文字母、10 个阿拉伯数字、标点符、运算符、专用字符(如 !、$、%、# 等)以及控制字符(如换行 LF、回车 CR、换码 ESC 等)。具体编码见表 1-4。

表 1-4　ASCII 码字符表(7 位编码)

LSD $d_3d_2d_1d_0$ 位	MSD	MSD　　　　　　　　　　$d_6d_5d_4$ 位							
		0	1	2	3	4	5	6	7
		000	001	010	011	100	101	110	111
0	0000	NUL	DLE	SP	0	@	P	`	p
1	0001	SOH	DC1	!	1	A	Q	a	q
2	0010	STX	DC2	"	2	B	R	b	r
3	0011	ETX	DC3	#	3	C	S	c	s
4	0100	EOT	DC4	$	4	D	T	d	t
5	0101	ENQ	NAK	%	5	E	U	e	u
6	0110	ACK	SYN	&	6	F	V	f	v
7	0111	BEL	ETB	'	7	G	W	g	w
8	1000	BS	CAN	(	8	H	X	h	x
9	1001	HT	EM	)	9	I	Y	I	y
A	1010	LF	SUB	*	:	J	Z	J	z
B	1011	VT	ESC	+	;	K	[	k	{
C	1100	FF	FS	,	<	L	\	l	|
D	1101	CR	GS	-	=	M	]	m	}
E	1110	SO	RS	.	>	N	↑	n	~
F	1111	SI	US	/	?	O	—	o	DEL

从表 1-4 中可以看到,阿拉伯数字顺序用 011 0000～011 1001 即 30H～39H 来表示,大写英文字母顺序用 100 0001～101 1010 即 41H～5AH 来表示,小写英文字母顺序用 110 0001～111 1010 即 61H～7AH 来表示。这种编排完全是人为习惯排列的,没有什么具体意义。

因为计算机内部存储与操作常以字节为单位,故 ASCII 码通常也用 8 位来表示,其中低 7 位是 ASCII 码,余下的最高位(即第 8 位)通常用作奇偶校验位。

计算机字符处理实际上是对字符的内部码进行处理。例如:比较字符 A 和 E 的大小,实际上是对 A 和 E 的内部码 41H(十进制 65)和 45H(十进制 69)进行数值比较。

1.6.5　汉字的表示

1. 汉字的编码

要让计算机处理汉字,必须对汉字进行统一的编码,给每个汉字一个唯一的二进制编码。汉字符号集是一个很大的集合,至少需要用 2 个字节对汉字进行编码。2 个字节可以表示 $256 \times 256 = 65\ 536$ 种不同的汉字,作为汉字编码是可行的。但考虑到汉字编码与其他国际通用编码，如 ASCII 西文字符编码的关系，我国国家标准局采用了加以修正的两字节汉字编码方案，只用了两个字节的低 7 位。这个方案可以容纳 128 × 128 = 16 384 种不同的汉字，但为了与标准 ASCII 码兼容，每个字节中都不能再用 32 个控制功能码和码值为 32 的空格以及 127 的操作码，所以每个字节只能有 94 个编码。这样，双 7 位实际能够表示的字数是 94 × 94 = 8836 个。

国家根据汉字的常用程度定出了一级和二级汉字字符集，并规定了编码。国家标准局于 1981 年公布了汉字字符集国家标准 GB2312—80(信息交换用汉字编码字符集－基本集)，其中包含 3755 个一级汉字和 3 008 个二级汉字，还包括 682 个符号，共 7445 个。一级汉字按汉语拼音字母顺序排列，同音按笔顺排列；二级汉字按音序顺序排列。规定所有汉字分成 94 个区，每个区放 94 个汉字，每一个汉字可以用区号(0～93)和位号(0～93)唯一确定，即用两个字节表示一个汉字或符号。国标码字符集的区域划分如表 1-5 所示。

表 1-5   国标码字符集结构

00 ……20		21 22 23 24 25 26 …………7C 7D 7E	7F
00～20	位	1 2 3 4 5 6 …………92 93 94	
21～2F	1～15	非汉字图形符号(常用符号、数字序号、俄、法、希腊字母、日文假名等)	
30～57	16～55	一级汉字(3755 个)	
58～77	56～87	二级汉字(3008 个)	
78～7E	88～94	空白区(闲置未用)	
7F			

汉字的区位码是汉字所在区号和位号相连所得的。汉字的国标码是直接把第一字节和第二字节编码得到的，通常用十六进制表示。例如：

汉字	第一字节	第二字节	国标码	区位码
啊	00110000	00100001	3021H	1601
水	01000011	00101110	432EH	4314

在汉字实际编码中，为了和标准的 ASCII 码字符(用 0～127 编码)区别，不直接把区位码作为汉字的内码使用，通常是将两个字节的最高位置 1(或者把其中前一个字节的最高位置 1)，用每个字节的低 7 位编码代表汉字。

2. 计算机中汉字处理

根据存储、处理、显示和打印的实际需要，计算机中汉字的处理可分为如下几类编码。

1) 汉字交换码

汉字交换码即我国在 1981 年颁布的《信息交换用汉字编码字符集－基本集》(国标 GB2312—80)。因为汉字交换码是国家标准，所以又称"国标码"。

国标码规定，每个字符由 2 字节代码组成，每个字节的最高位恒为"0"，其余 7 位用于表示各种不同的码值，作为汉字的表示。

2) 汉字机内码

汉字机内码又称内码，即输入到计算机中存储与处理时的编码。计算机既要处理汉字，也要处理西文。为了实现中、西文兼容，通常利用字节的最高位来区分某个码值是代表汉字还是代表 ASCII 码字符。具体的做法是：最高位为"1"时视为汉字符，最高位为"0"时视为 ASCII 字符。所以，汉字机内码可在国标码的基础上，把两个字节的最高位一律由"0"改为"1"。

3) 汉字输入码

输入码又称为外码，是输入设备输入时使用的编码形式。西文输入时，直接由键盘输入，想输入什么字符便按什么键，输入码和机内码总是一致的。而汉字输入则不同，现以输入"中"字为例加以说明。在键盘上并无标有"中"字的按键，如果采用"拼音输入法"，就要在键盘上依次按下"z"、"h"、"o"、"n"、"g"这五个键，这里的"zhong"便是汉字"中"的输入编码。如果换一种汉字输入法，输入编码也得换。也就是说，汉字输入码不仅不同于它的机内码，而且当改变汉字输入法时，同一汉字的输入码也将随之改变。

需要指出的是，无论采用哪一种汉字输入法，当用户向计算机输入汉字时，存入计算机中的总是它的机内码，与所采用的输入法无关。

4) 汉字字形码

汉字字形码也称为"字模"。显示、打印汉字时，还要用到汉字字形码。通常汉字显示使用 16×16 字符点阵，汉字打印可选用 24×24、32×32、48×48 等字符点阵。字符点阵的点数愈多，打印的字体就愈美观，但汉字字库占用的存储空间也愈大。

目前，汉字编码的标准还没有完全统一。我国的汉字处理系统一般都执行国家标准 GB2312—80。在我国台湾、港澳地区则多用 BIG-5 码，世界其他地区的汉字文化圈中也存在一些其他的汉字编码方案。这就造成了各种汉字处理系统之间无法通用的局面。为使世界上包括汉字在内的各种文字的编码标准化、规范化，1992 年 5 月国际标准化组织 ISO 通过了 ISO/IEC10640，即《通用编码集(UCS)》，同时我国也制定了新的国家标准 GB13000 —1993(简称 CJK 字符集)。全国信息标准化技术委员会在此基础上发布了《汉字扩展内码规范》，其中收集了中国、日本、韩国三国汉字共 20 902 个(简称 GBK 字符集)，可以在很大程度上满足汉字处理的要求。GB(GB2312—80)作为一个子集完整地出现在 GBK 中。汉字编码将会向 GBK 编码体系逐步靠拢。

1.6.6 图形图像数字化编码

在计算机中存储和处理图形同样要用二进制数字编码的形式。要表示一幅图片或屏幕图形，最直接的方式是"点阵表示"。在这种方式中，图形由排列成若干行、若干列的像元(pixels)组成，形成一个像元的阵列。阵列中的像元总数决定了图形的精细程度。像元的数目越多，图形越精细，其细节的分辨程度也就越高，但同时也必然要占用更大的存储空间。对图形的点阵表示，其行列数的乘积称为图形的分辨率。例如，若一个图形的阵列总共有 480 行，每行 640 个点，则该图形的分辨率为 640×480。这与一般电视机的分辨率差不多。

像元实际上就是图形中的一个个光点，光点可以是黑白的，也可以是彩色的，因而一个像元也可以有几种表示方式：

(1) 最简单的情况，假设一个像元只有纯黑、纯白两种可能性，那么只用一个二进位就可以表示了。这时，一个 640×480 的像元阵列需要 $640 \times 480/8 = 38\ 400$ 字节 = 37.5 K

字节。

(2) 假设一个像元至少要有四种颜色，那么至少要用两个二进位来表示。如果用一个字节来表示一个像元，那么一个像元最多可以有 256 种颜色。这时，一个 640×480 的像元阵列需要 640×480 = 307 200 字节 = 300 K 字节。

由黑白二色像元构成的图形也可以用像元的灰度来模拟彩色显示，一个像元的灰度就是像元黑的程度，即介于纯黑和纯白之间的各种情况。计算机中采用分级方式表示灰度：例如分成 256 个不同的灰度级别(可以用 0～255 的数表示)，用 8 个二进位就能表示一个像元的灰度。采用灰度方式，使图形的表现力增强了，但同时存储一幅图形所需的存储量也增加了。例如采用上述 256 级灰度，与采用 256 种颜色一样，表示一幅 640×480 的图形就需要大约 30 万个字节(300 KB)。

(3) 真彩色图形显示：由光学关于色彩的理论可知，任何颜色的光都可以由红、绿、蓝三种纯的基色(光)通过不同的强度混合而成。所谓"真彩色"的图形显示，就是用三个字节表示一个点(像元)的色彩，其中每个字节表示一种基色的强度，强度分成 256 个级别。不难计算，要表示一个 640×480 的"真彩色"的点阵图形，需要将近 10^6 字节(1 MB)的存储空间。

图形的点阵表示法的缺点是：经常用到的各种图形，如工程图、街区分布图、广告创意图等基本上都是用线条、矩形、圆形等基础图形元素构成的，图纸上绝大部分都是空白区，因而存储的主要数据是"0"(白色用"0"表示，也占用存储空间)，浪费了存储空间，而真正需要精细表示的图形部分却不精确；图形中的对象和它们之间的关系没有明确地表示出来，图形中只有一个一个的点。此外，如果取出图形点阵表示的一个小部分加以放大，图的每个点就都被放大，放大的点构成的图形实际上更加粗糙了。

为了节约存储空间并且适合图形信息的高速处理，出现了许多其他图形表示方法。这些方法的基本思想是用直线来逼近曲线，用直线段两端点位置表示直线段，而不是记录线上各点。这种方法简称为矢量表示方法。采用这类方法表示一个图形可以只用很少的存储量。另外，采用解析几何的曲线公式也可以表示很多曲线形状，这称为图形曲线的参数表示方法。由于存在着多种不同的图形编码方法，图形数据的格式互不相同，应用时常会遇到数据不"兼容"的问题，不同的图形编码体制之间必须经过转换才能互相利用。

1.6.7　音频和视频信息的表示形式

多媒体计算机不仅要处理数值信息和字符信息，还要处理声音和图像，即音频信息和视频信息。

在一般声像设备中，声像信息通常都表示为模拟量，但计算机的 CPU 却只能处理数字量，即数字化的二进制数据。因此，无论是音频信息还是视频信息，在进入计算机以前都要先转换为二进制数据，才能交 CPU 加工处理；反之，从 CPU 输出的声像信息，也要先从二进制编码转换为音频、视频模拟信号，然后由声像设备播放。在这些输入、输出过程中，信息的转换都是由声像设备的接口板完成的，即声频卡完成声频信息的转换，视频卡完成视频信息的转换。在多媒体计算机中，上述转换对用户完全是透明的，不需要用户干预。所以对一般用户来说，只要知道有这些因素就可以了，不必详细了解转换的过程。

1.7 计算机安全与职业道德

随着计算机技术及网络技术与应用的不断发展，伴随而来的计算机系统安全问题越来越引起人们的关注。计算机系统一旦遭受破坏，将给使用者或社会造成重大经济损失，并严重影响正常工作的顺利开展。加强计算机系统安全工作，是信息化建设与健康应用信息系统的重要前提，也是每个公民义不容辞的责任。

1.7.1 计算机安全概述

1. 计算机安全定义

国际标准化组织(International Organization for Standardization，ISO)将"计算机安全"定义为："为数据处理系统所采取的技术和管理的安全保护，保护计算机硬件、软件、数据不因偶然的或恶意的原因而遭到破坏、更改、显露。"也有人将"计算机安全"定义为："计算机的硬件、软件和数据受到保护，不因偶然和恶意的原因而遭到破坏、更改和泄露，系统连续正常运行。"我国公安部计算机管理监察司的定义是："计算机安全是指计算机资产安全，即计算机系统资源和信息资源不受自然和人为有害因素的威胁和危害。"所以说，计算机安全主要涉及物理安全、系统安全和数据安全三个方面。

2. 计算机系统面临的安全问题

随着计算机与网络应用的普及，计算机系统面临的安全问题越来越严重，在信息社会中攻击的手段越来越多，越来越隐蔽。各种各样的不安全因素和事件越来越多地显现出来，如软/硬件故障和工作人员误操作等人为或偶然事故构成的威胁；利用计算机实施盗窃、诈骗等违法犯罪活动的威胁；网络攻击和计算机病毒构成的威胁；计算机黑客以及信息战的威胁等。

1) 环境安全问题

物理安全主要从计算机的所在环境出发，如机房或实验室，会受到下述不安全因素的威胁。

电磁波辐射：计算机设备本身就有电磁辐射问题，再加上外界电磁波的辐射和干扰，特别是自身辐射带有信息，容易被别人接收，造成信息泄漏。

自然灾害：如雷电、地震、火灾、水灾等。在这些危害中，有的会损害系统设备，有的则会破坏数据，甚至毁掉整个系统。

操作失误：如删除文件、格式化硬盘、线路拆除等意外疏漏；意外系统掉电、死机、程序设计错误、误操作等，都可能导致系统崩溃；操作员安全配置不当造成的安全漏洞，用户安全意识不强、用户口令选择不慎、用户将自己的账号随意转借他人或与别人共享等，这些都会对计算机安全带来威胁。

辅助保障系统：计算机机房环境的安全，包括水、电、空调中断或不正常，都会影响系统的正常运行。

2) 计算机的软/硬件故障

计算机设备自身的问题，如电子器件老化、电源不稳、设备环境等，都会使计算机或网络的部分设备暂时或永久失效，这些故障具有突发性的特点。

软件是计算机系统的重要组成部分，由于软件自身的庞大和复杂性，错误和漏洞的出现不可避免，再加上盗版软件的传播使用，常常会出现各种各样意想不到的安全故障。软件故障不仅会导致计算机工作的不正常，甚至死机，所存在的漏洞还会被黑客用来攻击计算机系统。

3) 人为的恶意攻击

人为的恶意攻击包括主动攻击和被动攻击。主动攻击是指以各种方式有选择地破坏信息，如修改、删除、伪造、添加、冒充等。被动攻击是指在不干扰网络系统正常工作的情况下进行截获、窃取及破译等。这些人为的恶意攻击属于计算机犯罪行为，常常来自一些对公司不满的内部员工、外部用户、"黑客"和"非法侵入者"等。

4) 系统安全与恶意软件

系统安全主要是指操作系统的安全，如系统中用户账号和口令设置、文件和目录存取权限设置、系统安全管理设置、服务程序使用管理等保障等安全措施。同时，如风险分析、审计跟踪、备份与恢复、应急等也是系统安全的任务。重点是保证系统正常运行，避免因为系统的崩溃和损坏而对系统存储、处理和传输的数据造成破坏和损失。

恶意软件是继病毒、垃圾邮件后互联网上的又一个全球性问题，是直接植入系统，破坏和盗取系统数据的恶意程序。恶意软件的传播严重影响了互联网用户的正常上网，侵犯了互联网用户的正当权益，妨碍了互联网的应用，给互联网带来了严重的安全隐患，特洛伊木马和蠕虫都是典型的恶意软件。

5) 信息自身安全与有害信息

信息自身安全是指保障信息本身不会被非法阅读、修改和泄露。一般来讲，对信息安全的威胁有信息泄露和信息破坏两种。信息泄露是指由于偶然或人为因素，在进行数据处理或传输过程中一些重要数据为别人所获，造成泄密事件；信息破坏是指由于偶然或人为因素故意地破坏数据的正确性、完整性和可用性，其危害极大。

有害信息主要包括：一是计算机信息系统及其存储介质中存在、出现的，以计算机程序、图像、文字、声音等多种形式表示的，含有恶意攻击，破坏团结等危害国家安全的数据；二是含有宣扬封建迷信、淫秽色情、凶杀、教唆犯罪等危害社会治安秩序内容的数据。目前，这些有害信息一是通过互联网进行传播；二是以计算机游戏、教学、工具等各种软件以及多媒体产品(如 VCD)等形式进行传播。由于目前计算机软件市场盗版盛行，许多含有有害信息的软件就混杂在其中。

3. 计算机网络发展带来的安全问题

以计算机网络技术为核心的信息革命，使得信息网络成为整个社会的神经系统，它正在改变着人们传统的生产、生活乃至学习方式 ，从而也导致了各种各样的安全问题。

计算机网络从局域网(Local Area Network，LAN)、城域网(Metropolitan Area Network)、广域网(Wide Area Network，WAN)已形成了连接世界范围的 Internet，使计算机网络深入到科研、文化、经济与国防的各个领域，推动了社会的发展。但是，这种发展也带来了一些负面影响，网络的开放性增加了网络安全的脆弱性和复杂性，信息资源的共享和分布处理增加了网络受攻击的可能性。

就网络结构、开放性给网络安全带来很多无法避免的问题。随着网络安全问题的日益严重，安全已不仅仅是某些厂商或个人的问题，而是所有网络用户的问题，也可以说是整个社会的问题。从网络用户、网络管理者到整个国家，都要义务文明地使用网络，以确保整个网络的安全。

1.7.2　计算机黑客

1. 网络黑客

黑客(Hacker)是指专门研究、发现计算机和网络漏洞的专业人员。黑客对计算机有着狂热的兴趣和执著的追求，他们不断地研究计算机和网络知识，发现计算机和网络中存在的漏洞，喜欢挑战高难度的网络系统并从中找到漏洞，然后向管理员提出解决和修补漏洞的方法。

黑客最早出现在 20 世纪 50 年代的麻省理工学院和贝尔实验室。最初的黑客一般都是一些高级的技术人员，他们热衷于挑战、崇尚自由并主张信息资源的共享。黑客不干涉政治，不受政治利用，他们的出现推动了计算机和网络的发展与完善。黑客的存在客观上是由于计算机技术的不健全，从某种意义上来讲，计算机的安全需要更多黑客去维护。但是到了今天，黑客一词已被用于泛指那些专门利用计算机漏洞搞破坏或恶作剧的家伙，对这些人的正确英文叫法是 Cracker，有人也翻译成"骇客"或"入侵者"，使人们把黑客和入侵者混为一谈，因此黑客被人们认为是在网上到处搞破坏的家伙。

2. 黑客的危害性

自 20 世纪 90 年代以来，Internet 在全球的迅猛发展使得军事、经济、科技、教育、文化等各领域加快网络化进程，并且逐渐成为人们生活、娱乐与学习的一部分。黑客的危害性使得网络安全成为困扰人们的重大问题。如黑客入侵他人主机，于是就利用他人的名义去做一些坏事，然后逃之夭夭。在国外，黑客则喜欢对国际型的大企业下手，如窃取机密或重要资料等。加上智能型犯罪电影的盛行，美国国防部便成了很多黑客们喜欢去练习猜测密码的对象。

总之，黑客的危害性极大，小则个人计算机受到影响，大则一个企业、一个地区甚至是一个国家，都会因此受到各种干扰而导致整个网络系统的瘫痪，其损失不可估量。

3. 如何防范黑客

黑客往往是通过对服务器进行扫描来寻找服务器存在的问题或漏洞，一旦发现就会实施攻击行为。这就要求对服务器的管理采取必要的手段以防止和预防黑客对其攻击。

常用的防范黑客措施有：屏蔽 IP 地址，利用防火墙过滤信息包，经常升级系统版本，及时备份重要数据，使用加密机制传输数据等。尤其是对一些重要信息，如个人信用卡、密码等，在客户端与服务器之间传送时，应该先经过加密处理后再进行发送，这样做的目的是防止黑客监听与截获，对于现在网络上流行的各种加密机制，都已经出现了不同的破解方法，因此在加密的选择上应该寻找破解困难、技术性较强的加密方法，这样会对黑客的防范起到很好的作用。

1.7.3 计算机犯罪

1. 计算机犯罪

计算机犯罪是指利用计算机作为犯罪工具进行的犯罪活动，如利用计算机网络窃取国家机密、盗取他人信用卡密码、传播复制色情内容等，它是一种与时代同步发展的高技术手段的犯罪活动。世界上第一例计算机犯罪案例 1958 年发生于美国的硅谷，但是直到 1966 年才被发现。中国第一例涉及计算机的犯罪是利用计算机贪污，发生于 1986 年，而被破获的第一例计算机犯罪则发生在 1996 年。

从首例计算机犯罪被发现至今，计算机犯罪的类型和发案率都在逐年大幅度上升，方法和手段成倍增加，开始由以计算机为犯罪工具的犯罪向以计算机信息系统为犯罪对象的犯罪发展，并呈愈演愈烈之势，而后者无论是对社会的危害性还是后果的严重性都远远大于前者。正如有专家所言，"未来信息化社会犯罪的形式将主要是计算机犯罪"，计算机犯罪也将是未来国际恐怖活动的一种主要手段。

2. 计算机犯罪的手段与特点

目前比较普遍的计算机犯罪主要有五类：一是"黑客非法侵入"，破坏计算机信息系统正常运行；二是网上制作、复制和传播有害信息，传播计算机病毒、黄色淫秽图像等，从思想上瓦解并危害青少年的健康成长；三是利用计算机与网络实施金融诈骗、盗窃、贪污和挪用公款，制造各种金融案件；四是非法盗用计算机资源，盗用账号、窃取国家秘密或商业机密等，由此造成单位或企业的混乱；五是利用互联网进行恐吓和敲诈，破坏国际合作，造成国际化的经济危机。

随着计算机犯罪活动的日益新颖化、隐蔽化，还会出现许多其他犯罪形式和手段。

我国政府对于打击计算机犯罪、保护网络安全非常重视，早在 20 世纪 80 年代中期，有关部门就开始着手解决计算机安全问题。1994 年国务院颁布了《中华人民共和国计算机信息系统安全保护条例》，明确由公安部门主管计算机安全管理，新《刑法》在第 285、286 条又增加了计算机犯罪的罪名，第 287 条还明确规定，利用计算机实施金融诈骗、盗窃、贪污、挪用公款、窃取国家秘密或者其他犯罪的，依照有关法规进行定罪处罚。

计算机犯罪作为一种刑事犯罪，具有与传统犯罪相同的共性特征。但是，作为一种与高科技相伴而生的犯罪，它又有许多与传统犯罪相异的特征，具体表现在智能性、隐蔽性、危害性、广域性、诉讼的困难性和司法的滞后性等方面。因此，要求计算机专业人员乃至普通计算机用户提高计算机文化素养，自觉遵守计算机职业道德和现代文明，抵制和防止上述不良行为，营造文明安全的计算机信息技术应用环境。

3. 自觉防范计算机犯罪

计算机犯罪是不同于任何一种普通刑事犯罪的高科技犯罪，随着计算机应用的广泛和深入，计算机犯罪的手段也日趋新颖化、多样化和隐蔽化，更使得打击计算机违法犯罪和保护网络安全工作不但量大而且也越来越困难。这就要求我们既要相应增加警力，又要进一步提高打击计算机犯罪的能力，同时还要注重研究和开发打击新型计算机犯罪的技术。

防范计算机犯罪可以通过制定专门的反计算机犯罪法，加强反计算机犯罪机构(侦查、司法、预防、研究等)的工作力度，建立健全国际合作体系，增强安全防范意识和加强计算机职业道德教育等几个方面进行。

各计算机信息系统使用单位应加强对计算机工作人员的思想教育，树立良好的职业道德，确保自身不模仿、不进行各种计算机犯罪行为。积极采取各种措施堵住管理中的漏洞，防止计算机违法犯罪案件的发生，制止有害数据的使用和传播。

1.7.4　计算机病毒

随着个人计算机的蓬勃发展，计算机已经由最初的用于科技运算逐步发展到每个家庭、每个办公桌面必备的计算工具，它给人们的工作、学习与生活带来了前所未有的方便与快捷。特别是 Internet 的发展，将计算机技术的应用带到了一个空前的境界，使人们的信息交流突破了地域的限制，更加充分享受了科技给人类带来的进步。然而，计算机病毒、木马、蠕虫等有害程序也如幽灵一般纷纷而至，令人防不胜防，越来越严重地威胁到人们对计算机的使用。所以说，计算机病毒不仅仅是计算机学术问题，还是一个严重的社会问题。

1. 计算机病毒定义

所谓计算机病毒，是一种在计算机系统运行过程中能把自身精确复制或有修改地复制到其他程序内的程序。它隐藏在计算机数据资源中，利用系统资源进行繁殖，满足一定条件即被激活，破坏或干扰计算机系统的正常运行，从而给计算机系统造成一定损害其至严重破坏。这种程序的活动方式与生物学中的病毒相似，所以被称为计算机"病毒"。

在《中华人民共和国计算机信息系统安全保护条例》中，定义计算机病毒为："编制或者在计算机程序中插入的破坏计算机功能或者毁坏数据，影响计算机使用，并能自我复制的一组计算机指令或者程序代码。"

2. 计算机病毒的特点与分类

1) 计算机病毒的特点

从计算机病毒的定义可以看出，计算机病毒感染性强、破坏性大，是目前针对个人计算机的主要威胁之一。它主要来源于从事计算机工作的人员和业余爱好者的恶作剧、寻开心制造出的病毒或软件公司及用户为保护自己的软件被非法复制而采取的报复性惩罚措施等。同时，计算机的网络化也增加了病毒的危害性和清除的困难性。所以，计算机病毒具有程序性、传染性、潜伏性、表现性、破坏性、可触发性和针对性等特点。

事实上，每一种计算机病毒都不能传染所有的计算机系统或程序，病毒的设计具有一定的针对性。例如，有传染微机的、有传染 command.com 文件的、有传染扩展名为 com 或 exe 文件的等。这就要求技术人员针对不同类型的病毒进行相应的预防措施。

2) 计算机病毒的分类

根据计算机病毒的特点，计算机病毒的分类方法有许多种，同一种病毒可能同时属于多种类型。目前常见的病毒分类方法如下：

按传染方式分类，可分为引导型、可执行文件型、宏和混合型病毒四类；按连接方式分类，可分为源码型、嵌入型、外壳型和操作系统型病毒四类；按破坏性分类，可分为良性病毒和恶性病毒两类；按照传播媒介分类，可分为单机病毒和网络病毒两类。

3. 计算机病毒的预防与检测

防治计算机病毒的关键是做好预防工作，即防患于未然。而预防工作从宏观上来讲是一个系统工程，要求全社会来共同努力。从国家来说，应当健全法律、法规来惩治病毒制造者，这样可减少病毒的产生。从各级单位而言，应当制定出一套具体措施，以防止病毒的相互传播。从个人角度来说，每个人都要严格遵守病毒防治的有关规定，不断增长知识，积累防治病毒的经验；不仅不能成为病毒的制造者，而且也不要成为病毒的传播者；要学会及早发现病毒，做到早发现、早处置，以减少损失。

1) 病毒预防技术

预防技术是指通过一定的技术手段防止计算机病毒对系统进行传染和破坏，实际上它是一种特征判定技术，也可以是一种行为规则的判定技术。也就是说，计算机病毒的预防是根据病毒程序的特征对病毒进行分类处理，在程序运行中凡有类似的特征点出现，则认定是计算机病毒。具体来说，计算机病毒的预防是通过阻止计算机病毒进入系统内存或阻止计算机病毒对磁盘的操作尤其是写操作，以达到保护系统的目的。

首先，从管理上对病毒进行预防。谨慎使用公用软件和共享软件，限制计算机网络上可执行代码的交换，尽量不运行来源不明的程序，新的计算机软件应先经过检查再使用；除原始系统软件盘外，尽量不用其他系统盘引导系统；定期检测硬盘上的系统区和文件并及时消除病毒；系统中的数据盘和系统盘要定期进行备份，不要将数据或程序写到系统盘上。

其次，从技术上对病毒进行预防。任何计算机病毒对系统的入侵都是利用 RAM 提供的自由空间及操作系统所提供的相应中断功能来达到传染目的。因此，可以通过增加硬件设备来保护系统，此硬件设备既能监视 RAM 中的常驻程序，又能阻止对外存储器的异常写操作，这样就能实现对计算机病毒预防的目的。目前普遍使用的防病毒卡就是一种病毒的硬件保护手段，将它插在主机板的 I/O 插槽上，在系统的整个运行过程中密切监视系统的异常状态。

最后，利用计算机病毒疫苗进行预防。计算机病毒疫苗是一种能够监视系统的运行，在发现某些病毒入侵时可以防止或禁止病毒入侵，当发现非法操作时及时警告用户的软件。

2) 病毒检测技术

计算机病毒检测技术是指通过一定的技术手段判定出计算机病毒的一种技术。通常病毒进行传染必然会留下痕迹。检测计算机病毒，就是要到病毒寄生场所去检查，对发现的异常情况进行检测，确认计算机病毒是否存在。如果病毒存储于磁盘中，一旦激活就驻留在内存中，因此，对计算机病毒的检测分为对内存的检测和对磁盘的检测。

病毒检测的原理主要是基于：利用病毒特征代码法、利用文件内容校验法、利用病毒特有行为特征监测法、比较被检测对象与原始备份的比较法、利用病毒特性进行检测的感染实验法以及运用反汇编技术分析被检测对象的分析法等。

4. 清除病毒

严格地讲，计算机病毒的清除是计算机病毒检测的延伸，是计算机病毒检测技术发展的必然结果，也是病毒传染程序的一种逆过程。清除病毒是指在检测发现特定的计算机病毒基础上，根据具体病毒的清除方法从传染的程序中除去计算机病毒代码并恢复文件的原有结构信息。

一旦发现计算机被病毒感染，则应立即清除病毒。通常采用人工处理或反病毒软件两种方式进行清除。

人工处理的方法有：用正常的文件覆盖被病毒感染的文件；删除被病毒感染的文件；重新格式化磁盘，但这种方法有一定的危险性，操作前必须进行数据备份，否则容易造成对文件数据的破坏。

用反病毒软件对病毒进行清除是一种较好的方法，也是最省工省时的检测与清除方法。常用的反病毒软件有 360 杀毒软件、瑞星杀毒软件、金山毒霸等。这些反病毒软件操作简单、提示丰富、行之有效，但每种反病毒软件都是针对某些病毒的，并不能清除所有病毒。所以不同的病毒需要用不同的反病毒软件进行清除。用户要根据自己的需要选择检测工具和杀毒软件，并要详细阅读使用说明书，按照软件中提供的功能菜单进行安装与运行，使其达到有效检测和清除病毒的目的。

1.7.5　漏洞与补丁程序

1. 漏洞概念

现代网络应用中，人们经常需要安装补丁程序进行系统升级，其原因是程序系统具有漏洞。漏洞(Bug)是指某个程序(包括操作系统)在设计时因未考虑周全，当程序遇到一个看似合理、但实际无法处理的问题时而引发的不可预见的错误。漏洞常常会导致两类结果的发生：一是对用户操作造成不便，如不明原因的死机或丢失文件等；二是给用户带来安全隐患，这些漏洞容易被恶意用户利用而造成信息泄漏，如黑客利用网络服务器操作系统的漏洞攻击网站等。

一般的软件都或多或少地存在漏洞，软件系统越复杂，存在漏洞的可能性就越大。当一个软件在发布之后被发现存在漏洞时，软件的开发商就会通过升级软件的方式，即经常说的打补丁(Patch)，对有问题的软件进行修复，而这些用于升级的软件包就称为漏洞的补丁程序。

2. 如何安装补丁

一般来说，给一个操作系统或应用软件安装补丁最佳的办法就是经常主动地访问软件提供商的网站，看看是否有最新的补丁程序推出。这些补丁程序往往是以压缩包的方式存在服务器中，及时下载最新补丁程序并按提示进行操作，可以有效避免各种基于系统漏洞的错误和攻击。

就 Windows 系统来说，如果不习惯到微软公司提供的网站查询补丁信息，还可以采取其他两种方法：一是在微软公司提供的网站上订阅电子邮件更新通知；二是使用 Windows XP、Windows 7 等系统中内置的"Automatic Updates"服务，该服务会在每次计算机启动过程中主动访问微软公司的网站，查询最新补丁情况，有了它基本上可以在第一时间获得并自动安装最新补丁。

1.7.6　社会责任与职业道德规范

所谓职业道德，就是同人们的职业活动紧密联系的符合职业特点所要求的道德准则、道德情操与道德品质的集中反映。每位从业人员，不论是从事哪种职业，在职业活动中都要体现社会责任与遵守职业道德。譬如教师要遵守教书育人、为人师表的职业道德，医生要遵守救死扶伤的职业道德等。因而从事计算机行业工作，就必须遵守计算机职业道德。计算机职业道德的最基本要求就是国家关于计算机管理与信息安全方面的法律法规，维护并宣传计算机信息系统正常安全使用的法律常识。我国政府陆续颁布了《中华人民共和国计算机信息系统安全保护条例》、《中华人民共和国计算机信息网络国际联网管理暂行规定》、《计算机信息网络国际联网安全保护管理办法》、《中国互联网络域名注册暂行管理办法》、《中国互联网域名注册实施细则》、《互联网信息服务管理办法》、《互联网电子公告服务管理办法》等法规性文件，并在新刑法中明确了计算机犯罪与计算机违法行为的区别，从而为我国的网络安全管理提供了法律依据。

但是，法律不是解决计算机信息安全的唯一方法，人们日常的行为标准更多是由道德教育来解决的。全社会良好的道德规范是文明信息化社会的标志之一。结合实际开展道德规范教育并配合行政法规和管理制度的约束增强人们的社会责任，有利于促进计算机网络的稳定发展，从而保证计算机信息系统的安全。

从事计算机行业的所有人员，应该遵守的行为准则具体表现在以下几个方面：

(1) 按照有关法律、法规和内部规定建立计算机信息系统。建立计算机系统必须保障其具有一定的安全性，主要有三个方面：一是保密性，即信息和资源不能向非授权的用户泄露；二是完整性，即信息和资源保证不被非授权的用户修改和利用；三是可靠性，即当授权用户需要时信息和资源保证能够被使用。

(2) 以合法的用户身份进入计算机系统。非法侵入计算机系统不但会给他人带来很多麻烦并侵犯了他人的合法权益，更严重的话，如果违反国家规定，侵入国家事务、国防建设、尖端科学技术的计算机系统，就是一种犯罪行为，即犯了"非法侵入计算机信息系统罪"，将要受到法律的制裁。

(3) 在互联网上收集、发布信息时必须尊重相关人员的名誉、隐私等合法权益。这是关系到他人隐私或泄密的一个问题，随意将他人的隐私曝光，是很不道德的行为，不论是在其他行业，还是在计算机行业，都应时刻注意，做任何事都不能损害他人名誉，侵犯他人隐私。

学校是培养人才的地方，学习计算机知识和运用计算机能力已成为当代大学生知识结构中不可缺少的重要组成部分。因此，作为大学生，更应牢固树立依法保护计算机网络安全的意识，加强自身伦理道德、职业道德修养，自觉地遵守国家的法律法规，增强社会责任，遵守学校的各项规章制度，维护计算机信息系统的安全，保障计算机设备和环境的安全、信息的安全、运行的安全和保障计算机功能的正常发挥，使其更好地造福于社会、造福于人民。

本　章　小　结

本章主要介绍了信息与信息技术；计算机文化；计算机的历史与发展；计算机分类及其特点；计算机应用领域、发展趋势与新技术；计算机中的信息表示方法；计算机安全与职业道德。其中进位计数值及其相互转换、数值数据表示形式、非数值数据(字符、图形、音频信息等)表示形式需要认真学习与理解。

习　题　1

一、单项选择题

1. 最早的计算机是用来进行_____的。

A. 科学与工程计算　　　　　　　　　　B. 系统仿真

C. 自动控制　　　　　　　　　　　　　D. 信息处理

2. 世界上第一台电子数字计算机完成于_____。

A. 1946 年，美国　　　　　　　　　　B. 1946 年，日本

C. 1971 年，美国　　　　　　　　　　D. 1971 年，日本

3. 在计算机中采用二进制的原因是因为_____。

A. 电子元件只有两个状态　　　　　　　B. 二进制的运算能力强

C. 二进制的运算规则简单　　　　　　　D. 上述三个原因都是

4. 下列数中最小的一个是_____。

A. 100B　　　　　　B. 8　　　　　　C. 12H　　　　　　D. 11Q

5. 最大的 15 位二进制数换算成十进制数是_____。

A. 65535　　　　　　B. 255　　　　　　C. 32767　　　　　　D. 1024

6. 最大的 15 位二进制数换算成十六进制数是_____。

A. FFFFH　　　　　　B. 3FFFH　　　　　　C. 7FFFH　　　　　　D. 0FFFH

7. 已知小写字母的 ASCII 码值比大写字母大 32，大写字母 A 的 ASCII 码为十进制数 65，则二进制数 1000100 是字母_____的 ASCII 码。

A. A　　　　　　B. B　　　　　　C. D　　　　　　D. E

8. 小写字母 d 的 ASCII 码是二进制数_____。

A. 1100100　　　　　　B. 1000100　　　　　　C. 1000111　　　　　　D. 1110111

9. 计算机中所有信息的存储都采用_____。

A. 二进制　　　　　　B. ASCII 码　　　　　　C. 十进制　　　　　　D. 十六进制

10. 通过计算机键盘输入汉字的编码被称为_____。

A. 交换码　　　　　　B. 内码　　　　　　C. 外码　　　　　　D. 字形码

二、填空题

1. 信息的主要特征由_____、_____、_____和_____几个方面表示。

2. 计算机特点是_____、_____、_____、_____和_____。

3. 云计算包含_____、_____和_____ 3 个层次。

4. 大数据具有_____、_____、_____、_____和_____ 5 个特征。

5. 物联网的两个方面含义是_____和_____。

三、计算题

1. 将下列十进制数转换成二进制和十六进制数。

(1) 369　　　　　(2) 1994　　　　　　　(3) 60.25　　　　(4) 168.8

2. 将下列二进制数转换成十进制、十六进制数和 BCD 码。

(1) 101011　　　(2) 11111111　　　　　(3) 1011.101　　　(4) 100100.1

3. 将下列十六进制数转换成二进制、十进制数。

(1) 3C　　　　　(2) FF80　　　　　　　(3) 369.AD　　　　(4) 1024.CAB

4. 将下列十进制数转换成 8421BCD 码。

(1) 108　　　　　(2) 236　　　　　　　(3) 568.68　　　　(4) 634.269

5. 写出下列字符串的 ASCII 码。

(1) For example:　　　(2) 2580　　　　　(3) $　　　　　(4) ?

(5) CR(回车)　　　　(6) SP(空格)　　　(7) ABCD　　　(8) abcd

四、简答题

1. 简述信息与信息技术的含义。

2. 简述信息与数据的关系。

3. 互联网 + 的含义是什么？

4. 简述 BCD 编码和 ASCII 编码各自的用途。

5. 简述计算机病毒的特性及其防治策略。

6. 简述对计算机文化和职业道德的理解。

第 2 章 计算机系统基础

本章重点：
◇ 计算机系统组成与基本工作原理
◇ 计算机性能指标
◇ 微型计算机组成与特点

本章难点：
◇ 计算机五大部件及其功能
◇ 计算机工作原理

计算机系统由硬件系统和软件系统组成。硬件系统包括中央处理机(CPU)、存储器系统(MEN System)、总线系统(BUS)和外部设备(I/O Devices)等；软件系统包括计算机系统软件和用户应用软件。本章主要介绍计算机的系统组成、软硬件系统、基本功能、技术指标与工作原理、微型计算机组成与特点等基础知识。

2.1 计算机系统组成

一台完整的计算机系统是由硬件系统和软件系统两部分组成的。硬件系统(Hardware)是组成计算机的各种物理设备的总称，又称机器系统。软件系统(Software)是为运行、管理和维护计算机而编制的各种程序、数据和文档的总称，又称程序系统。只有硬件而没有软件的计算机称为裸机，裸机是无法工作的。计算机的功能丰富程度不仅取决于硬件系统，在更大程度上是由其所安装的软件系统所决定的。

硬件和软件是一个完整的计算机系统互相依存的两大部分，它们的关系主要体现在以下几个方面：

(1) 硬件和软件互相依存。硬件是软件赖以工作的物质基础，软件的正常工作是硬件发挥作用的唯一途径。计算机系统必须要配备完善的软件系统才能正常工作，且充分发挥其硬件的各种功能。

(2) 硬件和软件无严格界线。随着计算机技术的发展，在许多情况下，计算机的某些功能既可以由硬件实现，也可以由软件来实现。因此，硬件与软件在一定意义上没有绝对严格的界限。

(3) 硬件和软件协同发展。计算机软件随硬件技术的迅速发展而发展，而软件的不断发展与完善又促进硬件的更新，两者密切地交织发展，缺一不可。

2.2 计算机硬件系统

冯·诺依曼是美籍匈牙利数学家，他于 1945 年首先提出了以二进制数据为基础的存储程序自动控制思想，奠定了现代电子数字计算机的发展基础。他的基本思想可简要地概括为以下三点：

(1) 五大部件结构体系。计算机由运算器、控制器、存储器、输入设备和输出设备五个基本部分组成。

(2) 二进制指令操作。计算机内部采用二进制表示指令和数据，一条指令至少要有两部分组成：一部分是操作码，指出要完成的具体操作，即让计算机"干什么"；另一部分是地址码，指出计算机操作对象所在的"地址"。

(3) 存储程序自动控制。要让计算机完成某项工作，就必须事先编制好相应的程序，并把程序和原始数据存入计算机的存储器中，启动计算机后，无需人工干预，计算机从第一条指令开始逐条执行程序，使计算机在程序的控制下，自动完成解题的全过程。这就是著名的存储程序自动控制原理。

2.2.1 计算机硬件系统组成

现代计算机一般都是按照冯·诺依曼基本思想设计制造的，所以称之为冯·诺依曼计算机。现代计算机硬件基本结构如图 2.1 所示。

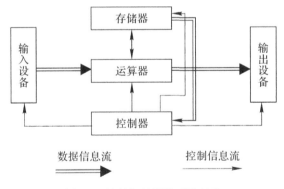

图 2.1 计算机的硬件系统结构

计算机硬件各部分功能简单介绍如下。

1. 运算器或称算术逻辑单元(Arithmetical and Logical Unit，ALU)

运算器的主要功能是进行算术运算和逻辑运算。计算机中最主要的工作是运算，大量数据的运算任务是在运算器中进行的。运算器又称算术逻辑单元。

算术运算包括加、减、乘、除等基本运算；逻辑运算包括逻辑判断、关系比较以及其他的基本逻辑运算，如"与"、"或"、"非"等。

2. 控制器(Control Unit)

控制器是整个计算机系统的指挥控制中心，它控制计算机各部分自动协调地工作，保证计算机按照预先规定的目标和步骤有条不紊地进行操作及处理。

控制器的工作过程是：首先从内存中取出一条指令，并对指令进行分析(规定的是什么操作以及所需数据的存放位置等)，然后根据分析的结果向计算机有关部件发出控制命令，统一指挥整个计算机完成该指令所规定的操作。这样逐一执行一系列指令，就能使计算机按照由这一系列指令组成的程序的要求自动完成各种任务。

控制器和运算器合称为中央处理单元 (Central Processing Unit，CPU)，它是计算机的核心部件。其性能指标主要是工作速度和计算精度，对机器的整体性能有全面的影响。

3. 存储器(Memory Unit)

存储器是计算机等"记忆"装置，它的主要功能是存储程序和数据，并在计算机运行过程中高速、自动地完成程序或数据的存取。

计算机存储信息的基本单位是位(bit)，即一位可以存储一个二进制数 0 或 1，每 8 位二进制数合在一起称为一个字节(Byte，简写为 B)。微机中存储器的一个存储单元一般存放一个字节的信息。

计算机一次可以并行处理的二进制信息量称为一个字(Word，简写为 W)，一个字中所包含的二进制位数称为字长。字长越长，计算机处理信息的功能就越强。不同型号的计算机字长是不一样的。例如，286 机的字长是 16 位；386 和 486 机的字长是 32 位；目前微型机的字长都达到 64 位以上。

存储器是由成千上万个"存储单元"构成的，每个存储单元都有唯一的编号，称为地址。"存储单元"是基本的存储单位，不同的存储单元是用不同的地址来区分的，就好像不同宿舍楼的各个房间是用楼号与门牌号(代表不同楼层及房间号)来区分的一样。

目前的计算机绝大多数采用按地址访问的方式在存储器中存、取数据，因此，存储器的存数和取数的速度是计算机系统的一个非常重要的性能指标。

衡量存储器性能优劣的主要指标有存储容量、存储速度、可靠性、功耗、体积、重量、价格等。存储容量指存储器所能存储的全部二进制信息量，通常以字节 B 为单位。表示存储容量大小的单位还有 KB(千字节)、MB(兆字节)、GB(吉字节)、TB(太字节)，其间关系为：1 KB = 1024 B；1 MB = 1024 KB；1 GB = 1024 MB；1 TB = 1024 GB。

4. 输入设备(Input Device)

用来向计算机输入各种原始数据和程序的设备叫输入设备。输入设备把各种形式的信息，如数字、文字、图像等转换为数字形式的"编码"，即计算机能够识别的用 1 和 0 表示的二进制代码，并把它们"输入"(Input)到计算机的内存中存储起来。键盘是标准的输入设备，除此外还有鼠标、扫描仪、光笔、数字化仪、麦克风、视频摄像机等。

5. 输出设备(Output Device)

从计算机输出各类数据或计算结果的设备叫做输出设备。输出设备把计算机加工处理的结果(仍然是数字形式的编码)变换为人或其他设备所能接收和识别的信息形式，如文字、数字、图形、图像、声音等。常用的输出设备有显示器、打印机、绘图仪、音箱等。

通常把输入设备和输出设备合称为 I/O 设备或输入/输出设备。

2.2.2　计算机主要性能指标

一台计算机性能的优劣，主要由它的系统结构、硬件组织、指令系统、外设配置以及软件配置等因素来决定，其主要技术指标通常体现在以下几个方面。

1. 字长

字长(Word)是指微处理器内部一次可以并行处理二进制代码的位数。它与微处理器内部寄存器以及 CPU 内部数据总线宽度是一致的，字长越长，所表示的数据范围越大、精度就越高。在完成同样精度的运算时，字长较长的微处理器比字长较短的微处理器运算速度快。大多数微处理器内部的数据总线与微处理器的外部数据引脚宽度是相同的。

字长是微型机重要的性能指标，也是微型机分类的主要依据之一。如按字长把微型机分为 8 位机、16 位机、64 位机、128 位机等。

2. 主机频率

主机频率(CPU Clock Speed)指专门配备给微处理器工作的时钟信号的频率。它是由一组专门电路产生并基本确定了一台计算机工作节奏快慢和工作秩序的协调。主频以赫兹(Hz)为单位，一般记为 4.77 MHz、800 MHz、1.0 GHz、3.0 GHz 等。

3. 存储容量

存储容量是衡量微机内部存储器能存储二进制信息量大小的一个技术指标。内存储器由若干个存储单元组成，每个单元分配一个固定的地址并且存放一个字节的数据，存储单元的地址个数由 CPU 的地址总线条数决定，同时也确定了内存的容量大小。存储容量一般以字节为最基本的计量单位。一个字节记为 1 B，1024 个字节记为 1 KB，1024 KB 记为 1 MB，1024 MB 记为 1 GB(吉字节，GigaByte)，而 1024 GB 记为 1 TB(太字节，TeraByte)。

4. 指令系统

任何一种 CPU 在设计时就确定了它能够完成的各种基本操作，也就是说指令系统被确定了。让计算机完成某种基本操作的命令被称为指令，CPU 所固有的基本指令集合称为该计算机的指令系统。一台计算机的指令系统一般有几十到几百条。

一般来说，计算机能够完成的基本操作种类越多，也就是指令系统的指令数越多，说明其功能越强。

5. 运算速度

运算速度(也称为指令执行时间)是指计算机执行一条指令所需的平均时间，其长短反映了计算机执行一条指令运行速度的快慢。它一方面决定于微处理器工作时钟频率，另一方面又取决于计算机指令系统的设计、CPU 的体系结构等。目前，人们用微处理器工作时钟频率来表示运算速度，以兆赫兹(MHz)为单位，主频越高，表面运算速度越快。微处理器指令执行速度指标一般以每秒运行百万条指令 (Millions of Instructions Per Second，MIPS) 的数量来评价。

6. 系统总线

系统总线是连接微型机系统各功能部件的公共数据通道，简称 BUS。其性能直接关系到微机系统的整体性能，主要表现为它所支持的数据传送位数和总线工作时钟频率。数据传送位数越宽，总线工作时钟频率越高，则系统总线的信息吞吐率就越高，微型机系统的性能就越强。微型机系统采用了多种系统总线标准，如 ISA、EISA、VESA、PCI 等。

7. 外部设备配置

在微机系统中，外部设备占据了重要的地位。计算机信息输入、输出、存储都必须由外设来完成，微机系统一般都配置了显示器、打印机、网卡等外设。微机系统所配置的外设，其速度快慢、容量大小、分辨率高低等技术指标都影响着微机系统的整体性能。

8. 系统软件配置

系统软件也是计算机系统不可缺少的组成部分。微型机硬件系统仅是一个裸机，它本身并不能运行，若要运行，必须有基本的系统软件支持，如 Windows、Linux、Unix 等操作系统。系统软件配置是否齐全，软件功能的强弱，是否支持多任务、多用户操作等都是微机硬件系统性能能否得到充分发挥的重要因素。

2.3　计算机软件系统

计算机软件系统是计算机运行与工作的灵魂，不配置计算机软件的计算机什么事情都做不成。计算机软件系统按其功能可分为系统软件和应用软件两大类。

2.3.1　系统软件

系统软件是指管理、控制和维护计算机及其外部设备、提供用户与计算机之间操作界面等方面的软件，它并不专门针对具体的应用问题。具有代表性的系统软件有操作系统、数据库管理系统以及各种程序设计语言的编译系统等，其中最重要的系统软件是操作系统。

1. 操作系统(Operating System)

操作系统是最基本的系统软件，是用于管理和控制计算机所有软、硬件资源的一组程序。操作系统直接运行在裸机之上，其他的软件(包括系统软件和大量的应用软件)都建立在操作系统基础之上，并得到它的支持和取得它的服务。如果没有操作系统的功能支持，人就无法有效地操作计算机。因此，操作系统是计算机硬件与其他软件的接口，也是用户和计算机之间的接口。

操作系统具有处理机管理、存储管理、设备管理、信息管理等功能。操作系统是现代计算机必配软件，其性能很大程度上直接决定了整个计算机系统的性能。

操作系统多种多样，功能也相差很大，有各种不同的分类标准。按与用户对话的界面不同，可分为命令行界面操作系统和图形用户界面操作系统；按能够支持的用户数为标准，分为单用户操作系统和多用户操作系统；按是否能够运行多个任务为标准分为单任务操作系统和多任务操作系统等；现代操作系统分为批处理系统、分时操作系统、实时操作系统、网络操作系统。实际上，许多操作系统同时兼有多种类型操作系统的特点。

目前常用的操作系统有 Windows、Unix、Linux、OS/2、Novel、NetWare 等。

2. 程序设计语言的编译系统

计算机在执行程序时，首先要将存储在存储器中的程序指令逐条地取出来，并经过译码后向计算机的各部件发出控制信号，使其执行规定的操作。计算机的控制装置能够直接识别的指令是用机器语言编写的，而用机器语言编写一个程序并不是一件容易的事。实际上，绝大多数用户都使用某种程序设计语言(即高级语言)，如 BASIC 语言、C 语言、Delphi 等，来编写程序。但是用这些高级语言编写的程序 CPU 是不认识的，必须要经过翻译变成机器指令后才能被计算机执行，而负责这种翻译的程序称为编译系统(编译程序)。为了在计算机上执行由某种高级语言编写的程序，就必须配置有该种语言的编译系统。

3. 数据库管理系统

数据处理是当前计算机应用的一个重要领域。计算机的效率主要是指数据处理的效率。有组织地、动态地存储大量的数据信息，而且又要使用户能方便、高效地使用这些数据信息，是数据库管理系统的主要功能。数据库软件体系包括数据库、数据库管理系统和数据库系统三个部分。

数据库(DataBase，DB)是为了满足一定范围里许多用户的需要，在计算机里建立的一组互相关联的数据集合。

数据库管理系统(DataBase Management Systems，DBMS)是指对数据库中数据进行组织、管理、查询并提供一定处理能力的系统软件。它是数据库系统的核心组成部分，为用户或应用程序提供了访问数据库的方法。数据库的一切操作都是通过 DBMS 进行的。

数据库系统(DataBase System，DBS)是由数据库、数据库管理系统、应用程序、数据库管理员、用户等构成的人—机系统。数据库管理员是专门从事数据库建立、使用和维护的工作人员。

DBMS 是位于用户(或应用程序)和操作系统之间的软件。DBMS 是在操作系统支持下运行的，借助于操作系统实现对数据的存储和管理，使数据能被各种不同的用户所共享，保证用户得到的数据是完整的、可靠的。DBMS 提供用户使用的数据库语言，它与用户之间的接口称为用户接口。

应用较多的数据库管理系统有 Fox PRO、SQL Server、Oracle、Informix、Sybase 等。

4. 实用程序

实用程序完成一些与管理计算机系统资源及文件有关的任务。如诊断程序、反病毒程序、卸载程序、备份程序、文件解压缩程序等工具类软件。

2.3.2　应用软件

应用软件是指专门为解决某个应用领域内的具体问题而编制的软件(或实用程序)。如文字处理软件、计算机辅助设计软件、企事业单位的信息管理软件，以及游戏软件等。应用软件一般不能独立地在计算机上运行而必需有系统软件的支持。应用软件，特别是各种专用软件包也经常是由软件厂商提供的。

计算机的应用几乎已渗透到了各个领域，所以应用程序也是多种多样的。目前，在微机上常见的应用软件有：

(1) 文字处理软件：用于输入、存储、修改、编辑、打印文字资料(文件、稿件等)。常用的文字处理软件有 WPS、Word 等。

(2) 信息管理软件：用于输入、存储、修改、检索各种信息。如工资管理软件、人事管理软件、仓库管理软件、计划管理软件等。这种软件发展到一定水平后，可以将各个单项软件连接起来，构成一个完整的、高效的管理信息系统，简称 MIS。

(3) 计算机辅助设计软件：用于高效地绘制、修改工程图纸，进行常规的设计和计算，帮助用户寻求较优的设计方案。常用的有 AutoCAD 等软件。

(4) 实时控制软件：用于随时收集生产装置、飞行器等的运行状态信息，并以此为根据按预定的方案实施自动或半自动控制，从而安全、准确地完成任务或实现预定目标。

按层次观点，计算机系统的组成如图 2.2 所示。其中最内层的裸机是指没有任何软件的(纯硬件)机器。各层次的关系是：内层是外层的支撑，而外层可以不必了解内层细节，只需按约定使用内层提供的服务。

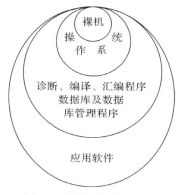

图 2.2　计算机系统的组成

从总体上来说，无论是系统软件还是应用软件，都朝着外延进一步"傻瓜化"，内涵进一步"智能化"的方向发展，即软件本身越来越复杂，功能越来越强，但用户的使用越来越简单，操作越来越方便。

2.4　计算机的工作原理

虽然计算机的种类繁多，且在规模、处理能力、价格、复杂程度以及设计技术等方面都有很大差别，但各种计算机的基本原理都是一样的。计算机工作的过程实际上是快速执行指令的过程。

2.4.1　计算机指令与指令系统

1. 指令

计算机指令是能被计算机识别并执行的二进制代码组合，它规定了计算机能完成的某一种操作。一条指令通常由操作码和操作数两部分组成。

(1) 操作码：指明该指令要完成操作的类型或性质，如取数、做加法或输出数据等。操作码的位数决定了一个机器操作指令系统的条数。当使用定长操作码格式时，若操作码位数为 n，则指令条数可有 2^n 条。

(2) 操作数：指明操作对象的内容或所在的单元地址，操作数在大多数情况下是地址码，地址码可以有 0～3 个。从地址码得到的仅是数据所在的地址，可以是源操作数的存放地址，也可以是操作结果的存放地址。

2. 指令系统

一台计算机的所有指令的集合，称为该计算机的指令系统。不同类型的计算机，指令系统的指令条数有所不同。通过指令编写程序来解决实际需要处理的问题，程序是为解决某一具体问题而编制的由若干有内在联系的指令组成的指令序列。

2.4.2　计算机的工作原理

计算机的工作就是执行指令的过程。当计算机在工作时，有两种信息在执行指令的过程中流动，即数据流和控制流。数据流是指原始数据、中间结果、结果数据、源程序等。控制流是由控制器对指令进行分析、解释后向各部件发出的控制命令，指挥各部件协调地工作。指令的执行过程分为以下 4 个步骤：

(1) 取指令：按照程序计数器中的地址(如：0100H)，从内存储器中取出指令(如：070270H)，并送往指令寄存器。

(2) 分析指令：对指令寄存器中存放的指令(070270H)进行分析，由译码器对操作码(07H)进行译码，将指令的操作码转换成相应的控制电位信号；由地址码(0270H)确定操作数地址。

(3) 执行指令：由操作控制线路发出完成该操作所需要的一系列控制信息，去完成该指令所要求的操作。例如做加法指令，取内存单元(0270H)的值和累加器的值相加，结果还是放在累加器。

(4) 一条指令执行完成，程序计数器加 1 或将转移地址码送入程序计数器，然后回到(1)继续执行。

一般把计算机完成一条指令所花费的时间称为 1 个指令周期，指令周期越短，指令执行越快。通常所说的 CPU 主频或称为工作频率，就反映了指令执行周期的长短。

计算机在运行时，CPU 从内存读出一条指令到 CPU 内执行，指令执行完，再从内存读出下一条指令到 CPU 内执行。CPU 不断地取指令、分析指令、执行指令，这就是程序的执行过程。

当要求计算机执行某项任务时，就设法把这项任务的解决方案分解成一个一个的步骤，用计算机能够执行的指令或语句编写出程序(习惯上叫程序设计)送入计算机，程序以二进制代码的形式存放在存储器中。一旦程序被"启动运行"，计算机就严格地一条一条分析执行程序中的指令直到结束，便可以自动地逐步完成这项任务。

存储器程序控制原理是冯·诺依曼计算机的基本工作原理。程序存储的最主要优点是使计算机变成了一种自动执行的机器，只要将程序存入计算机，并启动其运行，计算机就可以脱离人工干预而独立地工作，高速地一条一条地执行指令并完成运算。

总之，计算机的工作就是自动执行程序，即自动连续地执行一系列指令，而程序开发人员的工作就是编制程序。虽然每一条指令能够完成的工作很简单，但通过几十条、几百条甚至成千上万条指令的执行，计算机就能够完成非常复杂、意义重大的工作。

2.5　微型计算机

微型计算机于 20 世纪 70 年代问世以来，其发展迅速、应用广泛、影响深远，是计算机发展史上的重要里程碑。

微型计算机硬件系统是由微处理器(CPU)、内存储器、外存储器和输入/输出设备构成的。系统采用总线结构，各部件之间通过总线相连组成一个完整的计算机系统，如图 2.3 所示。

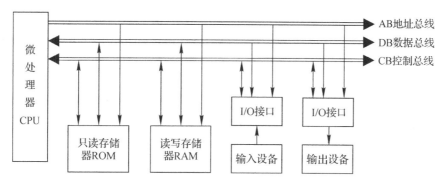

图 2.3　微型计算机的硬件结构

2.5.1　微处理器 CPU

微型机将运算器和控制器制作在一个芯片上，这个芯片就是中央处理器(Central Processing Unit，CPU)，也叫做微处理器。CPU 是微型计算机的核心，它由极其复杂的电子线路组成，是信息加工处理的中心部件，主要完成各种算术及逻辑运算，并控制计算机各部件协调地工作。

CPU 的基本功能是高速而准确地执行人们预先编排好并存放在存储器中的指令。每种 CPU 都有一组它能够执行的基本指令，例如完成两个整数的加、减、乘、除的四则运算指令；比较两个数的大小、相等或不相等的判断指令；把数据从一个地方移到另一个地方的移动指令等。一种 CPU 所能执行的基本指令有几十种到几百种。这些指令的全体构成 CPU 的指令集合，称为指令系统。不同 CPU 的指令系统一般是不相同的。

1. CPU 的基本结构

CPU 的基本组成部分包括：一组称为"寄存器"的高速存储单元，它们用于在 CPU 内部的数据和其他信息存储；一个或几个执行基本算术逻辑动作的计算部件，称为"算术逻辑单元"(ALU)，它们实际执行计算任务；一个作为 CPU 控制中心的程序控制单元，称为"控制器"，它处理各种指令，控制各部件的活动。CPU 基本结构如图 2.4 所示。

程序控制单元是 CPU 的核心，当一条指令进入 CPU 后，它分析检查该指令的内容，确定指令要求完成的动作以及指令的有关参数。例如，如果是一条加法指令，指明被加数在内存的某个地方。程序控制单元要指挥内存把数据送到 CPU 来。当计算所需要的数据准备好后，算术逻辑部件就可以执行指令所要求的计算。计算完成后，程序控制单元还要按照指令要求把计算结果存入数据寄存器，或者存入内存储器中。CPU 里必须包含算术逻辑单元，用来完成算术运算和逻辑运算。许多 CPU 中还设置了两个运算单元，一个用来执行整数运算和逻辑运算，另一个用于浮点数运算。

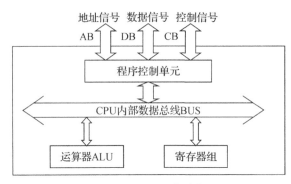

图 2.4　CPU 基本结构

　　CPU 另一个重要部分是一组寄存器，其中包括一个指令寄存器，用于存放从内存中取出、当前要执行的指令；若干个控制寄存器，是 CPU 在工作过程中要用到的；若干个数据寄存器，是提供给程序控制单元和算术逻辑部件在计算过程中临时存放数据用的。一个数据寄存器能够存放的二进制数据位数一般与 CPU 的字长是相等的。通用数据寄存器个数对于 CPU 的性能有很大影响。目前的 CPU 一般设置十几个到几十个数据寄存器，有些 CPU，如采用 RISC(精减指令结构)技术制造的 CPU，设置了包含更多寄存器的寄存器组。

2. CPU 的性能指标

　　CPU 性能的高低直接决定了一个微型计算机系统的档次，CPU 性能是由以下几个主要因素决定的。

　　1) CPU 执行指令的速度

　　CPU 执行指令的速度即 CPU 每秒所能执行的指令的条数，它与“系统时钟”有直接的关系。系统时钟不在 CPU 芯片内，是一个独立的部件，在计算机工作过程中，系统时钟每隔一定的时间间隔发出脉冲式的电信号，这种脉冲信号控制着各种系统部件的动作速度，使它们能够协调同步，就好像一个定时响铃的钟表，人们按照它的铃声来安排作息时间一样。CPU 的标准工作频率就是人们常说的 CPU “主频”。CPU 主频以 MHz(兆赫)或 GHz(吉赫)为单位计算，1 MHz 指每秒一百万次(脉冲)。显然，在其他因素相同的情况下，主频越高的 CPU 运算速度越快。20 世纪 80 年代初 IBM-PC 机上采用的 Intel 8088 芯片的主频是 4.78 MHz，而 90 年代末 Intel 公司“奔腾”(Pentium)微处理器的主频已达到了 1 GHz 以上。目前双核心技术的 CPU 已经成为微型计算机的 CPU 主流，双核处理器(Dual Core Processor)是指在一个处理器上集成两个运算核心，从而提高计算能力。

　　2) CPU 的字长

　　字长即 CPU 一次所能处理数据的二进制位数。当一个 CPU 的字长为 8 位时，每执行一条指令可以处理 8 位二进制数据。如果要处理更多位数的数据，就需要执行多条指令。而 Pentium 微处理器的字长是 64 位，即执行一条指令可以处理 64 位数据。显然，可同时处理的数据位数越多，CPU 的功能就越强，工作速度就越快，其内部结构也就越复杂。因此，按 CPU 字长可将微型机分为 8 位机、16 位机、32 位机和 64 位机等类型。

3) 指令本身的处理能力

早期 CPU 只包含一些功能比较弱的基本指令。例如，从算术指令看，可能只包含最基本的整数加、减法和乘法指令，而整数除法运算就要由许多条指令组成的程序来完成；对浮点数的计算需要执行由更多基本指令组成的程序。随着制造技术的进步，后来的 CPU 在基本指令集里提供了很多复杂运算的指令，这样一条指令能够完成的工作增加了，指令的种类增加了，CPU 的处理能力也就增强了。

当然，这种增加指令功能和种类的做法只是一种提高性能的途径。在 CPU 芯片设计技术方面，“精减指令集计算机”(Reduced Instruction Set Computers，RISC)芯片技术把过去复杂的指令系统最大限度地简化成基本指令集，使指令系统非常简洁，指令的执行速度大大加快，也能够提高 CPU 芯片的运行速度。

2.5.2　存储器

计算机存储器分为内存储器(主存)和外存储器(辅存)两类。

1. 内存储器

微型计算机的内存多采用半导体存储器，分为随机存储器(Random Access Memory，RAM)和只读存储器(Read Only Memory，ROM)两大类，一般配置容量为 256 MB～2 GB，甚至可以更大。内存通常制作成条状，称为内存条，插在主板的内存插槽中。一般主板上的内存插槽有 2～4 个，也可以根据需要进行扩充。

内存储器也称为主存(Main memory)，它和微处理器一起构成了微型机的主机部分。内存储器在一个计算机系统中起着非常重要的作用，它的工作速度和存储容量对系统的整体性能、系统所能解决的问题的规模和效率都有很大的影响。内存储器的特点是存取速度快、存储容量小、价格高，它直接和 CPU 交换信息。

RAM 是计算机中一个极易存取的、高速工作的、可重复使用的存储器，CPU 对它们既可读出数据又可写入数据。RAM 具有易失性的特点，即一旦断电关机，RAM 中所存储的信息将全部消失。RAM 一般用来存储临时使用的程序、数据及其运算结果。目前在微机上广泛采用动态随机存储器(DRAM)作为主存。

ROM 是一种“写入信息”之后就只能读出而不能写入的固定存储器，其中的信息在断电后仍能保存下来。在微型计算机中，常用它来存放固定的程序和数据，如 BIOS 等。一般 ROM 中的信息是由生产厂家在制造过程中写入的，用户不能更改。为了使用户能根据自己的需要确定 ROM 存储的内容，可以选用可编程序的只读存储器(PROM)。PROM 可由用户自己写入信息，但是只能写入一次。一旦写入信息后，无法再更改。有一种可擦可编程序的只读存储器 EPROM(紫外线擦除)或 EEPROM(电擦除)，使用起来非常方便，它不仅可由用户自己写入信息，而且写入的信息可通过一定的方法擦去，然后再次重写。

2. 外存储器

通常，计算机系统中的内存容量总是有限的，远远不能满足存放数据的需要，而且内存不能长期保存信息，一关电源信息就会全部丢失。因此，一般的计算机系统都要配备更大容量且能脱机永久保存信息的外存储器(也称辅助存储器)。外存中的数据一般不能直接送到运算器，只能成批地将数据转运到内存，再进行处理。

常用的外存有硬盘、光盘、U 盘等。硬盘记录信息的过程是一种电磁信息转换过程，它通过磁记录介质和磁头的相对运动实现信息的读写。

1) 硬盘存储器

硬盘是微型计算机非常重要的外存储器，它由一个盘片组和硬盘驱动器组成，被固定在一个密封的盒子内，其特点是速度比较快、容量比较大。由于很多程序、软件包很大，只有装在硬盘上才可使用，如 Office 2003、Windows XP 等，故现代微型计算机中均配有大容量硬盘。 但由于盘片组和硬盘驱动器是固定在一起的，一般不能更换，且硬盘通常固定在主机箱内，所以需要保存或交流的信息及软件一般应保存在 U 盘或光盘上。

硬盘有以下几个主要指标：

(1) 接口：硬盘接口即硬盘与主板的接口。主板上的外设接口插座通常有 IDE、EIDE、SCSI 等类型，硬盘接口也有这些类型。硬盘接口应与主板上的外设接口类型一致。

(2) 容量：硬盘容量是指硬盘能存储信息量的多少，目前常用的硬盘容量为 80～160 GB 或更大。

(3) 转速：硬盘转速是指硬盘内主轴的转动速度，单位是 r/min。转速越快，硬盘与内存之间传输数据的速率越高。目前常见的硬盘转速有 5400 r/min、7200 r/min 等。

操作系统为硬盘驱动器分配的逻辑分区编号是 C、D、E……，用户按分区编号使用。

2) 光存储器

光存储器又称光盘。光盘以其超大存储容量和较低价格越来越受到人们的青睐。光盘是利用塑料基片的凹凸来记录信息的，主要有只读光盘(CD-ROM)、一次写入光盘(CD-R)和可擦写光盘(CD-RW)三种。目前使用最广泛的是只读光盘，容量约为 650 MB。

由于光盘中的信息是通过光盘驱动器(简称光驱)来读取的，所以要使用光盘，必须配备光驱，并配置相应软件。最初的光驱的数据传输速率是 150 Kbit/s。现在，光驱的数据传输速率一般都是这一速率的倍数，称为倍速，如 48 倍速、52 倍速等。在多媒体计算机中，光驱已成为基本配置。

3) U 盘存储器

随着 USB 技术的普及和迅速应用，近年来出现了 U 盘，软盘已经被 U 盘所淘汰。U 盘即 USB 盘的简称，而优盘是 U 盘的谐音称呼。USB 是通用串行总线(Universal Serial Bus)的首字母缩略词。通俗地讲，USB 就是一种外围设备与计算机主机相连的接口类型之一。除了 USB 接口外，还有如并行总线等接口。USB 接口最大的优点就是具有这种接口的设备可以在电脑上即插即用(即插即用有时也叫热插拔)。

U 盘又叫闪盘。闪盘是指采用闪存技术来存储数据信息的可移动存储盘。闪存技术是计算机领域刚刚兴起的存储技术，它与传统的电磁存储技术相比有许多优点，即容量大、速度快、体积小、抗震强、功耗低、寿命长，尤其是便于携带。

2.5.3　总线与接口

1. 总线(Bus)

计算机中的各个部件，包括 CPU、内存储器、外存储器和输入/输出设备的接口之间是通过一条公共信息通路连接起来的，这条信息通路称为总线。微型机多采用总线结构，系统中不同来源和不同去向的信息在总线上分时传送。实际上，总线由许多条并行的电路组成，这些电路分为三组：

(1) 数据总线(DB)：用于在各部件之间传递数据(包括指令、数据等)信息。数据的传送是双向的，因而数据总线为双向总线。

(2) 地址总线(AB)：指示欲传数据的来源地址或目的地址信息。地址即存储器单元号或输入/输出端口的编号。

(3) 控制总线(CB)：用于在各部件之间传递各种控制信息。有的是微处理器到存储器或外设接口的控制信号，有的是外设到微处理器的信号。

由于采用了总线结构，各功能部件都挂接在总线上，因而存储器和外设的数量可按需要扩充，使微型机的配置非常灵活。

2. 接口(Interface)

接口就是总线末端与外部设备连接的界面。微机是以 CPU 为核心，通过总线与 RAM、ROM 等内部存储器构成主机，并通过输入 / 输出接口(又称 I/O 接口)与各种外部设备相连接的。通过接口实现 CPU 和外设之间的硬件连接与信息交换。

接口可分为并行接口、串行接口、USB 接口、PCI 接口和 AGP 接口等多种。在并行接口中，数据的各位是同时传送的，所以传送速度比较快，打印机通常就接在这种并行接口上。在串行接口中，数据是一位一位顺序传送的，所以传送速度比较慢，串行接口通常用来连接通信设备，如 Modem。现在有些鼠标、U 盘所连接的都是 USB 接口。微型计算机自带的 PCI 接口用来连接声卡、网卡等。显卡则使用微型计算机自带的 AGP 或 PCIE 接口。

2.5.4 输入/输出设备

计算机的输入/输出设备种类繁多，不同设备可以满足人们使用计算机时的各种不同需要，但大都有两个共同的特点：一是常采用机械的或电磁的原理工作，所以速度较慢，难以与纯电子的处理器和内存相比；二是要求的工作电信号常和微处理器、内存采用的不一致，为了把输入/输出设备与计算机处理器连接起来，需要一个称之为接口的中间环节。下面介绍几种最常用的输入/输出设备。

1. 键盘(Keyboard)

键盘是最基本、最常用的输入设备，用户通过键盘可将程序、数据、控制命令等输入计算机。

2. 鼠标器(Mouse)

鼠标器是一种很有用的输入设备，用于快速的光标定位，特别是在绘图时，是非常方便的。使用鼠标器时应将其连接到主机箱背面的串行接口插座 COM1、COM2、PS-2 或 USB 接口上。鼠标器的驱动程序通常包括在鼠标器的随机软件中，使用时应阅读有关说明书，安装其驱动程序。

3. 光电扫描仪(Scanner)

光电扫描仪可将图像扫描成点的形式存放在磁盘上，还可以通过专用的软件来识别标准的英文和汉字，将其转换成文本文件的形式存于计算机中，并通过文字处理软件进行编辑。当微机用于带图片(如照片)的档案管理时，光电扫描仪是不可缺少的设备。

4. 显示器(Monitor)

微型计算机的显示系统由显示器和显示适配器组成。显示器又称监视器(Monitor)，是计算机的基本输出设备。目前显示器多采用阴极射线管显示器(简称 CRT)以及液晶显示器。

显示器按色彩可分为单色的和彩色的两种，按分辨率及可显示的颜色数可分为 MDA、CGA、EGA、VGA、TVGA 等显示模式。不同的显示模式主要取决于不同的适配器，而显示器本身是可以互相兼容的。目前国内使用的高分辨率显示器，基本上都是多频自动跟踪显示器，可以和大多数显示适配器的端口直接相连进行驱动。

显示器有以下几个主要指标：

(1) 尺寸：显示器的大小，有 15 英寸、17 英寸、19 英寸、21 英寸等规格。尺寸越大，显示效果越好，支持的分辨率往往也越高。

(2) 分辨率：表示在显示器上所能描绘的点的数量(像素)，即显示器的一屏能显示的像素数目，有 640×480、800×600、1024×768、1280×1024 等规格。分辨率越高，显示的图像越细腻。

(3) 点距：显示器上两个像素之间的距离，常见的有 0.28 mm 和 0.26 mm 两种。点距越小，显示器的分辨率越高。

(4) 扫描方式：分为逐行扫描和隔行扫描两种。逐行扫描是指在显示一屏内容时，逐行扫描屏幕上的每一个像素。采用逐行扫描的显示器，显示的图像稳定，清晰度高，效果好。

(5) 刷新频率：一秒钟刷新屏幕的次数，常见的刷新频率有 60Hz、75Hz、100Hz。刷新频率越高，显示的图像越稳定。

5. 显示适配器(Monitor Deptar)

显示适配器(又称显示适配卡，简称显卡)是用来连接主机与显示器的接口电路，直接插在主板的总线扩展槽上，它的主要功能是将要显示的字符或图形的内码转换成图形点阵，并与同步信息形成视频信号输出给显示器。有的主板也将视频接口电路直接做在主板上。

显卡有 MDA、CGA、EGA、VGA、SVGA、AGP、PCIE 等多种型号。目前微型计算机上常用的显卡多为 AGP 或 PCIE 卡。

衡量显卡性能的主要指标有色彩数、图形分辨率和显示内存容量。

(1) 色彩数：显卡能支持的最大颜色数量，一般有 256、64 K、16 M、4 G 等几种。

(2) 图形分辨率：显卡能支持的最大水平像素数和垂直像素数。图形分辨率有 640×480、800×600、1024×768、1280×1024 等多种规格。

(3) 显示内存容量：显卡上配置的显示内存的大小，一般有 32 MB、64 MB、128 MB、256 MB、512 MB 等不同规格。显示内存容量影响显卡的色彩数和图形分辨率。

6. 打印机(Printer)

打印机也是计算机上常用的一种输出设备。打印分为通用打印机和专用打印机两种。通用打印机常用的有三种，分别是激光打印机、喷墨打印机和针式打印机。专用打印机的类型繁多，典型的是票据打印机。

7. 绘图仪

绘图仪是用来绘图的输出设备。它与主机的连接可以用串行接口,也可以用并行接口(打印机接口),在可能的情况下,最好采用并行接口以提高信息传输速度。

2.5.5　典型微型计算机

一台典型的台式微型计算机硬件系统由主机、显示器、键盘、鼠标等组成,如图 2.5所示。

图 2.5　典型的台式微型计算机

主机的外部是机箱,有卧式和立式两种。在机箱的正面,有电源开关、复位按钮、硬盘指示灯、软盘插口、光驱插口、USB 接口以及音视频插口等;在机箱的背面,有电源插座、并行口、串行口、PS-2 口、接口卡插口、USB 接口以及音视频插口等;在机箱的内部,装有系统主板(又叫主机板,简称主板)、硬盘、光驱、电源等。

本 章 小 结

本章主要介绍计算机的系统组成、计算机硬件系统、计算机软件系统、计算机基本功能、技术指标与工作原理、微型计算机等基础知识。计算机系统是由硬件系统和软件系统组成,硬件系统包括中央处理机、存储器系统、总线系统和外部设备等;软件系统包括计算机系统软件和用户应用软件。

习 题 2

一、单项选择题

1. 一个完整的计算机系统包括_____。

A. 计算机及其外部设备　　　　　B. 主机、键盘、显示器

C. 系统软件和应用软件　　　　　D. 硬件系统和软件系统

2. 计算机的软件系统可分为_____。

A. 程序和数据　　　　　　　　　　B. 操作系统和语言处理系统

C. 程序、数据和文档　　　　　　　D. 系统软件和应用软件

3. 读写存储器的英文缩写是_____。

A. RAM　　　　　B. ROM　　　　　C. EPROM　　　　D. EPRAM

4. 在计算机领域中，所说的"裸机"是指_____。

A. 单片机　　　　　　　　　　　　B. 单板机

C. 不安装任何软件的计算机　　　　D. 只安装操作系统的计算机

5. 下列不能用作存储容量单位的是_____。

A. Byte　　　　　B. MIPS　　　　　C. KB　　　　　D. GB

6. 微型计算机中的内存储器，通常采用_____。

A. 光存储器　　　B. 磁表面存储器　C. 半导体存储器　D. 磁芯存储器

7. 显示器显示图像的清晰程度，主要取决于显示器的_____。

A. 对比度　　　　B. 亮度　　　　　C. 尺寸　　　　　D. 分辨率

8. _____是计算机硬件能够直接识别的指令形式。

A. 机器语言　　　B. 汇编语言　　　C. 高级语言　　　D. 面向对象语言

9. 用计算机高级语言编写的程序_____。

A. 称为编译软件　　　　　　　　　C. 其运行速度远比机器语言编写的程序要快

B. 经编译后，才称为源程序　　　　D. 需要转换成机器语言后 CPU 才能执行

10. 现代计算机自动工作的核心原理是_____。

A. 存储程序　　　B. 拥有 CPU　　　C. 拥有内存　　　D. 拥有程序

二、填空题

1. 现代计算机是由_____、_____、_____、_____和_____五个部分组成的；在微型计算机中，把_____、_____和部分寄存器集成到一块集成电路芯片上，称为中央处理器(CPU)。

2. 存储器是计算机信息的_____部件，分为_____和_____两类。存储信息的单位是字节(Byte)，一个字节由_____位二进制数据组成，1 KB 等于_____个字节。

3. 计算机软件系统分为_____和_____类。

4. 冯·诺依曼计算机的主要原理是_____。

5. 计算机是通过指令工作的。一条指令包含_____和_____两部分内容。

6. 计算机一次可以并行处理的二进制信息位数称为计算机的_____。

7. 微型计算机系统总线(Bus)包含_____、_____和_____总线三类。

8. 接口的作用是沟通_____。

三、简答题

1. 简述电子计算机五大部件的相互关系。

2. 简述冯·诺依曼计算机的基本思想。

3. 计算机有哪些主要技术指标?

4. 解释位(Bit)、字节 Byte)、字(Word)、双字(Double Word)的概念。一台计算机的字长表示什么含义?

5. 简述计算机系统软件和应用软件的基本定义。

応用篇

第 3 章   操作系统与应用

本章重点：
◇ 操作系统的基本概念与功能
◇ Windows 基本操作
◇ Windows 文件管理、磁盘管理和程序管理
◇ Windows 系统设置、维护与附件功能

本章难点：
◇ 资源管理与使用
◇ 文件和文件夹的操作
◇ 安装、删除硬件和软件

操作系统(Operating System，OS)是计算机系统中最基本、最重要的必备系统软件，是对计算机系统资源(包括硬件和软件)进行全面控制、管理并为用户提供操作界面的一组程序集合。计算机里所有的应用软件都要在操作系统的支持下进行开发和运行，用户在使用计算机之前必须先安装操作系统并掌握主要功能和使用方法。本章简要介绍操作系统的基本概念、分类和功能；主要讲授 Windows 7 操作系统的资源管理器、文件管理、磁盘管理功能以及常用设置与维护等内容。

3.1   操作系统概述

3.1.1   操作系统的概念

操作系统(OS)是计算机系统中控制其他程序运行，管理各种硬件资源和软件资源，并为用户提供操作界面的系统软件的集合。

在计算机系统中，操作系统位于硬件和用户之间，一方面，它管理着计算机的硬件资源，为其他应用软件提供开发和运行的环境；另一方面，它又为用户提供了友好的操作界面，使用户无须了解过多的硬件细节就能方便灵活地使用计算机。操作系统在计算机系统中的层次结构如图 3.1 所示。

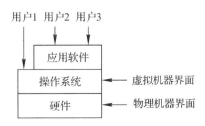

图 3.1   操作系统在计算机中的层次结构

3.1.2　操作系统的分类

操作系统可以按不同用途分类，一般分为如下类别。

1. 多道批处理操作系统

"多道"是指多个程序或多个作业同时存在和运行，也称多任务。这种系统的工作原理是：操作员将一批作业有序地排在一起形成一个作业流，计算机系统自动地、顺序地执行作业流，在程序运行过程中不允许用户与作业发生交互作用，以提高系统资源的利用率和作业的吞吐量(指单位时间内处理作业的个数)。

2. 分时操作系统

分时系统即多用户操作系统，一般采用时间片轮转的方式，使一台计算机为多个终端用户服务。每个终端在各自的时间片内占用 CPU，分时共享计算机系统的资源。

3. 实时操作系统

实时系统是一种时间性强、反应迅速的操作系统，对外部输入的信息在规定的时间内能处理完毕并输出结果，如 RDOS。根据应用领域的不同，可将实时系统分成两类：实时控制系统和实时信息处理系统。

4. 个人计算机系统

个人计算机操作系统也称为桌面 OS，它提供的联机交互功能与通用分时系统所提供的功能很相似，系统资源每次只有一个用户独占使用。个人计算机系统按照能否运行多个任务可分为两类：一类是单用户单任务操作系统，如 MS-DOS(Microsoft Disk Operating System)，用户一次只能提交一个任务，待该任务处理完毕后才能提交下一个任务；另一类是单用户多任务操作系统，如 Windows 2000/XP 等，用户一次可提交多个任务，系统同时接受并处理。

5. 网络操作系统

该系统是开放式系统，既要为本机用户提供有效地使用网络资源的手段，又要为网络其他用户使用本机资源提供服务。因而，网络操作系统除了应具备单用户操作系统的功能之外，还应有网络管理功能，用于支持网络通信和提供各种网络服务。如 Novell NetWare、Windows NT、Windows 2000 Server 等。

6. 分布式操作系统

该系统是用于分布式计算机系统的操作系统。分布式计算机系统是指由多个计算机组成的系统，各个计算机通过互联网络连接在一起，在分布式操作系统的控制下，实现各计算机间的通信、资源共享、动态分配任务和对任务进行并行处理。这种操作系统在资源管理和通信等方面都与其他类型的操作系统有较大区别。

7. 嵌入式操作系统

嵌入式操作系统(Embedded Operating System，EOS)运行在嵌入式系统环境中，负责嵌入系统的软、硬件资源的分配、调度工作，控制协调并发活动。与其他类型操作系统相比，嵌入式操作系统在系统实时高效性、硬件的相关依赖性、软件固态化以及应用的专用性等方面具有较为突出的特点。EOS 广泛应用于制造业、仪器、仪表、汽车、船舶、航空、航天、军事装备、消费类产品等方面。典型的嵌入式操作系统有嵌入式 Linux、Windows CE、VxWorks 等。

3.1.3　常见操作系统简介

1. Windows 操作系统

Windows 操作系统是由美国微软公司开发的基于窗口图形界面的操作系统，其名称来自基于屏幕的桌面上的工作区。该工作区称为窗口，每个窗口中显示不同的文档或程序，为操作系统的多任务处理能力提供了可视化模型。Windows 操作系统是目前世界上使用最广泛的操作系统，有 Windows 95、Windows 98、Windows 2000、Windows XP、Windows Vista、Windows 7、Windows 8、Windows 10 等多个版本。对于服务器，微软则开发了相应的 Windows Server 版本，主要有 Windows NT、Windows Server 2000、Windows Server 2003、Windows Server 2008 等。

Windows 操作系统是一个多任务的操作系统，可以同时运行多个应用程序；支持硬件的即插即用(PNP)；支持虚拟内存；具有强大的网络功能，可以组建对等网络，访问网络资源；使用鼠标右键向用户提供快捷菜单，指导用户操作计算机等。

目前，个人计算机上使用得最多的桌面操作系统是 Windows XP 和 Windows 7 这两个版本。其中 Windows XP 是非常经典的一个版本，对系统要求不高，至今仍是很多用户的最爱；而 Windows 7 则是 Windows 的较新版本，增加了许多新的功能，但对系统的要求较高。总的来说，在基本管理功能方面，二者的差别不大。

2. Unix/Linux 操作系统

Unix 和 Linux 是两个功能强大、用法类似的多用户、多任务操作系统，支持多种处理器架构。

Unix 最早由 Ken Thompson、Dennis Ritchie 和 Douglas Mcllroy 于 1969 年在 AT&T 的贝尔实验室开发，具有技术成熟、可靠性高、网络和数据库功能强、伸缩性突出和开放性好等特色，可满足各行各业的实际需要，曾经是服务器操作系统的首选。但对普通用户来说，Unix 使用起来比较复杂。

Linux 是一种自由和开放源码的类 UNIX 操作系统。目前存在着许多不同的 Linux，但它们都使用了 Linux 内核。Linux 可安装在各种计算机硬件设备中，从手机、平板电脑、路由器和视频游戏控制台，到台式计算机、大型机和超级计算机。Linux 是一个领先的操作系统，世界上运算最快的 10 台超级计算机运行的都是 Linux 操作系统。严格来讲，Linux 这个词本身只表示 Linux 内核，但实际上人们已经习惯了用 Linux 来形容整个基于 Linux 内核，并且使用 GNU 工程各种工具和数据库的操作系统。

Linux 的源代码完全公开，用户可以通过网络或其他途径免费获得，并可以任意修改其源代码。这让 Linux 吸收了无数程序员的精华，不断壮大。1999 年起，多种 Linux 的简体中文版相继发行，国内自主创建的有红旗 Linux、中软 Linux 等，美国有 Red Hat(红帽)Linux、Turbo Linux 等。不少版本具有 X-Windows 图形用户界面，如同使用 Windows 一样，允许使用窗口、图标和菜单对系统进行操作。

3. 苹果 Mac OS

Mac OS 是一套运行于苹果 Macintosh 系列电脑上的、基于 Unix 内核的图形化操作系统，是苹果机的专用操作系统。一般情况下，在普通 PC 上无法安装。Mac OS 是首个在商用领域成功的图形用户界面，比较流行的版本是 Mac OS X 10.6.x 版。

4. 移动操作系统

随着移动通信技术的飞速发展以及手机的智能化，移动操作系统也受到越来越多的关注。目前主流的手机操作系统有 Windows Phone 系列、Symbian(塞班)、Android(安卓)、iPhone OS 和 BlackBerry(黑莓)等。

iOS 是苹果公司最初为 iPhone 开发的操作系统，后来陆续应用到 iPod touch、iPad 以及 AppleTV 产品上。iOS 的用户界面能够使用多点触控直接操作，控制方法包括滑动、轻触开关及按键，支持用户使用滑动、轻按、挤压和旋转等操作与系统互动，这样的设计令 iPhone 更易于使用和推广。

3.2 操作系统的功能

从资源管理的角度来看，操作系统主要用于对计算机的软、硬件资源进行控制和管理，主要包括 5 个方面的管理功能：进程与处理器管理、作业管理、存储管理、设备管理和文件管理。

3.2.1 进程与处理器管理

现代微机的微处理器即中央处理器(简称 CPU)是计算机系统中最重要、最宝贵的硬件资源，计算机中的任何程序运行都要占据微处理器，所以它是系统竞争最激烈的资源。提高微处理器的利用率，是操作系统对微处理器管理的最主要目标。采用多道程序设计技术可以提高微处理器的使用效率。其原理是，当有多道程序都要占用微处理器时，采用分时原理只让其中一道程序优先占用。

1. 进程概念

进程(Process)是一个具有一定独立功能的程序关于某个数据集合占用 CPU 的一次运行活动。

进程是一个实体。每一个进程都有它自己的地址空间，一般情况下，包括程序文本区域(Text Region)、数据区域(Data Region)和堆栈区域(Stack Region)。程序文本区域存储处理器执行的代码；数据区域存储变量和进程执行期间使用的动态分配的内存；堆栈区域存储活动过程调用的指令和本地变量集合。

进程是一个动态的"执行中的程序"。程序是一个没有生命的静态代码实体，只有处理器赋予程序生命即动态过程时，它才成为一个活动的实体，亦称为进程。

进程的实质是程序在多道程序系统中的一次执行过程，进程具有产生、运行、调度、完成和消亡的生命周期。任何进程都可以同其他进程一起并发执行；进程是一个能独立运行的基本单位，同时也是系统分配资源和调度的独立单位；由于进程间的相互制约，使进程具有执行的间断性，即进程按各自独立的、不可预知的速度向前推进。

进程是操作系统中最基本、最重要的概念，是多道程序系统出现后，为了刻画系统内部出现的动态情况，描述系统内部各道程序的活动规律而引进的一个概念，所有多道程序设计操作系统都建立在进程的基础上。

2．进程的特征

(1) 动态性：进程的实质是程序在多道程序系统中的一次执行过程，进程是动态产生并动态消亡的。

(2) 并发性：任何进程都可以同其他进程一起并发执行。

(3) 独立性：进程是一个能独立运行的基本单位，同时也是系统分配资源和调度的独立单位。

(4) 异步性：由于进程间的相互制约，使进程具有执行的间断性，即进程按各自独立的、不可预知的速度向前推进。

进程由程序、数据和进程控制块(Processing Control Block，PCB)三部分组成。多个不同的进程可以包含相同的程序，一个程序在不同的数据集合里就构成不同的进程，能得到不同的结果；但是执行过程中，程序本身并不发生改变。

3．进程的状态

进程执行时的间断性，决定了进程可能具有多种状态。事实上，运行中的进程可能具有以下三种基本状态：

(1) 就绪(Ready)状态：某个进程已获得除处理机外所需的运行资源。

(2) 运行状态：某个进程已占用处理机资源并进入运行处理过程，处于此状态的进程数目小于等于这台微机配置 CPU 的数目。

(3) 阻塞状态：某个正在运行的进程由于等待某种条件(如 I/O 操作或进程同步)，在条件满足之前无法继续执行迫使该进程暂时挂起。该事件发生前即使把处理机分配给该进程，也无法运行。三种基本状态的关系如图3.2 所示。

图 3.2　进程三种状态转换关系

合理调度进程的调度算法主要有：

(1) 先来先服务(First Come First Serve，FCFS)是最简单的调度算法，按进程先后顺序进行调度。

(2) 时间片轮转算法(Round Robin，RR)是让每个进程在就绪队列中的等待时间与享受服务的时间成正比例。

(3) 最短 CPU 运行期优先调度算法(Shortest CPU Burst First，SCBF)是采用响应比优先的思想进行调度。

4．进程与程序的区别

进程与程序既有联系又有区别。程序是指令的有序集合，是一个静态的概念。而进程是程序在处理机上的一次执行过程，它是一个动态的概念。

程序作为一种软件资料可以长期存在，而进程有生命期。进程能真实地描述任务并发，而程序不能。同一程序同时运行于若干个数据集合上,它将属于若干个不同的进程。也就是说同一程序可以对应多个进程。

3.2.2　作业管理

把用户的一个计算问题或一个事务处理中要求计算机系统所做工作的集合称为一个作业(Job)。操作系统负责控制用户作业的进入、执行和结束的部分称为作业管理。同时,还为操作员和终端用户提供与系统对话的"命令语言",用它来请求系统服务。

由于存储容量以及其他资源等因素的限制,有时不能把所有等候执行的作业同时全部装入到主存储器中,这时就需要从全部作业中选择几个作业装入主存储器,让它们优先被执行。当有些作业执行结束后,再选择其他作业装入主存储器。如何挑选作业进入系统运行被称为作业管理,也叫做"作业调度"。

作业管理的主要功能是根据作业控制块中的信息,审查系统能否满足用户作业的资源需求,以及按照一定的算法,从外存的后备队列中选取某些作业调入内存,并为它们创建进程、分配必要的资源,然后再将新创建的进程插入就绪队列,准备执行。因此,有时也把作业调度称为任务接纳调度。

3.2.3　存储管理

存储管理的主要任务是对计算机内存空间进行分配、保护和扩充。内存分配是指按一定的规则为每道程序分配内存;内存保护是指保证各程序在自己的内存区域内运行而不互相干扰;内存扩充是指利用虚拟存储技术。操作系统中存储管理的主要任务有以下几项。

1. 内存的分配和回收

一个有效的存储分配机制,应对用户提出的需求予以快速响应,对应分配相应的存储空间;在用户程序不再需要时及时回收,以供给其他用户使用。为此,应标记每个存储区域的状态、实施分配和回收不再使用的存储空间。内存分配有两种方式:静态分配和动态分配。

2. 内存共享

所谓存储共享是指两个或多个进程共用内存中相同区域,这样不仅能使多道程序动态地共享内存,提高内存利用率,而且还能共享内存中某个区域的信息。共享的内容包括代码共享和数据共享。

3. 内存保护

在多道程序系统中,内存中既有操作系统,又有许多用户程序。为使系统正常运行,避免内存中各程序相互干扰,必须对内存中的程序和数据进行保护。

存储保护的目的在于为多个程序共享内存提供保障,使在内存中的各道程序只能访问它自己的区域,避免各道程序间的相互干扰。特别是当某道程序发生错误时,不至于影响其他程序,防止破坏系统程序。存储保护通常需要有硬件支持,并由软件配合实现。

存储保护的内容包括:保护系统程序区不被用户有意或无意地侵犯;不允许用户程序读写不属于自己地址空间的数据。保护方式主要有地址越界保护和权限保护。

4. 内存扩充

随着用户程序功能的丰富，用户程序越来越大，由于内存容量是有限的，为了能使用户程序在计算机上得到执行，就必须扩充内存空间。内存扩充的任务并非是物理上的内存扩充，而是借助虚拟存储技术，从逻辑上去扩充内存容量，把内部存储器或外部存储器结合起来管理，使用户所感觉到的内存容量比实际内存容量大得多，或者是让更多的用户程序能并发运行。

为了保证程序的正确执行，必须根据分配给程序的主存区域对程序中指令和数据的存放地址进行重定位，即把逻辑地址转换成绝对地址。

把逻辑地址转换成绝对地址的工作称为地址重定位或地址转换，又称地址映射。重定位有静态重定位和动态重定位两种方式，在现代操作系统中以动态重定位为核心。

3.2.4　设备管理

计算机所连接的外部设备(输入/输出，I/O)种类繁多、特性各异。设备管理的主要任务是为用户提供统一的与设备无关的接口，对各种外设进行调度、分配，实现设备的中断处理和错误处理等。为提高效率，采用虚拟设备技术和缓冲技术，尽可能发挥设备和主机的并行工作能力。

设备管理功能主要指操作系统分配和回收以及控制外部设备按用户程序的要求进行操作。对于非存储型的外部设备，如打印机、显示器等，它们可以直接作为一个设备分配给一个用户程序，在使用完毕后回收以便给另一个需求的用户使用。对于存储型的外部设备，如磁盘、磁带等，则是提供存储空间给用户，用来存放文件和数据。

1. 缓冲管理

计算机的 I/O 设备种类众多、原理各异、速度差异巨大，为达到缓解 CPU 和 I/O 设备速度不匹配的矛盾，提高 CPU 和 I/O 设备利用率，提高系统吞吐量的目的，操作系统通过设置缓冲区的办法来实现。

2. 设备分配

设备分配的基本任务是根据用户的 I/O 请求，为他们分配所需的设备。如果在 I/O 设备和 CPU 之间还存在设备控制器和通道，则还需为分配出去的设备分配相应的控制器和通道。

3. 设备处理

设备处理程序又称为设备驱动程序。其基本任务是实现 CPU 和设备控制器之间的通信。

4. 设备独立性和虚拟设备

用户向系统申请和使用的设备与实际操作的设备无关，一般是通过通用接口和设备驱动程序来实现设备操作。

3.2.5　文件管理

软件资源是以文件形式保存在外存储器上的。文件管理的主要任务是有效管理文件的存储空间，合理组织和管理文件系统的目录，支持对文件的存储、读写操作，解决文件信息的共享、保护及访问控制等。

　　文件管理就是操作系统中实现文件统一管理的一组软件、被管理的文件以及为实施文件管理所需要的一些数据结构的总称。从系统角度看，文件系统是对文件存储器的存储空间进行组织、分配和回收，负责文件的存储、检索、共享和保护。从用户角度来看，文件系统主要是实现"按名取存"，文件系统的用户只要知道所需文件的文件名，就可存取文件中的信息，而无需知道这些文件究竟存放在什么地方。文件管理的主要功能如下：

　　(1) 统一管理文件存储空间，实施存储空间的分配与回收。

　　(2) 确定文件信息的存放位置及存放形式。

　　(3) 实现文件从名字空间到外存地址空间的映射，即实现文件的按名存取。

　　(4) 有效实现对文件的各种控制操作，如建立、撤销、打开、关闭文件等，以及存取操作，如读、写、修改、复制、转储等。

　　(5) 为文件操作设置访问权限，以保证数据的安全，实现公共数据的共享。

　　(6) 实现文件的高速存取。

　　在计算机系统中，各种数据信息都是以"文件"形式存在的。为了分类管理这些文件，操作系统提供了一个树形目录结构，允许用户将文件分类存放在不同的目录中。在 Windows 操作系统中，用"文件夹"取代了 DOS 下"目录"的概念，显得更加形象。

　　用户接口管理也是操作系统重要管理功能之一，接口是用户使用计算机实现各种预期目标的唯一通道和桥梁。用户接口分为命令接口、程序接口和图形化接口。

　　命令接口：用户以键盘命令或命令文件形式将所需处理的任务提交给操作系统处理的一种交互形式。

　　程序接口：在操作系统内核中包含一组实现各种特定功能的子程序，用户在编写应用程序时，可调用这些子程序完成相应功能，称为系统调用。程序接口即操作系统提供给用户完成系统调用的接口，简称为 API 接口。

　　图形接口：图形接口是操作系统向用户提供的一种基于图形描述的简单、直观地使用操作系统服务的方式。

　　目前计算机的用户接口大多提供了图形工作界面，如 Windows 操作系统、苹果操作系统。即便是 Unix、Linux，为了适应广大用户的需求也都分别提供了相应的图形工作界面。

3.3　Windows 7 基本操作

3.3.1　Windows 7 的启动与关闭

　　对于已经安装了 Windows 7 操作系统的计算机，用户只要接通电源，然后再按一下主机箱上的电源开关就可以启动 Windows 7 了。

　　在 Windows 7 的启动过程中，可能会出现"欢迎"界面或传统登录界面。如果是"欢迎"界面，只需要单击窗口上的用户图标即可登录。如果该用户设有密码，则系统会提示输入密码，只有密码正确，才能进入 Windows 7 的桌面环境。如果是传统的登录界面，则需要输入用户名和密码。

　　启动 Windows 7 后，呈现在用户面前的整个屏幕区域称为桌面，如图 3.3 所示。

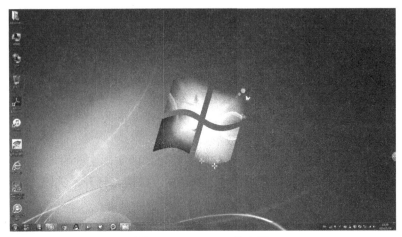

图 3.3　Windows 7 的桌面

Windows 7 的桌面上一般有"计算机"、"网络"、"回收站"等图标和一些程序的快捷方式，在桌面的底部有一条狭窄区域，称为任务栏。

1．"计算机"图标

"计算机"是桌面上的一个很重要的图标，用户双击可以打开"计算机"窗口，通过该窗口可以管理计算机资源，进行磁盘、文件、文件夹等操作。

2．网络图标

用户通过"网络"图标可以设置和查看网络连接、设置家庭或小型办公网络及查看工作组计算机等。如果本地计算机已经连接到网络上，可以通过"网络"访问其他计算机中共享的资源。

3．回收站

回收站是硬盘上的一个特殊区域，用于存储已经被用户逻辑删除的文件和文件夹。在没有清空回收站之前，可以从这里恢复以前逻辑删除的文件。不过，如果被删除的文件是存放在软盘、网络或可移动磁盘上的，则不会存入回收站，因而也就无法恢复。

图 3.4　"回收站属性"对话框

如果想永久删除文件，可以右键单击回收站图标，选择快捷菜单中的"清空回收站"命令。对于永久删除的文件，将无法恢复。

对回收站的性质可以由用户调整，方法是：右键单击回收站，选择快捷菜单中的"属性"命令。系统弹出"回收站属性"对话框，可以根据需要设置各选项，如图 3.4 所示。

在"回收站属性"对话框中，可以看到常规里面有硬盘，可以选择想要将回收站存放的位置，选择好硬盘以后，可以在自定义大小里面输入自己想要为回收站设置的最大空间。

如果用户选中"不将文件移到回收站中，移除文件后立即将其删除"项，则删除的文件不会被存入回收站，而是被直接删除。如果用户选中"显示删除确认对话框"复选框，则删除文件时系统会请求用户确认；反之，将不会请求确认。

4. 任务栏

任务栏左端是"开始"按钮，右端是状态指示器、输入法指示器和时钟日期显示。如果要调整这些设置，可以单击或双击相应的图标。

当一个应用程序或窗口被打开后，在任务栏上就会出现一个与之对应的按钮，按钮名称与应用程序或窗口的标题名称相同。

在任务栏中可以快速查看访问过的程序的历史记录。右键单击任务栏上的程序图标，会显示历史记录表。

单击任务栏中的输入法指示器图标，可以选择汉字输入法，也可以按组合键Ctrl + Shift来选择转换输入法。

5. "开始"菜单

单击任务栏左端的"开始"按钮或者按 Ctrl + ESC 组合键，将弹出"开始"菜单，Windows 7 的"开始"菜单集成了系统的所有功能，所有的操作都可以从这里开始。

"开始"菜单中的"运行"命令可以运行没有在"所有程序"菜单中列出来的命令和程序；"搜索"栏用于搜索计算机中的文件；"控制面板"用于提供查看和修改 Windows 7 系统默认设置的各种命令。

图 3.5　"关闭计算机"对话框

6. 关闭计算机

关闭计算机前，一般要先保存文档，关闭已经打开的应用程序。除非万不得已，最好不要直接切断计算机电源。

正常关闭计算机，一般是单击"开始"菜单，系统弹出"开始"菜单，再单击"关机"按钮，即可退出Windows 7 系统并关闭计算机，如图 3.5 所示。如果计算机是 ATX 电源，则计算机会自动切断电源。

单击"关机"右边的三角按钮，在弹出的菜单中选择"重启"按钮，可重启计算机；选择"待机"按钮，可让计算机进入休眠待机状态。

7. 注销/切换用户

如果想注销或切换用户，可以选择"开始"菜单中的"关机"旁边的三角按钮，系统弹出一个菜单，如图3.6 所示，单击"注销"项将退出当前用户，进入用户登录界面，重新选择用户登录；单击"切换用户"项，则不退出当前用户而直接进入用户登录界面，该功能可以让几个用户同时登录后，轮流使用计算机。改变用户后，Windows 7 将显示新用户的桌面和设置。

图 3.6　"注销 Windows"对话框

3.3.2　窗口和对话框

1. Window 7 中的窗口

在 Windows 7 中，每个打开的应用程序和文件夹，在桌面上都有一个窗口，在任务栏上都有一个对应的图标按钮。

窗口主要由标题栏、菜单栏、"最小化"按钮、"最大化/还原"按钮、"关闭"按钮、工具栏、滚动条、常见任务栏、工作区等几部分组成，如图 3.7 所示。

对窗口的操作包括改变窗口大小、移动窗口位置、切换窗口和关闭窗口等操作。

图 3.7　Windows 7 窗口的组成

Windows 7 是一个多任务的操作系统，一次可以运行多个应用程序，打开多个窗口。但是，每次只能有一个应用程序的窗口为当前可操作的活动窗口，其标题栏是高亮度显示的，位于所有窗口的最前面，而其他打开的应用程序窗口都处于非活动状态，其标题栏是暗色调显示的。要使某个窗口成为当前活动窗口，可以使用以下几种方法：

(1) 单击任务栏上的窗口按钮，可使该窗口成为活动窗口。如果看得见窗口，直接单击需要激活的窗口任意部分也可使其成为活动窗口。

(2) 按 Alt + Tab 组合键，可以在当前活动窗口和最近使用过的窗口之间切换。如果按下 Alt 键不放，则每按一次 Tab 键就选中下一个窗口的图标。这时按 Shift + Tab 键可反向选择，当选中图标后，释放 Alt 键，则相应的窗口就被激活为当前活动窗口。

(3) 按 Alt + Esc 组合键，可在所有打开的窗口间切换，但不包括最小化的窗口。

关闭当前窗口，除单击关闭按钮外，还可以双击窗口标题名称左边的标题图标；或者按 Alt + F4 组合键；或选择"文件"菜单中的"关闭"命令。

2. Windows 7 中的对话框

Windows 7 中的系统设置、错误信息显示等是以对话框的形式出现的，其操作方法与窗口类似，不同的是窗口可以改变大小，而对话框不能改变大小。

对话框一般由标题栏、选项卡、文本框、列表框、命令按钮、单选按钮、复选框、数值选择按钮等中的几项组成，如图 3.8 所示。

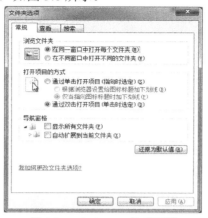

图 3.8　Windows 7 的对话框

3.4　Windows 7 的文件管理

3.4.1　文件和文件夹

1. 文件

文件是指具有名称的一组信息的集合。计算机中所有的程序和数据都是以"文件"形式存储在存储器中的。

为了区分不同的文件，用户必须给文件命名。通常情况下，文件名由主文件名和扩展名两部分构成，中间用圆点"."隔开，格式一般为：主文件名.扩展名。

主文件名用于指明文件的名称，必须给出(或默认系统给出的文件名)；扩展名用来说明文件的类型，一般也应给出，因为如果一个文件没有扩展名，用户就无法判断它的类型，也就不知道用什么程序来打开了。其中，扩展名为.com、.exe 和.bat 的文件统称为可执行文件。

2. 文件夹

在 Windows 7 系统中，存放文件的地方称为文件夹(DOS 操作系统称作目录)。Windows 7 操作系统采用多级树形目录结构来管理文件。最上层的文件夹称为根目录，在格式化磁盘时由系统自动创建，用户无法建立或删除。在根目录下可以创建多个文件夹，且文件夹可以有多层，每个文件夹下面都可以再建立多个子文件夹，但在同一个文件夹下，不允许存在同名的文件或子文件夹。

在现代操作系统中文件夹与文件管理方式相同，都按文件方式进行管理。

3. 路径

为了表示树形目录结构中某一个文件的具体存放位置，引入了路径这个概念。路径是由"\"隔开的一串文件夹名组成的，有绝对路径和相对路径两种表示方法。

绝对路径是以"\"开头的路径，表示路径从根目录开始向下定位文件所在的位置，如路径"\windows\system"表示磁盘根目录下 windows 文件夹下一级的 system 文件夹。

相对路径是不以"\"开头的路径，表示路径从当前目录开始向下定位文件的位置，如路径"mp3\china music"表示磁盘当前目录下的 mp3 文件夹下一级的 china music 文件夹。

件绝对路径一定是从磁盘根目录开始向下搜索，而相对路径则是从目前工作的任意目录向下或向上搜索的。

4. 文件定位

要定位一个文件在何处，必须指明该文件存放的盘符、路径和具体的文件名。

文件的定位命令格式：[盘符：] [路径] [\] 文件名

例如："E:\程序语言\VB6.0\SETUP.EXE"表示文件 SETUP.EXE 存放的位置是"E:\程序语言\VB6.0"文件夹。

5. 剪贴板

剪贴板是计算机内存中的一块区域，是 Windows 系统内置的一个用来临时保存剪切和复制信息的工具。由于各个应用程序共用一个剪贴板，使得它们之间可以通过剪贴板共享数据。例如，在 Windows 7 中，按下 Print Screen 键，可截获当前屏幕上的全部内容到剪贴板；或者按 Alt + Print Screen 键，截获当前活动窗口的内容到剪贴板。在 Word 中，使用粘贴命令，就可以将剪贴板内容复制到 Word 文档中。

通过剪贴板，利用复制、粘贴命令可以实现文件的复制，使用剪切、粘贴命令可以实现文件的移动。但需要注意的是，在剪切、复制文件时，剪贴板内存放的只是文件的路径信息，而非文件本身，只有在复制非文件内容，如图片、文本时，剪贴板上存放的才是数据源本身。在重复剪贴操作时，Windows 7 操作系统剪贴板只能保留最近一次复制的内容。

3.4.2　文件和文件夹操作

Windows 7 操作系统的功能主要体现在对文件、磁盘和程序的管理上，而管理文件和磁盘的主要工具就是"资源管理器"窗口。如图 3.9 所示。

图 3.9　"资源管理器"窗口

在"资源管理器"窗口中，列出了计算机内的所有磁盘驱动器盘符。其中字母 A、B 用于表示软盘驱动器；从字母 C 开始标识硬盘盘符，如果一个大硬盘被逻辑分成多个分区，则其标识分别为 C、D、E……。硬盘盘符后面一般是光驱盘符；光驱盘符后面则是可移动磁盘或附加数字设备的盘符。

1. 选中文件和文件夹

在对文件或文件夹进行操作之前，一般都需要先选中操作的对象。

(1) 选中单个文件或文件夹。

操作方法：用鼠标左键单击要选中的文件或文件夹即可。

(2) 选中多个相邻的文件或文件夹。

操作方法：用鼠标左键单击要选中的第一个文件或文件夹，按住 Shift 键，再单击要选中的最后一个文件或文件夹。Windows 7 中，在选连续文件或文件夹时，以行为单位。

(3) 选中多个不相邻的文件或文件夹。

操作方法：用鼠标左键单击要选中的第一个文件或文件夹，按住 Ctrl 键，再分别单击其他要选中的文件或文件夹。

(4) 选中所有文件或文件夹。

操作方法：选择"编辑"菜单下的"全部选中"命令或按 Ctrl + A 组合键。

2. 创建文件夹

在要创建文件夹窗体的空白位置，单击鼠标右键，在弹出的快捷菜单中选择"新建"命令，再选择"文件夹"命令，待窗体上出现"新建文件夹"的名字后，直接按空格键，输入要创建的文件夹名称(自己取名输入即可)，最后按回车键确认，一个新的文件夹就被创建成功。

当然，也可以直接通过单击窗口菜单"新建文件夹"命令来创建文件夹。

3. 重命名文件或文件夹

对已经创建好的文件夹或文件如果想重新命名，可以采用以下几种方法：

(1) 用鼠标右键选中并单击要重命名的文件或文件夹，在弹出的快捷菜单中选择"重命名"命令，然后输入新名称后按 Enter 键。

(2) 选中要重命名的文件或文件夹，再单击一次鼠标左键或按 F2 键，然后输入新名称后按 Enter 键。需要注意的是，两次单击时间间隔不要过短，否则会变成双击操作。

如果要更改文件的扩展名，则需要将文件的扩展名显示出来，而要将文件的扩展名全部显示出来，则需要选择窗口菜单栏中的"组织"中的"文件夹和搜索选项"对话框的"查看"选项卡中，取消选中"隐藏已知文件类型的扩展名"复选框。否则，极有可能出现文件扩展名更改不正确的情况。

4. 复制文件或文件夹

复制文件或文件夹是文件管理最常用的操作，一般通过"复制"(Ctrl + C)、"粘贴"(Ctrl + V)命令来实现。以下是几种复制文件或文件夹的常用方法：

(1) 选中要复制的文件或文件夹，单击鼠标右键，在弹出的快捷菜单中选择"复制"命令，然后打开存放复制文件的目的文件夹，单击右键，在弹出的快捷菜单中选择"粘贴"命令。

(2) 选中要复制的文件或文件夹，按住鼠标右键拖动到目的文件夹后释放右键，在弹出的快捷菜单中选择"复制到当前位置"令。

(3) 选中要复制的文件或文件夹并按住鼠标左键，按住 Ctrl 键并拖动到目的文件夹后释放左键。

(4) 如果要将文件复制到"我的文档"或者是压缩文件等，可以选中要复制的文件或文件夹，然后单击右键，在弹出的快捷菜单中选择"发送到"命令，再选择复制的对象。

当然，也可以使用工具栏的"组织"菜单下的"复制"、"粘贴"命令来进行文件复制。

5. 移动文件或文件夹

移动文件或文件夹也是文件管理最常用的操作之一，一般通过"剪切"(Ctrl + X)、"粘贴"(Ctrl + V)命令来实现，操作方法与复制文件类似。

(1) 选中要移动的文件或文件夹，单击鼠标右键，在弹出的快捷菜单中选择"剪切"命令，然后打开存放移动文件的目的文件夹，单击右键，在弹出的快捷菜单中选择"粘贴"命令。

(2) 选中要移动的文件或文件夹，按住鼠标右键拖动到目的文件夹后释放右键，在弹出的快捷菜单中选择"移动到当前位置"命令。

(3) 选中要移动的文件或文件夹并按住鼠标左键，按住 Shift 键并拖动到目的文件夹后释放左键或者直接拖动即可，或直接用鼠标拖动亦可实现。

当然，移动文件或文件夹也可以使用工具栏的"组织"菜单下的"剪切"、"粘贴"命令。

用鼠标左键拖动文件或文件夹时，如果是在不同的磁盘驱动器中进行，则系统默认操作为复制，在按住 Shift 键的同时拖动可改为移动操作；如果是在同一个磁盘驱动器中进行，则系统默认为移动操作，在按住 Ctrl 键的同时拖动可改为复制操作。

6. 删除文件或文件夹

如果想将不需要的文件或文件夹删除送入回收站，可以采用以下几种方法：

(1) 选中要删除的文件或文件夹，单击鼠标右键，在弹出的快捷菜单中选择"删除"命令。

(2) 选中要删除的文件或文件夹，直接按键盘上的 Delete 键。

(3) 选中要删除的文件或文件夹，选择"组织"菜单下的"删除"命令。

如果不想把删除的文件或文件夹送入回收站，可在删除时按 Shift + Delete 键删除的文件将不会被存入"回收站"，而是被直接永久性删除。

7. 搜索文件和文件夹

计算机中的文件数量和种类都非常多，有时想搜索某个类型的所有文件，或者想使用某个文件但又忘记了其具体存放位置时，就需要使用搜索功能。

单击"开始"菜单，在弹出的菜单下面有"搜索"栏，或点击"计算机"，在右上角出现"搜索"栏，可以打开"搜索"窗口，如图 3.10 所示。

在"搜索"栏中输入要查找的文件信息或资源类型，就可在"搜索"窗口中直接显示搜索到的内容。

在搜索条件中可以使用通配符"?"和"*"进行模糊查找。其中"?"代表任意一个字符，"*"代表不定数量的字符。例如，"??.DOC"表示主文件名只有两个字符或汉字的 Word 文档，"*.mp3"表示所有扩展名为 mp3 的文件，"*A.DOC"表示所有主文件名以 A 结尾的 Word 文档。

图 3.10　"搜索"窗口

8. 查看、修改文件和文件夹的属性

想要查看和修改文件或文件夹的属性,可以在选中要设置属性的文件或文件夹后,单击鼠标右键,在弹出的快捷菜单中选择"属性"命令,或者选择"文件"菜单下的"属性"命令,系统弹出如图 3.11 所示的属性对话框。

图 3.11　文件属性对话框

在"属性"选项区域中,选中或取消相应的属性复选框可以更改文件的属性。如果对文件夹设置属性,则系统会询问该属性设置是只应用于该文件夹,还是同时应用于该文件夹下所有的子文件夹和文件。

单击"打开方式"右边的"更改"按钮,可以更改该类文件的打开方式,重新选择相关联的应用程序。

9. 设置文件夹选项

"文件夹选项"对话框可以更改桌面和文件夹的查看方法,可以设置是否隐藏已知文件类型的扩展名,是否显示所有文件和文件夹,也可以更改文件的打开方式等。

在文件夹窗口中,单击"组织"菜单下的"文件夹和搜索选项"命令,弹出"文件夹选项"对话框，如图 3.12 示。用户可以根据需要设置各选项。

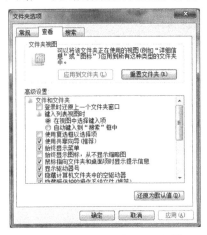

图 3.12　"文件夹选项"对话框

3.5　磁　盘　管　理

3.5.1　磁盘管理项目

1. 硬盘分区

对于一台计算机新安装的硬盘，在格式化之前一般都要先进行硬盘分区。所谓硬盘分区，就是将大容量硬盘的存储空间划分成多个独立的存储区域，每个区域都是一个单独的盘符，可以用来存放不同的数据。一般情况下，操作系统都是安装在第一个分区(盘符为C)中的，因此，这个分区也称为主分区，除主分区外的其他分区统称为扩展分区，扩展分区一般又被划分成多个逻辑盘符(从盘符 D 开始)表示的磁盘分区。

2. 格式化磁盘

对磁盘进行格式化就是重新划分磁盘分区上的磁道和扇区，在磁盘上建立一个根目录。特别注意，对于已经装有数据的磁盘，进行格式化操作，会删除磁盘中的全部数据。

格式化磁盘可以在"计算机"窗口中，右键单击磁盘盘符，在弹出的快捷菜单中选择"格式化"命令。

格式化将会破坏磁盘上原有数据，只有当确定磁盘中的数据确实没有用时，才可以进行这种操作。另外，格式化操作只能对硬盘、软盘和可移动磁盘进行，不能操作光盘。

3. 磁盘清理

Windows 7 系统运行一段时间后，在系统和应用程序运行过程中，会产生许多的垃圾文件(称为碎片)，主要包括应用程序在运行过程中产生的临时文件、安装各种各样的程序时产生的安装文件等，如果长时间不清理，垃圾文件数量越来越庞大，这不仅会使文件的读写速度变慢，还会占用磁盘容量或影响硬盘的使用寿命。

如果想释放硬盘上的临时文件、Internet 缓存文件或安全删除不需要的程序文件，可以使用磁盘清理程序。

　　启动磁盘清理程序的方法是：选择开始菜单中的"所有程序/附件/系统工具/磁盘清理"命令，在弹出的"选择驱动器"对话框中选中要清理的驱动器，单击"确定"按钮。执行清理操作时，Windows 会自动扫描该磁盘上的可删除文件，然后以列表的形式询问是否对某些项目进行删除，用户可根据需要自行选择。

　　执行磁盘清理后，磁盘的剩余空间都会增大。

4. 磁盘碎片整理

　　磁盘在使用一段时间后，由于反复写入和删除文件，磁盘中的空闲扇区会分散到整个磁盘中不连续的物理位置上，从而使文件不能保存在连续的扇区内。这样，在读写文件时就需要到不同的位置读取，增加了磁头的来回移动次数，降低了磁盘的访问速度，也加快了磁头和盘片的磨损速度。而磁盘碎片整理程序可以将磁盘上的文件和空闲空间重新排列，使文件总是存在一段连续的扇区中，将空闲空间合并，从而加快了硬盘的访问速度，提高了大型程序的运行速度。

　　启动磁盘碎片整理程序的方法是：选择开始菜单中的"所有程序/附件/系统工具/磁盘碎片整理程序"命令。

5. 文件备份/还原

　　Windows 7 提供的备份/还原工具可以帮助用户对磁盘上的文件进行备份/还原。备份数据后，万一数据被意外删除或覆盖时，可以使用还原功能恢复丢失的数据。

　　启动"备份/还原"工具的方法是：选择"开始"菜单中的"控制面板/备份和还原"命令，可以启动"备份/还原"向导，对磁盘上的文件进行备份和还原。具体的备份/还原过程可以参照提示操作。

6. 查看磁盘的信息

　　用户存放的文件和程序越多，占用的磁盘空间越大，磁盘剩余的可用空间越少。如果想查看磁盘的详细信息，则可以使用以下方法：在"计算机"窗口中，右键单击磁盘驱动器，在快捷菜单中选择"属性"命令，系统将弹出磁盘"属性"对话框。

3.5.2　磁盘管理工具

　　磁盘管理工具可以用于对计算机上的所有磁盘进行综合管理，可以进行打开磁盘、管理磁盘资源、更改驱动器名称和路径、格式化或删除磁盘分区以及设置磁盘属性等操作。具体操作步骤如下：

　　(1) 鼠标右键单击"计算机"图标，在快捷菜单中选择"管理"命令，打开"计算机管理"窗口。

　　(2) 在左窗格选中"存储"图标，双击"磁盘管理"命令，在右窗格的上方列出所有磁盘的基本信息，包括卷、类型、文件系统、容量、状态等；在窗口的下方按照磁盘的物理位置给出了简略的示意图，并以不同的颜色表示不同类型的磁盘卷号使用状态等，如图3.13 所示。

　　(3) 右键单击需要进行操作的磁盘，弹出相应的快捷菜单，选择其中的命令便可以对磁盘进行相应的管理操作。

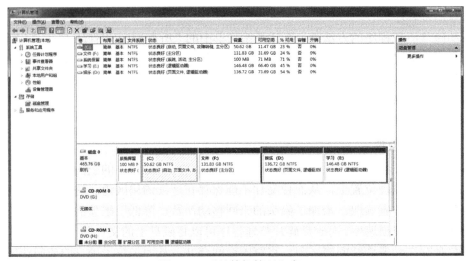

图 3.13　"计算机管理"窗口

3.6　操作系统的程序管理

3.6.1　程序的安装和卸载

1. 安装程序

Windows 7 环境下应用程序的安装一般通过 Setup.exe 文件来执行，如 Office 2013、Visual Basic 6.0 等；也有一些应用程序，安装则是通过双击自解压可执行文件来执行的，如压缩软件 Winrar，它的安装文件就是 Winrar.exe。

2. 卸载和删除程序

选择"开始"菜单中的"控制面板"命令，在随后出现的"控制面板"窗口中，单击"程序和功能"图标，将打开"程序和功能"窗口，如图 3.14 所示。

图 3.14　"程序和功能"窗口

可以根据图 3.14 的提示对程序进行卸载、更改或删除，也可以选择"打开或关闭Windows 功能"根据提示删除 Windows 组件。

3.6.2　程序的启动与退出

1. 快捷方式

快捷方式是 Windows 7 提供的一种快速启动程序、打开文件或文件夹的方法，是应用程序的快速连接。

快捷方式是一种特殊的文件，它的扩展名为 .lnk。快捷方式的图标左下角一般都有一个小箭头标识，这个箭头用来表明该图标是一个快捷方式。当用户双击快捷方式图标时，系统会找到快捷方式所指向的对象并打开。对于经常使用的对象，如经常访问的磁盘盘符、文件夹或经常启动的应用程序等，可以在桌面上为其创建快捷方式。

常用创建快捷方式的方法是：用鼠标右键将对象拖动到要创建快捷方式的位置，在弹出的快捷菜单中选择"在当前位置创建快捷方式"命令。

2. 启动程序

启动 Windows 7 环境下的应用程序，一般都可以通过开始菜单中的"所有程序"子菜单中的相应命令，如启动 Microsoft Word、Microsoft Excel 等。

双击与应用程序相关联的文档，也可以启动相关的应用程序。如双击 Word 文档可以启动 Microsoft Word，双击 Excel 工作簿可以启动 Microsoft Excel，双击文本文件可以启动记事本等。

如果为应用程序创建了一个快捷方式，则可以通过双击快捷方式来启动应用程序。

3. 退出程序

如果要退出已经启动了的应用程序，则可以使用以下方法：

(1) 单击程序窗口右上角的"关闭"按钮×。

(2) 单击"文件"菜单下的"退出"命令。

(3) 按 Alt + F4 快捷键。

如果有文档没有被保存，应用程序在退出时会询问用户是否保存文档。

3.7　系统的设置与维护

3.7.1　外观和主题设置

主题、桌面、屏幕保护程序、外观、屏幕分辨率、颜色质量和刷新频率等显示属性，均需要通过"个性化"对话框来设置。在"控制面板"窗口中单击"个性化"图标，可以打开"个性化"窗口，如图 3.15 所示。

主题影响桌面的整体外观，包括背景、屏幕保护程序、图标、窗口、鼠标指针和声音。如果多人使用同一台计算机，则每个人都有自己的用户账户，都可以选择不同的主题。

从"个性化"窗口的各选项中选择，可以设置主题、桌面、屏幕保护、外观和显示分辨率等。

图 3.15　个性化窗口

3.7.2　硬件的安装与管理

Windows 7 中的硬件安装通常可以实现所谓的"即插即用(PNP)"功能。计算机系统中的所有硬件，都可以通过"设备管理器"窗口进行管理。

在"控制面板"窗口中或桌面上的"计算机"图标上单击鼠标右键，在弹出的快捷菜单中单击"设备管理器"按钮即可打开"设备管理器"窗口，如图 3.16 所示。

图 3.16　"设备管理器"窗口

在"设备管理器"窗口中列出了系统所有的硬件设备信息，包括键盘、鼠标、硬盘、光驱、声卡、网卡(网络适配器)、显示卡等。如果硬件工作不正常，则硬件前会出现红色的×符号；如果硬件未被系统识别，则硬件前会出现黄色的? 符号。

当然，在这里，用户也可以通过鼠标右键的快捷菜单来禁止/启用某些硬件(如网卡)。

3.7.3　用户账户管理

Windows 7 中可以看到的三种不同类型的账户：Administrator、Guest 账户和用户自建账户。

Administrator 是 Windows 7 内置的计算机管理员账户，默认密码为空，拥有计算机管理的最高权限。

Guest 账户启用后，可以使计算机上没有创建用户账户的任何用户访问计算机。由于 Guest 账户只拥有有限的访问权限，相对来说，对计算机设置和文件管理而言还是比较安全的。

用户自建账户可以选择两种类型：一种是计算机管理员账户，一种是操作权受限账户。前者拥有同 Administrator 一样的最高权限，后者只能查看、修改与自身账户相关的信息和文件。

1．创建新账户

从"控制面板"→"用户账户"→"管理其他账户"，如图 3.17 所示。

图 3.17　管理用户账户窗口

单击"创建一个新账户"链接可创建一个新账户。在输入新账户的名称后，选择"标准用户"或"管理员"单选项，可选择创建账户的类型(计算机管理员或普通用户)，最后单击"创建账户"按钮。

2．更改账户

如图 3.17 所示，单击要更改的账户，可以对所选账户进行更改名称、创建密码(或更改、删除密码)、更改图片、更改账户类型、删除账户等操作。

3.8　附　件　操　作

Windows 7 提供了功能强大的"附件"程序，如系统工具、记事本、画图、计算器、写字板、命令提示符等。下面简要介绍几个附件程序，具体操作可参看程序自带的帮助。

3.8.1　系统工具

单击"开始"菜单，选择"所有程序"→"附件"→"系统工具"，在显示的子菜单中，磁盘清理和碎片整理前面已介绍过，下面只介绍经常使用的"系统信息"，其他选项不再赘述。

在用户解决配置问题时，通过"系统信息"来显示系统配置的细节信息，可以快速查找解决系统问题所需的数据。"系统信息"窗口如图 3.18 所示，左窗格有如下几个类别。

(1) 系统摘要：显示关于计算机和安装的 Windows 7 操作系统版本的常规信息。该摘要包含系统的名称和类型、Windows 7 系统目录名、地区选项以及有关物理和虚拟内存的统计。

(2) 硬件资源：显示硬件的冲突/共享、DMA、IRQ、I/O 地址和内存地址等。这有助于识别有问题的设备。

(3) 组件：可显示 Windows 7 配置的相关信息，并用于确定设备驱动程序、联网和多媒体软件的状态。另外，一个全面的驱动程序历史记录将显示不同时间里组件发生的更改。

(4) 软件环境：显示计算机内存中加载的软件的概述。该信息可用于查看进程是否仍在运行，也可用于检查版本信息。

图 3.18　"系统信息"窗口

3.8.2　记事本

记事本是 Windows 7 提供的一个简单的文本文件编辑器，通过记事本用户可以完成简单的文本输入和编辑工作，但不能插入图形。记事本也是创建网页的简单工具。

单击"开始"菜单，选择"所有程序"→"附件"→"记事本"，即可打开"记事本"窗口。"记事本"窗口如图 3.19 所示，窗口工作区用于编辑文本，其中闪烁的光标是插入点的位置。

图 3.19　　"记事本"窗口

1. 文件管理

使用"文件"菜单可以新建一个文本文件，打开一个已有的文件。"记事本"启动时将创建名为"无标题"的新文档，使用"文件"菜单的"保存"或"另存为"可将编辑的文本保存在新文档(扩展名为 .txt)；"另存为"还可以另外保存一个文件，即文件备份功能。

2. 基本编辑操作

(1) 移动插入点：键入文本总是从插入点位置起进行，在文档内任意位置单击鼠标，插入点即移至该位置。也可使用↑、↓、←、→等编辑键移动插入点。

(2) 选定文本：从某一位置开始拖动鼠标指针至欲选内容的结束位置，释放鼠标，即选定这一区域的文本。按住 Shift 键的同时按↑、↓、←、→键也可选定文本。单击文档中的任意位置即可取消选定。执行"编辑"菜单中的"全选"命令或按 Ctrl + A，则选中全部文档。

(3) 移动文本：选定欲移动的文本，下拉出"编辑"菜单，单击"剪切"菜单项(或按 Ctrl + X)，将插入点移动到指定的位置，再单击"编辑"菜单中的"粘贴"(或按 Ctrl + V)。

(4) 复制文本：选定文本，下拉出"编辑"菜单，单击"复制"菜单项(或按 Ctrl + C)，将插入点移到待粘贴文本处，再单击"编辑"菜单中"粘贴"。

(5) 删除文本：选定欲删除的文本，下拉出"编辑"菜单，单击"删除"菜单项，或按 Del 键即可。另外，按退格键删除插入点之前的字符，按 Del 键删除插入点之后的字符。

(6) 查找或替换文本：下拉出"编辑"菜单，单击"查找"或"替换"菜单项，在弹出的对话框中按要求输入文本，然后进行查找或替换。

3. 格式设置

(1) 自动换行：单击鼠标下拉出"格式"菜单，选择"自动换行"菜单项，则使文本在窗口边界处自动换行。

(2) 设置字体：单击"格式"下拉菜单中的"字体"菜单项，则出现"字体"对话框，用户可按需要改变选中部分文本的字体。

3.8.3　画图

Windows 7 的"画图"程序提供了多种绘制工具和范围比较宽的颜色，可以用来创建简单或者精美的图画，如各种有个性的标志、图标、贺卡等。绘制的图画可以存为位图文件，可以打印图画，可将它作为桌面背景，或者粘贴到诸如"写字板"、Word 和 Excel 之类的 Windows 应用程序的文档中。还可以使用"画图"查看和编辑扫描的相片。

1. 启动"画图"

单击"开始"→"所有程序"→"附件"→"画图"就可启动"画图"程序，如图 3.20

所示。

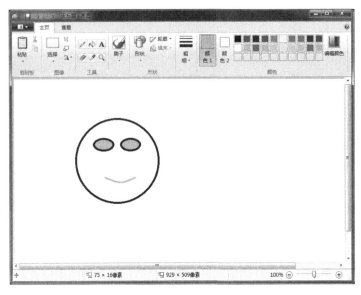

图 3.20　"画图"程序窗口

2. "画图"程序窗口

(1) 画图区：相当于一般窗口的工作区，用于绘制各种图形和输入文字。

(2) 工具箱：包括"任意形状的裁剪"、"选定"、"橡皮"、"用颜色填充"、"放大"、"铅笔"、"刷子"、"文字"、"直线"等 16 种工具。当鼠标指向某个工具时，将显示工具名；当单击某个工具时，该工具按钮将向下凹陷，表示已选用该工具。

(3) 工具形状框：也称为线箱，提供每种工具的可选类型，如线条的宽度、刷子的类型、橡皮的大小等。单击某个工具时，工具形状框内容将发生变化。

(4) 颜料盒：也称为调色板，提供绘图用的前景色和背景色以及图案。前景色是当前画图用的颜色，单击颜料盒中的某颜色框选择该颜色为前景色；背景色是使用橡皮擦时的颜色，右键单击颜料盒中的某颜色框选择该颜色为背景色。

3. 绘图基本技术

(1) 绘制图形：单击某个绘图工具，如铅笔、刷子、喷枪、直线、矩形、椭圆等，在绘图区内按下鼠标左键拖动是以前景色绘图，而按下鼠标右键拖动则是以背景色绘图。如果同时按住 Shift 键，则绘制一些精确的图形，如使用"铅笔"工具则绘制直线，使用"直线"工具绘制水平线、垂直线或 45° 斜线，使用"椭圆"工具绘制圆等。

(2) 用填充颜色：单击"用填充颜色"工具，再单击要填充区域或对象即用前景色填充；若用背景色填充，则单击鼠标右键。

(3) 输入文字：单击"文字"工具，在绘图区内拖动鼠标创建一个"文字框"。在"字体"工具栏中选择"字体"、"大小"、"格式"或"竖排"，然后在"文字框"内单击，开始输入文字。根据需要可移动或放大文字框。需要更改文字颜色时，可以在颜料盒中单击一种颜色；需要给插入文字指定一种背景色时，用鼠标右单击选择一种背景色。要结束文字的输入，可单击文字框外的任意位置。

(4) 修改绘图内容：在绘图期间，可灵活使用以下操作。

① 撤销：单击"编辑"→"撤销"命令，或直接按 Ctrl + Z 键，则取消最近一次操作。

② 删除、移动或复制：先使用"选定"工具选定绘图区域，然后通过键盘(如按 Del 键删除)、鼠标拖动或"编辑"菜单进行相关的操作。在"复制"选定的区域时，可选择"透明"或"不透明"处理，透明指现有图片将透过选定区域显示，而且不显示选定区域的背景颜色；不透明指用所选对象的前景色和背景色覆盖图片。

③ 擦除：使用"橡皮"工具擦除部分画面内容。

4. 图形文件管理

使用"文件"菜单可以新建一个画图文件，也可以打开一个已经存在的图像文件。使用文件"菜单"的"保存"或"另存为"命令可将新创建的图画按用户指定的文件类型和文件名存盘。文件类型有图像文件(PNG)、位图(BMP)、图形互换格式(GIF)和 JPEG 文件交换格式(JPG)等，默认扩展名为 .PNG。

保存图片后，在"文件"菜单中选择"设置墙纸(平铺)"则可把当前编辑的图形以平铺的方式置于桌面上；选择"设置墙纸(居中)"则可把当前编辑的图形以居中的方式置于桌面上。

3.8.4 计算器

Windows 7 提供的计算器有标准型和科学型两种视图，标准型用于简单的算术运算，科学型可执行专业的数据进制转换、统计分析及三角函数等计算。打开"计算器"窗口后，从"查看"菜单选择"科学型"或"标准型"菜单项来确定要使用哪种计算器，如图 3.21 和图 3.22 所示。

图 3.21 "标准型"计算器窗口

图 3.22 "科学型"计算器窗口

无论是标准型还是科学型计算器，都有如下的通用操作功能。

1. 使用键盘输入数据

在 Num Lock(数字锁定)指示灯置亮时，用户可以使用数字小键盘输入数字。

2. 计算操作

将数学算式输入到"计算器"窗口内，输入完毕后单击"="键来显示结果。

计算器的"编辑"菜单提供了复制和粘贴数据的功能，可以从另一个应用程序内把数字粘贴到计算器的显示区内，或者把显示区内的数据粘贴到其他应用程序中。

3. 清除数据

对下列的三种情况，可使用不同的方法清除数据。

(1) 若要清除计算器当前已输入的或存储的几个数据，单击 Esc/C 键即可。

(2) 若要清除刚输入的数据，而不清除前面已输入的数据，则单击 CE 按钮或按 Del 键，这种方法常用于清除在连续加或减过程中输入的错误数据。

(3) 若要清除最近输入的一位数字，则单击计算器上 Back(←)按钮或按 Back Space 键。

4. 记录功能

可将数据存储起来，以便后面使用或积累总数用。新的值可以替换旧的值，或者与旧的值相加或相减。记忆、显示和清除的操作如下：

(1) "MS"(存储记忆)按钮：把计算器显示的数据存储到记忆单元中，如果记忆单元中已有数据，将被替换。键盘操作为 Ctrl + M。

(2) "M+"(记忆加)按钮：把计算器显示的数据加上记忆单元中的数据，并保存计算和。键盘操作为 Ctrl + P。

(3) "MR"(显示记忆)按钮：显示记忆单元中的内容。键盘操作为 Ctrl + R。

(4) "MC"(清除记忆)按钮：清除记忆单元中的内容。键盘操作为 Ctrl + C。

3.8.5 "命令提示符"窗口

1. "命令提示符"窗口简介

"命令提示符"窗口是 Windows 7 仿真 MS-DOS 环境的一种外壳，主要用于运行 DOS 命令或程序，也可启动 Windows 程序。

单击"开始"→"所有程序"→"附件"→"命令提示符"，或者在"开始"菜单的"运行"对话框中输入"cmd"并单击"确定"按钮，将出现"命令提示符"窗口，如图 3.23 所示。命令提示符由当前文件夹(目录)的绝对路径和大于号组成，其后闪烁的是输入光标，表示可在此输入命令。

图 3.23　命令提示符窗口

按 Alt + Enter 可将"命令提示符"环境在窗口与全屏幕方式之间进行切换，放大或缩小操作窗口。

打开命令提示符窗口的控制菜单，或右单击标题栏，选择"属性"命令，可对字体、颜色、窗口模式等属性进行设置。

单击关闭按钮，或者输入"EXIT"后按回车键，均可退出"命令提示符"窗口。

2. DOS 命令简介

在"命令提示符"窗口中，输入 MS-DOS 命令并按 Enter 键，即运行该命令。这种从键盘上逐行输入字符命令的操作方式，就是早期 DOS 的命令行操作方式。DOS 命令不区分大小写，如 DIR 和 Dir 表示相同的命令。Windows 提供的 DOS 命令有很多，下面只介绍几条常用命令的简单用法，其他命令及其详细用法可参看 Windows 的帮助和支持。

1) HELP 命令

在命令提示符下输入 HELP 命令，并按 Enter 键，将列出当前系统可用的所有 DOS 命令。若想了解某条命令的详细用法，可在 HELP 后跟上该条命令的名称，之间用空格分开，或者在命令名称后跟/?。例如(假定提示符为 C:\>)：

　　　　C:\>HELP HELP

　　　　C:\>HELP MORE

　　　　C:\>DIR /?

如果显示信息分几屏显示，则可在键入的命令后再加上 | MORE。例如，键入 HELP | MORE、DIR/? | MORE，按空格键分屏显示，按 Enter 键分行显示。

2) 改变当前盘命令

输入盘符并按 Enter 键，可改变当前盘。例如：

　　　　C:\>D:

将当前盘由 C 盘转换为 D 盘，命令提示符变成"D:\>"。

3) 目录相关命令

目录也就是 Windows 的文件夹，包括改变当前目录、创建子目录、删除子目录等命令。

(1) 更改当前目录。例如，将当前目录改为 \WINDOWS\SYSTEM，命令如下：

　　　　C:\>CD WINDOWS\SYSTEM

或　　　　C:\>CD\WINDOWS\SYSTEM

命令提示符将变为"C:\WINDOWS\SYSTEM>"。

(2) 创建目录命令。例如，首先将当前盘改为 E 盘，然后在 E 盘根目录下创建子目录 WANG，命令如下：

　　　　C:\>E:

　　　　E:\>MD WANG

(3) 删除子目录命令。例如，删除 C:\PLAY\DIG 子目录及其包含的所有子目录和文件，命令如下：

　　　　C:\>RD\PLAY\DIG /S

4) DIR 命令

DIR 命令用于列出指定目录中的子目录和文件清单，可使用通配符。显示桌面上的快捷方式，命令如下：

　　　　DIR 桌面*.LNK

5) 文件拷贝命令

文件拷贝是指将一个或多个文件拷贝到指定的磁盘或其他外围设备(如打印机、显示器)上。例如，将 C 盘根目录下的所有.BAT 文件拷贝到 E 盘的 \WANG 下，命令如下：

    COPY C:*.BAT E:\WANG

6) DEL 命令

DEL 命令用于删除指定文件，可使用通配符。例如，删除 C 盘根目录下的所有.TMP文件，命令如下：

    DEL C:*.TMP

本 章 小 结

    操作系统是计算机系统中负责控制和管理计算机硬、软件资源的程序集合。操作系统对用户来说相当于一台虚拟机。没有配置操作系统的现代计算机，用户是没办法使用的。本章首先简单介绍了操作系统的概念、功能、分类及常见的操作系统，然后重点介绍了Windows 7 的一般操作。

    操作系统为用户提供了文件管理、磁盘管理和程序管理三大功能。其中文件管理功能主要包括：文件或文件夹的复制、移动、删除、重命名和搜索，文件和文件夹属性的设置，文件夹选项的设置等；磁盘管理功能主要包括：文件系统的概念、硬盘分区、磁盘格式化、清理和碎片整理等；程序管理功能主要包括：程序的安装与卸载、快捷方式的创建与使用、程序的启动与退出等。

    在系统设置与维护中，主要介绍了桌面外观与主题、屏幕保护程序、屏幕分辨率与刷新频率的设置；硬件的安装与管理；用户账户的创建、更改等内容。

    本章是后续章节的基础，学好本章无疑为其他章节的学习起到事半功倍的效果。Windows 7 的实践性很强，学习时必须多上机练习，多总结操作流程。

习 题 3

一、单项选择题

1. 在 Windows 下，以 _____ 为扩展名的文件不属于可执行文件。

A. COM   B. DOC   C. EXE   D. BAT

2. "Windows 是一个多任务操作系统"指的是_____。

A. Windows 可运行多种类型各异的应用程序

B. Windows 可同时运行多个应用程序

C. Windows 可供多个用户同时使用

D. Windows 可管理多种资源

3. 下列关于 Windows "回收站"的叙述中，错误的是_____。

A. "回收站"是用于存储已被用户逻辑删除的文件和文件夹

B. 放入"回收站"的信息可以恢复

C. 用户不能调整"回收站"所占据的空间

D. "回收站"不能存放软盘上被删除的信息

4. 在 Windows 中，屏幕上可能同时出现多个窗口，其中当前活动窗口的特征是_____。

A. 标题两边有"活动"两字

B. 窗口尺寸的大小与众不同

C. 如果窗口相互重叠，活动窗口会出现在最前面

D. 标题栏的颜色与其他窗口相同

5. 把 Windows 的窗口和对话框作一比较，窗口可以移动和改变大小，而对话框____。

A. 既不能移动，也不能改变大小

B. 仅可以移动，不能改变大小

C. 仅可以改变大小，不能移动

D. 既能移动，也能改变大小

6. 在同一文件夹中，_____。

A. 子文件夹和文件可以同名

B. 子文件夹可以同名，但文件不可以同名

C. 子文件夹和文件不可以同名

D. 子文件夹不可以同名，但文件可以同名

7. 当选择了资源管理器"查看"菜单中的"按类型排序"后，文件将_____。

A. 按文件主名排列

B. 按文件扩展名排列

C. 按文件大小排列

D. 按文件日期排列

8. 在 Windows "资源管理器"窗口右部选定所有文件，如果要取消其中几个文件的选定，应进行的操作是_____。

A. 用鼠标左键依次单击各个要取消选定的文件

B. 按住 Ctrl 键，再用鼠标左键依次单击各个要取消选定的文件

C. 按住 Shift 键，再用鼠标左键依次单击各个要取消选定的文件

D. 用鼠标右键依次单击各个要取消选定的文件

9. 在 Windows 中，拖动鼠标左键执行复制操作时，鼠标光标的箭头尾部_____。

A. 带有"！"号　　　　　　　　B. 带有"＋"号

C. 带有"％"号　　　　　　　　D. 不带任何符号

10. 计算机结束当前死锁任务时，要按_____键。

A. Alt + Shift + Enter　　　　　B. Ctrl + Shift + Del

C. Ctrl + Alt + Del　　　　　　D. Alt + Shift + Del

二、填空题

1. 在 Windows 中，文件名最长可为_____个字符。

2. 在 Windows 中，可以设置的文件属性有只读和_____。

3. 在 Windows 中，对于新建的文档，系统默认的属性是_____。

4. 在 Windows 中，回收站是_____中的一块区域。

5. 在 Windows 中，剪贴板是_____中的一块区域。

6. 在 Windows 中，按_____键可将整个屏幕的内容复制到剪贴板中。

7. 在 Windows 中，按_____组合键可将当前窗口的内容复制到剪贴板中。

8. Windows 中，在已安装的输入法之间进行切换，可用_____快捷键。

9. Windows 中，进行半角/全角的切换，可用_____快捷键。

10. Windows 中，中文/英文输入方式切换，可用_____快捷键。

11. Windows 中，中文标点/英文标点的切换，可用_____快捷键。

12. 如果要关闭一个活动的 Windows 应用程序窗口，可以按快捷键_____。

13. 在 Windows 中，在最近使用的两个窗口之间切换可以使用快捷键_____。

14. 当一个 Windows 应用程序窗口被最小化后，该应用程序将在后台_____。

15. 在 Windows 的资源管理器中，要选中多个连续排列的文件需按住_____键。

16. 在 Windows 的资源管理器中，要选中多个不连续排列的文件需按住_____键。

17. 在 Windows 的资源管理器中，在不同盘符之间拖动文件和文件夹，系统默认为的操作是复制，按住_____键后拖动，可改为移动。

18. 在 Windows 的资源管理器中，相同盘符之间拖动文件和文件夹，系统默认为的操作是移动，按住_____键后拖动，可改为复制。

19. 在 Windows 中，通过_____可以恢复被误删除的硬盘中的文件或文件夹，但不能恢复软盘、移动磁盘和网络上被误删除的文件和文件夹。

20. 在 Windows 7 的"运行"对话框中，输入_____命令可进入 MS-DOS 窗口。

21. 在 Windows 菜单中，命令尾部的省略号表示_____。

22. 在 Windows 菜单中，命令尾部的右三角符号表示_____。

23. 在 Windows 菜单中，命令颜色变灰表示_____。

24. 快速弹出"开始"菜单的快捷键是_____。

25. 双击窗口标题栏的蓝色区域可以实现窗口的_____。

26. 通常用屏幕水平方向上显示的点数乘以竖直方向上显示的点数来表示显示器清晰度的指标，称为_____。

27. 使用计算机时，如果能明显感觉到 CRT 显示器在闪烁，则多数情况下是显示器的_____设置偏低。

28. 如果一台电脑经常删除、复制文件，速度明显变慢，这时，可以使用 Windows 磁盘管理功能中的_____程序进行整理。

29. 要退出没有响应的应用程序，可以使用"Windows 任务管理器"，而要快速打开"Windows 任务管理器"，可以使用组合键_____。

30. 在 Windows 7 的"运行"对话框中，输入_____命令可启动"系统配置实用程序"对话框。

三、操作题

1. 在 C 盘或 D 盘上以自己的学号建立一个文件夹，并将"我的文档/ My Pictures/示例图片"中的 JPEG 文件全部复制到该文件夹下，然后在该文件夹下练习文件的重命名、移动、删除和属性的更改、快捷方式的创建等基本操作。

2. 设置"工具/文件夹选项"，使 Windows 在打开文件夹窗口时能够显示所有的文件(包括隐藏文件和系统文件)及其扩展名。

3. 清除"我最近的文档"中的内容以保护个人隐私。

4. 打开回收站，练习将回收站中的内容还原、删除、全部清空等操作，然后设置回收站的属性，并调整回收站的最大空间值。

5. 在桌面单击鼠标右键，选择"属性"命令后，在弹出的"显示"对话框设置：屏幕分辨率、颜色质量、屏幕刷新频率、屏幕保护程序、主题、外观等。

6. 调整鼠标双击速度的快慢，以适合自己的双击速度。

7. 为计算机安装"HP LaserJet 6L PCL"打印机的驱动程序。

8. 对 C 盘进行磁盘清理操作。

第 4 章　办公自动化工具软件与应用

本章重点：
◇　文字处理工具软件 Word 的应用。
◇　电子表格工具软件 Excel 的应用。
◇　电子演示文稿工具软件 Power Point 的应用。

本章难点：
◇　掌握文稿创作与编辑的方法。
◇　掌握电子表格制作与处理的方法。
◇　掌握电子演示稿制作与处理的方法。

现代办公软件种类繁多，常用的有微软公司的 Office 和金山公司的 WPS Office 等。目前比较流行使用的有 Microsoft Office 2003/2007/2010/2013 几个版本，学习与掌握 Office 办公自动化工具软件可以使用户得心应手地处理电子文档、电子表格、演示文稿等业务，为日常办公奠定良好基础。

结合人们工作需求，本章主要介绍 Microsoft Office 2013 核心组件中的 Word、Excel 和 Power Point 工具软件的主要功能和使用。

4.1　文字处理工具软件 Word 2013

4.1.1　Word 2013 概述

Microsoft Office Word 2013 是微软办公工具软件中的文字处理软件，具有强大、完善的文字处理及图文混排功能，其主要特点有：所见即所得、支持多种编辑和显示方式、具有丰富的表格处理功能、支持图文混排功能和不同文档格式自动转换等。

1. 功能特点

Word 2013 与 Word 2003 相比较，界面和操作均有较大的改变。在 Word 2013 中，文档审阅、批注和对比等功能有了很大增强，有助于快速收集和管理来自其他人员反馈的信息。高级的数据集成可确保文档与重要的业务信息源时刻相连。此外，利用 Word 2013 还可以快速生成精美的图示，快速美化图片和表格，其至还能直接发布博客、创建书法字帖。

(1) 创建具有专业水准的文档。

Word 2013 提供的编辑和审阅工具，使用户更轻松地创建精美的文档。用户在编辑过程中，Word 2013 提供了多种工具，从收集了预定义样式、表格格式、列表格式、图形效果等内容的库中进行挑选，并预览文档中的格式，从而减少格式设置的时间。

Word 2013 引入了构建基块，可快速添加预设格式的元素，供用户将预设格式的内容添加到文档中；在处理特定模板类型的文档时，用户可以从预设格式的封面、重要引述、页眉和页脚等内容的库中选择，来创建自己的构建基块。

利用极富视觉冲击力的图形，包含三维效果、透明度、阴影及其他效果的图表和绘图功能。

对文档即时应用"快速样式"、"文档主题"，以便与首选的样式和配色方案相匹配。

快速找出对文档所作的插入、删除和移动等修改，比较合并文档的两个版本。

Office 文档的数字签名捕获功能，对文档的身份验证、完整性和来源提供保证。

通过系统插件，Word 2013 文档与其他格式文档(如可移植文档格式 PDF、XML 纸张规范 XPS)实现轻松的相互转换。

(2) 基于 XML 的超文档格式，使 Word 2013 文件更小、更可靠，易于与信息系统和外部数据源深入集成。

(3) 当 Word 2013 运行崩溃时，文档具有自动恢复功能。

另外，Word 2013 提供了多种帮助功能，如在线帮助、按 F1 键获得帮助、通过点击菜单栏上方的帮助按钮?，在弹出的 Word 帮助对话框中获得帮助。

2. Word 2013 的启动与退出

1) 启动 Word 2013

共有三种方法启动 Word 2013：

(1) 从开始菜单启动：单击屏幕左下角的"开始"→"所有程序"→"Microsoft Office 2013"→"Word 2013"命令，即可进入 Word 2013 工作环境。

(2) 利用现有文档启动：鼠标左键双击磁盘上保存的演示文稿，可启动 Word 2013。

(3) 通过桌面快捷方式启动：双击桌面快捷方式图标，可启动 Word 2013。

启动成功后，Word 2013 工作界面如图 4.1 所示。

图 4.1　Word 2013 工作界面

2）Word 2013 窗口组成

Word 2013 窗口由"文件"按钮、标题栏、功能选项卡、工具栏、文本编辑区、滚动条等组成。

标题栏用于显示当前正在编辑的文档名称，默认文档名称为：文档 1、文档 2……右端为最小化、最大化或还原、关闭按钮。

"文件"按钮是 Word 2013 新增的功能按钮，位于窗口左上角。单击"文件"按钮打开界面，左边是一些常用命令，如新建、打开、保存、关闭等；右边显示文档信息。

快速访问工具栏是 Word 2013 为了方便用户的快速操作，将最常用的命令以小图标形式排列在一起的工具按钮。默认有 3 个按钮："保存"、"撤销"和"恢复"。

功能选项卡和功能区具有对应的关系，选择某个选项卡即可打开相应的功能区。选项卡代替了传统的下拉式菜单，功能区中有许多自动适应窗口大小的工具组，包含了可用于文档编辑排版的所有命令。Word 2013 窗口默认主要显示开始、插入、设计、页面布局、引用、邮件、审阅、视图等 8 个选项卡。

文本编辑区是用来输入与编辑文本的区域。在此区域内显示的一个闪烁的竖线称为插入点，是用来确定输入字符、插入的图形和表格的起始位置。

滚动条用于移动窗口显示的文档。

3）退出 Word 2013

退出 Word 2013 时，可以单击左上角"文件"按钮，在弹出的界面左侧单击"关闭"按钮；也可以单击 Word 2013 窗口右上角"关闭"按钮。

4.1.2　文档的创建与编辑

1. 文档的创建

创建新文档的方法有三种，一是启动 Word 2013 直接创建新文档，系统自动命名为"文档 1"；二是在编辑文档时单击"文件"按钮，在弹出的界面选择"新建"命令项创建一个新文档；三是按快捷键 Ctrl + N。

2. 保存文档

对于新建的文档或编辑修改的文档，要及时地保存，防止因意外情况造成文档丢失。

保存文档分为三种情况：新建文档的保存、已保存过的文档的保存和文档的另存。

新建文档的保存方法为：单击"文件"按钮→选择"保存"或"另存为"命令或者单击快速访问工具栏上的 ■ 按钮，第一次存盘将出现如图 4.2 所示的"另存为"对话框，选择指定位置和类型后单击保存即可。下次存盘时系统将不再显示提示信息。

保存的文件类型可以为 Word 文档、RTF、网页、模板、Word XML 文档、纯文本(.txt)等格式。默认为 Word 文档，文件扩展名为 .docx。

保存已保存过的文档操作只需单击快速访问工具栏上的 ■ 按钮，或者按 Ctrl + S 键。

对于需要更改保存位置、类型或换名保存的文档，选择"另存为"菜单命令进行保存文档，操作与首次文档存盘类似。

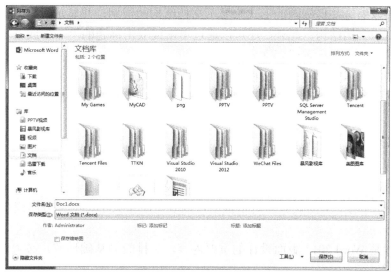

图 4.2　另存文件对话框

3. 定时自动保存

编辑过程中，为确保文档安全，可以设置定时自动保存功能，Word 2013 将按用户事先设定的时间间隔自动保存文档。

具体方法是：单击"文件"按钮→单击"选项"按钮，在弹出的"Word 选项"对话框左侧选择"保存"选项，再在"自定义文档保存方式"对话框的"保存文档"区域中选取"保存自动恢复信息时间间隔"复选框，然后在数字框中输入需要的时间间隔(以分钟为单位)→单击"确定"按钮。定时自动保存时间不宜设定太长或太短，太长作用不大，太短过多消耗系统资源，一般设为 3～5 分钟。

4. 文档的打开

打开文档的方法有：使用"文件"按钮→选择"打开"命令，或按快捷键 Ctrl + O。在弹出的"打开"页面中选择"计算机"→选择"浏览"，在弹出的对话框中，左侧选择磁盘→选择磁盘文件夹→选择文档→单击"打开"按钮。也可以双击需要打开的文档，即可打开选定文档。

5. 视图方式

针对不同的需要，Word 2013 提供了 5 种视图方式：页面视图、阅读视图、Web 版式视图、大纲视图、草稿视图。

切换视图可以通过视图选项卡或视图指示区选择视图方式两种方法实现。

页面视图是最常用的视图，其浏览效果与打印效果一致，即"所见即所得"方式，主要用于编辑页眉和页脚、调整页边距和图形对象，实现所谓的排版功能。

阅读视图是便于在计算机上阅读文档的一种视图方式，文档页面在屏幕上得到充分显示，大多数工具都被隐藏，只保留导航、批注和查找字词的命令，用户可以设置阅读视图的显示方式。退出阅读视图只需单击窗口右上角的"关闭"按钮或按 Esc 键。

Web 版式视图是文档在 Web 浏览器中的显示效果，显示为不带分页符的长页，文本、表格和图形将自动调整以适应窗口的大小。

大纲视图以缩进文档标题的形式来显示文档结构的级别，并显示大纲工具，方便用户查看或重新组织文档结构。此外，还可以通过单击或双击标题的"－"或"＋"来展开或折叠进行查看文档主要标题或正文内容。

普通视图只显示文本格式，文档中的页边标记、页眉、页脚、页码、脚注、尾注、背景及文档的包装都无法显示。在普通视图中可以输入、编辑文本、设置文本格式，适合于日常的文档处理。

6. 页面设置

页面设置主要包括设置纸张大小、纸张方向、页边距、文档网格等。进行页面设置的步骤如下：单击"页面布局"选项卡→在"页面设置"组中选择"页边距"→选择"自定义边距"，在打开的"页面设置"对话框中可以设定纸张大小、纸张方向或页边距，如图4.3所示。

页面设置是 Word 2013 版面设计的重要内容，是排版的基础环节，必须设置正确。

图4.3　"页面设置"对话框

7. 文档的编辑

文档的编辑是指根据文档要表达的内容，进行输入或修改文字、图形或符号、表格等各种改变文档内容的步骤和方法。文档编辑是 Word 中经常性的工作。使用键盘配合鼠标可以完成增删文本，实现选中、复制、剪切、移动、粘贴、删除所选对象的操作。

1）在文档中选择编辑位置

文档中定位编辑位置的光标为"I"字型，使用鼠标器或利用键盘上的"←"、"→"、"↑"、"↓"实现更改编辑位置。

当编辑位置距离当前位置较远，可以使用窗口中的滚动条、键盘上的 Page Up 或 Page Down 键实现快速移动光标。

Word 2013 对文本编辑有插入和改写两种模式，按键盘上的"Insert"键可以实现转换。

若要对文本内容进行操作，如复制、移动或删除等，首先要选中文本内容。

2) 选中文本

选中一般采用以鼠标为主、键盘配合的方式实现。选中操作是 Office 套件中对任意对象进行更改处理的第一步。

选中一行、一段、一篇文档的方法是用鼠标置于选中区(编辑窗口左边)，当光标变为空心箭头时，单击、双击、三击会分别选中一行、一段、一篇文档。选中一个词的方法是用鼠标处于词的中间或最后一个字处，双击鼠标。

所有选中对象都可以使用鼠标拖动选择。在 Word 2013 中，支持多组文本对象的选中。

3) 文本的移动、复制与删除

文本移动的距离较远，选取要移动的文本内容，按 Ctrl + X 进行剪切，然后将光标移到文本移动的新位置，按 Ctrl + V 进行粘贴，则选取的文本内容就移动到新位置。

文本移动的距离较近，选取要移动的文本内容，按住鼠标左键，将加阴影的文本内容拖曳到新位置上，实现剪切、粘贴。

复制文本方法是，选取要复制的文本内容，按 Ctrl + C 组合键，然后将光标移动到复制处，按 Ctrl + V 组合键即可；或者选取要复制的文本内容，按住 Ctrl 键和鼠标左键不放，将选中内容拖曳到复制处即可。

删除文本方法是，选取要删除的文本内容，按 Delete 键删除。

在 Office 2013 系统中，Word 最多同时支持 24 个剪贴对象，而在 Windows 操作状态下，只支持最近一个剪贴对象。

4) 查找和替换

Word 的查找和替换是文字处理过程中常用的功能。利用该功能可以快速在文档中查找和定位到某个符号、词，也可以查找和替换文档中的指定内容、词组、格式及特殊字符等。

启动查找和替换功能的方法一般按快捷键 Ctrl + F 或启动 Ctrl + H，如图 4.4 所示。

图 4.4　"查找和替换"对话框

Word 2013 还提供了很多特殊字符的查找和替换功能，例如段落标记可以用"^p"代替，任意字符用"^?"代替，任意数字用"^#"代替，任意字母用"^$"代替等，利用这些特殊字符可以实现很多特殊的查找替换功能。

如果需要使用特殊的查找和替换功能，单击"更多"按钮，展开后对需要查找或替换的文本进行格式或特殊格式设置。

在长文档编辑中，使用替换功能时，对普通词、字和符号一般不宜使用"全部替换"，它可能会带来意想不到的替换结果。

8. 规范与美化文档

文档编辑后，需要对文档进行规范和美化。如设置字体、字号、字形、颜色、段落间距、行间距、缩进、页面背景、分栏、页眉和页脚等。

1) 文本格式

一般使用工具栏设置字体格式和段落格式，如图 4.5 和图 4.6 所示。

在 Word 2013 中，选定文本后，将自动浮出包含常用的文本和段落格式设置按钮的工具栏。在浮动工具栏上单击所需的按钮，即可为选定的文本设置格式。

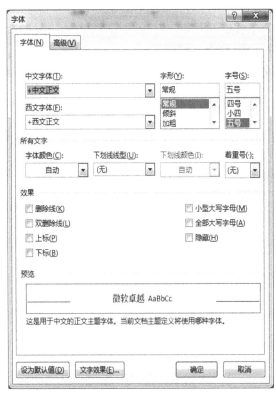
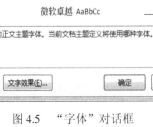

图 4.5　"字体"对话框

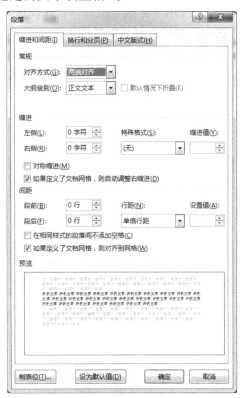

图 4.6　"段落"对话框

2) 首字下沉

首字下沉一般设置是，单击"插入"选项卡→"文本"组→"首字下沉"→"首字下沉选项"，打开页面进行设置，如图 4.7 所示。

在科技文章或正式论文中，首字下沉或首行悬挂使用很少，一般出现在宣传广告中。

图 4.7　"首字下沉"对话框

3) 项目和段落符号

项目符号是添加在段落前面的符号,用于制作一些排列的项目,以达到突出项目的目的。项目符号可以是字符、符号或图片。

插入项目符号的步骤是:选中需要设置项目符号的多个段落→单击"开始"选项卡→在"段落"组中单击"项目符号"或"编号"下拉按钮,如图 4.8 和图 4.9 所示。

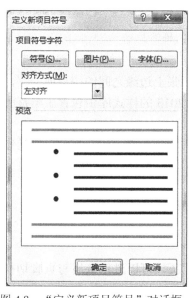

图 4.8　"定义新项目符号"对话框

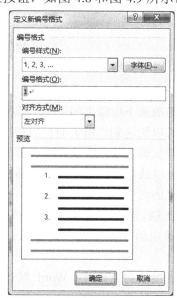

图 4.9　"定义新编号格式"对话框

4) 边框和底纹

为文档中的文字或段落设置边框和底纹,能起到突出和强调等修饰文档的作用。

一般操作方式是使用"段落"工具组中的按钮 ⌗ ,选择"边框和底纹"对话框进行设置,如图 4.10 所示。

图 4.10　"边框和底纹"对话框

9. 页面布局

在 Word 2013 中，页面布局包括页面设置、稿纸、段落、排列等，主要是对整个文档进行的操作，其目的是使文本在页面上按要求进行布局，使界面美观、大方、协调。

"页面布局"选项卡如图 4.11 所示。

图 4.11　"页面布局"选项卡

10. 页眉与页脚

在 Word 2013 中，页眉是指位于上页边距与纸张上边缘之间的图形或文字，页脚是指下页边距与纸张下边缘之间的图形或文字。Word 2013 的样式库中包含了丰富的页眉和页脚样式，可以快速制作精美的页眉和页脚。

页眉与页脚主要用于放置章、节或其他提示性的标题和页码，甚至可以是作者或日期等信息。可以放置于编辑区的内容都能放置在页眉与页脚区，编辑区与页眉页脚区是页面中相互独立的两个分区。

打开文档，单击"插入"选项卡→在"页眉和页脚"组中单击"页眉"或"页脚"按钮，在弹出的下拉列表中选择所需"页眉和页脚"的样式，根据需要设置页眉及页眉内容。

在设置页眉与页脚时，Word 默认编辑窗口置灰，可以进行页眉与页脚切换，要回到编辑区，则用鼠标双击编辑区，此时页眉与页脚置灰，即页眉和页脚区与编辑区不能同时编辑。

当页眉与页脚需要重新编辑时，同样用鼠标双击它，选项卡区出现"设计"选项卡，内容如图 4.12 所示，这时可以对页眉和页脚按要求进行编辑或修改。

在页眉与页脚区插入页码时，首先要对页码格式进行设置，其中最重要的是在"设计"选项卡中注意"奇偶页"不同的确认，同时影响因素还有"页面布局"选项卡中"页面设置"下的"分隔符"设置等。

图 4.12　"设计"选项卡

Word 2013 的基本操作内容很多，细节性的操作和其他操作可以通过观察选项卡和功能按钮实现，如果还不够清晰，可以通过"Word 帮助"搜索需要的操作来实现。

4.1.3　图像插入、对象及表格

Word 2013 具有强大的图文混排功能，为了使文档增强感染力，生动有趣，更加美观，允许在文档中插入图片、艺术字、图形及对象等。

1. 插入图片和剪贴画

Word 文档中的图片有 Word 自带的剪贴画和用户插入的其他图片。插入图片的类型包括 BMP、JPEG、GIF、PNG、TIF、PCX、WMF 等多种格式。

1）插入剪贴画

Word 2013 提供了丰富、精美的各种预置剪贴画。插入剪贴画的步骤如下：

将插入点定位于要插入剪贴画的位置→单击"插入"选项卡→单击"插图"组中的"联机图片"按钮，打开"插入图片"任务窗格→在任务窗格"搜索文字"框中输入所需剪贴画类型→单击"检索"按钮，搜索 Word 提供的剪贴画→双击"剪贴画"列表中所需的剪贴画，即可将剪贴画插入到文档中。

2）插入图片

插入图片是指插入以文件形式存在的其他格式的图片，步骤如下：

将插入点定位于要插入图片的位置→单击"插入"选项卡→单击"插图"组中的"图片"按钮，打开"插入图片"对话框，如图 4.13 所示。在对话框左侧选择所需图片文件所在的磁盘和文件夹，在列表中双击所需的图片，或选中图片后单击"插入"按钮，即可将图片插入到文档中。

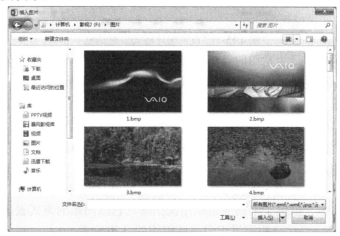

图 4.13　插入图片对话框

当然，也可以利用剪贴板复制图片，再粘贴到文档中以实现插入图片。

3) 设置图片格式

通常情况下，插入的图片并不能满足用户的排版需求，还需要设置图片格式，如图片的大小、排列、边框、亮度、阴影效果等。

设置图片格式的操作步骤是：选择需要设置的图片，打开"图片工具"下的"格式"选项卡，通过工具按钮可改变选中图片格式，如图 4.14 所示。

图 4.14　图片格式工具选项卡

还可以通过鼠标右键单击图片，在弹出的选择项中选中"设置图片格式"选项，如图 4.15 所示，通过选择不同的选项卡，对图片格式进行快速设置。

图 4.15　"设置图片格式"对话框

图片格式设置中，最为常用的是"大小"、"文字环绕"或"版式"、"对齐"，它们是图文混排的基本操作，其次还有"剪裁"、"图片排列顺序"等。

4) 插入图形

Word 2013 提供了矩形、圆形、流程图符号、星形和标注等 100 多种形状样式。插入这些图形的方法是：单击"插入"选项卡→在"插图"组中单击"形状"按钮→在展开的列表中选择所需的形状进行插入。插入后系统自动显示绘图工具格式选项卡，如图 4.16 所示。根据绘图工具格式选项卡的提示可以对图形进行对应编辑或修饰。

在 Word 2013 中，提供了丰富的组织结构图库，它以图形的方式表示组织的结构管理关系。如可以用 SmartArt 结构图组织公司或组织的结构关系。

图 4.16　绘图工具格式选项卡

通过使用 SmartArt 图形，可以创建组织结构图，并将它插入工作表、演示文稿或文档中。

单击"插入"选项卡"插图"组中的"SmartArt"按钮，弹出"选择 SmartArt 图形"对话框，如图 4.17 所示，根据工作需要，选择其中命令，即可绘制出所需要的组织结构图形。

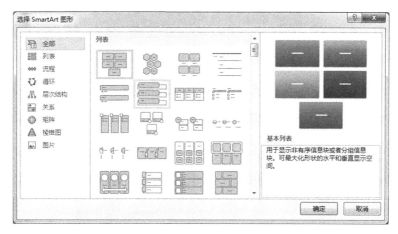

图 4.17　选择 SmartArt 图形对话框

2. 对象

Word 提供了多种类型的对象，如文本框、艺术字、图表、音频、视频等。

1) 插入文本框

插入文本框操作步骤：单击"插入"选项卡→在"文本"组中单击"文本框"按钮→在"文本框"库中选择文本框的样式→在文本框中键入具体内容。

2) 插入艺术字

插入艺术字操作步骤：单击"插入"选项卡→在"文本"组中单击"艺术字"按钮→在"艺术字"样式库中选择所需的样式，依据对话框的提示进行操作。

3) 插入对象

插入对象操作步骤：单击"插入"选项卡的"文本"组中"对象"按钮，利用"对象"对话框选择对象类型或由文件创建的对象，单击"确定"按钮即可完成插入对象。

3. 创建表格

1) 用表格网格框制作表格

用表格网格框制作表格的步骤：将插入点定位到绘制表格处→单击"插入"选项卡的"表格"按钮→将鼠标移到插入表格网格并选择适当行列数的表格，如图 4.18 所示→单击完成插入表格。

2) 使用对话框创建表格

使用对话框创建表格的步骤：单击"表格"按钮，在弹出的菜单中选择"插入表格"命令，打开"插入表格"对话框，如图 4.19 所示，在"表格尺寸"设置表格的列数和行数后，单击"确定"按钮即可在文档中插入表格。

3) 手动绘制表格

手动绘制表格的步骤：单击"表格"按钮，在弹出的菜单中选择"绘制表格"，此时鼠标指针变成笔形，在文本区拖动鼠标到适当位置后放开鼠标，则绘制出一个外边框为矩形的表格，然后根据需要再添加线条即可。

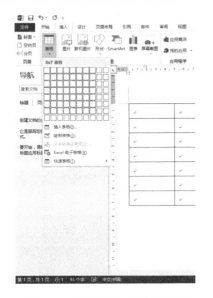

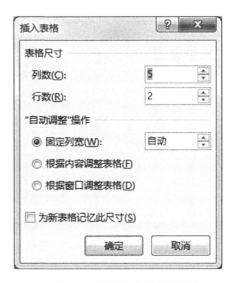

图 4.18　利用表格网格创建表格　　　　　图 4.19　　"插入表格"对话框

4) 修改表格

修改表格的方法：利用"表格工具"的"设计"选项卡；利用"表格工具"的"布局"选项卡。"表格工具"的"设计"与"布局"选项工具如图 4.20 和图 4.21 所示。

图 4.20　设计选项卡

图 4.21　布局选项卡

利用"表格工具"的"设计"选项卡：选中表格后，可以修改表格样式，单击"表格样式选项"组中的选项复选框；在"表样式"组中选用表样式库中提供的表样式；对表格添加边框和底纹。

利用"表格工具"的"布局"选项卡，可在"绘图"选项区中单击"擦除"按钮 ，
删除线条；单击"绘制表格"按钮 ，添加线条；还可以绘制斜线表头、插入或删除单
元格或行列、合并或拆分单元格、修改表格属性等。

5）文本与表格的互相转换

文本转换为表格的操作步骤：选中要转换的文本→单击"插入"选项卡→单击"表
格"按钮→选择"文本转换成表格"命令→在弹出的"将文字转换成表格"对话框中设
置所需的列数→单击"确定"按钮，完成转换。

表格转换为文本的操作步骤：选中要转换的表格→单击"表格工具"的"布局"选项
卡→单击"数据"组中"转换为文本"命令→在弹出如图 4.22 所示的"表格转换成文
本"对话框中单击"文字分隔符"中所需的选项→单击"确定"按钮，完成转换。

图 4.22   "表格转换成文本"对话框

6）表格属性

利用"表格属性"对话框设置步骤：选中表格→单击"表格工具"的"布局"选项卡
→单击"表"组中"属性"命令→在弹出如图 4.23 所示的"表格属性"对话框中，单击
"表格"、"行"、"列"、"单元格"选项卡→设置表格的宽度、对齐方式、文字环绕、
行高、列及单元格宽度等→单击"确定"按钮，完成设置。

图 4.23   "表格属性"对话框

7) 表格中数据的排序与计算

(1) 排序。以"成绩表"为例，按"性别"升序排序来说明排序的操作步骤：将插入点定位到表格"成绩表"→单击"表格工具"的"布局"选项卡→单击"数据"组中的"排序"按钮，打开"排序"对话框→在"主要关键字"下拉框中选择需要排序的列，如列 2(性别)→确定排序方式"升序"或"降序"→有标题行时选定"有标题行"选项，如图 4.24 所示→单击"确定"按钮，完成排序。

图 4.24　"排序文字"对话框

排序最多可以设置 3 个关键字，只有当主要关键字值相同时，才考虑按次要关键字排序，其余可依此类推；对汉字按拼音排序。

(2) 数据计算。Word 提供了一些常用函数，如：SUM、AVERAGE、COUNT、ABS、INT、IF 等，用于数据计算。

例如，制作表 4-1 所示的"成绩表"，利用 Word 提供函数进行数据计算，在"成绩表"中计算每个学生各科成绩总分。

表 4-1　成　绩　表

学号	姓名	性别	大学语文	高等数学	大学英语	计算机	总分
20110001	王伟	女	85	78	98	88	
20110002	李晓梅	女	76	85	92	92	
20110004	张建	男	79	80	83	85	
20110005	王洪波	男	85	78	75	83	
20110006	牟小健	男	78	83	98	72	
20110003	潘虹	女	85	69	86	87	

操作步骤：进入 Word 2013 工作窗口，按要求制表并输入表 4-1 中的数据后，将插入点定位到需要填入计算结果的单元格→单击"表格工具"的"布局"选项卡→单击"数据"组中的"公式"按钮，弹出"公式"对话框→在"公式"框中输入计算所需的函数：=SUM(LEFT)，也可以在"粘贴函数"列表选择所需的函数，如图 4.25 所示→单击"确定"

按钮，计算完成。

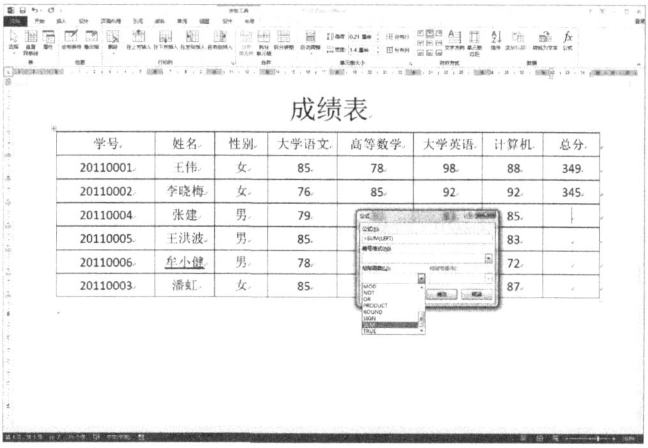

图 4.25　"公式"对话框及使用

4.1.4　文档样式与排版

1. 样式

样式是各种格式的集合，包括字体类型、字号、字符颜色、对齐方式、制表位和边距等格式。在 Word 2013 中可以一次应用多种格式，也可以反复使用样式。利用样式功能可以快速创建样式一致、整齐美观的文档。

Word 2013 预设一些默认的样式，如正文、标题 1、标题 2、副标题等，利用这些内置样式可以快速格式化文档。

1) 使用"快速样式"列表

在"开始"选项卡的"样式"组样式列表中包含了许多内置的样式，使用内置样式可以快速为文档中标题类文本设置标题级别，并能快速新建目录。方法：将插入点定位到需要使用样式的段落→单击"开始"选项卡→在"样式"组中单击所需的样式。

2) 使用"样式"任务窗格

如果要查看文档中所有样式，可以使用"样式"任务窗格。方法：将插入点定位到需要使用样式的段落→单击"开始"选项卡→在"样式"组单击右下角的对话框启动器按钮，从样式窗格中单击需要应用的样式。

3) 使用"样式集"

Word 2013 的样式集中集成了多种具体样式不同的样式集合，使用"样式集"的方法：将插入点定位到需要使用样式的文本→单击"开始"选项卡→在"样式"组单击右下角"样式"按钮→指向"样式集"命令在弹出的下拉列表中单击需要应用的样式集，如图 4.26 所示。

图 4.26　样式集

2. 模板

模板是将文档预先编制成的一种框架，其中包括一系列的文字内容、样式等项目。使用模板创建文档时，模板中的文本和样式会自动添加到新文档中。

使用模板的步骤：单击"文件"选项卡→单击"新建"命令，打开"新建文档"对话框→在右侧的搜索框中输入信息检索模板或者点击列表提供的在线模板→点击"创建"，完成模板的下载后，系统将自动打开并使用该模板创建的文档。

也可以使用从 Office 网站下载的模板。Word 2013 也允许将用户创建的文档保存成模板，扩展名为.DOTX。

3. 中文版式

Word 2013 提供了具有中文特色的中文版式功能，可以为文档设置更多特殊格式，包括合并字符、双行合一、纵横混排等。

(1) 纵横混排：使横排文字中插入竖排文字。

(2) 合并字符：把选定的多个文字(最多 6 个)合并成一个字符，占用一个字符空间，并分两行排放。

(3) 双行合一：将选定的文本分为上下两行，这两行文本与其他文字水平方向保持一致。

下面以合并字符为例来说明操作方法。

选定要合并的文字→单击"段落"组中的"中文版式"按钮 📷→在弹出的下拉列表中单击"合并字符"命令→在打开的"合并字符"对话框中设置合并字符后的字体、字号→单击"确定"按钮，完成合并字符。

4.1.5 其他编辑与处理

1. 输入数学公式

插入数学公式的方法：选择"插入"→"对象"，弹出"对象"对话框，在"新建"选项卡中选择"Microsoft 公式 3.0"项，然后单击"确定"按钮，公式编辑器就被打开，屏幕上会出现输入公式框和如图 4.27 所示的"公式"工具栏。"公式"工具栏由两行按钮组成：上一行为"符号"工具栏，用于向公式中插入 150 多种数学符号；下一行为"模板"工具栏，提供 120 种不同模板的按钮。在公式框中输入公式时，从"公式"工具栏中选择所需符号和公式模板。"Microsoft 公式 3.0"不仅能完成数学表达式，还可以完成一些化学方程式。安装 Office 时，在默认情况下是不会安装公式编辑器等附件的，需要用户自定义安装。

图 4.27 "公式"工具栏

2. 分栏编排文本

在科技论文中，常将版面分成两栏，以便阅读。Word 提供了分栏排版功能，可以将版面分成多个垂直窄条，窄条之间留有空隙，这样的垂直窄条被称为栏，空隙称为栏之间的间距。首先选中要进行分栏的段落，单击"页面布局"→"分栏"，选择"更多分栏"在"分栏"对话框中可以选择"栏数"、"宽度和间距"以及是否需要"分割线"、"应用范围"，如图 4.28 所示。

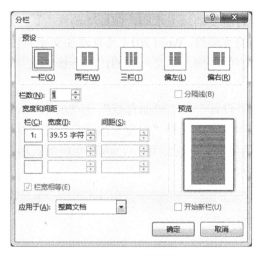

图 4.28　分栏排版

3. 加入项目符号和编号

有时为了使文档更加条理化和形象化，需要在文本中加入项目符号和编号。首先选定欲添加项目符号或编号的文本，然后，可以单击"开始"→在"段落"分组中找到"多级列表"，如图 4.29 所示。

图 4.29　项目符号和编号设置

在"当前列表"对话框中，可以选择以何种形式体现项目符号和编号。在"项目符号"、"编号"标签中各有7种形式的符号和编号。如果要形成多个缩进层次的项目符号，可选择"定义新的列表样式(L)…"设置。

4. 增加水印图案

在打印一些重要文件时给文档加上水印，例如"绝密"、"保密"的字样，可以让获得文件的人都知道该文档的重要性。Word 2013 具有添加文字和图片两种类型水印的功能，水印将显示在打印文档文字的后面，它是可视的，不会影响文字的显示效果。

1) 添加文字水印

制作好文档后，单击"设计"→"页面背景"→"水印"，选择水印样式；也可自定义水印文字内容，如图4.30所示。选择"自定义水印"，在"水印"对话框中选择"文字水印"，设计好水印文字的字体、尺寸、颜色、透明度和版式后，确定应用，可以看到文本后面已经生成了设定的水印字样。

图 4.30 "水印"对话框

2) 添加图片水印

在"水印"对话框中选择"图片水印"，然后找到要作为水印图案的图片。添加后，设置图片的缩放比例、是否冲蚀。冲蚀的作用是让添加的图片在文字后面降低透明度显示，以免影响文字的显示效果。

注意：Word 2013 只支持在一个文档添加一种水印，若是添加文字水印后又定义了图片水印，则文字水印会被图片水印替换，在文档内只会显示最后制作的那个水印。

3) 打印水印

在"打印"中可预览制作的水印效果，然后设置"打印"选项。单击"文件"→打开"选项"对话框，选择左侧"显示"选项卡，在右侧"打印选项"区域选中"背景色和图像"复选框，并单击"确定"按钮即可。再进行文档打印，水印才会一同打出。

5. 上标与下标

在科技论文中，有时需要在文档中使用"上标"和"下标"，例如 $E = MC^2$ 和 H_2O。

此时应进入英文输入法，同时按 Ctrl + "+/=" 组合键转为下标状态，再次按 Ctrl + "+/=" 组合键恢复为正常状态。同理，同时按 Ctrl + Shift + "+/=" 组合键转为上标状态，再按 Ctrl + Shift + "+/=" 组合键为正常状态。

如果想精确选择上、下标字体的大小，可单击"开始"菜单，选择"字体"组中的选项设置。在"效果"栏中选择"上标"和"下标"复选框，可以缩小字号。选择"字符间距"标签，可以改变"上标"和"下标"的垂直位置。

6．目录的生成

在撰写完书籍或多章节论文后，要有一个目录来告诉读者书籍和论文主要框架及内容。Word 2013 可以在完成了内容之后来生成目录。

(1) 单击"开始"→"样式"，在"样式"组中主要就是用到标题 1、标题 2、标题 3 三级。把标题 1、标题 2、标题 3 分别应用到文中各个章节的标题上。例如：文中的"第 4 章 文字处理软件 Word 2013"需要用标题 1 定义，而"4.1 Word 2013 概述"就用标题 2 定义，"4.1.1 特点与功能"就用标题 3 来定义。

(2) 若"样式格式"任务栏中标题 1、标题 2、标题 3 的属性与实际不符，如字体大小，居中，加粗等可以自行修改。修改方法：右键点击"标题 1"选"修改"，会弹出修改菜单，可以根据自己的要求自行修改。

(3) 用标题 1、标题 2、标题 3 分别去定义文中的每一章节。定义时很方便，只要把光标点到"第 4 章 文字处理软件 Word 2013"上，然后用鼠标左键点一下右边的标题 1，就定义好了；用同样方法完成标题 2、标题 3 定义；依此类推，其他章也这样定义，直到全文节尾。

(4) 都定义好标题后，就可以生成目录了。把光标移到文章最开始需要插入目录的空白位置，选"引用"→在"目录"组中选择"目录"，在浮动窗中选择对应的目录样式，还可以选择"自定义目录"设置，如图 4.31 所示。

图 4.31　索引与目录选项卡

(5) 重新修改文章内容后，需要更新目录。方法：在目录区域内，点击右键，选择"更新域"，→在出现的对话框中选择第二个"更新整个目录"→点击"确定"按钮。

4.1.6　页面设置和文档打印

1. 打印预览

文档打印是文档处理的最后一步，Word 2013完善的打印功能可以使打印出来的文档和屏幕上显示的文档一样。

为使打印文档真实美观，Word 2013提供了打印预览功能，用户在打印前先预览，直至页面编辑样式满意后再输出打印到纸张上。

单击"文件"→"打印"即可打开"打印预览"窗口。

在"打印预览"窗口右侧区域可以查看文档打印预览效果，用户所进行的纸张方向、页面边距等设置都可以通过浏览区域查看效果。

可以通过调整预览区下面的滑块改变预览视图的大小；单击左上角"退出"，将退出"打印预览"方式，返回编辑状态。

2. 打印文档

Word 2013可以多种方式打印文档。可直接选择"文件"→"打印"按钮，打印当前窗口中的文档；也可选择"打印对话框"进行一些设置来完成打印任务。例如，打印部分或全部文档，一次打印多份或多篇文档、其他信息、后台打印等。选择"文件"→"打印"，或按"Ctrl + P"快捷键，打开打印对话框，如图4.32所示。

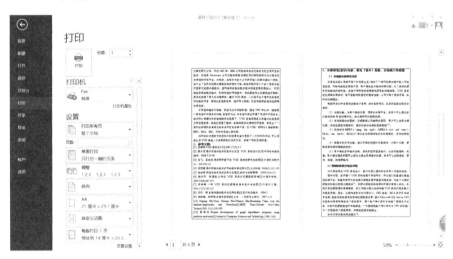

图4.32　打印窗口样式

1) 页面设置及打印预览

页面设置主要包括页面、页眉与页脚、页边距及工作表设置，打印预览与Excel相当。

2) 打印任务设置

单击"文件按钮"并选择"打印"命令，在弹出的"打印"页面中可以设置各种打印任务，如选择打印机、打印份数、纸张类型以及页面边距等多项内容，同时在"打印"页面的右边提供打印内容预览。

3) 后台打印

后台打印是将打印任务放在后台执行，在打印的同时可继续使用 Word 编辑文档。单击"文件"→"选项"，打开"Word"选项对话框，切换到"高级"选项卡，在"打印"区域选中"后台打印"复选框，并单击"确定"按钮，如图 4.33 所示。

图 4.33　打印选项窗口样式

4.2　电子表格工具软件 Excel 2013

Excel 是目前应用最广泛的电子表格处理软件，它可以用于电子表格的制作，完成许多复杂的数据计算、排序、统计分析和预测，如会计报表、工资表、成绩单等，并能生成各种统计图形，直观地显示数据。本节主要介绍 Excel 2013 界面的组成和特点、Excel 工作簿的基本操作、数据的计算和管理、表格及数据图表化等基本内容。

4.2.1　Excel 2013 概述

1. Excel 2013 的启动和退出

Excel 2013 常用以下三种方式启动：

(1) 用"开始"菜单启动。鼠标左键单击任务栏中的"开始"按钮→在弹出的菜单中将鼠标指向"程序"命令→在程序的菜单中指向"Microsoft office"命令→在子菜单中单击"Microsoft Office Excel 2013"即可启动进入 Excel 工作环境。

（2）用工作簿文件启动。通过"资源管理器"或"我的电脑"查找工作簿文件→找到该文件后双击该工作簿文件名，即可启动 Excel 并打开该工作簿。

（3）用快捷方式启动。双击桌面 Excel 快捷方式图标即可启动 Excel。

退出 Excel 时，单击窗口右上角的"×"或选择文件菜单中的退出命令即可。

2．Excel 2013 的窗口组成

与 Word 相同，Excel 2013 放弃了传统的菜单和工具栏用户界面，采用了全新的选项卡和功能区界面。其工作界面包括标题栏、功能区、编辑栏、工作表区和状态栏等几个组成部分，如图 4.34 所示。

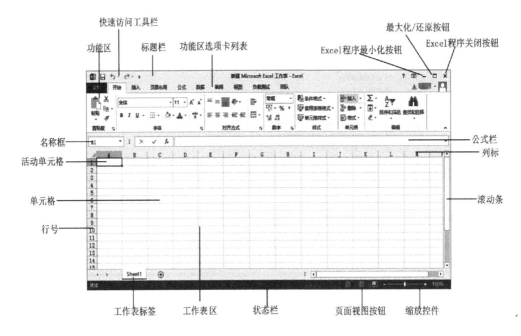

图 4.34　Excel 的工作界面窗口

功能选项卡和功能区具有对应的关系，选择某个选项卡即可打开相应的功能区。选项卡代替了传统的下拉式菜单，功能区中有许多自动适应窗口大小的工具组，包含了可用于表格或工作簿处理的所有命令。图 4.35 为"开始"选项卡对应的功能按钮。

图 4.35　"开始"选项卡

Excel 2013 无菜单的设计风格，不允许用户自定义菜单和工具栏，但用户可以通过定义快速访问工具栏，将常用且未在快速访问工具栏出现的命令选项添加到快速访问工具栏中。

除了功能选项卡之外，Excel 2013 还提供了对象专用选项卡，只要选择一个对象(如图表、表格或 SmartArt 图形)，功能区就会显示处理该对象的专用工具。如图 4.36 所示，当选择一个图表时，Excel 标题栏出现图表专用选项卡"图表工具"，并在下方显示图表常用的工具按钮。

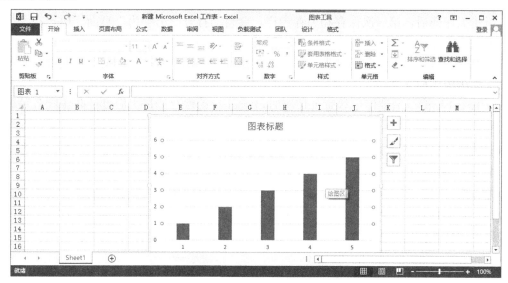

图 4.36　"图表"专用选项卡所包含的工具

4.2.2　工作簿的组成及操作

Excel 中的工作都是在工作簿中完成的，默认状态下，Excel 2013 工作簿是一个以 xlsx 为扩展名的文件。工作簿由一个或多个工作表组成，每个工作表由若干单元格、图表、图形及图像组成。

1. 工作簿的基本操作

Excel 2013 在启动后，新建的空白工作簿就是新建一个 Excel 文件。

单击"文件按钮"，然后选择"新建"，系统会自动新建一个名为"Book1"的空白工作簿。

Excel 2013 中自带有许多模板，如业务、个人、预算、小型企业等。通过这些模板，可以新建各种具有专业表格样式的工作簿。创建的方法：在"新建工作簿"窗口中单击"已安装模板"，然后选择相应的模板即可。

2. 打开现有的工作簿

打开现有的工作簿即打开一个已经存在的 Excel 文件。可以通过以下几种方式打开保存在硬盘上的工作簿：

(1) 在资源管理器中找到需要打开的工作簿，双击文件的图标即可打开工作簿。

(2) 依次选择"文件按钮"→"打开"，然后在右边显示的类型中选择"计算机"之后打开硬盘上的工作簿。

(3) 如果要打开经常使用的工作簿，可以单击"文件"按钮选择"打开"，从"最近使用的文档"中打开工作簿。

3. 保存工作簿

在编辑过程中,为避免数据丢失,应经常对工作簿进行保存。工作簿的保存有三种方式:保存工作簿、另存工作簿和自动保存工作簿。

新建工作簿后,第一次保存和另存一样,会自动打开"另存为"页面。用户在"另存为"页面中可以选择工作簿保存的路径,修改工作簿的名称及选择工作簿的保存类型,再点击"保存"按钮。当工作簿被保存后,再次执行保存操作时,会根据第一次保存时的相关设置直接覆盖原文件。

在 Excel 崩溃或遭遇停电等意外情况时,Excel 自动保存能最大限度地防止因各种外在因素导致的数据丢失。在"Excel 文件"中选择"选项"命令中,可以设置自动保存时间及自动恢复文件保存的路径等相关操作。

4. 工作簿的安全性设置

保存文件时,在"另存为"对话框中单击左下角的"工具"按钮,然后在其下拉列表中选择"常规选项",在"常规选项"对话框中,可以为 Excel 工作簿设置打开及修改权限密码,保护数据的安全,如图 4.37 所示。

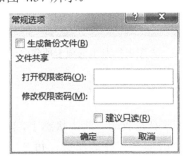

图 4.37   "常规选项"对话框

5. 关闭工作簿

当完成对工作簿的编辑和保存之后,可在不退出 Excel 的情况下关闭工作簿,也可以关闭 Excel 并关闭工作簿。

4.2.3 工作表及其操作

在 Excel 工作簿中,每一张工作表都是一张独立的电子表格,但只有一张工作表是活动工作表(即当前正接受用户操作的工作表),用户可以单击工作簿窗口底部的工作表标签使其成为活动工作表。Excel 2013 的工作表有 1 048 576 行和 16 384 列,其单元格数目超过 170 亿,是 Excel 2003 工作表的 1000 倍。

在工作簿中可以对工作表进行插入、删除、重命名、移动或复制、改变标签颜色,隐藏和显示工作表及设置比例等基本操作。

1. 插入和删除工作表

默认状态下,新创建的工作簿包含有一张工作表,可以根据需要增加若干张新的工作表，向工作簿插入工作表常使用以下三种方式：右键点击工作表标签选插入、"开始"→"插入"→"插入工作表"，一般采用单击位于最后一张工作表标签后的"插入工作表"按钮实现。

工作表删除之后，就不能再找回，这是 Excel 不能使用"撤销"的操作之一。删除工作表常用方法是：右击选定的一张或多张工作表，从快捷菜单中选择"删除"。一个工作簿中至少要保留一张工作表。

2. 重命名工作表

插入的工作表和新建工作簿时产生的默认工作表以 Sheet 开始后带一个序号命名，这不能准确表达一个工作表的实际意义，一般都需要对工作表重命名。重命名一般采用右键单击选定的工作表，从弹出选项中选"重命名(R)"进行修改工作表实现，或者鼠标双击工作表名，再修改工作表名实现。

3. 移动或复制工作表

Excel 允许用户可以在同一个工作簿内或不同工作簿之间移动或复制工作表，常用的操作方法有以下两种：

(1) 打开工作簿，然后右击选定的工作表标签，从快捷菜单中选择"移动或复制工作表"，弹出如图 4.38 所示的"移动或复制工作表"对话框，在该对话框中可以设置将工作表移动到选定工作簿中的指定位置。如果选定"建立副本"复选框，那么该操作将是一个复制操作。

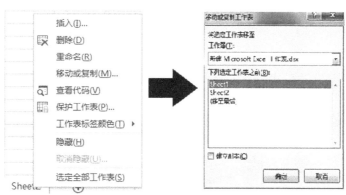

图 4.38 "移动或复制工作表"对话框

(2) 打开工作簿，然后选择要移动的工作表，按下鼠标左键拖放至目的位置即可完成工作表的移动。如果要复制工作表，只需拖动工作表的同时按下 Ctrl 键即可。

4.2.4 单元格及其操作

单元格是工作表最基本的组成单位，可以存放数值、文本或公式等。不同的单元格通过其地址识别，地址由列号和行号构成，单元格的地址也称单元格名称。例如：单元格 C2 就是位于第三列和第二行相交的位置。

通过对单元格的操作可以完成对工作表中数据的编辑。单元格的基本操作包括：引用单元格、选择单元格、插入、删除单元格与合并单元格等。

1. 引用单元格

引用单元格是指通过输入单元格地址获取其内部数据。引用单元格应用广泛，编辑公式和函数、制作图表、转化表格等常用操作都涉及单元格的引用。用户可以直接输入单元格的地址来引用另一个单元格；若想引用一组单元格组成的单元格区域，则必须借助引用运算符实现。有关运算符的内容请参考下一节。

引用单元格的例子：

C2：引用 C2 单元格。

A1:B2：引用 A1 到 B2 的连续单元格，即由 A1、A2、B1 和 B2 组成的矩形区域。

A1:B1，D2:E2：引用 A1:B1 和 D2:E2 两组不连续的单元格区域。

2. 选择单元格

单元格的选择操作包括有选择一个单元格、连续或不连续的单元格区域、一行或一列单元格区域及选择工作表的所有单元格。

3. 插入与删除单元格、行和列

一般快捷操作方法都是用鼠标单选被操作单元格或一组单元格，单击鼠标右键，从弹出的选项卡中通过对话框实现。

在插入行或列时，系统会根据选中单元格的行数或列数通过对话框在对象前或左插入。即插入的数量由选中对象决定。

插入与删除操作的选项卡与对话框如图 4.39 所示。

 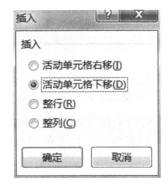 

　弹出选项卡　　　　　　　"插入"对话框　　　　　　　"删除"对话框

图 4.39　插入与删除操作对话框

4. 合并单元格

制作电子表格时，经常需要将相邻的单元格合并为一个单元格，Excel 2013 还允许用户跨越合并。单元格的合并需先选择要合并的连续单元格，然后单击"开始"选项卡，在"对齐方式"选项组单击"合并后居中"后的倒三角形按钮，在弹出图 4.40 所示的下拉菜单中选择合并方式。图 4.41 和图 4.42 分别是将单元格区域 B1:D3 使用"合并单元格"和"跨越合并"选项的结果。

图 4.40　"合并后居中"选项

图 4.41　"合并单元格"选项结果　　　　　图 4.42　"跨越合并"选项结果

4.2.5　数据编辑

对单元格的数据进行编辑包括数据输入、数据更改和数据删除，以及对数据的选中、赋值、剪切、粘贴和移动等。Excel 单元格支持多种数据类型，并对不同数据类型默认有对应的放置格式(对齐方式)。

1. 数据输入与格式控制

在 Excel 单元格中，用户可以输入数值、文本、日期和时间等多种类型的数据，Excel 处理各种数据的方法也不一样。

数值、日期、时间、货币等默认右对齐，文本型默认左对齐。

数值型精确到前 15 位，多余 15 位的值只能用文本方式表示，如身份证号等。

同一种数据类型还可以采用不同的格式表示。当需要更改数据类型或数据格式时，可以使用"设置单元格格式"对话框进行更改。如图 4.43 所示。

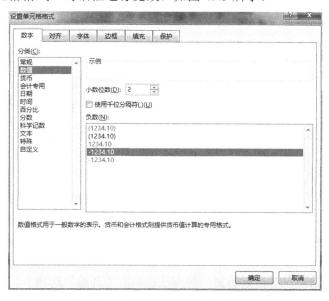

图 4.43　"设置单元格格式"对话框

2．数据自动填充

Excel 的自动填充功能可以轻松地在一组单元格中输入一系列数据，或是复制公式和函数。自动填充数据的方法：首先选择输入了初始填充数据的单元格或单元格区域，将鼠标指针指向选中区右下角的填充柄，按下鼠标左键拖放就可以复制数据，或自动完成一系列有规律数据的输入。该方法实现了向拖动方向以等差方式或重复方式自动填充。

如果使用自动填充产生的数据不能满足需求，则可以通过"序列"对话框设置更多填充选项，如图 4.44 所示。"序列"对话框的打开方法有以下两种：

(1) 将鼠标指向填充柄，按下鼠标右键拖放填充柄，在弹出的快捷菜单中选择"序列"选项。

(2) 单击"开始"选项卡，在"编辑"选项组单击"填充"后面的倒三角形按钮，并在弹出的快捷菜单中选择"序列"命令选项。

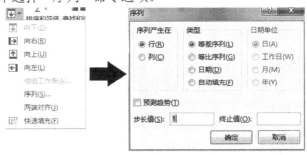

图 4.44　"序列"对话框

3．数据更新与删除

在单元格中输入数据后，用户可以根据需要进行更改和删除。

要替换单元格中的内容，可以选择单元格并直接输入，原来的数据将会被输入后的数据覆盖。如果单元格中包含大量的字符或复杂的公式，用户只想修改其中的一部分，双击单元格或选定单元格之后按 F2 键，在插入点处编辑数据，或者选择单元格，在公式栏中编辑数据。

删除单元格中的数据不同于删除单元格，选择要删除数据的单元格或单元格区域，按 Delete 键就可以将数据清空，但不能删除单元格的格式(如字体样式、颜色、注释及数字类型等)，如果全面控制删除的内容，可单击"开始"选项卡，在"编辑"选项组单击"清除"按钮下方的倒三角形，打开其下拉菜单，根据需要选择对应选项。

4．复制和移动数据

用户可以将一个区域中数据从一个位置复制或移动到另一个位置。复制、剪切、粘贴和移动基本操作与 Word 操作基本相同。

Excel 不仅允许用户复制或移动单元格，也可以只复制或移动单元格部分内容。用户在完成复制或移动的第一步操作之后，可以在目标区域单击右键，在其快捷菜单中选择"选择性粘贴"选项，弹出图 4.45 所示的"选择性粘贴"对话框，在该对话框中选择要粘贴的内容。

打开"选择性粘贴"对话框的另一种方法：单击"开始"选项卡，在"剪贴板"选项组单击"粘贴"按钮下方的倒三角形并选择"选择性粘贴"选项。

图 4.45 "选择性粘贴"对话框

5. 查找和替换数据

Excel 中的查找和替换数据功能，可以快速实现在工作表中查找并替换数字、文本、公式其至批注等各种类型的数据，极大地提高了编辑和处理数据的效率。其基本操作与 Word 相同。

4.2.6 工作表格式化

工作表的格式化使工作表中的数据更加清晰、美观。工作表格式化的基本操作包括：设置数字格式、字体格式、单元格对齐方式、为工作表加边框和背景颜色等。

1. 格式化的方法

Excel 可以使用三种方法对工作表进行格式化，如图 4.46 所示。

(1) 使用功能区"开始"选项卡中的各选项组设置。

(2) 使用右击所选区域时出现的浮动工具栏设置。

(3) 使用"设置单元格格式"对话框各选项卡设置

图 4.46 格式化选项组

2. 添加边框和线条

默认情况下，Excel 不为单元格设置边框，工作表中的边框线打印时不显示出来。因此用户在打印表格或要突出某些单元格时，可以在"字体"→"边框" 选项中为单元格添加边框。

3. 设置背景颜色

通过设置所选区域的背景颜色可以突出单元格内容。在"填充" 选项中可以设置背景色和填充效果。

4. 添加背景图片

和 Windows 桌面上的墙纸一样，Excel 可以选择图片文件作为工作表的背景。设置的方法：单击"页面布局"选项卡，然后在"页面设置"选项组中单击"背景"命令按钮，在弹出的对话框中选择相应的图片插入即可。

5. 改变行高和列宽

通过设置行高和列宽可以改变单元格的容量，以显示更多内容。行高和列宽的设置方法有以下三种：

(1) 右键单击选定的行号或列标上，在其快捷菜单上选择"行高"或"列宽"命令，并在弹出的"行高"或"列宽"对话框中输入相应数值。

(2) 单击"开始"选项卡，在"单元格"选项组单击"格式"下方的倒三角形按钮，在弹出的菜单中选择"行高"或"列宽"，最后在弹出的"行高"或"列宽"对话框中输入相应数值，如图 4.47 所示。

(3) 将鼠标指向所选行的下边框线上下拖放鼠标可以改变行高，将鼠标指向所选列的右边框线左、右拖放鼠标可以改变列宽。

图 4.47 行高和列宽对话框

6. 条件格式化

条件格式化是以单元格数据为依据对单元格进行格式化设置的一种方法。使用条件格式可以突出某些数据的显示。例如，在一个包含学生成绩的工作表，可以将不及格的数据单元格以红色背景突出显示。

Excel 2013 很大程度地丰富了条件格式的功能。在 Excel 2003 中，一个单元格最多可以应用三个条件，而在 Excel 2013 中几乎是无限的。另外，Excel 2013 还提供了新的数据可视化功能：数据条、色阶和图标集。

条件格式化的操作方法：选择数据区域，然后单击"开始"选项卡，在"样式"选项组中单击"条件格式"命令按钮，在弹出图 4.48 所示的下拉菜单中设置。

图 4.48 条件格式下拉菜单

4.2.7　数据计算

公式和函数是 Excel 最常用的功能之一，运用公式和函数可以对单元格中的数据进行计算，当单元格中的数据发生变动时，公式和函数也会自动更新计算结果。与传统的手工计算相比，不仅提高了工作效率，也提高了准确率。公式和函数的使用最大程度地减少了用户的工作量。

1. 运算符

为了实现对公式和函数各种类型的计算，Excel 2013 引入了四种类型的运算符，如表 4-2～表 4-4 所示。

表 4-2　算术运算符

算术运算符	功　　能	举　　例
+（加号）	加法运算	10 + 20
−（减号）	减法运算	10 − 20
*（乘号）	乘法运算	10 * 20
/（除号）	除法运算	10 / 20
^（乘方）	乘幂运算	10 ^ 2

表 4-3　比较运算符

比较运算符	功　　能	举　　例
=（等于号）	等于比较	X = Y
>（大于号）	大于比较	X > Y
<（小于号）	小于比较	X < Y
>=（大于等于号）	大于或等于比较	X >= Y
<=（小于等于号）	小于或等于比较	X <= Y
<>（不等号）	不相等比较	X <> Y

表 4-4　引用运算符

比较运算符	功　　能	举　　例
:（冒号）	区域运算符：引用两个单元格之间的所有单元格	A1:D1
,（逗号）	联合运算符：将多个引用合并成一个	A1:D1,A3:D3
（空格）	交叉运算符：引用两个交叉区域共有的单元格	A1:D1 B1:E1

连接运算符只有一个连接符号"&"，功能是将前后两个文本连在一起，结果是一个新的文本。如"中华" & "民族" = "中华民族"。

四类运算符号的优先级从高到低依次为：引用运算符→算术运算符→连接运算符→比较运算符。

2. 使用公式计算数据

公式由运算符和参与运算的数据构成。参与运算的数据包括有常量数值、单元格引用和函数。

1) 输入公式

用户可以在单元格或公式栏中直接输入公式，公式的输入以"="开头，"Enter"键结束。公式栏接收的运算符都必须是英文字符，下面列出一些合法公式的例子：

=10+A1   数值常量和 A1 单元格中的数值相加
=A1+SUM(10,A2)   A1 单元格中的数值与 SUM 函数的返回值相加
=A1>A2   比较 A1、A2 单元格中的数值，结果为逻辑值

在单元格中输入公式后，单元格默认显示公式计算的结果，而公式本身显示于公式栏中。用户也可以通过单击"公式"选项卡，在"公式审核"选定组中选择"显示公式"按钮，将公式显示于单元格中。

如果输入公式时要引用单元格，则可以用鼠标直接单击该单元格。这样既可以提高输入速度又可以避免输入出错。

2) 编辑公式

若要修改输入完的公式，则可以单击公式栏或是双击单元格，在插入点修改，同时公式引用的单元格会突出显示，也可以使用这种方式查看和核对公式。

3) 删除公式

删除单元格中的公式的操作方法与普通单元格一样，选定单元格之后，按 Delete键即可。

4) 引用公式

引用公式可以将公式复制到指定的单元格区域，引用公式是通过引用单元格来实现的。如果创建的公式包含了单元格的引用，那么可以通过引用公式来减少输入工作量。引用公式的操作方法与自动填充一样，将鼠标指向公式所在单元格的填充柄，拖放鼠标即可，或者通过复制实现。

引用公式或将公式复制到其他单元格区域时，不同单元格中的公式所引用的单元格地址也不同。在 Excel 2013 中，引用公式包括相对引用、绝对引用和混合引用。

(1) 相对引用。默认情况下，在同一张工作表中引用公式采用相对引用。相对引用是指公式复制到其他单元格后，所引用的单元格会随新公式所在的位置相对地发生变化。如利用公式引用计算各种商品的销售额时，不同公式所引用商品的单价和销售数量单元格不同。如图 4.49 的表格中公式计算 D2，如果 D3、D4 和 D5 引用 D2 单元格的公式，将结果设置为"显示公式"，可以得知，D3、D4 和 D5 相对于 D2 是行号依次增加，列号保持不

	A	B	C	D
1	商品ID	单价（元）	销售数量（件）	销售额
2	A01	1200	30	=B2*C2
3	A02	800	12	=B3*C3
4	A03	3600	14	=B4*C4
5	A04	4500	20	=B5*C5

图 4.49   相对引用

变，则引用的 B 列和 C 列行号也依次增加，列号保持不变。即 D2 与 B2 和 C2 的相对位置和 D3 与 B3 和 C3 的相对位置保持不变。

(2) 绝对引用。绝对引用是指将单元格中的公式复制到其他单元格中后，公式中引用的单元格固定不变，与新公式所在位置无关。

绝对引用的标志是在单元格名称的行号和列号前加上符号 "$"。例如：要绝对引用当前工作表的 A1 单元格，输入 "$A$1" 即可。

(3) 混合引用。混合引用是指公式引用单元格时既有绝对引用，又有相对引用。在计算过程中，如果希望引用公式时某些单元格引用会相对变化，而一些单元格引用固定不变，则需使用混合引用。如图 4.50 所示，每种商品的销售额各不相同，总销售额则固定不变，若要使用公式计算商品的销售额比率(销售额比率 = 销售额/总销售额)，则需要混合引用。

	A	B	C	D	E
1	商品ID	单价（元）	销售数量（件）	销售额	销售额比率
2	A01	1200	30	36000	=D2/$D$6
3	A02	800	12	9600	=D3/$D$6
4	A03	3600	14	50400	=D4/$D$6
5	A04	4500	20	90000	=D5/$D$6
6		销售总额		186000	

图 4.50 混合引用

用户可以在修改公式时，在公式中增加或删除 "$" 改变单元格的引用类型。

3. 使用函数计算数据

函数可以看做是包含特定功能的公式组合，使用函数计算数据比公式更方便快捷。

函数由 "="、函数名和若干个函数参数组成，其中函数参数可以是数值、文本、表达式、单元格引用及嵌套函数等。

Excel 提供的函数有：财务函数、日期与时间函数、数学与三角函数、文本函数、统计函数、逻辑函数、查找与引用函数、数据库函数、逻辑函数、信息函数、工程函数及多维数据集等。除此之外，Excel 还允许用户自定义函数。

1) 使用 "插入函数" 对话框插入函数

单击编辑栏 "fx" 命令按钮，或者单击 "公式" 选项卡，在 "函数库" 选项组中选择 "插入函数" 命令选项，打开 "插入函数" 对话框后选择相应函数，如图 4.51 所示。

图 4.51 "插入函数" 对话框

2）在单元格中输入函数

同输入公式一样，可以直接在单元格中输入函数。函数以"="号开头。Excel 2013 新增了函数的记忆功能，用户只要输入函数的前几个字母，就可以在弹出的快捷菜单中选择相应的函数，如图 4.52 所示。

图 4.52　函数的记忆功能

3）直接使用函数

如果要使用如"求和"、"平均值"及"最大值"等常用函数，可以选定数据区域作为参数，在"公式"选项卡的"函数库"选项组中单击"自动求和"按钮右边的倒三角形，选择相应功能的函数。

4.2.8　数据管理

处理大量数据时，应对表格中的数据进行管理。数据管理包含了数据清单的使用、数据的排序、数据的筛选、数据的分类汇总、数据合并等操作。

1. 数据清单

数据清单又称数据列表。与前面介绍的工作表中的数据区域不同的是，数据清单是一个结构化数据的单元格区域，该区域可以看做数据库的二维表，即数据清单中的每一行相当于二维表的一条记录；数据清单中的列相当于二维表中的字段，列标题相当于字段名。

"记录单"命令不在功能区中显示，打开记录单的方法：单击"文件"，再单击"选项"，在弹出的对话框选择"自定义"选项，在下拉列表中选择"不在功能区中的命令"，然后找到"记录单"并添加到快速访问工具栏。

数据清单可以像普通数据一样直接建立和编辑，也可以通过"记录单"以记录为单位编辑。在"记录单"中可以对记录进行新建、修改、删除、查看和查询等操作，如图 4.53 所示。

图 4.53　记录单

2. 数据排序

数据排序是指对数据清单中的一列或多列数据按升序或降序排列。Excel 2013 的数据排序包括快速排序、自定义排序。 快速排序是选中需要排序所在列中的任意单元格，注意不要选择整列数据，单击"数据"选项卡，在"排序和筛选"选项组中选择"升序"按钮或"降序"按钮进行排序。自定义排序是以多个字段作为关键字对数据清单进行排序。其排序的原理：首先以主要关键字为依据对数据清单排序，当主要关键字的值相等时，则以次关键字为依据排序，依此类推。操作步骤如下：

(1) 选择数据清单（单击数据清单内的任一单元格或全选该区域），在"排序和筛选"选项组中选择"排序"按钮。

(2) 在"排序"对话框中单击"添加条件"添加若干条件，然后再依次选择主要关键字和次要关键字、排序依据以及排序次序。

Excel 2013 对关键字个数不限，但主关键字只有一个，次关键字有顺序。

Excel 2013 默认以单元格的数值为依据排序，用户也可以修改"排序依据"，将单元格的格式如颜色、字体等作为排序依据。

3. 数据筛选

数据筛选可以从数据清单筛选出满足条件的数据，经过筛选后的数据只显示满足指定条件的记录。数据筛选功能包括自动筛选、自定义筛选和高级筛选 3 种方式。其操作使用"数据"选项卡的"排序与筛选"功能区实现。

自动筛选可以在包含大量记录的数据清单中快速查找符合某种条件记录。自动筛选只能完成字段值为常量的筛选。如果筛选条件较复杂，则需要采用自定义筛选。

若要多条件筛选，即筛选条件涉及多个字段时，则可以使用高级筛选功能。高级筛选与前面两种筛选不同，需要先在空白单元格区域输入条件形成一个条件区域。

4. 还原数据

数据经过筛选后，只显示满足条件的记录。若需要还原经过自动筛选或自定义筛选后的数据，可以单击"数据"选项卡，在"排序和筛选"选项组中单击 "筛选"按钮；如果要还原经过高级筛选后的数据，则单击"排序和筛选"选项组的 "清除"按钮。

5. 数据分类汇总

分类汇总是对数据清单中同一类记录进行分类，然后对指定的其他字段使用函数计算的一种分析方法。创建分类汇总前需先对数据清单排序，排序的主要关键字要跟分类字段一致，因此创建分类汇总前必须明确其分类字段。

在"学生信息表"中增加"性别"字段并输入相应的值，如图 4.54 所示。

	A	B	C	D	E
1	学号	性别	身高	血型	是否少数民族
2	20150601	男	168	A	是
3	20150604	女	155	A	是
4	20150605	女	166	AB	是
5	20150606	男	170	O	是
6	20150608	女	166	B	是
7	20150602	男	180	B	否
8	20150603	男	177	B	否
9	20150607	女	168	O	否
10	20150609	男	188	B	否

图 4.54 学生信息表

例如：使用分类汇总求"学生信息表"中男女生的平均身高。

操作步骤如下：

(1) 选择数据清单，以性别为主要关键字进行升序排序(或降序)。

(2) 选择数据清单，单击"数据"选项卡，在"分级显示"选项组单击 "分类汇总"按钮，弹出"分类汇总"对话框，如图 4.55 所示。

(3) 分别在"分类汇总"对话框中的"分类字段"下拉列表中选择"性别"；"汇总方式"下拉列表中选择"平均值"；"选定汇总项"列表中选择"身高"复选框，最后单击"确定"按钮。分类汇总结果如图 4.56 所示。

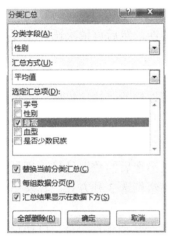

1 2 3		A	B	C	D	E
	1	学号	性别	身高	血型	是否少数民族
	2	20150601	男	168	A	是
	3	20150606	男	170	O	是
	4	20150602	男	180	B	否
	5	20150603	男	177	B	否
	6	20150609	男	188	B	否
	7		男 平均值	176.6		
	8	20150604	女	155	A	是
	9	20150605	女	166	AB	是
	10	20150608	女	166	B	是
	11	20150607	女	168	O	否
	12		女 平均值	163.75		
	13		总计平均值	170.8889		

图 4.55　分类汇总对话框　　　　图 4.56　分类汇总结果

分类汇总完成后，在其左侧会自动生成一系列按钮，其作用在于控制分类汇总的显示级别。

Excel 2013 允许用户对分类汇总后的数据再次分类汇总，再次分类汇总操作步骤重复第(2)、(3)步即可。需要注意的是，再次分类汇总时分类字段应保持不变，并将"分类汇总"对话框中"替换当前分类汇总"复选框中的勾去掉以免覆盖之前的数据。

4.2.9　数据图表化

将数据转化成图表可以更直观地显示和比较数据，通过一些特定的图表类型，用户还可以从中查看数据的发展趋势或分布状况等。

Excel 2013 的图表类型有柱形图、折线图、饼图、条形图、面积图、散点图等、股价图、曲面图及雷达图，每种类型的图表还有若干种子图表类型。各种图表都有其特点，用户可以根据需求选择相应的图表类型。

1. 插入图表

制作图表首先要明确图表所需的数据和图表类型。将数据转化为图表的操作有两个步骤：选择所需的数据源及选择图表类型。

例：以图 4.56 所示"学生信息表"中的学号和身高为数据源，制作一个簇状柱形图。

操作方法如下：

(1) 选择所需的数据区域,选择数据时要包含字段名,即数据区域为 A1:A10 和 C1:C10。

(2) 选择图表类型，在"插入"选项卡中单击"图表"选项组的"柱形图"按钮。在弹出的菜单中选择"簇状柱形图"。

制作好的图表如图 4.57 所示，默认显示在数据区域的右下角。

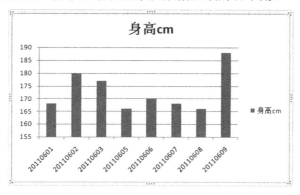

图 4.57　制作图表

2. 图表的组成元素

了解图表的组成元素有助于图表的编辑，图表主要是由图表区、绘图区、标题、图例、坐标轴及坐标轴标题组成，如图 4.58 所示。

需要注意的是，不同类型图表的绘图区区域组成部分有可能不一样。例如三维簇状柱形图与簇状柱形图相比，三维簇状柱形图的绘图区还包括了基底和侧面墙。

默认情况下，制作完成后的图表只显示其部分元素，可以通过"设计"选项卡的"图表布局"选项组增加图表元素，如图 4.59 所示。

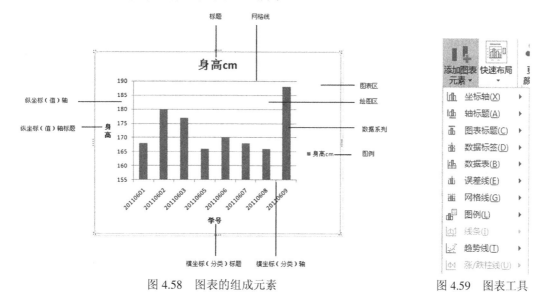

图 4.58　图表的组成元素　　　　　　　　图 4.59　图表工具

3. 图表的编辑

Excel 允许用户对制作好的图表进行修改，其操作包括更改图表类型、更改源数据、设置图表组成元素格式、改变图表大小及移动图表等。

若图表的类型等不能准确地表达数据所包含的信息，则可以更改图表的类型。常用的更改图表类型方法有以下两种：

(1) 选择图表，在"设计"选项卡的"类型"选项组中单击"更改图表类型"命令按钮，在弹出的"更改图表类型"对话框中选择图表类型。

(2) 右击图表的"图表区"，在其快捷菜单选择需要更改的命令选项完成对图表的修改。

图表的编辑包括对图形、数据源、图表各元素格式、图例、位置和大小等的编辑。

4.2.10　页面设置和表格打印

Excel 2013 可以将制作好的表格打印出来以供审阅。打印表格之前，应做好以下三个方面的工作：使用页面设置，合理地布局页面；使用打印预览快速浏览页面及查看打印效果；设置打印区域及相关参数。

1. 页面设置及打印预览

页面设置主要包括页面、页眉与页脚、页边距及工作表设置，打印预览与 Word 相当。

2. 打印任务设置

单击"文件按钮"并选择"打印"命令，在弹出的"打印"页面中可以设置各种打印任务，如选择打印机、打印份数、纸张类型以及页面边距等多项内容，同时在"打印"页面的右边提供打印内容预览。

4.3　电子演示文稿工具软件 PowerPoint 2013

PowerPoint 主要用于电子演示文稿的制作与处理。由于它能制作出集文字、图形、图像、声音及视频等多媒体元素于一体的演示文稿，可以图文并茂地表达用户的想法，所以在教学、会议、产品演示等方面得到了广泛的应用。本节主要介绍 PowerPoint 2013 界面的组成、特点、创建、编辑、设置和播放演示文稿的基本内容与操作。

4.3.1　PowerPoint 2013 概述

1. Microsoft Office PowerPoint 2013 的主要特点

PowerPoint 2013 不但继承了以前版本的各种优势，而且在功能上有了很大的提升。其主要优点及新增功能体现在以下几个方面：

与 Word 和 Excel 一样，PowerPoint 是微软开发的电子演示文稿应用程序。而微软最新推出的 Office 2013 不仅精简度大增，而且实用性也有很大提升。微软将 16∶9 比例作为 PowerPoint 2013 的默认长宽比，符合多数使用者的宽屏幕分辨率，创造出专业的外观设计和宛如电影的吸引力。PowerPoint 2013 同样加入了 Start Experience 新功能，让使用者快速获得喜爱的文件、专业设计的范本以及最近浏览的历史记录。PowerPoint 2013 还加入新的图表引擎(Chart Engine)工具，使用者可将图表轻松从 Excel 2013 导出并导入 PowerPoint 2013 幻灯片中，同时也不会破坏原文件中的格式。PowerPoint 2013 同样支持触控模式，让使用者以手指控制换灯片的播放和管理。微软在 Word 2013 新增的恢复阅读(Resume Reading)功能也出现在 PowerPoint 2013 中，自动书签会标出使用者最后操作的位置。

2. PowerPoint 2013 的启动

PowerPoint 2013 有下列三种启动方法：

(1) 从开始菜单启动：单击屏幕左下角的"开始"→"所有程序"→"Microsoft Office 2013"→"PowerPoint 2013"命令，即可进入 PowerPoint 2013 环境。

(2) 利用现有文档启动：双击磁盘上保存的演示文稿，可启动 PowerPoint 2013。

(3) 通过桌面快捷方式启动：双击桌面快捷方式 ，可启动 PowerPoint 2013。

3. PowerPoint 2013 的退出

直接单击窗口右上角的关闭按钮"×"；或用鼠标单击窗口左上角 PowerPoint 2013 图标按钮 ，在打开的菜单中执行关闭命令。

4. PowerPoint 2013 窗口组成

PowerPoint 2013 与以往的版本相比有了很大的不同，抛弃了基于菜单和工具栏的传统界面，通过功能区的选项卡来实现主要功能。默认情况下，打开 PowerPoint 2013 窗口后，其工作界面如图 4.60 所示。

图 4.60 PowerPoint 2013 工作界面

PowerPoint 2013 界面主要由文件按钮、功能区、幻灯片窗格、缩略图等几个区域组成，每个区域的作用与功能各不相同，下面就简单了解一下这些区域的作用。

(1) "文件"按钮。在 PowerPoint 2013 窗口上，单击左上角"文件"，在弹出的菜单中可以新建、打开、保存演示文稿，并可进行演示文稿相关的其他操作。

(2) 快速启动工具栏。快速启动工具栏是 Office 2013 为了方便用户的快速操作，将最常用的命令以小图标的形式排列在一起的工具按钮。通常默认情况下是保存、恢复和撤消 3 个按钮，但用户还可以根据自己情况设置在快速启动工具栏中显示最常用的操作，以便在需要的时候能够快速使用。

(3) 标题栏。这一区域用来显示程序名和打开的文件名。

（4）功能区。PowerPoint 2013 的大多数操作都可以在功能区完成，功能选项卡和功能区具有对应的关系，功能区的各项操作使用选项卡的形式来分类组合。PowerPoint 2013 窗口默认有开始、插入、设计、动画、幻灯片、审阅和视图这 7 个选项卡。

（5）幻灯片窗格。在 PowerPoint 2013 窗口中，中间最大的区域就是幻灯片窗格，它的作用是查看和编辑幻灯片的内容。

（6）缩略图。在窗口左侧区域中，所有的幻灯片以缩略图的形式显示出来。在这里，用户可以对幻灯片进行预览、移动、添加和删除等操作。

（7）备注窗格。用户可以在这个区域添加当前幻灯片的备注，在演示时作参考。

（8）状态栏。状态栏位于窗口的最下方，其左侧用于显示演示文稿的页数、字数、当前语言等信息，右侧可以查看和调整演示文稿的视图和显示比例。

5．PowerPoint 2013 视图

PowerPoint 2013 为用户提供了多种不同的视图方式，本节介绍三种主要的视图方式：普通视图方式、幻灯片浏览视图方式和幻灯片放映视图方式，这三种视图方式分别用于对演示文稿的编辑、浏览和播放。在这三种视图方式之间可以通过单击鼠标来切换。

（1）普通视图方式。在普通视图方式下，可对演示文稿进行撰写或设计等编辑工作。该视图方式主要有两个工作区域：左侧窗格中有两个选项卡，分别是"幻灯片"和"大纲"选项卡，前者可以显示、设计和美化当前的幻灯片，而后者可以在左侧窗格中同时看到整个幻灯片的标题和内容；右侧窗格可以显示当前幻灯片的内容。

（2）幻灯片浏览视图方式。在幻灯片浏览视图方式下，窗口能显示出整个演示文稿中完整的文本和图片，可以方便用户观看整个演示文稿的布局和顺序。在这种视图方式下，不能改变单个幻灯片的内容，但可以删除、复制幻灯片和重新调整幻灯片的次序，以及其他演示文稿传送幻灯片。

（3）幻灯片放映视图方式。在幻灯片放映视图方式下，幻灯片将占据整个计算机屏幕，如实际的演示一样，此时所看到的演示文稿效果就是将来观众会看到的效果。在这种视图方式下，可以看到每张幻灯片所包含的文本、图形、声音、视频剪辑和实际的切换效果。

4.3.2　演示文稿的创建与编辑

1．新建演示文稿

新建演示文稿的方法有多种，下面主要介绍最常使用的两种方法。

（1）启动 PowerPoint 2013 时自动新建空白演示文稿。在启动后，PowerPoint 2013 会自动创建一个新的演示文稿，可以直接在这个演示文稿上进行各种操作。

（2）在 PowerPoint 2013 中新建演示文稿。首先，启动 PowerPoint 2013，单击窗口左上角的"文件"按钮，在下拉菜单中选择"新建"，在右侧弹出的对话框中，选择适合自己的"模板"类型后，单击选中。最后，单击"创建"按钮，即可创建一个新的演示文稿。

2．新建幻灯片

可以通过以下两种方法，为一个演示文稿添加新的幻灯片。

（1）通过菜单新建幻灯片。首先选中要新建幻灯片的位置，在功能区选择"开始"选

项卡，再选择"幻灯片"选项组中的"新建幻灯片"命令，就可以在当前位置后新建一张新的幻灯片。

(2) 在"缩略图"选项卡中新建幻灯片。在"缩略图"选项卡中，找到需要新建幻灯片的位置，单击出现闪烁的光标后，按 Enter 键，即可新建一张幻灯片。

3. 复制和粘贴幻灯片

在"幻灯片"选项卡下，首先选中需要复制的幻灯片，在选中的幻灯片上右击，在快捷菜单中选择"复制"，然后在"幻灯片"选项卡上找到幻灯片要插入的地方，最后单击右键从快捷菜单选择"粘贴"。

4. 保存演示文稿

对于新建或制作完成的演示文稿，只有把它保存到磁盘上，才能保证对它永久使用。要保存演示文稿的方法与保存新建 Word 或 Excel 文件完全相似。

5. 输入文本

文本是表现演示文稿的最基本元素，向幻灯片中添加文本最简单的方式是，在幻灯片的占位符中直接输入文本。当然，用户也可使用"文本框"在占位符之外的位置输入文本。即文本的存在依托于占位符。

(1) 在占位符中输入文本。打开 PowerPoint 2013 后，在窗口的"幻灯片窗格"区域，默认有两个虚线框，这两个虚线框称为占位符，占位符中显示"单击此处添加标题"和"单击此处添加副标题"的字样。用鼠标单击标题占位符后，插入点就会出现在占位符中，这时就可输入标题的内容，同样也可输入副标题的内容。

(2) 使用文本框输入文本。在占位符之外的位置输入文本，可以使用"文本框"替代占位符。使用方法如下：首先单击"插入"选项卡上的"文本框"按钮，从弹出的下拉菜单中根据自己的需要选择"横排文本框"或"垂直文本框"，如图 4.61 所示，然后单击要添加文本的位置，即可输入文本，输入完成后，单击文本框之外的任意位置即可。

图 4.61　文本框

6. 设置文本格式

在 PowerPoint 2013 中，可以通过工具设置幻灯片中文本的字体和颜色等格式。首先选中要设置的文本，再选择"开始"选项卡，在"字体"组中的"字体"和"字号"下拉列表中选择合适的字体和字号。另外也可在"段落"组中对文本的段落格式进行设置，相关的文本格式的设置方法与 Word 2013 类似，这里不再赘述。

7. 应用与自定义主题

在 PowerPoint 以前的版本中，使用模板来定义演示文稿的样式。在 PowerPoint 2013 中，改用通用性更好的主题功能来代替模板的使用。所谓主题，是应用于一张或多张幻灯片整个演示文稿的颜色、字体、效果和背景的组合。通过应用主题，可以快速而轻松地设置整个文档的格式。

(1) 应用主题。首先打开需要应用主题的演示文稿，再单击"设计"选项卡的"主题"

组中需要的主题，或者单击主题右侧的"变体"按钮查看与之近似的可用主题。

(2) 自定义主题。如果内置的主题都不符合自己的需求，PowerPoint 2013 提供了自定义主题功能，用户可以通过这项功能重新设计主题颜色、主题字体以及主题效果，形成自己满意的新的主题。

在演示文稿的制作中，主题的设置尤为重要，一个好的主题其存在的内涵及其相吻合的色彩定义，可以更好地映衬和烘托出演示文稿的视觉气氛。好的主题可以不经过文字描述或较少细微的文字标题即可直击切入演示文稿想要表达的内在含义，而设计一个好的主题主要取决于是否能熟练掌握对色彩配色组合的了解和运用。

色彩有 3 个属性，分别是色相(色彩的相貌)、明度(色彩的明暗度)、纯度(色彩的饱和度)。在计算机中一般采用 R(红色)、G(绿色)、B(蓝色)三基色按照不同的比例合成表示一个像素点的颜色。

制作演示文稿时的配色要遵循以下几个原则：

(1) 邻近色搭配。

(2) 同一画面中表现同等重要的内容，配色采用同等明度和纯度。

(3) 页面中大块配色不要超过 3 种。

(4) 配色需要根据主题对象来设计。

(5) 色彩不是孤立的，需要协调相互关系。

(6) 使用对比色突出表现不同的类别。

(7) 根据色彩心理来设计应用环境(冷色、暖色)。

8. 背景的运用

在 PowerPoint 2013 中，可以简单改变一张幻灯片或整个演示文稿背景的颜色、纹理和图案等内容，如图 4.62 所示。调整背景的方法是，首先打开需要调整背景的演示文稿，在"设计"选项卡下，单击"设置背景格式"，可在"纯色填充"选项中设置幻灯片背景的颜色，在"渐变填充"中设置有渐变效果的背景，在"图片或纹理填充"中设置幻灯片的背景图片或纹理。

图 4.62　设置背景格式

4.3.3　多媒体对象的插入

如果一个演示文稿中只有文字的罗列，就会让人觉得平淡和乏味。如果在幻灯片中添加一些图片、音频和视频等多媒体元素，就会使演示文稿显得生动有趣和有吸引力。下面就介绍一些在幻灯片中添加多媒体对象的方法。

1. 插入剪贴画

剪贴画是 Office 系统提供的由专业美术家设计的图画，通过简单的操作，就可将剪贴画添加到幻灯片中，操作方法如下：打开演示文稿选中要插入剪贴画的幻灯片，单击"插入"选项卡，点击"联机图片"选项，如图 4.63 所示。在输入框中输入要插入剪贴画的关键字，然后单击"搜索"按钮，可显示搜索的结果，在搜索结果中单击要插入的剪贴画，将它插入到幻灯片中。

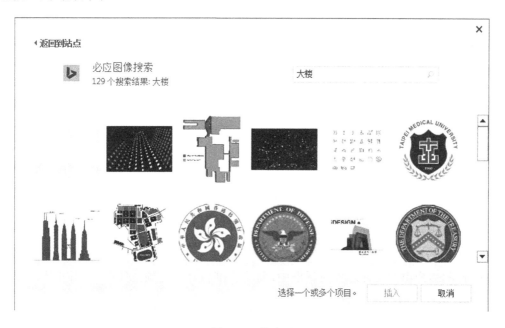

图 4.63　剪贴画

2. 插入图片

除了剪贴画外，还可向幻灯片中添加保存在磁盘中的图片。操作方法与插入剪贴画类似，在"插入"选项组中选择"图片"命令，会出现"插入图片"对话框，选择要插入的图片，再单击对话框中的"插入"按钮，就把图片插入到了幻灯片中。

3. 插入艺术字

与以前的版本相比，PowerPoint 2013 提供更强大的艺术字功能，通过这项功能可以为幻灯片添加样式多变、丰富多彩的艺术字。插入艺术字的方法是，在要插入艺术字的幻灯片下，首先选择"插入"选项卡，在"文本"选项组中选择"艺术字"命令，在打开的窗格中选择插入艺术字的类别，就会在幻灯片中出现一个虚线框，可在框里输入文字。完成后若对艺术字格式不满意，可通过"格式"选项卡下的"形状样式"和"艺术字样式"对其进行调整。

4. 插入音频

在演示文稿中合理的添加音频，可以使幻灯片更加生动，并吸引观众的注意力或增加新鲜感。添加音频的方法：先选中"插入"选项卡，然后在功能区的"媒体"组中单击"音频"按钮，再选择要添加的音频就可以了。

添加音频的具体步骤如下：

(1) 打开演示文稿，选择需要添加音频的幻灯片。

(2) 单击"插入"选项卡的"媒体"组，可单击"音频"的向下箭头，从出现的下拉列表中选择一种插入声音的方法，打开"插入声音"对话框。

(3) 选择要插入的声音文件。

(4) 单击"确定"按钮，系统会弹出一个如图4.64所示的声音对话框。

图 4.64　声音对话框

(5) 单击"自动"按钮，在幻灯片中就会出现一个小喇叭图标，在放映幻灯片时，即可自动播放声音。

5. 插入视频

视频极具吸引力，是解说产品的最佳方式，所以在演示文稿中添加视频可以增添活力。添加视频的方法与添加音频的方法类似，也可在"插入"选项卡的"媒体剪辑"组中添加视频。

添加视频的具体步骤如下：

(1) 打开需要插入视频文件的幻灯片。

(2) 将鼠标移动到菜单栏中，单击其中的"插入"选项，从打开的菜单中点击"视频"命令。

(3) 在随后弹出的文件选择对话框中，将事先准备好的视频文件选中，并单击"添加"按钮，这样就能将视频文件插入到幻灯片中了。

(4) 用鼠标选中视频文件，并将它移动到合适的位置，然后根据屏幕的提示直接点选"播放"按钮来播放视频，或者选中"自动播放"方式。

(5) 在播放过程中，可以将鼠标移动到视频窗口中，单击一下，视频就能暂停播放。如果想继续播放，再用鼠标单击即可。

6. 插入超级链接

不仅可以在幻灯片上添加音频和视频等多媒体对象，还可以为幻灯片加上动画的播放效果、超级链接等高级技巧，这些技巧可方便用户更好地使用演示文稿。

超级链接是一种非常实用的跳转方式，通过超级链接，可以从当前所在的演示文档转到其他的演示文档，或转到同一演示文档的不同幻灯片；也可以打开图片、文件对象，运行邮件系统或其他应用程序等。为幻灯片中的某一对象插入超级链接的方法有多种，但无论使用哪一种方法，前提条件都是先选中该对象才能为其制作超级链接。

为幻灯片的对象(可以是文字、图形、图像等)设置超级链接，链接到同一演示文稿中的其他幻灯片详细的步骤如下：

(1) 在幻灯片中选择要添加链接的对象，单击"插入"选项卡的"超链接"按钮，或点击右键，在快捷菜单里选择"超链接"，打开"插入超链接"对话框。

(2) 在"插入超链接"对话框中，选择"链接到"选项组中的"本文档中的位置"选项卡，在"请选择文档中的位置"列表中，选择要链接的对象，如图 4.65 所示。

图 4.65 "插入超链接"对话框

(3) 单击"确定"按钮，插入超链接。

用相同的方法可以分别插入链接到其他演示文稿中的幻灯片、链接到新建文档、链接以网页或电子邮件的超链接。

7. 对象布局

在幻灯片中插入多个对象后，为满足一张幻灯片的美观，需要对各对象进行布局，将它们放到恰当的位置。操作方法是：

(1) 按下 Shift 键，用鼠标选中各对象。

(2) 选中"图片工具"→"格式"→"排列"→"对齐"，按设计要求对选中对象进行布局。

4.3.4 幻灯片中的动画设置

1. 自定义动画

如果用户对系统提供的标准方案不太满意，还可以为幻灯片的文本和对象自定义动画。幻灯片的动画效果是指幻灯片中的指定对象，包括图片、文字、图表等添加动态效果，使演示文稿更具有观赏性，形式上更加丰富多彩。PowerPoint 2013 中动画效果的应用可以通过"动画"选项卡下的"自定义动画"任务窗格完成，操作过程更加简单，可供选择的动画样式更加多样化。

为幻灯片中的文本或其他对象设置动画效果，具体步骤如下：

(1) 打开演示文稿，选择要添加动画效果的幻灯片。

(2) 单击"动画"选项卡的"添加动画"按钮。

(3) 查看下拉菜单，选择所需的动画效果，如图 4.66 所示。

图 4.66 自定义动画设计

(4) 选中动画效果，单击右侧出现的下拉按钮，在打开的下拉列表中选择"效果选项…"选项，如图 4.67 所示。

(5) 在打开的"效果选项"对话框内，选择"效果"选项卡，更改对象显示情况如图 4.68 所示。

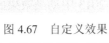

图 4.67 自定义效果   图 4.68 效果选项卡

(6) 在"效果选项"里设置动画声光效果和播放计时。

(7) 在"增强"区设置动画播放时的声音，在"动画播放后"下拉列表中可以选择对象需要做的动作。

(8) 在"动画文本"下拉列表框中可以设置对象中的文字进入幻灯片的方式。

(9) 设置完成后，单击"确定"按钮，返回"自定义动画"任务窗格中。

(10) 单击"播放"按钮，即可开始播放此动画。

如果希望每一张幻灯片的效果都不同，则可以按此方法在整个演示文稿中设置不同的效果。

2. 设置幻灯片之间的切换效果

除幻灯片内的对象有动画外，用户还可以对幻灯片的放映方式设置播放效果，即幻灯片切换，它可以使幻灯片以多种不同的方式出现在屏幕上。

当更改幻灯片之间的切换时间和效果时，首先选择要设置切换效果的幻灯片，单击"动画"选项卡，在功能区"切换到此幻灯片"工具组中选择"切换方案"，可在列表中选择所需的幻灯片效果，在"切换声音"下拉列表中选择所需的声音，在"切换速度"下拉列表中选择切换速度，在"换片方式"区设置定时或选择单击鼠标作为要播放下一张幻灯片的信号。设置完成后，若把设置的效果应用于全部幻灯片上，则单击"切换到此幻灯片"组中的"全部应用"按钮。若希望每一张幻灯片的切换效果都不同，可按照上述方法在整个演示文稿为每张幻灯片设置不同的效果。

4.3.5　幻灯片的放映和输出

制作演示文稿的最终目的就是为了放映和输出，本节介绍如何放映幻灯片和输出幻灯片。

1. 幻灯片的放映

PowerPoint 2013 提供的强大功能，可以轻松实现专业化效果的幻灯片演示。开始放映一个演示文稿的具体步骤如下：

(1) 打开演示文稿。

(2) 在"幻灯片放映"选项卡下的"开始放映幻灯片"组中，单击"从头开始"按钮，这时在屏幕上就会出现整屏的幻灯片。

(3) 单击鼠标左键可切换到下一张幻灯片。

(4) 按 Esc 键可中断放映，返回到普通视图方式中。

另外，还可以通过单击"视图"选项卡上的"幻灯片放映"按钮或按 F5 键启动幻灯片放映。

在一般情况下，幻灯片是按顺序播放的，但在 PowerPoint 2013 中可以选择幻灯片的播放方式：单击鼠标右键，打开快捷菜单，选择"上一张"选项可以切换到上一张幻灯片；打开"定位到幻灯片"子菜单，可以从中选择要播放的幻灯片，以实现从当前幻灯片到任意幻灯片的切换。

2. 幻灯片的输出

PowerPoint 2013 允许用户打印演示文稿，或将演示文稿输出为 Web 网页格式的文件。用户可以直接打印演示文稿，但在打印演示文稿前，先对其进行页面设置。一般通过"文件"按钮菜单中的"打印"选项打印演示文稿。

打印演示文稿的具体步骤如下：

(1) 单击"文件"按钮，选中菜单中的"打印"选项，打开"打印"对话框，如图 4.69

所示。

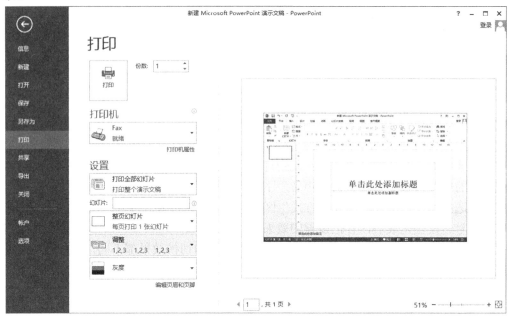

图 4.69　"打印"对话框

(2) 页面设置及打印预览。

页面设置主要包括页面、页眉与页脚、页边距等，打印预览与 Word 相当。

(3) 打印任务设置。

单击"文件按钮"并选择"打印"命令，在弹出的"打印"页面中可以设置各种打印任务，如选择打印机、打印份数、纸张类型以及页面边距等多项内容，同时在"打印"页面的右边提供打印内容预览。

另外，用户还可以将演示文稿输出为 Web 网页，以便通过浏览器进行访问，方法与打印演示文稿的方法类似，具体步骤如下：

(1) 单击"文件"按钮，选中菜单中的"另存为"选项，打开"另存为"对话框。

(2) 在"保存类型"下拉列表中选择"网页"。

(3) 在"文件名"文本框中输入文件名。

(4) 打开"发布"按钮，打开"发布为网页"对话框，进行相应的设置，然后单击"发布"按钮将演示文稿保存为网页。

PowerPoint 是一个非常实用的工具，利用它可以制作出图文并茂、表现力和感染力极强的演示文稿，并可通过计算机屏幕、投影仪或互联网发布，在企业展示新产品、多媒体教学、工作报告等许多方面有着广泛的应用。

本　章　小　结

本章主要介绍了 Office 2013 的 3 个核心组件 Word、Excel 和 PowerPoint 的使用。学习了 Office 文档创建、打开和保存的基本操作方法；页面布局；视图方式；样式和主题的应用；打印和预览；查找、替换和定位功能等。

重点介绍了文字处理软件 Word 2013 工作界面；文档输入与编辑；文档的字符格式、段落格式、边框和底纹、页眉和页脚设置；图片、艺术字、图形、图表、公式及对象的插入；表格制作方法；长文档的编辑和排版方法。

重点介绍了电子表格处理软件 Excel 2013 工作界面；工作表和工作簿；表格输入与编辑；公式与函数的使用；单元格、单元格格式设置；工作表的行、列及工作表插入与删除；数据的保护；数据的排序和筛选、分类汇总以及图表功能。

重点介绍了电子演示文稿软件 PowerPoint 2013 工作界面和视图方式；文档输入与编辑；图片、艺术字、音频和视频等多媒体对象的插入；样式、主题和背景的运用及配色方案；动画与幻灯片切换；动态效果的设置和交互式控制及播放功能等。

要求学习者熟练掌握 Office 2013 文档的基本操作；做到能够用 Word、Excel、PowerPoint 解决办公自动化所需求的文档写作、电子表格制作和电子演示文稿设计制作的基本方法，具备日常电子化办公的基本能力。

习 题 4

一、单项选择题

1. 下面关闭 Word 窗口同时退出应用程序正确的操作是(　　)。

A. 单击 Office 按钮，选择"关闭" 　　　　B. 单击 ▫ 按钮

C. 单击 Office 按钮，再单击"退出 Word"按钮 　　　　D. 单击 - 按钮

2. 在 Word 中，快速新建文档的组合键是(　　)。

A. Ctrl + C 　　B. Ctrl + N 　　C. Ctrl + V 　　D. Ctrl + S

3. Word 2013 提供的视图方式有(　　)种。

A. 3 　　B. 4 　　C. 5 　　D. 6

4. 在 Word 2013 中，段落对齐的默认设置为(　　)。

A. 两端对齐 　　B. 居中 　　C. 左对齐 　　D. 右对齐

5. 在"字体"对话框的(　　)选项卡中，可以设置字符间距、字符缩放比例和字符位置。

A. 字体 　　B. 字符间距 　　C. 文字效果 　　D. 中文版式

6. 关于页眉和页脚的描述，下列不正确的是(　　)。

A. 可以插入声音 　　　　B. 可以插入页码

C. 可以插入日期 　　　　D. 可以插入自动图文集

7. 在 Word 2013 中，系统提供的几百幅图片主要以(　　)作为扩展名。

A. SWI 　　B. JPG 　　C. WMF 　　D. BMP

8. 在编辑表格的过程中，使用工具按钮 ▦(　　)表格线。

A. 添加 　　B. 擦除 　　C. 编辑 　　D. 修改

9. 选项卡和工具组是 Word 哪个版本中的专用术语？(　　)

A. Word 97 　　B. Word 2000 　　C. Word 2003 　　D. Word 2013

10. 关于 Word 的帮助功能说法不正确的是(　　)。

A. 按 F1 键可以打开"Word 帮助"窗口

B. Word 的帮助功能按照帮助类型进行分类

C. 可以单击窗口右上角的"帮助"按钮打开"Word 帮助"窗口

D. 可以查找到任何我们需要的内容

11. 在 Word 2013 中，可以绘制的图形不包括(　　)。

A. 射线　　　　　　B. 直线　　　　　　C. 矩形　　　　　　D. 椭圆

12. 在 Word 编辑过程中，需要随意移动插入的图片，但不影响文字的排版，可以将图片的环绕方式设置为(　　)。

A. 嵌入型　　　　B. 四周型　　　　C. 浮于文字上方　　　D. 衬于文字下方

13. Word 2013 的窗口包括(　　)内容。

A. 菜单栏　　　　B. 地址栏　　　　C. 标题栏　　　　　D. 语言栏

14. "超链接"按钮在(　　)选项卡中。

A. 开始　　　　　　B. 插入　　　　　　C. 审阅　　　　　　D. 视图

15. Word 2013 内置的标题样式分为(　　)级。

A. 3　　　　　　　B. 4　　　　　　　C. 6　　　　　　　D. 9

16. 启用修订功能后，默认情况下修订的内容将以(　　)突出显示。

A. 红色　　　　　　B. 绿色　　　　　　C. 蓝色　　　　　　D. 紫色

17. 下面说明不正确的是(　　)。

A. 标注应当显示在当前页的底端

B. 尾注应当显示在当前页的底端

C. 使用 Word 提供的定位，可以完成定位书签的操作

D. 大纲视图只是改变了文档的显示效果，其内容并不会被改变

18. 下列对于表格的操作说法中，不正确的是(　　)。

A. 可以将文本转换成表格

B. 可以为表格增加边框和底纹

C. 在 Word 中可以把一组无内容的单元格合并为一个单元格

D. 不可以将 Excel 表格和 PowerPoint 幻灯片等插入到表格中

19. Excel 2013 中编辑栏不能用于(　　)。

A. 显示当前选取单元格中的批注

B. 显示当前选取单元格中的数据或输入的内容

C. 可以直接在编辑栏中输入文字或公式

D. 单元格也会同步显示输入的数据或公式计算的结果

20. Excel 2013 没有提供的视图有(　　)

A. 普通视图　　　　　　　　　　B. 页面布局视图

C. 分页预览视图　　　　　　　　D. 分栏视图

21. 名称框不能显示当前选取(　　)的名称。

A. 单元格　　　　　　　　　　　B. 工作簿

C. 图表　　　　　　　　　　　　D. 绘图对象

22. Excel 2013 工作表中最多的行数和列数分别是( )。

A. 65536、254
B. 64436、1024
C. 1048576、412
D. 1048576、16384

23. 下面关于 Excel 说法正确的是( )。

A. 在 Excel 中不可以为单元格设置背景
B. 不能使用自定义 Excel 模板
C. 单元格中的文字不能设置倾斜角度
D. 以上说法都不对

24. 在 Excel 中，单元格不能设置( )。

A. 行高
B. 列宽
C. 批注的大小
D. 边框和底纹

25. 在 Excel 中使用公式时，必须先输入下面的( )。

A. 等号 "="
B. 逗号 ","
C. 句号 "."
D. 字母 E

26. 在 Excel 引用多个单元格时，单元格地址之间使用( )分隔。

A. 等号 "="
B. 冒号 ":"、逗号 ","或空格
C. 分号 ";"
D. 双引号 " "

27. 在公式中使用了( )，则无论改变公式的位置，其引用的单元格地址总是不变的。

A. 相对引用
B. 绝对引用
C. 混合引用
D. 以上都不是

28. 在 Excel 中，下列引用( )是混合引用。

A. C$6
B. D5
C. &A8
D. AB

29. Excel 2013 提供的内置图表类型共有( )种。

A. 9
B. 10
C. 11
D. 12

30. 图表被选中后，它的四周将显示( )个控点。

A. 4
B. 6
C. 8
D. 没有

31. 使用图表功能时，用户可以在工作表中不能( )。

A. 插入图片
B. 绘制图形
C. 插入艺术字
D. 插入声音

32. 在对数据清单筛选操作时，如果同时对两个或两个以上的字段进行筛选，筛选结果将是( )的记录。

A. 满足两个筛选条件
B. 满足两个以上筛选条件
C. 同时满足所有条件
D. 以上都不对

33. PowerPoint 2013 文件默认扩展名为( )。

A. doc
B. ppt
C. xls
D. pptx

34. PowerPoint 2013 有几种视图方式?( )

A. 5
B. 4
C. 3
D. 2

(普通视图，大纲视图，幻灯片视图，幻灯片浏览视图，幻灯片放映视图)

35. PowerPoint 系统是一个( )软件。

A. 文稿演示　　　　　　　　　　　　　B. 表格处理

C. 图形处理　　　　　　　　　　　　　D. 文字处理

36. 用户编辑演示文稿的主要视图是(　　　)。

A. 幻灯片浏览视图　　　　　　　　　　B. 幻灯片放映视图

C. 普通视图　　　　　　　　　　　　　D. 备注页视图

37. 幻灯片中占位符的作用(　　　)。

A. 表示文本的长度　　　　　　　　　　B. 为文本、图形预留位置

C. 表示图形的大小　　　　　　　　　　D. 限制插入对象的数量

38. 在幻灯片中插入声音后,幻灯片中会出现下列哪个按钮?(　　　)

A. 　　　　B. 　　　　C. 　　　　D.

39. 如果想在幻灯片中插入视频,可以选择(　　　)选项卡。

A. 开始　　　　　B. 视图　　　　　C. 插入　　　　　D. 设计

40. 在 PowerPoint 2013 中,不能完成对个别幻灯片进行设计或修饰的对话框是(　　　)。

A. 幻灯片版式　　　　　　　　　　　　B. 背景

C. 应用设计模板　　　　　　　　　　　D. 配色方案

41. 在幻灯片中插入艺术字,需要单击"插入"选项卡,然后在功能区的(　　　)工具组中,单击"艺术字"按钮。

A. 文本　　　　　B. 表格　　　　　C. 图形　　　　　D. 媒体剪辑

42. 在演示文稿中,插入超级链接中所链接的目标,不能是(　　　)。

A. 同一演示文稿中的某一幻灯片　　　　B. 另一个演示文稿

C. 幻灯片中的某个对象　　　　　　　　D. 其他应用程序的文档

43. 下面的对象中,不能设置链接的是(　　　)。

A. 文本上　　　　B. 剪贴画上　　　　C. 图形上　　　　D. 背景上

44. 如果在同一张幻灯片中为不同元素设置动画效果,则应该使用"动画"工具组中的(　　　)按钮。

A. 幻灯片切换　　　　　　　　　　　　B. 自定义动画

C. 自定义放映　　　　　　　　　　　　D. 动作设置

45. 在"幻灯片切换"对话框中,允许设置的是(　　　)。

A. 只能设置幻灯片切换的定时效果

B. 只能设置幻灯片切换的视觉效果

C. 设置幻灯片切换的视觉效果和听觉效果

D. 设置幻灯片切换的听觉效果

46. 在 PowerPoint 中,停止幻灯片播放的按钮是(　　　)。

A. Enter　　　　　　　　　　　　　　B. Ctrl

C. Esc　　　　　　　　　　　　　　　D. Shift

47. 在 PowerPoint 中,可以改变单个幻灯片背景的(　　　)。

A. 颜色和底纹　　　　　　　　　　　　B. 灰度、纹理和字体

C. 图案和字体　　　　　　　　　　　　D. 颜色、纹理和图案

二、填空题

1. Office 剪贴板最多可以存储_____个条目。

2. Word 2013 默认的文档扩展名是_____。

3. 在 Word 2013 中，_____视图方式可以看到页眉和页脚。

4. 首字下沉共有两种不同方式，分别是_____、_____。

5. 在 Word 2013 中，文本的字形有 4 种，分别是_____、_____、_____、_____。

6. 段落缩进共有_____、_____、_____、_____ 4 种格式。

7. 图像是对_____、_____、_____、艺术字、公式和组织结构图等图形对象的总称。

8. 表格是由_____和_____的单元格组成的。

9. 在 Word 2013 中，可以方便地进行_____和_____之间的相互转换。

10. 使用表格网格绘制表格，最多能插入_____行_____列的表格。

11. 在 Word 中，图片的文字环绕分为四周型、_____、穿越型、_____、衬于文字下方、浮于文字上方和嵌入型。

12. 在 Excel 2013 中，用鼠标单击_____按钮，即可在工作簿最后添加一个空白工作表。

13. 活动单元格是指当前正被选中的单元格，它是当前可以进行_____的单元格。

14. 选中包含公式的单元格，将光标定位在_____中，按功能键 F4 可以快速地在相对引用、绝对引用和混合引用之间切换。

15. 使用单元格地址创建公式时，默认的引用类型是_____。

16. 在 Excel 中建立的表格属于_____。在表格中每一列称为一个_____每一行称为一个_____。

17. 为了查找工作表中满足条件的记录，可以使用_____的方法来完成。筛选是查找和处理数据清单中的快捷方法。筛选清单仅显示数据库中的行，该条件可以由用户针对某列指定。

18. 在 Excel 2013 中，进行分类汇总之前要先进行_____。

19. 用户可以根据_____和_____进行合并计算。另外，还可以根据多个合并计算的数据区域创建_____。

20. _____只能表现一个数据系列，而堆积饼图与圆环图则可以使用多个数据系列，用于描述多个数据系列的比例和构成等信息。

21. 在"图表工具"功能区_____选项卡的"标签"组中，单击"图表标题"选项的下拉按钮。

22. 在快速访问工具栏中，用鼠标右击某个图标，在快速菜单中选择_____项即可将该命令按钮从快速访问工具栏删除。

23. 主题是_____、_____、_____三者的组合。

24. PPT 程序默认的动画播放开始于_____时。

25. 可以利用 PowerPoint 的_____功能来实现幻灯片的分组放映。

26. 在演示文稿的打包文件夹中，双击_____或者_____文件可以播放演示文稿。

27. _____是一种带有虚线边缘的框，绝大部分幻灯片版式中都有这种框。

28. PowerPoint 2013 的超级链接功能，使我们可以跳转到_____、_____和_____。

29. 直接按_____键就可放映幻灯片。

30. 直接按＿＿＿＿＿键就可结束放映幻灯片。

三、简述题

1. Office 2013 有哪些组件？主要功能有哪些？

2. 简述 Word 2013 窗口界面的组成。

3. 在 Word 2013 中如何分别设置中文和英文的字体与字号？

4. 简述 Word 2013 中给文档添加奇偶页不同的页眉和页脚的方法。

5. 简述 Word 2013 文档样式的作用。

6. 简述 Word 2013 文字、表格和图形混合编辑排版的操作方法。

7. 简述 Word 2013 文档浏览和打印输出的操作方法。

8. 简述 Excel 2013 窗口界面的组成。

9. 在 Excel 2013 中怎样拆分和合并单元格？

10. 简述工作表与工作簿之间的联系。

11. 简述数据清单的特点。

12. 在 Excel 2013 中，怎样进行数据筛选？

13. PowerPoint 的主要功能是什么？其窗口由哪些部分组成？

14. PowerPoint 2013 中有哪几种视图？各有什么作用？

15. 简述 PowerPoint 2013 中图表的操作步骤。

16. 简述 PowerPoint 创建空幻灯片的过程。

17. PowerPoint 2013 中如何插入音频和视频文件？

18. 简述演示文稿中动画定义的过程。

第 5 章　数据库基础与应用

本章重点：

◇ 数据库系统的概念、数据描述与模型

◇ 数据库体系结构与关系数据库概念

◇ Access 2013 数据库软件应用

本章难点：

◇ 数据库体系的结构，数据描述，模型与关系数据库的特征

◇ Access 2013 数据库建立查询及窗体

◇ Access 2013 数据库表结构的设计，记录的添加、修改与删除

◇ 建立表之间的关系与处理

　　数据库技术是计算机软件技术的重要分支，是数据管理的实用技术。了解与掌握数据库系统的基本概念和基本技术是应用数据库技术的基础。

　　本章主要介绍数据库技术的基础知识，包括数据库技术的基本概念；数据描述与数据模型；数据库系统的三级模式结构和两级映射；关系数据库的基本知识以及 Access 数据库软件的应用方法。

5.1　数据库系统概述

5.1.1　数据与数据处理

　　数据(Data)是数据库系统研究处理的对象，信息(Information)则可理解为消息、情报、知识、见闻、事实、报告等的数据表示。数据离不开信息，它们既有联系又有区别。

1. 信息

　　信息是现实世界各类事物存在方式或运动状态的反映。信息具有可感知、可存储、可加工、可传递和可再生等自然属性，是社会各行业不可缺少的资源。

2. 数据

　　数据是信息的数字化表示，是存储在某种介质上、可以进行鉴别的符号资料，是对客观事物的反映和记录。数据具有两个方面的含义，即数据的内容是信息且其表现形式是符号。表示数据的符号可以是数值数据，如数字、字母、文字等；也可以是多媒体数据，如图形、图像、声音等。

3. 信息与数据的关系

信息与数据既有联系又有区别。信息是一个抽象概念，是反映客观世界的知识，是被加工成特定形式的数据。用不同的数据形式可以表示同样的信息内容。数据是信息的符号或载体，信息是数据的内涵。

4. 数据处理与数据管理

数据处理是从大量的原始数据中抽取出有价值的信息，即数据转换成信息的过程。数据处理主要对所输入的各种形式的数据进行加工整理，其过程包含对数据的收集、存储、加工、分类、归并、计算、排序、转换、检索和传播的演变与推导全过程。

数据管理是指数据的收集整理、组织、存储、维护、检索、传播等操作，是数据处理的基本环节，而且也是所有数据处理过程中具有的共同部分。

5.1.2 数据管理技术的发展

利用计算机进行数据处理和应用，首先要把大量的信息以数据形式存放在存储器中。存储器的容量、存储速度直接影响到数据管理技术的发展。数据管理技术的发展还与系统软件以及计算机应用范围有着密切的联系。随着计算机硬件和软件的发展，数据管理技术的发展经历了以下四个阶段：人工管理、文件系统、数据系统和高级数据库技术。

1. 人工管理阶段

20 世纪 50 年代中期以前，计算机主要用于科学计算。外部存储器只有磁带、卡片和纸带等，还没有磁盘等直接存取存储设备。软件只有汇编语言，尚无操作系统和数据管理方面的软件。数据处理的方式基本上是批处理，这个时期的数据管理具有以下特点：

(1) 数据不保存在计算机内。计算机主要用于计算，一般不需要长期保存数据。在进行某一课题设计时，将原始数据随程序一起输入内存，运行处理后将结果数据输出。随着计算任务的完成，用户作业退出计算机系统，数据空间随着程序空间一起释放。

(2) 没有专用的软件对数据进行管理。每个应用程序都要包括存储结构、存取方法、输入/输出方式等内容。程序中的存取子程序随着存储结构的改变而变化，因而数据与程序不具有独立性，相互依存，即程序与数据一一对应，关系如图 5.1 所示。

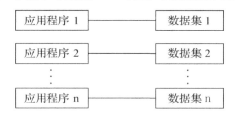

图 5.1 人工管理阶段程序与数据的关系

(3) 只有程序(Program)的概念，没有文件(File)的概念。数据的组织方式必须由程序员自行设计与安排。

(4) 数据面向程序而存在，即一组数据对应一个程序。

2. 文件系统阶段

20 世纪 50 年代后期至 60 年代中期，计算机不仅用于科学计算，还用于信息管理。随着数据量的增加，数据的存储、检索和维护问题成为迫切的需求，数据结构和数据管理技术迅速发展起来。此时，外部存储器已有磁盘、磁鼓等直接存取存储设备，软件领域也出现了高级语言和操作系统，而操作系统中的文件系统是专门用于管理外存的数据管理软件。数据处理的方式有批处理和联机实时处理。这一阶段的数据管理具有以下特点：

(1) 数据以"文件"形式可长期保存在外部存储器的磁盘或磁带上。

(2) 数据的逻辑结构与物理结构有了区别，但比较简单。程序与数据之间具有"设备独立性"，即程序只需用文件名就可以与数据打交道，不必关联到数据的物理位置。此时的程序与数据之间的关系如图 5.2 所示。

(3) 数据不再属于某个特定的程序，可以重复使用，即数据面向应用。

随着数据管理规模的扩大，数据量急剧增加，文件系统显露出三个缺陷：数据冗余量大、数据一致性差和数据联系弱。

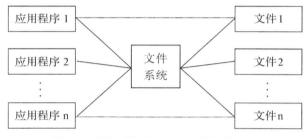

图 5.2　文件系统阶段程序与数据的关系

3. 数据库系统阶段

20 世纪 60 年代以来，随着数据管理规模逐步扩大，数据量急剧增长，同时多个应用程序、多种语言互相覆盖共享数据集合的要求越来越强烈；计算机硬件已经有了大容量磁盘，硬件价格下降，软件则价格上涨；为编制和维护系统软件及应用程序所需的成本相对增加；在处理方式上，联机实时处理要求更多，分布处理的概念已经形成。为了提高效率，软件工程师根据经验总结、摸索并设计出了统一管理数据的专门软件系统——数据库管理系统(DataBase Management System，DBMS)，针对管理的对象称为数据库(DataBase，DB)。

概括起来，数据库系统(DataBase System，DBS)阶段的数据管理具有如下特点：

(1) 数据真正实现了结构化。数据库与文件系统在存储数据时有着本质的区别。在文件系统中，相互独立的文件的记录内部是有结构的，但记录之间没有联系；数据库系统中，记录的某些数据项可以是不等长的，数据库还可以描述数据项之间的关系，提高了数据使用的灵活性。

(2) 数据的共享性高，冗余度低，容易扩充。

(3) 数据独立性高。数据独立性是数据库领域中的一个常用术语，包括数据的物理独立性和数据的逻辑独立性。物理独立性是指用户的应用程序与存储在磁盘上的数据库中的数据是相互独立的。逻辑独立性是指用户的应用程序与数据库的逻辑结构是相互独立的。

(4) 数据由 DBMS 统一管理和控制。数据库的共享是并发共享，即多个用户可以同时存取数据库中的数据甚至可以同时存取数据库中同一个数据。数据库管理阶段应用程序与数据之间的关系如图 5.3 所示。

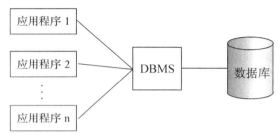

图 5.3　数据库系统阶段程序与数据的关系

4. 高级数据库技术阶段

这一阶段的主要标志是 20 世纪 80 年代的分布式数据库系统、90 年代的对象数据库系统和 21 世纪初的网络数据库系统的出现。

(1) 分布式数据库系统。随着小型计算机和微型计算机的普及，计算机网络和远程通信的发展，分布式数据库系统应运而生。

分布式数据库系统主要具有以下三个特点：

① 数据库的数据物理分布在网络中的各节点上，但逻辑上是一个整体。

② 每个节点既可以执行局部应用(访问本地 DB)，也可以执行全局应用(访问异地 DB)。

③ 各地的计算机由数据通信网络相联系。本地计算机单独不能胜任的处理任务，可以通过通信网络取得其他 DB 和计算机的支持。

分布式数据库系统兼顾了集中管理和分布处理两个方面，因而具有良好的性能，具体结构如图 5.4 所示。

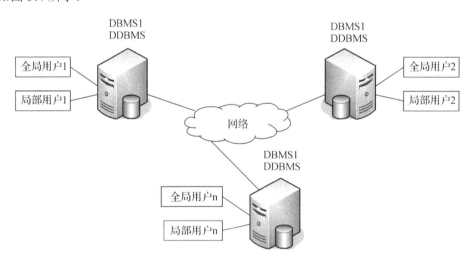

图 5.4　分布式数据库系统

(2) 对象数据库系统。对象数据库系统是应对不同领域的数据库应用特点发展起来的，它是面向对象的程序设计技术与数据库技术结合的产物。

对象数据库系统主要有以下两个特点：

① 对象数据模型能完整地描述现实世界的数据结构，能表达数据间嵌套、递归的联系。

② 具有面向对象技术的封装性和继承性的特点，提高了软件的可重用性。

(3) 网络数据库系统。随着 C/S(客户机/服务器)结构的出现，人们可以最有效地使用计算机资源。但在网络环境中，如何隐藏各种复杂性，这就要使用中间件。中间件是网络环境中保证不同的操作系统、通信协议和 DBMS 之间进行对话、互操作的软件系统。其中涉及数据访问的中间件，就是 20 世纪 90 年代提出的 ODBC 技术和 JDBC 技术。

5.1.3　数据库系统基本概念

数据库系统从 20 世纪 70 年代初进入市场就受到广大用户的欢迎。下面介绍在数据库系统中几个很重要的相互关联而又有区别的基本概念。

1. 数据库

数据库(DB)是存储在计算机内的、有组织的、可共享的数据集合。数据库中的数据按一定的数据模型进行组织、描述和存储，具有较小的冗余度、较高的数据独立性和易扩展性，并能实现多用户共享。

2. 数据库管理系统

数据库管理系统(DBMS)是实现对数据库进行管理的软件，它以统一的方式管理和维护数据库，并提供数据库接口软件用来访问数据库。DBMS 一般都具有如下功能：

(1) 定义功能：定义数据库的结构、数据完整性和其他约束条件。

(2) 操纵功能：实现对数据库中的数据的插入、修改、删除和查询等操作。

(3) 控制功能：实现数据的安全性控制、完整性控制以及多用户环境下的并发控制。

(4) 维护功能：提供对数据的装载、转储和恢复，以及数据库的性能分析和监测。

(5) 数据字典：用来存放数据库各级模式结构的描述。

3. 数据库系统

数据库系统(DBS)是指引进数据库技术后的计算机系统，实现有组织地、动态地存储大量相关数据，提供数据处理和信息资源共享的便利手段。

数据库系统一般由五部分组成：硬件系统、数据库集合、数据库管理系统及相关软件、数据库管理员和用户。

5.2　数据描述、数据联系与数据模型

数据库是某个企业、组织或部门所涉及的数据的综合，它不仅要反映数据本身的内容，而且要反映数据之间的联系。由于计算机不能直接处理现实世界的具体事物，所以人们必须事先把具体事物转换成计算机能处理的数据。

5.2.1　数据描述

在数据处理中，数据描述将涉及不同的范畴。从事物的特性到计算机中的具体表示，实际上经历了三个阶段——概念设计中的数据描述、逻辑设计中的数据描述和物理设计中的数据描述。

1. 概念设计中的数据描述

数据库的概念设计是根据用户的需求设计数据库概念结构。这一阶段将用到以下四个术语：

(1) 实体(Entity)。客观存在，可以相互区别的事物称为实体。实体可以是具体的对象，如一个学生、一个单位、一本书；也可以是抽象的对象，如一次借书、一场篮球比赛、教学活动等。

(2) 实体集(Entity Set)。性质相同的同类实体的集合称为实体集。例如：所有的职工、所有的女学生等。

(3) 属性(Attribute)。实体有很多特性，每一个特性称为一个属性。每一个属性有一个值域，其类型可以是整数型、实数型、字符串型等。例如：学生有学号、姓名、性别、出生日期、出生地等属性。

(4) 实体标识符(Identifier)。能唯一标识实体的属性或属性集称为实体标识符。有时也称为关键码，或简称为键。例如：学生的学号可以作为学生实体的标识符。

2. 逻辑设计中的数据描述

数据库的逻辑设计是根据概念设计得到的概念结构设计数据库的逻辑结构，即表达方式和实现方法。它有许多不同的实现方法，因此逻辑设计中有许多套术语，下面列举最常用的一套术语。

(1) 字段(Field)。标记实体属性的命名单位称为字段或数据项。它是可以命名的最小信息单位，所以又称为数据元素或初等项。字段的命名往往和属性名相同。例如：学生有学号、姓名、性别、出生日期、出生地等字段。

(2) 记录(Record)。字段的有序集合称为记录。一般用一个记录描述一个实体，所以记录又可以定义为能完整描述一个实体的字段集。例如，一个学生记录由有序的字段集组成：(学号，姓名，性别，出生日期，出生地等)。

(3) 文件(File)。同一类记录的集合称为文件。文件是用来描述实体集的。例如：所有的学生记录组成了一个学生文件。

(4) 关键码(Key)。能唯一标识文件中每个记录的字段或字段集称为记录的关键码(简称为键)。

其中，概念设计和逻辑设计中两套术语的对应关系如表 5-1 所示。

表 5-1　概念设计和逻辑设计中术语的对应关系

概念设计	逻辑设计
实体	记录
属性	字段
实体集	文件
实体标示符	关键码

3. 物理设计中的数据描述

数据库的物理设计是设计数据库的物理结构，因而有必要了解存储器中的数据描述。在计算机存储器中用到以下的一些数据描述术语。前面已表述了存储器中的数据基本存储单位，如位(Bit)、字节(Byte)、字(Word)等，在数据库中又增加了块、桶和卷的概念。

(1) 块(Block)：又称为物理块或物理记录。块是内存和外存之间交换信息的最小单位，每块的大小通常为 $2^{10} \sim 2^{14}$ 字节。内、外信息交换是由操作系统的文件系统管理的。

(2) 桶(Bucket)：外存的逻辑单位。一个桶可以包含一个物理块或多个在空间上不一定连续的物理块。

(3) 卷(Volume)：一个输入/输出设备所能装载的全部有用信息。例如：磁带机的一个磁带就是一卷，磁盘的一个盘组也是一卷。

5.2.2　数据联系

在现实世界中，事物内部以及事物之间是有联系的，这些联系在信息世界中反映为实体内部的联系和实体之间的联系。与一个联系有关的实体集的个数，称为联系的元数。例如，联系有一元联系、二元联系和三元联系等。

根据一个实体集中的每个实体与另一个实体集中的实体可能出现的数目的对应关系，二元联系有以下三种类型。

1. 一对一联系

如果实体集 E1 中每个实体至多和实体集 E2 中的一个实体有联系，反之亦然，那么实体集 E1 和 E2 的联系称为一对一联系，记为"1：1"。例如，座位与乘客之间的关系就是典型的一对一联系，如图 5.5 所示。

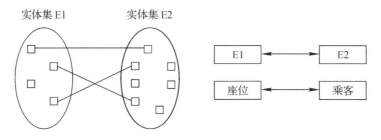

图 5.5　一对一联系

2. 一对多联系

如果实体集 E1 中每个实体可以与实体集 E2 中任意个(零个或多个)实体间有联系，而 E2 中每个实体至多和 E1 中一个实体有联系，那么称 E1 对 E2 的联系是一对多联系，记为"1：N"。例如，车间与工人之间的关系就是典型的一对多联系，如图 5.6 所示。

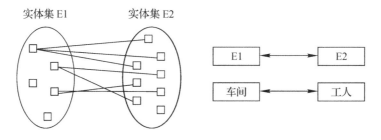

图 5.6　一对多联系

3. 多对多联系

如果实体集 E1 中每个实体可以与实体集 E2 中任意个(零个或多个)实体有联系，反之亦然，那么称 E1 和 E2 的联系是多对多联系，记为"M∶N"。例如，学生与课程之间的关系就是典型的多对多联系，如图 5.7 所示。

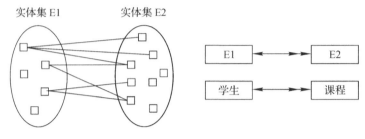

图 5.7　多对多联系

5.2.3　数据模型

数据模型是客观世界到机器世界的一个中间表示方法，只有把概念模型映射成计算机上某一 DBMS 支持的数据模型，才能真正达到用计算机数据库进行数据管理的目的。

1. 数据模型概念

能表示实体类型以及实体间联系的模型称为数据模型。

数据模型的种类很多，目前被广泛使用的可分为两种类型，分别为概念数据模型和逻辑数据模型。

(1) 概念数据模型。概念数据模型是一种独立于计算机系统的数据模型，它完全不涉及信息在计算机中的表示，只是用来描述某个特定组织所关心的信息结构，强调其语义表达能力，概念应该简单、清晰、易于用户理解，它是对现实世界的第一层抽象。这一类模型中最著名的是实体-关系模型(Entity Relationship Model)，也称为 E-R 模型。

(2) 逻辑数据模型。逻辑数据模型是直接面向数据库的逻辑结构，它是对现实世界的第二层抽象。这类模型直接与 DBMS 有关，一般又称为结构数据模型，如层次、网状、关系、面向对象等模型。

2. E-R 模型

E-R 模型是 P.P.Chen 于 1976 年提出的。这个模型直接从现实世界中抽象出实体类型及实体间联系，然后用实体联系图(E-R 图)表示数据模型。设计 E-R 图的方法称为 E-R 方法。E-R 图是直接表示概念模型的有力工具。

E-R 图有三个基本成分：

(1) 矩形框，用于表示实体类型(考虑问题的对象)。

(2) 菱形框，用于表示联系类型(实体间联系)。

(3) 椭圆形框，用于表示实体类型和联系类型的属性。

相应的命名均记入各种框中。对于实体标识符的属性，在属性名下画一条横线。实体与属性之间，联系与属性之间用直线连接；联系类型与其涉及的实体类型之间也以直线相连，用来表示它们之间的联系，并在直线端部标注联系的类型(1∶1、1∶N 或 M∶N)。

　　例如图书借阅系统概念设计。根据系统需求分析，得到读者实体，其属性有读者编号、姓名、读者类型和已借数量等；还可以得到图书实体，其属性有图书编号、书名、作者、出版社、出版日期和定价等。读者和图书实体之间通过借阅建立联系，并派生出借期和还期属性。假定一位读者可以借阅多本图书，一本图书可以经多位读者借阅，读者和图书之间的借阅联系类型是多对多的，其 E-R 图如图 5.8 所示。

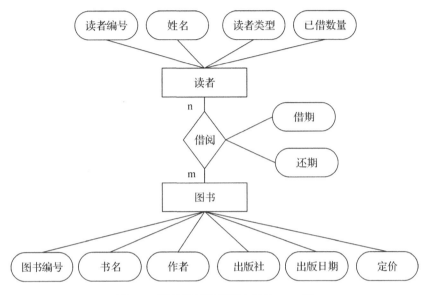

图 5.8　图书管理系统概念设计 E-R 图

3. 层次模型

　　层次模型是数据库系统中最早出现的数据模型，它用层次结构(树形结构)来表示实体及实体之间的联系。这样的树由结点和连线组成，结点表示记录型的实体集，连线表示相连两实体之间的关系。在现实世界中，许多实体之间的联系本来就呈现出一种很自然的层次关系，如单位的行政组织机构、家庭的辈分关系等。图 5.9 表示的大学行政部门机构就是典型的层次结构。

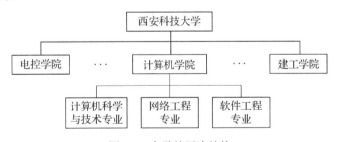

图 5.9　大学的层次结构

　　层次模型有两个特点：一是最高层次只有一个结点，称之为根结点；二是除根结点之外的每一个结点只能向上与一个结点联系。层次模型中记录之间的联系通过指针来实现，查询效率较高。

　　支持层次数据模型的 DBMS 称为层次数据库管理系统，在这种系统中建立的数据库是层次数据库。层次数据模型不能直接表示多对多的联系。

4. 网状模型

假若取消层次模型的上述两个特点，即没有唯一的根结点，且每一个结点都可以与其他任意个结点相连，这样便成了网状，这种数据模型也就称为网状模型(或网络模型)。图5.10给出了一个简单的网状模型示例。每一个联系都代表了实体之间一对多的联系，系统用链接指针来具体实现这种联系。如果课程和选课人数很多，链接将变得相当复杂。网状模型的主要优点是在表示多对多的联系时具有很大的灵活性，但这种灵活性是以数据结构复杂化为代价的。

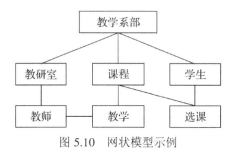

图 5.10　网状模型示例

5. 关系模型

用二维表格结构来表示实体之间联系的模型称为关系模型。关系模型是以关系数学理论为基础的，在关系模型中，操作的对象和结果都是二维表，例如学生花名册或成绩表。这种二维表就是关系，采用关系模型的数据库称为关系数据库。关系数据库的出现标志着数据库技术走向成熟。

关系模型与层次型、网状型的本质区别在于数据描述的一致性，模型概念单一。在关系型数据库中，每一个关系都是一个二维表，无论实体本身还是实体间的联系均用称为"关系"的二维表来表示，使得描述实体的数据本身能够自然地反映它们之间的联系。而传统的层次和网状模型数据库是使用链接来存储和体现联系的。

关系数据库以其完备的理论基础、简单的模型、说明性的查询语言和使用方便等优点得到了最广泛的应用。

5.3　数据库的体系结构

数据库系统的体系结构是数据库系统的一个总的框架。虽然实际的数据管理系统产品种类繁多，它们支持不同的数据模型，使用不同的数据库语言，建立在不同的操作系统环境之上，数据的存储结构也各不相同，但从数据库管理系统的角度来看，数据库系统在总的体系结构上通常具有相同的特征，即采用三级模式结构并提供二级映射功能，这是数据库管理系统内部的系统结构。学习数据库系统的三级模式结构将有助于理解数据库设计及应用中的一些基本概念。

5.3.1　三级模式与两级映射

数据库的体系结构分为三级：外部级(External)、概念级(Conceptual)和内部级(Internal)，如图 5.11 所示。这个结构称为数据库的体系结构，也称为三级模式结构或数据抽象的三个级别。

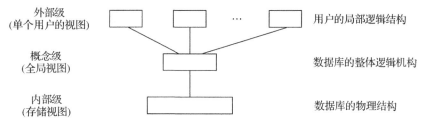

图 5.11 三级模式结构

从某个角度看到的数据特性，称为数据视图(Data View)。外部级最接近用户，是单个用户所能看到的数据特性。单个用户使用的数据视图的描述称为外模式。概念级涉及所有用户的数据定义，也就是全局性的数据视图。全局数据视图的描述称为概念模式。内部级最接近于物理存储设备，涉及物理数据存储的结构。物理存储数据视图的描述称为内模式。

为了实现这三个抽象级别的联系和转换，DBMS 在三级结构之间提供两个层次的映射(Mapping)：外模式-模式映射和模式-内模式映射。

数据库的三级模式结构与两个层次的映射关系如图 5.12 所示。

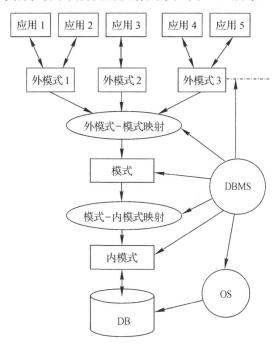

图 5.12 数据库的体系结构

1. 模式

模式也称为逻辑模式或概念模式，是对数据库中全部数据的逻辑结构和特征的总体描述，是所有用户的公共数据视图。它是数据库系统模式结构的中间层，既不涉及数据的物理存储结构和硬件环境，也与具体的应用程序及高级语言无关。

模式实际上是数据库数据在逻辑级上的视图。一个数据库只有一个模式。

2. 外模式

外模式也称为子模式或用户模式，它是数据库用户能够看见和使用的局部数据的逻辑结构和特征的描述，是数据库用户的数据视图，即与某一应用有关的数据的逻辑表示。

外模式通常由模式导出，是模式的子集，一个数据库可以有多个外模式。

3. 内模式

内模式又称为存储模式，一个数据库只有一个内模式。它是对数据的物理结构和存储方式的描述，是数据在数据库内部的表示方式。例如，记录如何存储，是顺序存储还是索引存储，索引是以什么方式组织等。DBMS 提供内模式描述语言(内模式 DDL 或存储模式 DDL)来严格定义内模式。

4. 外模式-模式映射

模式描述的是数据的全局逻辑结构，外模式描述的是数据的局部逻辑结构。对于同一个模式可以有任意多个外模式。对于每一个外模式，数据库系统都有一个外模式-模式映射，它定义了该外模式与模式之间的对应关系。这些映射定义通常包含在各自外模式的描述中。

5. 模式-内模式映射

数据库只有一个模式，也只有一个内模式，所以模式-内模式映射是唯一的，它定义了数据库全局逻辑结构与存储结构之间的对应关系。例如，说明逻辑记录和字段在内部是如何表示的。该映射定义通常包含在模式描述中。

5.3.2　二级数据独立性

由于数据库系统采用三级模式结构，因此系统具有数据独立性的特点。

数据独立性(Data Independence)是指应用程序和数据库的数据结构之间相互独立，不受影响。数据独立性分为物理数据独立性和逻辑数据独立性两个级别。

1. 物理数据独立性

如果数据库的内模式要修改，即数据库的物理结构有所变化，那么只要对模式-内模式映射作相应的修改，可以使概念模式尽可能保持不变。也就是对内模式的修改尽量不影响概念模式，当然对于外模式和应用程序的影响会更小。这样，我们称数据库达到了物理数据独立性(简称物理独立性)。

2. 逻辑数据独立性

如果数据库的概念模式要修改，例如增加记录类型或增加数据项，那么只要对外模式-模式映射作相应的修改，可以使外模式和应用程序尽可能保持不变。这样，我们称数据库达到了逻辑数据独立性(简称逻辑独立性)。

5.4　关系数据库

自 20 世纪 80 年代以来，新推出的数据库管理系统几乎都支持关系模型。非关系型系统的产品也大都加上了关系接口。关系模型是目前最重要的一种数据模型。关系数据库系统采用关系模型作为数据的组织方式。数据库领域当前的研究工作也都以关系方法为基础。

5.4.1 关系模型

在关系模型中，现实世界的实体以及实体间的各种联系均用关系来表示。在用户看来，关系模型中数据的逻辑结构是一张二维表，它由行和列组成。现以表 5-2 所示的学生信息表为例，介绍关系模型中的一些术语。

表 5-2 学生信息表

学号	姓名	性别	出生日期
051040101	张珂	男	1987-10-17
051040102	汪昆	男	1988-03-07
061040101	殷小清	女	1989-08-10
061040102	司丹妮	女	1991-12-25
071040101	潘虹	男	1992-12-15
081040101	李岩松	女	1991-03-25
081040102	王阔	女	1992-08-25

(1) 关系：一个关系对应通常指的就是一张二维表，如表 5-2 所示。

(2) 元组：在一个二维表中，从第二行起的每一行称为一个元组。元组对应存储文件中的一个具体记录。

(3) 属性：二维表中垂直方向的每一列称为一个属性，在文件中对应一个字段。每一列有一个属性名，即字段名，如表中的学号、姓名、性别、出生日期等。

(4) 属性值：表中行和列的交叉位置表示某个属性的值，也称为分量。

(5) 域：属性的取值范围，如性别的域是(男、女)。

(6) 表结构：表中的第一行，表示组成该表的各个字段的名称，在文件中还应该包括各字段的取值类型、宽度等。

(7) 关系模式：对关系结构的描述，一般表示为

关系名(属性 1，属性 2，属性 3，…，属性 n)

例如，表 5-2 所示的关系模式可描述为

学生(学号，姓名，性别，出生日期)

(8) 候选键：在关系中可以用来唯一地标识一个元组的属性或属性组。例如，在"学生"关系中，属性"学号"可以唯一地确定一个学生，因而可以作为候选键；当"姓名"没有重名时，也可以作为候选键。

(9) 主键：从候选键中指定一个用来标识元组的键。

(10) 外部关键字：如果表 5-2 中的一个字段不是本表的主关键字或候选关键字，而是另外一个表的主关键字或候选关键字，这个字段(属性)就称为外部关键字，简称外键。

例如：如在表 5-3 所示的"选课"关系中，所有属性都不能唯一地标识每个元组，只

有学号和课程代码组合起来才能区分每个元组，因此该关系中的候选键是属性组(学号、课程代码)。学号不是"选课"关系的主键，而是"学生"关系的主键，所以学号称为外键。

表 5-3　　"选课"关系

学号	课程代码	成绩
051040101	0510021	85
051040101	0520021	93
061040102	0620021	78
061040102	0620023	78
071040101	0720022	86
081040101	0820021	89
081040101	0810021	85
081040102	0810021	92

(11) 主表和从表：通过外键相关联的两个表，其中以外键作为主键的表称为主表，外键所在的表称为从表。例如，两个关系"学生"和"选课"通过外键学号相关联，以学号作为主键的"学生"关系称为主表，而以学号作为外键的"选课"关系则是从表。

(12) 关系数据库：一些相关的表和其他数据库对象的集合。一个关系数据库包含多个数据表，这些表之间的关联性是由主键和外键所体现的参照关系来实现的。数据库不仅包含表，而且包含了其他数据库对象，如视图、存储过程、索引等。

5.4.2　关系模型的特点

关系模型看起来简单，但是并不能把日常手工管理所用的各种表格，按照一张表一个关系直接存放到数据库系统中。在关系模型中对关系有一定的要求，它必须具有以下特点：

(1) 关系必须规范化。所谓规范化是指关系模型中每一个关系模式都必须满足一定的要求。最基本的要求是每个属性必须是不可分割的数据项，即表中不能再包含表。如表 5-4 所示，工资和扣除是可分的数据项，工资又分为基本工资、奖金和津贴，扣除又分为房租和水电。因此，此表不符合关系模型的要求。只要去掉工资和扣除两个表项，该表就是一张二维表。如果有必要，在数据输出时可以对打印格式另行设计，从而满足用户的要求。

表 5-4　复 合 表 示 例

职工号	姓名	职称	工　资			扣除		实发工资
			基本工资	奖金	津贴	房租	水电	
87091	林强	讲师	1550.00	100.00	800.00	500.00	80.00	1870.00
87092	马明华	副教授	1800.00	150.00	1200.00	700.00	100.00	2350.00
…	…	…	…	…	…	…	…	…

(2) 在同一个关系中不能出现相同的属性名，即不允许有相同的字段名。

(3) 关系中不允许有完全相同的元组(记录)。

(4) 在一个关系中元组的次序无关紧要。也就是说，任意交换两行的位置并不影响数据的实际含义。日常生活中经常见到的"排名不分先后"正反映了这种意义。

(5) 在一个关系中列的次序无关紧要。任意交换两列的位置不影响数据的实际含义。

5.4.3　关系运算

对关系数据库进行查询时，需要找到用户感兴趣的数据，这就需要对关系进行一定的关系运算。关系的基本运算有两类：一类是传统的集合运算(并、差、交)，另一类是专门的关系运算(选择、投影、连接)。下面简要介绍选择、投影、连接这三种基本的关系运算。

1. 选择

从指定的关系中找出满足给定条件的元组的操作称为选择。选择的条件以逻辑表达式给出，使逻辑表达式的值为真的元组将被选取。选择是从行的角度进行的运算，即从水平方向抽取记录。经过选择运算得到的结果可以形成新的关系，其关系模式不变，但其中的元组是原关系的一个子集。例如，从"选课"关系中选择成绩值在 90 分以上的元组组成新的关系 S1，如表 5-5 所示。

表 5-5　关　系　S1

学号	课程代码	成绩
051040101	0520021	93
081040102	0810021	92

2. 投影

从关系模式中指定若干个属性组成新的关系称为投影。投影是从列的角度进行的运算，相当于对关系进行垂直分解。经过投影运算可以得到一个新关系，其关系模式所包含的属性个数往往比原关系少，或者属性的排列顺序不同。投影运算提供了垂直调整关系的手段，体现了关系中列的次序无关性这一特点。例如，从"学生"关系中选择学号、姓名、出生日期组成新的关系 S2，如表 5-6 所示。

表 5-6　关　系　S2

学号	姓名	出生日期
051040101	张珂	1987-10-17
051040102	汪昆	1988-03-07
061040101	殷小清	1989-08-10
061040102	司丹妮	1991-12-25
071040101	潘虹	1992-12-15
081040101	李岩松	1991-03-25
081040102	王阔	1992-08-25

3. 连接

连接是关系的横向组合。连接运算将两个关系模式拼接成一个更宽的关系模式，生成的新关系中包含满足连接条件的元组。连接过程是通过连接条件来控制的，连接条件中将出现两个表中的公共属性名，或者具有相同语义、可比的属性。连接结果是满足条件的所有记录。例如，将"学生"关系和"选课"关系按相同学号的元组合并，组成新的关系 S3，如表 5-7 所示。

表 5-7 关 系 S3

学号	姓名	性别	出生日期	课程代码	成绩
051040101	张珂	男	1987-10-17	0510021	85
051040101	张珂	男	1987-10-17	0520021	93
061040102	司丹妮	女	1991-12-25	0620021	78
061040102	司丹妮	女	1991-12-25	0620023	78
071040101	潘虹	男	1992-12-15	0720022	86
081040101	李岩松	男	1991-03-25	0820021	89
081040101	李岩松	男	1991-03-25	0810021	85
081040102	王阔	男	1992-08-25	0810021	92

5.4.4 关系模型的三类完整性规则

为了维护数据库中数据与现实世界的一致性，关系数据库的数据与更新操作必须遵循以下三类完整性规则。

1. 实体完整性规则(Entity Integrity Rule)

这条规则要求关系中元组在组成主键的属性上值不能为空。如果出现空值，那么主键值就不能起到唯一标识元组的作用。

2. 参照完整性规则(Reference Integrity Rule)

如果属性集 K 是关系模式 R1 的主键，K 也是关系模式 R2 的外键，那么在 R2 的关系中，K 的取值只允许两种可能，或者为空值，或者等于 R1 关系中某个主键值。这条规则的实质是"不允许引用不存在的实体"。

在上述形式定义中，关系模式 R1 的关系称为"参照关系"，关系模式 R2 的关系称为"依赖关系"。

3. 用户定义的完整性规则

在建立关系模式时，对属性定义了数据模型，即使这样可能还不能满足用户的需求。此时，用户可以针对具体的数据约束，设置完整性规则，由系统来检验实施，使用统一的方法处理它们，不再由应用程序承担这项工作。例如，学生的性别定义为"男"或"女"。成绩分数定义在 0~100 之间。

5.4.5 主流关系数据库软件

目前，关系型数据库管理系统中主要有大型数据库 Oracle、SQL Server 和 DB2，大中型数据库 Sybase 和 Informix，开源数据库 MySQL 和 PostgreSQL 以及桌面型数据库 Microsoft Access 等。另外，值得注意的是国产数据库软件也逐步成熟起来。

1. Oracle 数据库软件

Oracle 数据库软件由 Oracle 公司开发，是以高级结构化查询语言 SQL 为基础的大型关系型数据库，也是目前最流行的客户/服务器(Client/Server，C/S)体系结构的数据库之一。Oracle 软件经历了 Oracle 6、Oracle 7、Oracle 8i、Oracle 9i 和 Oracle 10g，一直到现在的 Oracle 11g，每版都有新功能的改进。

2. DB2 数据库软件

DB2 是由美国 IBM 公司开发的关系数据库管理系统，在可靠性、性能和伸缩性等方面，具有一流水平。它支持 PC、小型机、中型机和大型机，可以运行在所有主流平台上，广泛应用于企业级环境。同时，它能跨平台使用，具有多层结构，并支持 ODBC、JDBC 等客户端。目前，流行产品是代号为 Cobra 的 DB2 V9.7，包括 DB2 9.7 for Linux、DB2 9.7 for Unix 和 DB2 9.7 for Windows 等众多版本。

3. SQL Server 数据库软件

SQL Server 是 Microsoft 公司的一款数据库平台产品。该产品不仅包含了丰富的企业级数据管理功能，还集成了商业智能等特性。它突破了传统意义的数据库产品，将功能延伸到了数据库管理以外的开发和商务智能，为企业计算提供了完整的数据管理和分析的解决方案，给企业级应用数据和分析程序带来更好的安全性、稳定性和可靠性，使它们更易于创建、部署和管理。目前，流行的产品是 SQL Server 2008 R2。

4. MySQL 数据库软件

MySQL 是由 MySQL AB 公司开发的一个多用户、多线程的 SQL 数据库服务器。目前已被 Sun 公司收购。MySQL 是构建在 C/S 结构基础上的，由一个服务器守护程序 mysqld 和很多不同的客户程序以及库组成。目前，流行的产品是 MySQL 6，主要提供免费的 Community Edition 社区版和收费的 Enterprise 企业版两种版本。

5. Microsoft Access 数据库软件

Microsoft Access 是当今市场上最杰出的多媒体数据库管理软件之一，同时也是最优秀的 Windows 桌面数据库系统。Access 数据库管理系统是 MS Office 套件的重要组成部分，是一个小型面向对象的关系型数据库设计软件。

Access 2013 是当前最新版本，适用于小型商务活动，用以存储和管理商务活动所需要的数据库。与以前的版本相比，Access 2013 增加了很多新的功能，界面更加友好，使用起来更加方便，具有更强大的数据管理功能，可以更方便地通过程序代码使用该数据库的开发接口。

6. 国产数据库软件

近年，国产数据库产品也逐步成熟起来，在某些领域达到甚至超过了国际水平。目前，主流的国产数据库公司和数据库产品有：达梦数据库有限公司的 DM 数据库、人大金仓公司的 Kingbase ES 数据库、成都欧冠信息技术有限责任公司的虚谷数据库、北京神舟航天软件技术有限公司的 OSCAR 数据库、东软集团股份有限公司的 OpenBASE 数据库等。

5.5　Access 2013 数据库应用

Access 2013 是 Microsoft 公司推出的 Office 2013 办公套装软件中的组件之一，是一个功能强大的小型数据库管理工具。它提供的一整套用于组织数据、建立查询、生成窗体、打印报表以及支持超级链接的工具，构成了 Access 的基本功能。

5.5.1　Access 数据库的特点

Access 在本质上是一个关系型数据库管理系统。在 Access 数据库中，数据的逻辑结构表现为满足一定条件的二维表，以统一的"关系"来描述数据对象之间的联系，结构简单，表现力强。

与其他关系型数据库管理系统相比，Access 具有以下特点：

(1) 界面简单，数据共享性强。Access 与 Office 中的其他组件如 Word、Excel 等具有相同的操作界面、一致的设计风格。

(2) 数据对象丰富，操作手段便捷。根据数据库操作的不同特点，Access 提供了七种对象，将数据存储、查询制作、用户操作界面、报表打印等设计工作规范化，使数据库应用系统开发人员能够快速、方便地制作符合使用要求的数据库系统。

(3) 具有功能强大的向导工具。Access 为使用者提供了各种向导工具，可以帮助初学者迅速学会 Access，同时也可以使有经验的编程工作者提高工作效率。

(4) 集成 SQL 功能。Access 中集成了 SQL(Structured Query Language，结构化查询语言)的功能，可更加灵活地建立比较复杂的查询。

(5) 提供多媒体功能。Access 完全支持多媒体功能。在 Access 数据库中，可以保存、处理诸如声音、图像以及活动视频等多媒体数据，增强了数据的表现能力。

(6) 提供 Web 功能。可以在 Access 数据库中插入超级链接，浏览 Web 页，也可以通过 Web 页来发布数据库中的数据，或者使用来自网络的数据。

5.5.2　Access 数据库的组成

在 Access 数据库中，任何一个有名称的事物都可以称之为一个对象。通常，一个 Access 数据库包括表、查询、窗体、报表、页、宏及模块等几种对象，这些对象用于收集、存储和操作不同的信息。每一个对象都不是孤立的，而只是作为 Access 数据库的一部分存在，数据库则是这些对象的集合。所有这些对象都保存在扩展名为 accdb 的同一个数据库文件中。

1. 表

表是数据库中不可缺少的最基本的对象，所有收集来的数据都存储在表中，表中存放着具有特定主题的数据信息。

在 Access 中，每一个表都是典型的二维表，由字段(列)和记录(行)所组成，每一列为一个字段，存放着一类相同性质的数据，每一行为一条记录，存储着每个对象的数据。表是 Access 数据库的核心，是所有数据库操作的目标和前提，在 Access 数据库中至少应有一个表，否则此数据库为空数据库。

2. 查询

查询是 Access 数据库的主要组件之一，而查询功能也是 Access 数据库软件中最强的一项功能。用户可以利用查询工具，通过指定特殊字段、定义字段排列的顺序、输入字段的筛选条件等来选择想要的查询记录，对存储在 Access 表中的有关信息进行提问，最终使数据库中的数据生成一些对用户有一定意义、反映一定事实的信息。使用查询可以按照不同的方式查看、更改和分析数据，也可以使用查询作为窗体、报表和数据访问页的数据源。

3. 窗体

窗体就是类似于窗口的界面。窗体可以向用户提供一个可以交互的图形界面，用于进行数据的输入、输出、显示及应用程序的执行控制，窗体中的大部分信息来自表或查询。

4. 报表

报表用来将选定的数据信息按一定的格式进行显示或打印。报表的数据源可以是一张或多张数据表、一个或多个查询。建立报表时，可以进行一些计算，如求和、计算平均值等。

5. 页

页也称为数据访问页，是特殊的 Web 页，设计用于查看和操作来自 Internet 或 Intranet 的数据，这些数据保存在 Microsoft Access 数据库或 Microsoft SQL Server 数据库中。数据访问页也可能包含来自其他源的数据，如 Microsoft Access。

6. 宏

宏是指一个或多个操作的集合，其中每个操作实现特定的功能，它们有机地结合并依次执行每个操作。在一个数据库中，使用宏对象就是将原来孤立的对象有机地组织起来，从而实现数据库中复杂的管理功能。

7. 模块

模块的功能与宏类似，但它定义的操作比宏更精细和复杂，用户可以按自己的需要编写程序。模块使用 Access 提供的 VBA(Visual Basic for Application)语言编程，通常与窗体、报表结合起来完成完整的应用功能。

总之，在一个 Access 的数据库文件中，表用来保存原始数据，查询用来查找数据，用户通过窗体、报表、页以不同的方式获取数据，而宏与模块则用来实现数据的自动操作。

5.5.3　Access 的窗口结构

1. Access 的启动与退出

单击屏幕左下角的"开始"→"所有程序"→"Microsoft Office 2013"→"Access 2013"命令，即可进入 Access 2013 工作环境。

退出方式可以单击窗体左上角的"文件"按钮，在弹出的界面左侧单击"关闭"按钮；也可以单击 Access 2013 窗口右上角"关闭""×"按钮退出 Access。

2. Access 的工作窗口

启动 Access 2013 后，在没有打开任何其他数据库文件时，显示的工作窗口界面如图

5.13 所示。

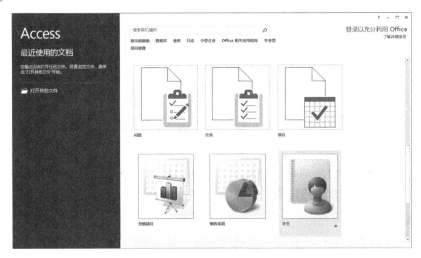

图 5.13   Access 2013 工作界面

3. 数据库窗口

"数据库"窗口是 Access 窗口中最为常用的一个窗口，它包含了当前处理的数据库中的全部内容，如图 5.14 所示，在这里可以建立、修改并使用不同的数据库对象。

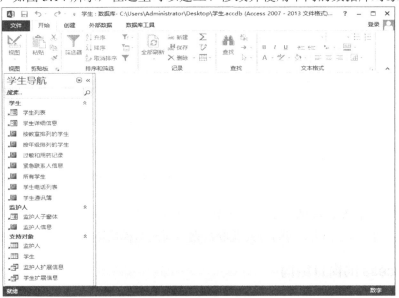

图 5.14   "数据库"窗口

该"数据库"窗口中的上方是工具面板；窗口下面左侧包含了 Access 数据库中的所有对象，可以通过下拉按钮选择性地查看数据库的对象；窗口右侧是数据库对象的显示与工作窗口。

4. 数据库设计视图窗口

通过数据表"设计视图"窗口可以完成对数据表结构的定义、编辑及修改，如图 5.15 所示。该窗口分为两个部分，窗口的上部为二维表的结构，可以在每栏对应的位置输入数

据表字段的名称、数据类型以及对该字段的说明。窗口的下部左侧有两个选项卡，分别是
"常规"和"查阅"。"常规"选项卡对每个字段的属性进行了详细的描述，属性内容根
据字段的数据类型发生变化。"查阅"选项卡定义了某些字段的显示属性，如文本和数字
类型的字段。

图 5.15　数据表"设计视图"窗口

5. 数据表视图窗口

"数据表视图"窗口按行和列来显示表中的数据，如图 5.16 所示，在这里可以进行字
段的编辑、添加、删除和数据的查找等各项操作，窗口左下角的几个按钮及中间的文本框
都是用来控制表中当前操作的记录。

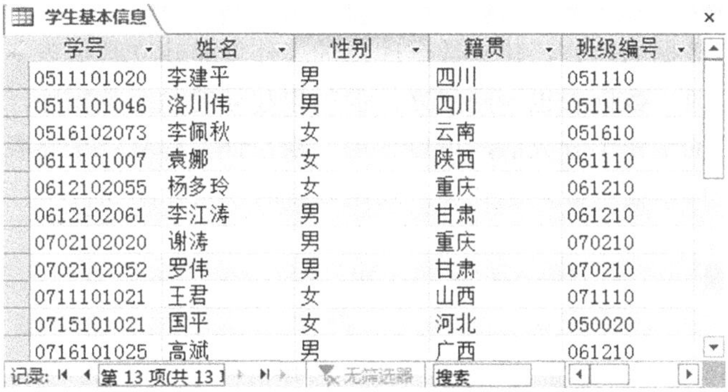

图 5.16　"数据表视图"窗口

5.5.4　数据表结构

Access 数据表是由表结构和记录两部分组成。表结构是由若干个字段及其属性构成的，
在设计表结构时，应分别输入各个字段的名称、数据类型、属性等信息。

1. 字段名

在 Access 中，字段名的命名规则可以通过"帮助"查阅。

2. 数据类型

Access 提供的数据类型有以下 12 种：短文本型、长文本型、数字型、日期/时间型、货币型、自动编号型、是/否型、OLE 对象型、超链接型、附件型、计算型、查阅向导型，可以根据需要表征的对象具体选择。

3. 字段属性

字段的属性用来指定字段在表中的存储方式，不同类型的字段具有不同的属性，如字段大小、格式、小数位数、有效性规则等。

4. 设定主关键字

Access 的每个表中都需要一个主关键字，通过主关键字可以唯一识别表中的所有记录和建立多个表的连接。主关键字可以包含一个字段或多个字段，如果表中没有被用作唯一识别的字段，则可以使用多个字段来组合一个主关键字。

5.5.5　数据表的建立和使用

1. 建立数据库

建立数据库是使用 Access 的第一步。Access 提供了两种方法来建立数据库。

(1) 使用"数据库向导"建立数据库：利用"数据库向导"，即可为所选数据库类型建立必需的表、窗体和报表。这是建立数据库的最简单的方法。该向导提供了有限的选项来自定义数据库。

(2) 建立"空数据库"：可以先建立一个空数据库，然后再添加表、窗体、报表及其他对象，这是最灵活的方法，但需要分别定义每一个数据库对象。

2. 建立数据表

数据表是存放数据的地方，建立数据库后的工作就是建立数据表。在使用数据库向导或模板建立数据库时，数据表也一同建立，但如果建立的是空数据库，则需要根据要求建立数据表。建立表的操作十分灵活，可以使用"表设计"建立一个新表，也可以使用"表向导"建立表，还可以输入数据建立表。表建立后的结果如图 5.17 所示。

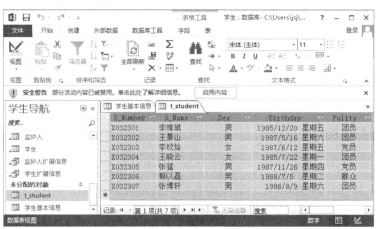

图 5.17　"t_student"数据表

3. 编辑数据表

(1) 修改表结构。当一个数据表建好以后，由于环境变化或其他原因，有时需要修改表的结构。修改表结构包括更改字段的名称、数据类型、说明、属性、增加字段、删除字段、重新定义主关键字、调整字段的排列顺序等，可在设计视图或数据表视图下完成这一工作。

(2) 编辑记录。记录的编辑操作在数据表视图中进行，包括增加新的记录、修改数据、删除记录和复制数据等。

4. 数据表之间的关系

数据库中的各个表之间通过共同字段建立联系，当两个表之间建立联系后，用户不能再随意更改建立关联的字段，从而保证数据的完整性，即数据库的参照完整性。利用表之间的关系，还可以将不同表中的信息连接在一起，显示在查询、窗体或报表中，从而最大限度地发挥数据库的功能。

建立关系就是在两表的公共字段之间建立关联。表的关系分为"一对一"、"一对多"和"多对多"三种。在关系数据库中，用来在两个表之间设定关系的字段，其名称可以不同，但是字段类型和内容应该相同。一个关联需要两个字段来确定，其中一个字段是其所在表的主键，对应的另一个字段被称为外键。

建立关联操作不能在已打开的表之间进行，因此，在建立关联时，必须首先关闭所有的数据表，然后单击工具栏上的关系按钮 □-吕，在关系窗口中建立表之间的关系。

5. 数据表的使用

在 Access 中可以很方便地定位、查找或替换数据，或对数据进行排序和筛选，使得用户能够方便地查看和使用表中的数据。所有这些操作都在数据表视图下进行。这些操作类同于在 Execl 中对数据处理的操作。

本 章 小 结

数据库技术是计算机软件技术的重要分支，是数据管理的实用技术。了解与掌握数据库系统的基本概念和基本技术是应用数据库技术的基础。

本章介绍数据库技术的基础知识，主要包括数据库技术基本概念；数据描述与数据模型；数据库系统的三级模式结构和两级映射；关系数据库的基本知识以及 Access 数据库软件的基本应用方法。本章的学习，为继续深入学习其他数据库技术的相关课程奠定了基础。

习　题　5

一、单项选择题

1. 数据库系统是采用了数据库技术的计算机系统，数据库系统由硬件系统、数据库集合、数据库管理系统、相关软件和(　　)。

A．系统分析员和用户　　　　　　　　　　B．程序员和用户

C．数据库管理员和用户　　　　　　　　　D．操作员和用户

2．数据库(DB)、数据库系统(DBS)和数据库管理系统(DBMS)之间的关系是(　　)。

A．DBS 包括 DB 和 DBMS　　　　　　　B．DBMS 包括 DB 和 DBS

C．DB 包括 DBS 和 DBMS　　　　　　　D．DBS 就是 DB，也就是 DBMS

3．下面列出的数据库管理技术发展的三个阶段中，没有专门的软件对数据进行管理的是(　　)。

三个阶段是：Ⅰ．人工管理阶段　　　　Ⅱ．文件系统阶段　　　　Ⅲ．数据库阶段

A．Ⅰ和Ⅱ　　　　B．只有Ⅱ　　　　C．Ⅱ和Ⅲ　　　　D．只有Ⅰ

4．数据库系统的数据独立性体现在(　　)。

A．不会因为数据的变化而影响到应用程序

B．不会因为数据存储结构与数据逻辑结构的变化而影响应用程序

C．不会因为存储策略的变化而影响存储结构

D．不会因为某些存储结构的变化而影响其他的存储结构

5．描述数据库全体数据的全局逻辑结构和特性的是(　　)。

A．模式　　　　　　B．内模式　　　　　　C．外模式　　　　　　D．用户模式

6．要保证数据库的数据独立性，需要修改的是(　　)。

A．模式与外模式　　　　　　　　　　　　B．模式与内模式

C．三级模式之间的两层映射　　　　　　　D．三层模式

7．要保证数据库的逻辑数据独立性，需要修改的是(　　)。

A．模式与外模式之间的映射　　　　　　　B．模式与内模式之间的映射

C．模式　　　　　　　　　　　　　　　　D．三级模式

8．用户或应用程序看到的那部分局部逻辑结构和特征的描述(　　)模式。

A．模式　　　　　　B．物理模式　　　　　C．子模式　　　　　　D．内模式

9．概念模型是现实世界的第一层抽象，这一类模型中最著名的模型是(　　)。

A．层次模型　　　　B．关系模型　　　　　C．网状模型　　　　　D．实体-关系模型

10．在(　　)中一个结点可以有多个双亲，结点之间可以有多种联系。

A．网状模型　　　　B．关系模型　　　　　C．层次模型　　　　　D．以上都有

11．下面的选项不是关系数据库基本特征的是(　　)。

A．不同的列应有不同的数据类型　　　　　B．不同的列应有不同的列名

C．与行的次序无关　　　　　　　　　　　D．与列的次序无关

12．关系数据库管理系统应能实现的专门关系运算包括(　　)。

A．排序、索引、统计　　　　　　　　　　B．选择、投影、连接

C．关联、更新、排序　　　　　　　　　　D．显示、打印、制表

13．从一个数据库文件中取出满足某个条件的所有记录形成一个新的数据库文件的操作是(　　)操作。

A．投影　　　　　　B．连接　　　　　　　C．选择　　　　　　　D．复制

14．设有表示学生选课的三张表：学生 S(学号，姓名，性别，年龄，身份证号)，课程 C(课号，课名)，选课 SC(学号，课号，成绩)，则表 SC 的关键字(键或码)为(　　)。

A. 课号，成绩　　　　　　　　　　B. 学号，成绩

C. 学号，课号　　　　　　　　　　D. 学号，姓名，成绩

二、填空题

1. 数据库管理系统是数据库系统的一个重要组成部分，它的功能包括_____、_____、_____、_____。

2. 数据库系统是指在计算机系统中引入数据库后的系统，一般由_____、_____、_____和_____构成。

3. 数据库管理技术的发展是与计算机技术及其应用的发展联系在一起的，它经历了四个阶段：_____阶段、_____阶段、_____阶段和_____阶段。

4. 数据库具有数据结构化、最小的_____、较高的_____等特点。

5. 模式(Schema)是数据库中全部数据的_____和_____的描述。

6. 三级模式之间的两层映象保证了数据库系统中的数据能够具有较高的_____和_____。

7. 用树型结构表示实体类型及实体间联系的数据模型称为_____模型。

8. 关系的完整性约束条件包括三大类：_____、_____和_____。

9. 关系数据模型中，二维表的列称为_____，二维表的行称为_____。

10. 用户选作元组标识的一个候选码为_____，其属性不能取_____。

11. 已知系(系编号，系名称，系主任，电话，地点)和学生(学号，姓名，性别，入学日期,专业,系编号)两个关系,系关系的主码是_____,学生关系的主码_____,学生关系的外码是_____。

三、简述题

1. 试述数据、数据库、数据库系统、数据库管理系统的概念。

2. 数据库管理系统的主要功能有哪些?

3. 试述数据库系统三级模式结构。这种结构的优点是什么?

4. 什么叫物理数据独立性？什么叫逻辑数据独立性？为什么数据库系统具有数据独立性?

5. 试述关系模型的完整性规则。在参照完整性中，为什么外部码属性的值也可以为空? 什么情况下才可以为空?

第6章 多媒体技术与应用

本章重点：
◇ 多媒体信息及多媒体技术的特点
◇ 声音的相关概念、数字化过程、常用音频文件格式及音频处理软件
◇ 图形图像的相关概念、数字化过程、常用图像文件格式及图像处理软件
◇ 数字视频与动画技术及其压缩技术

本章难点：
◇ 声音文件的数字化过程
◇ 图像文件的采样和量化，图像文件大小计算
◇ 音频、图像、视频及动画文件的应用

多媒体技术在教育培训、商业广告、网络通信、演示咨询、视频会议、家庭娱乐、电视制作、虚拟现实等领域得到了广泛的应用，给人们的工作、生活和休闲带来了深刻的变化，已经成为计算机技术应用和发展的重要方向。

6.1 多媒体技术概述

6.1.1 多媒体的概念与特点

1. 媒体与多媒体技术

媒体在计算机领域中有两种含义：一是用以存储信息的实体，如磁带、磁盘、光盘和半导体存储器；二是指信息的载体，如数字、文字、声音、图形和图像等，在多媒体技术中的媒体指的是后者。多媒体(Multimedia)是多种媒体的综合；常见的媒体有文字(Text)、图形(Graph)、图像(Photo)、声音(Sound)、视频(Video)和动画(Animation)等多种形式。

多媒体技术(Multimedia Technology)是将文本、声音、图形、图像、动画和视频等多种信息进行数字化综合处理(即采集、编辑、存储、压缩/解压缩、传输等)，存储在计算机介质中，再以单独或合成形式表现出来的一体化技术。多媒体技术是能够处理和存储两个或两个以上不同类型信息媒体的技术，有些媒体系统，如电视、可视电话等不能称为多媒体系统，因为这些系统不能双向主动处理信息。

多媒体技术不是各种信息媒体的简单复合，而是通过计算机进行综合处理和控制，能将不同类型的媒体信息有机地组合在一起完成一系列交互式操作，从而创造出多种表现形式为一体的新型信息处理技术。

2. 多媒体技术特点

多媒体技术具有以下一些特点：

(1) 信息载体的多样性。信息载体的多样性是多媒体的主要特性之一，也是多媒体研究需要解决的关键问题。信息载体的多样化，是相对计算机而言的。在多媒体技术中，计算机所处理的信息空间范围拓展了，不再局限于数值、文本、图形和特殊对待的图像，并且强调计算机与声音、活动图像(或称为影像)相结合，以满足人类感官空间对多媒体信息的需求。这在计算机辅助教育，以及产品广告、动画片制作等方面有很大的发展前途。

(2) 交互性。多媒体系统采用人机对话方式，对计算机中存储的各种信息进行查找、编辑及同步播放，操作者可通过鼠标器或菜单选择自己感兴趣的内容。交互性是多媒体应用区别于传统信息交流媒体的主要特点之一。传统信息交流媒体只能单向、被动地传播信息，而多媒体技术可以实现人对信息的主动选择和控制。

(3) 集成性。多媒体技术不仅要对多种形式的信息进行各种处理，而且要将它们有机地结合起来，典型的例子是动画制作，要将计算机产生的图形或动画与摄像机摄得的图像叠加在一起，在播放时再和文字、声音混合，这样，就需要对多种信息进行综合和集成处理。多媒体的集成性主要体现在两个方面：第一是多媒体信息的集成，是指各种媒体信息应能按照一定的数据模型和组织结构集成为一个有机的整体，以便媒体的充分共享和操作使用；第二是操作这些媒体信息的工具和设备集成，是指与多媒体相关的各种硬件设备和软件的集成，为多媒体系统的开发和实现建立一个联想的集成环境，以提高多媒体软件的生产力。

(4) 数字化。现代所指的多媒体或多媒体技术，其本质含义都是计算机数字化技术，所有信息都是通过数字化编码后的结果。采用数字化信息有效地解决了数据在处理传输过程中的失真问题。

6.1.2　多媒体计算机系统组成

多媒体计算机(Multimedia Personal Computer，MPC)的硬件结构与普通个人计算机并无太大的差别，只不过是在个人机的基础上增加了能够处理多媒体信息的软硬件配置。一个典型的多媒体计算机系统是由多媒体计算机硬件和多媒体计算机软件两部分组成，如表 6-1 所示。

表 6-1　多媒体计算机系统层次结构

多媒体应用系统	
多媒体创作工具	
多媒体制作软件	软件系统
多媒体操作系统	
多媒体外部设备驱动程序	
多媒体外围设备	
多媒体输入/输出控制卡及接口	硬件系统
多媒体计算机硬件	

1. 多媒体计算机硬件

多媒体计算机硬件系统是在个人计算机的基础上，选择性地增加计算机存储系统、音频输入/输出、视频输入/输出和相关处理设备等。图 6.1 是一个较完整的多媒体计算机硬件系统。

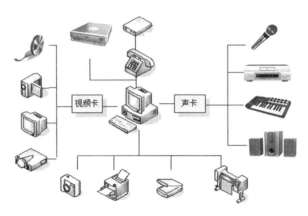

图 6.1　多媒体计算机硬件系统

(1) 多媒体扩展卡：主要包括音频卡和视频卡。

音频卡(Sound Card)也称声卡，具有声音的播放和录制、编辑与合成等功能。在音频卡上连接的音频输入/输出设备包括话筒、音频播放设备、音乐设备数字接口(Music Instrument Digital Interface，MIDI)合成器、耳机、扬声器等。声卡提供给外部主要有四个插口(分别标有字母)：MIC(Microphone)连接麦克风；LINE 用于音频输入；SPK(Speaker)用于音频输出，一般接音箱或耳机；MIDI 支持游戏杆和 MIDI 设备。

视频卡(Video Card) 用来支持视频信号(如电视)的输入与输出，可分为视频捕捉卡、视频处理卡、视频播放卡以及 TV 编码器等，其功能是连接摄像机、VCR 影碟机、TV 等设备，以便获取、处理和表现各种动画和视频媒体。

(2) 多媒体接口：主要包括两类，一种是用来连接触摸屏、光笔等人机交互设备的交互控制接口；另一种是用来连接电话机和局域网络的网络接口。

(3) 输入/输出设备：主要包括扫描仪、音箱、麦克、摄像头和录像机等。

2. 多媒体计算机软件

多媒体计算机的操作必须在原基础上扩充多媒体资源管理与信息处理功能。所需要的软件主要有以下两大类：

(1) 多媒体系统软件：各种硬件的驱动程序等。

(2) 多媒体开发工具：主要包括以下几种。

① 文字特效制作软件。如 MS Word(艺术字)、Ulead COOL 3D。

② 音频处理软件。如 Syntrillium Cooledit、Twelve Tone Cakewalk。

③ 图形与图像处理软件。如 Corel CorelDRAW、Adobe Photoshop。

④ 动画制作软件。如 Macromedia Flash MX、Discreet 3ds max。

⑤ 视频编辑软件。如 Adobe Premiere、Ulead Media Studio。

在实际应用中，一台多媒体计算机并不一定要配齐以上所有的硬件和软件，而应根据需要合理配置，完成相应的功能。

6.1.3　多媒体技术的应用

1. 教育与培训

计算机辅助教学(Computer Assisted Instruction，CAI)是一种以学生为中心的新型教学模式，多媒体技术将声音、文字、图形图像集成于一体，使传递的信息更丰富、更直观，这是一种合乎自然的交流环境和方式，人们在这种环境中通过多种感官来接受信息，加速了理解和接受知识信息的学习过程，并有助于接受者的联想和推理等思维活动。

将多媒体技术引入 CAI 中称为 MCAI(Multimedia Computer Assisted Instruction)，是多媒体技术与 CAI 技术相结合的产物，是一种突破时空限制的全新的现代化教学系统。随着多媒体技术的日益成熟，多媒体技术在教育与培训中的应用也越来越普遍，多媒体计算机辅助教学是当前国内外教育技术发展的新趋势。

各类多媒体作品，如微课、MOOCS 慕课等，借助互联网平台，已广泛用于现代教育。

2. 商业及企业形象设计

(1) 企业形象设计。现代化的知名企业十分重视形象设计，利用多媒体网站、多媒体光盘作为媒介，通过生动的图、文、声、形并茂的多媒体课件，使客户了解企业的产品、服务和独特的文化等内容，树立良好的企业形象，促进企业产品的销售。

(2) 商业应用。多媒体在商业上的应用具有非常广阔的前景，能够为企业带来丰厚的利润。利用多媒体技术制作商业广告是扩大销售范围的有效途径；利用多媒体商场购物导购系统，顾客可以用电子触摸屏向计算机咨询，不仅方便快捷，而且可以节省人力，降低企业成本；利用多媒体制作的观光旅游网站，为人们展现了世界各地的名胜古迹、自然风景、风土人情和娱乐设施，并详细介绍了旅行、住宿和游览等旅游活动的安排；多媒体网上购物系统实现了商品种类、价格和服务方式的展现，同时还可以进行电子商务，使人们通过网络，足不出户就可以选购到自己满意的商品；在建筑、装饰、家具和园林等行业设计效果图，多媒体将设计方案变成完整的模型，让客户事先从各个角度观看和欣赏效果，根据客户的意见进行修改，直到效果满意后再行施工，可避免不必要的劳动和浪费。

3. 文化娱乐

(1) 娱乐游戏。娱乐游戏始终是多媒体技术应用的前沿。CD 版电子游戏，以其具有真实质感的流畅动画、悦耳的声音，深受成人和儿童的喜爱。

(2) 电子影集。电子影集将大量生活照片按时间顺序一一记录下来，配上优美的音乐和解说，存储在光盘中，为自己留下美好的回忆。用光盘可以长期保存电子影集数据，避免了普通彩色照片保存褪色的遗憾。

4. 多媒体通信应用

利用先进的电视会议技术，使分布在不同地理位置的人们就有关问题进行实时对话和实时讨论。

(1) 视听会议。多媒体视听会议使与会者不仅可以共享图像信息，还可共享已存储的数据、图形和图像以及动画和声音文件。在网络上的每一会场，都可以通过窗口建立共享的工作空间，互相通报和传递各种信息，同时也可对接受的信息进行过滤，并可在会谈中动态地断开和恢复彼此的联系。电视会议已成为当今最流行的协同多媒体策略，节约了大量财力，大大地提高了办公效率和劳动生产率。

(2) 远程医疗。远程医疗应用是以多媒体为主体的综合医疗信息系统，医生远在千里之外就可以为病人看病。病人不仅可以接受医生的询问和诊断，还可以从计算机中及时得到处理方案。对于疑难病例，各路专家还可以联合会诊。

5. 智能办公与信息管理

(1) 智能办公。采用先进的数字影像和多媒体技术，把文件扫描仪、图文传真机以及文件处理系统综合到一起，以影像代替纸张，用计算机代替人工操作，采用语音自动识别系统可以将语言转换成文字，同时又可以将文字翻译成语音。通过 OCR 系统可实现手写输入，组成全新的办公自动化系统。

(2) 信息管理。将多媒体技术引入管理信息系统(MIS)，人们就可以管理多媒体信息了。其功能、效果和应用都在原 MIS 基础上有进一步提高。

利用多媒体技术进行测试已应用于各种检测系统中，如心理测试、健康测试、设备测试、环境测试等。电子出版物，信息咨询系统等，都是多媒体技术应用的广泛领域。

6. 虚拟现实技术

虚拟现实技术(Virtual Reality，VR)是一种可以创建和体验虚拟世界的计算机仿真系统，它利用计算机生成一种模拟环境，是一种多源信息融合的交互式的三维动态视景和实体行为的系统仿真，使用户沉浸到该环境中。

虚拟现实是多种技术的综合，包括实时三维计算机图形技术，广角(宽视野)立体显示技术，对观察者头、眼和手的跟踪技术，以及触觉/力觉反馈、立体声、网络传输、语音输入/输出技术等，包括模拟环境、感知、自然技能和传感设备等方面。传感设备是指三维交互设备。

6.1.4　多媒体关键技术

1. 数据存储技术

多媒体信息处理对计算机存储容量有较高要求。例如，我们要存储一部无压缩的高清晰度电影(1024×768 像素，24 位颜色，25 帧/秒，100 分钟)，需要的空间大约是 330 GB。如此庞大的数据要么使用磁盘阵列存储，要么进行压缩后再存储。

目前较先进的蓝光盘技术可以使一张光盘的单面单层容量达到 27 GB，可记录 2 小时压缩的高分辨率数字视频图像。

2. 数据压缩编码与解码技术

数字化信息的数据量相当庞大，给存储器的存储容量、通信主干信道的传输率(带宽)以及计算机的处理速度带来极大的压力。多媒体数据压缩编码技术是解决大数据量存储与传输问题行之有效的方法。采用先进的压缩编码算法对数字化的视频和音频信息进行压缩，既节省了存储空间，又提高了通信介质的传输效率，同时也使计算机实时处理和播放视频音频信息成为可能。

3. 虚拟现实技术

虚拟现实技术是计算机软硬件技术、传感技术、人工智能及心理学等技术的综合结晶。它通过计算机生成一个虚拟的现实世界，人可在该虚拟现实环境下进行交互。虚拟现实技术已经在很多方面显示出诱人的前景。

4. 多媒体数据库技术

传统的数据库只能解决数值与字符数据的存储检索。多媒体数据库除要求处理结构化的数据外，还要求处理大量非结构化数据。多媒体数据库需要解决的问题主要有：数据模型、数据压缩/还原、数据库操作、浏览及统计查询以及对象的表现。面向对象技术的成熟以及人工智能技术的发展，将进一步发展或取代传统的关系数据库，形成对多媒体数据进行有效管理的新技术。多媒体信息检索是根据用户的要求，对图形、图像、文本、声音、动画等多媒体信息进行检索，得到用户所需的信息。基于特征的多媒体信息检索系统有着广阔的应用前景，它将广泛用于电子会议、远程教学、远程医疗、电子图书馆、艺术收藏和博物馆管理、地理信息系统、遥感和地球资源管理、计算机协同工作等方面。

6.2 音 频 处 理

声音是携带信息的重要媒体，是多媒体技术研究中的一个重要内容。声音的种类繁多，如人的话音、器乐声、机器产生的声音，以及自然界的雷声、风声和雨声等。这些声音有许多共同的特性、也有它们各自的特性。用计算机处理这些声音时，既要考虑它们的共性，又要利用它们各自的特性。

6.2.1 基本概念及指标

声音是物体振动发出的声波通过听觉感受所产生的印象，声波(Sound Wave)是通过空气传播的一种连续的波，到达人耳的鼓膜时，人会感到压力的变化，这就是声音(Sound)。从微弱的声响到悠扬动听的乐曲，声音的变化千差万别，人们对声音的感觉主要有以下几个指标。

1. 幅度(Amplitude)

声音的幅度指声音的大小、强弱程度，是由发声体振幅决定的。振幅指物体振动时偏离静止点位置的最大距离，表示振动强弱的物理量。振幅大，声音的响度就大；振幅小，声音的响度就小。

2. 频率(Frequency)

声音的频率简称音频。一个振动的物体，每秒钟振动次数为该物体的振动频率，频率的单位为赫兹(Hz)。频率反映音调，频率高则声音尖细，频率低则声音粗低。

3. 带宽(Band Width)

声音信号的频率范围称为带宽，人们通常听到的声音并不是单一频率的声音，而是多个频率的声音的复合。一般地说，人的耳朵可以听到的声波振动频率在 20 Hz～20 kHz 之间，频率在该范围内的声音信号称为音频信号(Audio)。

频率小于 20 Hz 的信号称为亚音信号，或称为次音信号；人的发音器官发出的声音频率大约是 80～3400 Hz，人说话时的信号频率通常为 300 Hz～3 kHz，人们把在这种频率范围的信号称为话音信号(Speech)；高于 20 kHz 的信号称为超音频信号或超声波信号。在多媒体技术中，处理的信号主要是音频信号，它包括音乐、话音、风声、雨声、鸟叫声、机器声等。

4. 音质(Tone)

音质即为声音的品质或质量，主要是幅度、频率和带宽三方面是否达到一定的水准，即相对于某一频率或频段的音高是否具有一定的强度，并且在要求的频率范围内、同一音量下，各频点的幅度是否均匀、均衡、饱满，频率响应曲线是否平直，声音的音准是否准确。

一般来说，带宽越宽，音质越好。目前，业界公认的声音质量标准分为 4 级，即数字激光唱盘(CD-DA)质量，其信号带宽为 10 Hz～20 kHz；调频广播 FM 质量，其信号带宽为 20 Hz～15 kHz；调幅广播(AM)质量，其信号带宽为 50 Hz～7 kHz；电话的话音质量，其信号带宽为 200～3400 Hz。可见，数字激光唱盘的声音质量最高，电话的话音质量最低。

6.2.2　声音信号数字化

1. 声音信号的特征

声音信号是典型的连续信号，不仅在时间上是连续的，而且在幅度上也是连续的。在时间上"连续"是指在一个指定的时间范围里，声音信号幅度有无穷多个；在幅度上"连续"是指幅度的数值有无穷多个。把在时间和幅度上都是连续的信号称为模拟信号，如图 6.2 所示，横坐标 t 表示时间，纵坐标 u(t)表示幅度。

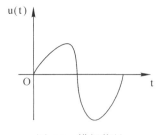

图 6.2　模拟信号

由于计算机只能处理和记录二进制数字数据，因此，由自然音源得到的声音信号必须经过一定的变化和处理，变成二进制的数据以后才能由计算机进行再编辑和存储。将自然声音转换成数字音频信号，就是声音信号的数字化。

2. 声音信号数字化的步骤

声音信号的数字化主要包括以下步骤：

(1) 采样：每隔一段时间抽取一个模拟音频信号的幅度值，使音频信号在时间上被离散化。每一次采样都记录下了原始模拟声波在某一时刻的幅度数值，称之为样本。每秒钟抽取声波幅度样本的次数称为采样频率，单位为 Hz。采样的频率越大，声音失真就越小，数字音频的音质也就越接近原声，但用于存储数字音频的数据量也越大。

(2) 量化：将每个采样点得到的幅度值转换为二进制数字值，使音频信号在幅度上被离散化。表示采样点幅度值的二进制位数称为量化位数(即采样精度)，它决定了采样点数据的动态范围，常用的有 8 位、12 位和 16 位。例如 8 位量化位数可表示 256 个(0～255)不同的量化值，而 16 位则可表示 65 536 个不同的量化值。在相同的采样频率下，量化位数越大，则采样精度越高，信号的动态变化范围越大，声音的质量也越好，当然信息的存储量也相应越大。

量化时，每个采样数据均被四舍五入到最接近的整数。如果波形幅度超出了动态范围，则波形的顶部或底部将被消去，此时声音将严重失真。

(3) 编码：按照某种规定的格式将数据组织成文件，称为声音文件。但为了便于计算机的存储、处理和传输，往往还按照一定的要求进行数据压缩，以减少数据量。

以上三个步骤的实现过程如图 6.3 所示。

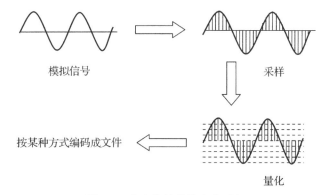

图 6.3　声音信号的数字化过程

数字化音频的质量由三项指标组成：采样频率、量化位数和声道数。前两项已描述过，这里主要介绍声道数。

声音是有方向的，而且通过反射产生特殊的效果。当声音到达左右两耳时，由于时差和方向的不同，就产生立体声的效果。声道数指声音通道的个数。单声道只记录和产生一个波形；双声道产生两个波形，即立体声，其存储空间是单声道的两倍。

3. 声音数据量

记录存储声音数据量公式为

$$每秒钟数据量(B) = 采样频率 \times 量化位数/8 \times 声道数$$

【例 6-1】 CD 音乐采用 44.1 kHz 的采样频率，16 位量化位数，立体声双声道，每秒的数据量(数据率)是多少字节？

分析：16 位量化分辨率，每个测试点采用 16 位二进制数表示，即每个点存储信息需要占用 2 个字节(1 字节 = 8 位)，双声道取 2，故：

每秒钟数据量：$44100 \times 2 \times 2 = 176\ 400$ 字节。

6.2.3　声音文件的常用格式

同存储文本文件一样，存储声音数据也需要有存储格式。在 Internet 和计算机上的声音文件格式有很多种，部分常见的音频文件格式如表 6-2 所示。但目前比较流行的有 MP3、WAV 和 WMA 等为扩展名的文件格式。以下简单介绍几种声音文件格式及其特点。

表 6-2　部分常见的音频文件格式

扩展名	说　　明
au	Sun 公司和 NeXT 公司的声音文件格式
aif(Audio Interchange File)	Apple 计算机上的声音文件格式
asf	微软公司的流式音频/视频格式
cda(Compact Disc Audio)	CD–DA 索引文件
cmf(Creative Music Format)	Creative 公司声霸卡带的 MIDI 文件存储格式
mct	MIDI 文件存储格式
mid(MIDI)	Windows 的 MIDI 文件存储格式
mp3	MPEG Layer 3
mod	MIDI 文件存储格式
rm	Real Networks 公司的流式音频/视频文件格式
ra	Real Networks 公司的流式音频文件格式
rmvb(Real Media Variable Bit Rate)	Real Networks 公司的可变比特率音频/视频文件格式
rol	Adlib 声卡文件存储格式
snd (Sound)	Apple 计算机上的声音文件存储格式
seq	MIDI 文件存储格式
sng	MIDI 文件存储格式
voc	Creative 公司声霸卡存储的音频文件存储格式
vqf	NTT 公司与 Yamaha 公司共同开发的音频文件存储格式
wav	Windows 采用的波形文件存储格式
wma	微软公司的 Windows Media Audio 文件格式

1. WAV 格式

WAV(Waveform)格式又称波形文件，是微软公司开发的一种声音文件格式，该文件记录声音的各种变化信息——频率、振幅、相位等。WAV 格式支持如 MS-ADPCM、CCITT G.711 等多种压缩算法。其记录的信息量相当大。

波形文件的扩展名是 ".wav"，这种文件主要用于自然声的保存与重放，其特点是：声音层次丰富、表现力强，并且还原性好。当使用足够高的采样频率时，其音质极好，但是数据量比较大。

2. MP3/ MP4 格式

MP3 可理解为一种能播放音乐文件的播放器，MP4 可理解为一种能够直接播放高品质视频、音频以及浏览图片文件的播放器。

MPEG(Moving Picture Expert Group)是 ISO/IEC/JTC/SC2/WG11 联合成立的专家组，其

目标是开发满足各种应用的运动图像及其伴音的压缩、解压缩和编码描述的国际标准。MP3文件是将 WAV 文件以一定的多媒体标准进行压缩，压缩后体积只有原来的 1/10～1/15(约1M/min)，而音质基本不变。MPEG 标准包括 MPEG 视频、MPEG 音频和 MPEG 系统(视频、音频同步)三个部分。已发布的标准有 MPEG-1、MPEG-2、MPEG-4、MPEG-7 和 MPEG-21等。通常使用的 VCD 遵循的就是 MPEG-1 编码格式。

MP3 格式是 MPEG-1 标准中的音频部分，依压缩质量和编码复杂程度的不同，可分为三层(MPEG Audio Layer1、Layer2、Layer3)，分别对应 MP1、MP2 和 MP3 三种音频文件。MPEG 音频编码具有很高的压缩比，MP1 和 MP2 的压缩比分别为 4：1～8：1 和 6：1～8：1，MP3 音频编码具有 10：1～12：1 的高压缩比，并保持低音频部分不失真，但牺牲了声音中 12～16 kHz 高音频部分。如前所述的 1 分钟 CD-DA 音质音乐，而经过 MP3 压缩编码后，只需 1 MB 左右，因此 MP3 文件格式非常流行。

MP3 压缩音频文件，它的数据量小，必须经过解压缩并采用专门播放 MP3 文件格式的MP3 播放器来播放。

继 MP3 成功应用之后，一种能够直接播放高品质视频、音频，也可以浏览图片以及作为移动硬盘、数字助理使用的 MP4，全称 MPEG-4 Part 14 的新媒体技术相继出现，它是一种使用 MPEG-4 的多媒体电脑档案格式，名为 mp4，以储存数码音讯及数码视讯为主。另外，MP4 又可理解为 MP4 播放器，MP4 播放器是一种集音频、视频、图片浏览、电子书、收音机等于一体的多功能播放器。

3. WMA 格式

WMA(Windows Media Audio)格式来自于微软公司，音质优于 MP3，压缩比一般可以达到 18：1 左右。WMA 格式的一个优点是内容提供商可以通过 DRM(Digital Rights Management)实现版权保护。这种版权保护技术可以限制多媒体内容的播放时间和播放次数，甚至限制播放的机器。WMA 格式还支持音频流(streaming)技术，适合在线收听。Windows Media Player 7.0 具有直接把 CD 光盘转换为 WMA 格式的功能；在 Windows XP 中，WMA是默认的编码格式。

4. ASF 格式

ASF(Advanced Steaming Format)格式也源于微软公司，是一种支持在各类网络和协议上传输数据的标准。ASF 格式支持音频、视频及其他多媒体数据，而 WMA 格式是只包含音频的 ASF 文件。

5. RM 格式

RM(Real Media)是 Real Networks 公司所制定的音频/视频压缩规范。RM 是一种在Internet 上流行的跨平台多媒体应用标准。该标准不仅能在宽带网络上提供优质的多媒体服务，还能够以 28.8 kb/s 的传输速率提供连续立体声和视频应用。RM 音频格式主要有RA(Real Audio)、RM(Real Media)和 RMVB(可变比特率的 RM)。

6. VQF 格式

VQF 格式是 NTT 公司与 Yamaha 公司共同开发的一种音频压缩格式。它的压缩率能够达到 18：1，因此在相同情况下，VQF 文件比 MP3 小 30%～50%，同时还保持极佳的音质。

7. CD-DA 格式

CD-DA(CD-Digital Audio)文件是标准激光盘文件，其扩展名是"cda"。这种格式的文件数据量大、音质好。标准 CD-DA 格式的采样频率为 44.1 kHz，量化位数为 16 位，双声道，是近似无失真的。在 Windows 操作系统中可使用 CD 播放器进行播放，也能用计算机上的各种播放软件来播放。

目前，音乐文件的播放软件很多，例如，Windows 操作系统自带的"Media Player 播放器"能够较好支持 wav、midi 等格式文件的播放；"千千静听"是一款较好的 MP3 音乐播放软件，同时支持在线歌词显示；"暴风影音"不但支持音乐的播放，同时也支持多种视频文件的播放。当然，每一款音乐播放软件，一般均能支持多种格式文件的播放，如何从中选取适合自己习惯的软件，需要用户在使用的过程中自己选取。

8. VOC 格式

VOC(Creative Voice)格式主要用于 DOS 操作系统。它由文件首部和音频波形数据块组成，在文件首部又包括标志符、版本号和一个指向数据块开始位置的指针等。

9. MIDI 格式

格式乐器数字接口(Musical Instrument Digital Interface，MIDI)是由世界上主要电子乐器制造厂商建立起来的一个国际通信标准，以规定计算机音乐程序、电子合成器和其他电子设备之间交换信息与控制信号的方法。MIDI 文件记录的是一系列指令，而不是波形数据，所以它占用的存储空间比 WAV 格式小很多。其特点是：不对音乐进行采样，而是将 MIDI 设备发出的每个音符记录成为一个数字，通过各种音调的混合及合成器发音来输出。MIDI 音频文件主要用于电脑声音的重放与处理，其文件扩展名是"mid"。

MIDI 音乐用于合成、游戏，使用数字记录音符时值、频率、音色特征，数据量小。其制作方法：利用作曲软件(如 Cakewalk、音乐大师等)和具有 MIDI 接口的音乐设备(如电子琴)。

10. MOD 格式

MOD(Module)格式最初产生于 Commodore 公司的 AMIGA 计算机。这种机器配置了一种称为 PAULA 的智能音乐芯片，能够在 4 个独立的通道同时播放。PC 机使用的 MOD 文件是移植来的，主要由一些音乐爱好者通过网络和 BBS 支持，所以 PC 机上用于播放 MOD 音乐的软件多数是共享软件或自由软件。

6.2.4　常用音频处理软件

声音编辑离不开声音处理软件，下面介绍一些常见的音频处理软件的功能与特点。

1. GoldWave

GoldWave 是一个集声音编辑、播放、录制和转换的音频工具，体积小巧，功能却不弱，可打开的音频文件相当多，包括 WAV、OGG、VOC、IFF、AIF、AFC、AU、SND、MP3、MAT、DWD、SMP、VOX、SDS、AVI、MOV、APE 等音频文件格式，也可以从 CD 或 VCD 或 DVD 或其他视频文件中提取声音；内含丰富的音频处理特效，从一般特效如多普勒、回声、混响、降噪到高级的公式计算(利用公式在理论上可以产生任何你想要的声音)，效果很好。

2. Cool Edit Pro

Cool Edit Pro 是一个非常出色的数字音乐编辑器和 MP3 制作软件。不少人把 Cool Edit 形容为音频"绘画"程序,可以用声音来"绘"制音调、歌曲的一部分、声音、弦乐、颤音、噪声或是调整静音,而且它还提供多种特效为作品增色:放大、降低噪声、压缩、扩展、回声、失真、延迟等;可以同时处理多个文件,轻松地在几个文件中进行剪切、粘贴、合并、重叠声音操作;可以生成的声音有:噪声、低音、静音、电话信号等。该软件还包含有 CD 播放器。其他功能包括:支持可选的插件;崩溃恢复;支持多文件;自动静音检测和删除;自动节拍查找和节目录制等。

3. Adobe Audition

Adobe Audition 是一个专业音频编辑和混合环境,提供简便灵活的工作流程。它为在影音工作室、广播和音频后期制作方面的专业人员而设计,可提供先进的音频混合、编辑、控制和效果处理功能。Adobe Audition 可混合 128 个声道,编辑音频文件,创建回路,具有 45 种以上的数字信号处理效果。

4. NGWave Audio Editor 4.0

NGWave Audio Editor 4.0 是一个功能强大的音频文件编辑工具,采用下一代的音频处理技术,使用它可以在一个可视化的真实环境中精确快速进行声音的录制、编辑、处理、保存等操作,并可以在所有的操作结束后,采用创新的音频数据保存格式完整高品质地保存下来。

5. Samplitude

Samplitude 由德国 SEK'D 公司生产,被誉为"计算机音频工作站软件之王"。它涉及了音乐制作中的几乎所有领域,是一款真正专业的多轨录音、编辑、缩混和母盘制作工具,提供了大量完成这些工作的功能。Samplitude 是一个专业的多轨音频软件,具有数字影像、模拟视频录制、编辑和 5.1 环绕声制作等功能;具有无限音轨、无限 Aux Bus、无限 Submix Bus,支持各种格式的音频文件,能够任意切割、剪辑音频;自带有频率均衡、动态效果器、混响效果器、降噪、变调等多种音频效果器,能回放和编辑 MIDI,自带烧录音乐 CD 功能。使用该软件可以完成从录音、编辑直到刻录 CD 的全部工作。

作为该公司软件产品中的旗舰,Sam 2496 包含了多轨录音、波形编辑、调音台、信号处理器、母盘制作工具和 CD 刻录等众多功能,配上电脑、数字音频卡、监听设备、CD 刻录机以及话筒、调音台(硬件)等前端设备,就像拥有了一个完整的音乐工作室。为了使制作出的音乐更加出色,SEK'D 公司在该软件中加入了对高精度音频格式的支持,其量化精度可达 24 bit,采样率最高可达 96 kHz。目前该软件的较新版本是 Samplitude 10.X。

6.2.5　声音的录制与播放

不需要动用高级录音设备,不需安装专门的音频处理软件,就能实现录音,方法是:使用 Windows 自带的"录音机"进行录音。

在录音之前,应做好准备工作,把话筒插入声卡的 MIC(话筒)输入插座里。一般的声卡有两个输入插座，一个用于话筒，一个用于线路输入，不能混淆。

　　然后，选择"开始"→"程序"→"附件"→"娱乐"→"录音机"菜单，打开录音机应用程序。录音机的界面如图 6.4 所示。

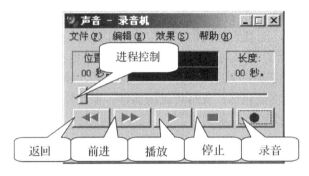

图 6.4　录音机界面

1. 录制声音

　　(1) 单击录音机上的"录音"按钮，开始录音，在声音的录制过程中，声波窗口中同步显示出变化的波形。

　　(2) 一分钟后，录制完毕，单击"停止"，结束录音。

　　(3) 选择"文件"→"另存为"菜单，在打开的对话框中输入文件名，然后单击"保存"按钮，可以将录制的声音保存到文件中。

　　要播放已录制好的声音，可以单击"播放"按钮。

2. 以不同的格式保存声音文件

　　(1) 选择"文件"→"属性"菜单，打开"声音的属性"对话框。

　　(2) 在对话框中单击"立即转换"按钮，打开"声音选定"对话框。

　　(3) 单击"属性"右侧的下拉箭头，可以打开下拉列表框，列表框中显示了不同的采样频率、编码位数和声道数，如图 6.5 所示。

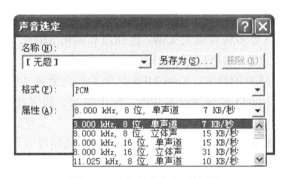

图 6.5　"声音选定"对话框

　　(4) 在列表框中选定某种属性后，单击"确定"按钮，就可以完成文件属性的设定。

3. 在当前文件中插入另一个声音文件

　　(1) 选择"文件"→"打开"命令，打开要处理的声音文件。

　　(2) 在录音机界面中拖动滑块，定位插入点的位置。

(3) 选择"编辑"菜单的"插入文件"命令，打开"插入文件"对话框。

(4) 在对话框中选择要插入的声音文件，然后单击"确定"按钮，完成插入。

4. 删除声音文件中的一部分

(1) 选择"文件"→"打开"命令，打开要处理的声音文件。

(2) 在录音机界面中拖动滑块，定位到要删除内容的起始点。

(3) 打开"编辑"菜单，然后根据要删除的是起始点的前一部分还是后一部分，选择"删除当前位置以前的内容"或"删除当前位置以后的内容"，这时，显示新的对话框。

(4) 在对话框中单击"确定"按钮，完成删除操作。

此外，选择"效果"菜单的命令，还可以进行"加速"、"减速"、"添加回音"和"反向"等编辑。

5. 录音失败时的检查内容

(1) 话筒如果有开关的话，应检查开关是否打开。

(2) 话筒是否正确地插在声卡的 MIC 输入端。

(3) 检查 Windows 的录音状态设置。方法是：双击屏幕右下角的音量图标，在随后显示的音量控制对话框中，选择"选项"→"属性"菜单，显示属性设置对话框，如图 6.6 所示。

图 6.6　属性设置对话框

(4) 在属性设置对话框中，单击"录音"选项，对话框检查"麦克风"选项是否有"√"。如果没有就单击该项，然后单击"确定"按钮。

(5) 在录音控制对话框中，移动"麦克风"的音量滑块调整音量，并单击"选择"，使该项有效。

(6) 选择"选项"→"退出"菜单退出。

经过一番检查和参数设置，一般问题可得到解决。如果仍然无法正常录音，则应检查声卡以及驱动程序是否安装，工作状态是否正确等。

6.2.6　音量控制

依次选择"开始"→"程序"→"附件"→"娱乐"→"音量控制"命令,可以打开音量控制窗口,如图 6.7 所示。

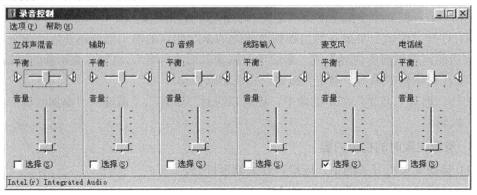

图 6.7　音量控制窗口

该窗口中显示了可以播放的各种不同音源,可以分别对每个音源进行均衡、音量、是否静音等设置。

6.3　图形图像处理

自然界多姿多彩的景物通过人们的视觉器官在大脑中留下印象,这就是图像。图像是多媒体中一类重要而常用的媒体信息,通常由扫描仪、摄像机等将静态或动态的图像输入到计算机。图像适用于表现含有大量细节(如明暗变化、场景复杂、轮廓色彩丰富)的对象。

6.3.1　基本概念

1. 色彩三要素

世界上的色彩千差万别,当使用色彩的时候,任何一个色彩都有色相、饱和度和亮度三方面的要素。

(1) 色相:也称色别,是指色与色的区别,色相是颜色最基本的特征。红(Red)、橙(Orange)、黄(Yellow)、绿(Green)、青(Cyan)、蓝(Blue)、紫(Purple)等就叫色相。

(2) 饱和度:色的纯度,也称色的鲜艳程度。饱和度取决于某种颜色中含色成分与消色成分的比例;含色成分越大,饱和度就越大;反之就越小。

(3) 亮度:颜色的明暗、深浅度。

2. 三基色

自然界的红、绿、蓝三种颜色按照一定的比例,可以仿照出绝大多数的色彩,这三种颜色称为三基色,也称为三原色。

3. 像素

像素是构成图像的基本单元。图像实际上是由许多色彩相近的小方点所组成显示而成的，这些小方点即为像素。图像大小指的是图像在高和宽两个方向像素数相乘的结果。通常介绍的图片尺寸，默认的情况下，单位都是像素。图像的像素越多，图片文件所占用的字节数也越大，图像也越细腻。

4. 分辨率

分辨率是图像处理中的一个重要参数，是衡量输入/输出设备图像处理效果的重要指标，常用的分辨率主要有下列几种：

(1) 图像分辨率：每英寸所包含的像素数量，通常以"像素/英寸"(ppi)来衡量。如果图像分辨率是 72 ppi，就是在每英寸长度内包含 72 个像素。图像分辨率越高，意味着每英寸所包含的像素越多，图像就有越多的细节，颜色过渡就越平滑。

(2) 显示分辨率：显示器屏幕所能显示的点数的多少，即屏幕图像的精密度。由于屏幕上的点、线和面都是由点组成的，显示器可显示的点数越多，画面就越精细，同样的屏幕区域内能显示的信息也越多，所以分辨率是一个非常重要的性能指标。可以把整个图像想象成一个大型的棋盘，而显示分辨率的表示方式就是所有经线和纬线交叉点的数目。

以分辨率为 1024 × 768 的屏幕来说，每一条水平线上包含有 1024 个像素点，共有 768 条水平线。分辨率不仅与显示尺寸有关，还受显像管点距、视频带宽等因素的影响。

对于数码相机，分辨率的高低决定了所拍摄影像的清晰细腻度，取决于相机中电荷耦合器件(Charge Coupled Device，CCD)芯片上像素的多少，像素越多，分辨率越高。例如目前市面主流的分辨率为 1000 万、1200 万像素等。

(3) 打印分辨率：也以"点/英寸"来衡量。打印分辨率一般用垂直分辨率和水平分辨率相乘表示，一般来说，该值越大，表明打印机的打印精度越高。例如，一台打印机的分辨率表示为 600 dpi × 600 dpi，就是表示此台打印机在一平方英寸的区域内水平打印 600 个点，垂直打印 600 个点，总共打印 360 000 个点。

dpi 和 ppi 是有一定联系和区别的，ppi 是相对数值，也称相对分辨率，用来描述每英寸长度内容纳的像素数量。dpi 是绝对值，也称绝对分辨率，用来描述一幅图像或一块区域内含有多少像素。

例如，一幅 3000 dpi × 2000 dpi 的照片，可以以多种 ppi 来应用在不同的领域印刷输出，若 ppi = 300，意思就是按每英寸 300 像素的分辨率输出，得到的是 10 英寸 × 6.7 英寸的照片；若 ppi = 72 输出，则可以得到一张更大的照片，但是画面质量会降低。

5. 像素深度

像素深度是指存储每个像素所用的二进制位数，像素深度决定了彩色图像每个像素可能有的颜色数，或者确定灰度图像每个像素可能有的灰度级数。例如，一幅彩色图像的每个像素用 R、G、B 三个分量表示，若每个分量用 8 位，那么一个像素共用 24 位表示，就说像素的深度为 24，每个像素可以是 2^{24} = 16 777 216 种颜色中的一种。在这个意义上，往往把像素深度说成是图像深度，表示一个像素的位数越多，它能表达的颜色数目就越多，而它的深度就越深。

6.3.2　图像颜色模型

在进行图形图像处理时，每一种颜色模式都有它自己的特点和适用范围，用户可以按照制作要求来确定色彩模式，并根据需要在不同的色彩模式之间转换。

1. RGB 色彩模型

RGB 色彩模式由红、绿、蓝三种基本颜色的亮度大小来生成各种各样的颜色，每种颜色亮度大小用数字 0～255 表示，共有 1670 万种颜色，常用于显示器、电视、扫描仪、数码相机等光源成像设备的色彩记录模式。

2. CMYK 色彩模型

CMYK 色彩模式由青(Cyan)、品红(Magenta)、黄(Yellow)、黑色(Black)4 种颜色以不同比例组合来生成各种各样的颜色，主要用于彩色打印机和彩色图片印刷这类吸光物体上。

3. 黑白模型与灰度模型

黑白模式采用 1bit 表示一个像素，只能显示黑色和白色，适合制作黑白的线条图。

灰度模式采用 8bit 表示一个像素，形成 256 个等级，适合用来模拟黑白照片的图像效果。

6.3.3 图像数字化

为了用计算机处理和保存图像信息，必须将图像转化为计算机可以接受的二进制数字信息，这一转化过程称为图像的数字化。

在计算机中，表示图像有两种方法，一种是使用直线和曲线来描述图形，这些图形的元素是一些点、线、矩形、多边形、圆和弧线等，都是通过数学公式计算获得的，这样的图像称为矢量图像(Vector Image)或矢量图(Vector Graph)，如图 6.8 所示。矢量图像通常叫做图形(Graphics)。矢量图像文件所占空间较小，旋转、放大、缩小、倾斜等变换操作容易，且不变形、不失真。

图 6.8　矢量图像

另一种方法是记录每一个离散点的颜色来描述图像，这种图像叫做位图图像(Bitmap Images)。位图图像的数字划分为采样和量化两个过程。

1. 采样

采样是计算机按照一定的规律，对图像的位点所呈现出的表象特性，用数据方式记录下来的过程。

具体做法是：对图像在水平方向和垂直方向等间隔地分割成矩形网状结构，整幅图像画面被划分成的这些矩形微小区域，即像素点。若水平方向上有 M 个间隔，垂直方向上有 N 个间隔，则整幅图像被表示成 M×N 个像素构成的离散像素点集合。选择合适的 N 和 M

值,使数字化的图像质量损失最小,在显示时能尽可能完美地从数字化图像恢复成原图像。

图像采样的点数是数字图像的首要的性能指标。对相同尺幅的图像,如果组成该图的像素数目越多,则说明图像的分辨率越高,看起来就越逼真;相反,图像显得越粗糙。图像分辨率越高,图像文件占用的存储空间越大。

2. 量化

将采样后得到的每一个像素点用若干位二进制数表示该点的颜色,即为量化。如果每个像素用 1 位二进制数记录颜色,即用“1”和“0”表示每个像素,这样的数字图像只能表示两种颜色,如图 6.9 所示。如果每个像素用 4 位二进制数记录颜色,就可以表示出 16 种颜色,相应的图像称为 16 色图像。像素深度值越大,图像能表示的颜色数越多,色彩越丰富逼真,占用的存储空间越大。常见的像素深度有 1 位、4 位、8 位和 24 位,分别用来表示黑白图像、16 色或 16 级灰度图像、256 色或 256 级灰度图像和真彩色(2^{24} 种颜色,即16 777 216 种颜色)图像。

以黑白色图像为例,其数字化过程如图 6.9 所示。

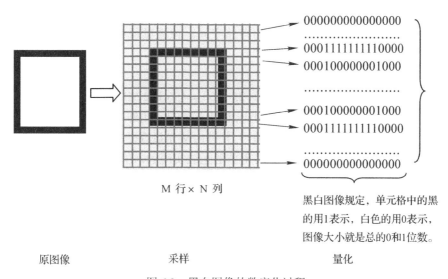

图 6.9　黑白图像的数字化过程

【例 6-2】　一幅分辨率为 800×600 的黑白图像,存储时需要多少字节空间?

分析:分辨率为 800×600 的图像,其水平方向单元格为 800,垂直方向单元格为 600,所以总单元格数量为 $800 \times 600 = 480\,000\,\text{bit}$。

因为是黑白图像,一个单元格需要 1 bit 来存储,所以总存储量与总单元格数量相同。也就是说需要 480 000 位来存储,即存储时需要 480 000/8 = 60 000 字节空间。

【例 6-3】　一幅 800×600 的图像具有 256 级灰度,存储时需要多少字节?

分析:此图像为 256 级灰度,每一个像素点的色彩深浅是 256 种灰度中的一种,要表达 256 种编码需要 8 bit 长度的二进制编码($2^8 = 256$)。也就是说一个像素存储时需要 8 bit(1 字节)。

所以储存量为 $800 \times 600 \times 8/8 = 480\,000\,\text{B}$,即总存储量等于 480 000 个字节。

【例 6-4】　一幅 1024×768 的彩色图像,每个像素使用 3 个字节记录,则存储该图像需占用多少字节?

解：(分析同上)存储量为 $1024 \times 768 \times 3 = 2\ 359\ 296$ B

6.3.4　图像压缩

1. 图像数据压缩的必要性

多媒体技术最令人注目的地方是能实时地、动态地、高质量地处理声音和运动的图像，这些过程的实现需要处理相当大的数据量。为了达到令人满意的视频画面质量和音频的听觉效果，必须对视频和音频做到实时处理。实时处理技术的首要问题便是如何解决计算机系统对庞大的视频、音频等数据的获取、传输和存储问题。这些庞大的数据量需要人们必须对数据进行压缩。

【例 6-5】　计算存储一幅分辨率为 352×288 的静态真彩色图像需要的存储空间。

解：存储时，记录每一个像素点的 RGB 值，对真彩色来讲，每一个像素用 3B 来记录，因此该图像需要的存储空间为

$$352 \times 288 \times 3\ \text{B} = 30\ 4128\ \text{B} = 304.128\ \text{KB}$$

【例 6-6】　计算 1 分钟视频所需的存储空间。该视频每秒 25 帧，每帧皆是分辨率为 352×288 真彩色图像，不含音频数据。

解：由上题，所占用的存储空间为

$$304.128\ \text{KB} \times 25 \times 60 = 456.192\ \text{MB}$$

由此可见，就存储容量来看，数据不压缩是不行的。此外，即便存储了例 6-6 中未压缩的视频数据，在实际播放时，必须要求在 1 分钟内从光盘或硬盘中读出这 456.192 MB 数据才能保证正常播放。在目前的技术下，这几乎是无法实现的，在网络传输的环境下也不可能。

2. 数据压缩的可能性

研究表明，一个文件包含的数据量并不等于它所包含的信息量。例如，一本书中就有许多空白的地方。这些空白的地方，对于排版和易于阅读是必要的。但是对信息而言，这些空白的地方都是多余的，这些多余的信息，在技术上称为信息冗余。能够对多媒体信息进行压缩的前提就是因为数据中存在大量的冗余，尤其是声音和图像。数据压缩的目的就是尽可能地消除这些冗余。

3. 压缩方法

常用的压缩方法有无损压缩和有损压缩。无损压缩由于能保证压缩后数据不失真，一般用于文本数据、程序以及重要图片和图像的压缩，压缩比较低，一般为 $2 : 1$ 到 $5 : 1$。有损压缩具有不可恢复性，就是还原后的数据与原始数据存在差异，一般用于普通图像、视频和音频数据的压缩，压缩比较高，高达几十到几百。

4. 文件压缩和解压缩软件

文件压缩和解压缩软件是 MPC 常用的工具软件，以减少磁盘文件占有的存储空间。常用的文件压缩和解压缩软件有：DOS 时代的 ARJ，Windows 时代的 WinZip、WinRAR、PKZIP等。目前，WinRAR 是比较常用的压缩软件。WinRAR 界面友好，使用方便，压缩率大、压缩速度快，并具有如下主要功能：

(1) 完全支持 RAR 和 ZIP 类型文件的压缩、解压缩及其他功能。

(2) 支持 ARJ、CAB、LZH、ACE、TAR、GZ、UUZ、JAR、ISO 类型文件的解压、查看内容、文件加密等功能。

(3) 可创建自解压文件 EXE，使得解压缩时不需要解压缩软件的支持。

(4) 生成分卷压缩文件，便于将大文件压缩到多张小容量的软盘上。

(5) 锁定压缩包功能，可防止添加、删除等操作，保持压缩包的原始状态。

(6) 对多媒体文件 WAV、BMP 等有独特的高压缩率无损压缩算法。

6.3.5　图像文件的常用格式

图像格式是指计算机中存储图像文件的方法，每一种格式都有它的特点和用途。在选择输出的图像文件格式时，应考虑图像的应用目的和图像文件格式对图像数据类型的要求。常用的图像文件可以分为两大类：一类为位图文件；另一类为矢量图像文件。

1. 位图文件

位图文件是由点像素以点阵形式描述图像，这些点可以进行不同的排列和染色以构成图样。当放大位图时，可以看见赖以构成整个图像的无数单个方块，从而使线条和形状显得参差不齐，如图 6.10 所示。然而，如果从稍远的位置观看它，位图图像的颜色和形状又显得是连续的。

图 6.10　位图文件的放大效果

常见的位图文件有以下五种：

(1) BMP 格式。BMP 是 DOS 和 Windows 兼容计算机系统的标准图像格式。BMP 格式支持 RGB 和位图色彩等模式。彩色图像存储为 BMP 格式时，每一个像素所占的位数可以是 1 位、4 位、8 位或 32 位，相对应的颜色数也从黑白一直到真彩色。这种格式在 PC 机上的应用非常普遍。

(2) JPEG 格式。JPEG(Joint Photographic Experts Group，联合图像专业组)是将每个图像分割为许多 8×8 像素大小的方块，再针对每个小方块做压缩的操作，经过复杂的压缩过程，所产生出来的图像文件可以达到 30：1 的压缩比，但是付出的代价却是某些程度的失真，但这种失真是人类肉眼所无法察觉的，属于有损压缩。JPEG 格式图像是目前所有格式中压缩比最高的一种，被广泛应用于网络图像的传输上。

(3) TIFF 格式。TIFF 是一种比较灵活的图像格式，该格式支持 256 色、24 位真彩色、32 位色、48 位色等多种色彩位，同时支持 RGB、CMYK 以及多种色彩模式，支持多平台。文件体积庞大，但存储信息量亦巨大，细微层次的信息较多，该格式有压缩和非压缩两种形式。

(4) GIF 格式。GIF 格式文件可以有效降低文件大小又保持了图像的色彩信息。许多图像处理软件都具备处理 GIF 文件的能力，这种文件格式支持 65535×65535 分辨率和 256 色的图像。由于 GIF 文件支持动画和透明，所以被广泛应用在网页中。

(5) PSD 格式。PSD 格式是 PhotoShop 软件生成的格式，它包括图层、通道、路径以及图像的颜色模式等信息，而且同时支持所有这些信息的也只有 PSD 格式。

当图像以 PSD 格式保存时，会自动对文件进行压缩，使文件的长度较小。但由于保存了较多的层和通道信息，所以通常还是显得较其他格式的文件大些。

2. 矢量图像文件

该类文件是一种由几何元素组成、以数学方法描述的图像。该类图像文件对图像的表达细致、真实，缩放后图形图像的分辨率不变，在专业级的图形图像处理中应用较多。常见的矢量图像文件有三种。

(1) CWD 格式。CWD 是 CorelDraw 中的一种图形文件格式。它是所有 CorelDraw 应用程序中均能够使用的一种图形图像文件格式。

(2) DWG 格式。DWG 是 AutoCAD 中使用的一种图形文件格式。

(3) DWF 格式。DWF 是 AutoCAD 中的图形文件格式，它以 ASCII 方式储存图形，在表现图形的大小方面十分精确，可被 CorelDraw、3DS 等大型软件调用编辑。

6.3.6 图像的基本处理技术

图像处理指利用计算机对图像进行分析处理，改善图像的质量，以改善人的视觉效果，从而达到所需结果的技术。

1. 图像特征提取

图像特征就是图像属性的标志，即图像中物体的形状、大小等。特征提取是通过提取图像的特征参数来对图像进行处理的。常见的图像特征参数有面积、周长、长/宽度、圆形度和重心等。

2. 图像的几何处理

图像的几何处理是指改变图像的像素位置和排列顺序，从而实现图像的放大与缩小、图像旋转、图像镜像，以及图像平移等效果的处理过程。

例如，将图像进行放大操作时，原图像的每一个像素点均变成若干个像素点，图像分辨率提高相应倍数；而图像缩小则在纵向和横向上减少相应的行或列。由于放大和缩小是机械地重复或减少像素，所以均会产生图像的畸变，如常见的“锯齿”现象。

3. 帧处理

一幅完整的图像通常称为一帧。帧处理是指由两幅(或多幅)图像生成一幅新图像的处理过程，常用的处理方法有图像叠加和图像覆盖等方法。

4. 图像识别

图像识别是人类利用计算机技术对图像进行分析处理，通过提取出来的景物特征来自动识别是什么景物。这种技术现已进入商业应用，如清华 OCR 文字识别软件、美国 3D(三维)人脸识别系统、PlateDSP 车牌识别系统等。

5. 图像处理软件

Windows 系统附件带有画图程序，可以实现图像的简单几何处理。Photoshop 是美国 Adobe 公司开发的一个强大的图像图形处理软件，可用来做各种平面图像处理、绘制简单的几何图形以及进行各种格式或色彩模型的转换等，创作出任何能构想的作品。Photoshop 主要功能包括：

(1) 各种选择、绘图和色彩功能。

(2) 图像旋转和变换。

(3) 调整图像尺寸和分辨率。

(4) 图层、通道和滤镜功能。

(5) 支持大量图像格式和 TWAIN32 界面。

6.4　数字视频处理

视频技术和视频产品是多媒体计算机的重要组成部分，广泛应用于商业展示、教育技术、家庭娱乐等各个领域。人们在电视、电影上看到的就是视频信息，在互联网上也存在大量的视频信息。

6.4.1　基本概念

将连续渐变的静态图像或图形序列在一定的时间内顺次更换显示，利用人眼视觉暂留效应从而形成连续运动的画面，序列中的每帧图像都是通过实时摄取自然景象或活动对象获得的，我们常称其为影像视频，简称为视频(Video)。每秒显示的帧数目称为帧速率，用 fps(帧/秒)表示。典型的帧速率为 24～30 fps，可产生平滑、连续的画面效果。播放视频时，一般伴有同步的声音。

1. 视频信号种类

(1) 根据信号的编码方式，视频信号分为以下两类：

① 模拟视频信号：每一帧图像是实时获取的自然景物的真实图像信号。日常生活中看到的电视、电影都属于模拟视频的范畴。

模拟视频信号具有成本低和还原性好等优点，但它的最大缺点是不论被记录的图像信号有多好，经过长时间的存放之后，信号和画面的质量将大大降低；或者经过多次复制之后，画面就会很明显失真。

② 数字视频信号：模拟视频信号经过采样、量化和编码后，转化成为不连续的 0 和 1 两个数字来表示的视频信号。

(2) 根据信号质量，数字视频信号分为以下三种：

① 高清晰度电视(HDTV)信号：动态画面的宽度对高度之比为 16∶9 的数字视频信号，而当前电视视频图像是 4∶3。HDTV 信号又可分为高分辨率/高速率帧(1920×1080/60 fps)、高分辨率/一般速率帧(1920×1080/30 或 24 fps)、增强分辨率/一般速率帧(1280×730/30 或 24 fps)等三种。

② 数字电视信号：为了达到电视演播中高质量的要求，对演播中的原始模拟电视信号以数字形式进行编码形成信号。对于数字视频信号而言，每帧画面的行数，是反映视频信号质量的一个重要指标。如 PAL 演播质量级数字电视信号，每帧画面由 625 行(线)组成，每行采样次数为 864 次，每秒 25 帧。而当前数字视频产品中的 DVD 及纯平数字彩色电视机的画面质量为 500 线左右，一般 VCD2.0 的画面质量为 250 线。

③ 低速电视会议信号：为适应低速网络传输速率 128 kb/s 进行传输而推出的一种视频信号。它是一种高度压缩的数字信号，除了减少空间分辨率外，帧速也下降了很多，一般约 5～10 fps。适用于电视会议的信号传送。

2. 模拟视频信号的制式

模拟电视的帧画面是一种光栅扫描图像，通过逐行或隔行扫描形成完整的图像。目前，模拟电视领域有三种制式：NTSC、PAL 和 SECAM。

(1) PAL 制式。PAL 是 Phase Alternate Line 的缩写，意为相位逐行交变。它是联邦德国 1962 年推出的一种电视制式，每秒 25 帧，每帧 625 行，隔行扫描。我国和西欧大部分国家都使用这种制式。

(2) NTSC 制式。NTSC 是 National Television System Committee 缩写，它是 1953 年美国研制成功的一种兼容的彩色电视制式，每秒 30 帧，每帧 525 行水平扫描线。

(3) SECAM 制式。SECAM 是 Sequential Color and Memory 的缩写，它是法国、俄罗斯以及一些东欧国家采用的电视制式，每秒 25 帧，每帧 625 行，其基本技术及广播方法与另两种制式均有较大区别。

现行的电视接收设备及播放设备基本上都具有以上三种制式的视频信号的播放能力，只要进行适当切换就可实现视频信号的制式互换。

6.4.2　视频信息的数字化

由于数字视频具有适合网络使用、可以不失真地无限次复制、便于计算机创造性编辑处理等优点，所以得到了广泛应用。

视频数字化是在一定时间内以一定速率对模拟视频信号进行采集、量化等处理，实现模数转换、彩色空间变换和编码压缩等，其实现和图像数字化类似。这一过程是通过视频捕捉卡(也称视频采集卡)和相应的软件实现的。

数字化后，如果视频信号不加以压缩，数据量的大小是帧数乘以每幅图像的数据量。例如，对计算机连续显示分辨率为 1280×1024 的 24 位真彩色高质量的电视图像，按每帧占 3 个字节、每秒 30 帧计算，显示 1 分钟，则需要：

$$1280 \times 1024 \times 3 \times 30 \times 60 \approx 7.1 \text{ GB}$$

一张 650 MB 的光盘只能存放 6 秒左右的电视图像，这就带来了图像数据压缩的问题，这也是多媒体技术中一个重要的研究课题。通常的视频光盘要通过压缩，降低帧速、缩小画面尺寸，以降低数据量。

6.4.3　数字视频标准

在多媒体系统中，视频信息占用相当大的存储空间，这对于计算机的存储、访问、处理以及在通信线路中传输都带来巨大的负担。在多媒体技术的发展过程中，数字视频图像压缩标准的制定和推广起到了十分重要的作用。MPEG 标准主要有五个：MPEG-1、MPEG-2、MPEG-4、MPEG-7 及 MPEG-21 等。

1. MPEG-1 标准

MPEG-1 是由运动图像专家小组(Moving Picture Experts Group，MPEG)制定的针对活动图像的数据压缩标准。MPEG-1 用于 1.5 Mb/s 速率的数字存储媒体运动图像及伴音编码标准。该标准主要应用在光盘、数字录音带、磁盘、通信网络以及 VCD 等。

2. MPEG-2 标准

MPEG-2 是 1994 年通过的用于 4～15 Mb/s 速率的广播级运动图像及伴音编码的国际标准。MPEG-2 应用范围包括 DVD、HDTV(高清晰度电视)、视频会议以及多媒体邮件等。

3. MPEG-4 标准

MPEG-4 是 1998 年通过的用于低比特率(≤64kb/s)的视频压缩编码标准，主要应用在可视电话、视听对象(交互)等方面。

4. MPEG-7 标准

MPEG-7 是一种描述多媒体内容数据的标准，满足实时、非实时应用的需求，也称为"多媒体内容描述接口"(Multimedia Content Description Interface)。

5. MPEG-21 标准

MPEG-21 标准的正式名称为"多媒体框架"或者"数字视听框架"，它致力于为多媒体传输和使用定义一个标准化的、可互操作的和高度自动化的开放框架。这个框架考虑到了 DRM(Digital Rights Management，数字版权管理)的要求、对象化的多媒体接入以及使用不同的网络和终端进行传输等问题，还会在一种互操作的模式下为用户提供更丰富的信息。

6.4.4　视频文件的常见格式

视频文件可以分成两类：一类是影像文件，如常见的 DVD/VCD 等；另一类是流式视频文件，这是随着 Internet 的发展而诞生的，如在线视频转播。

1. 影像视频文件

日常生活中接触较多的 VCD、DVD 光盘中的视频都是影像文件，该文件不仅包含了大量的图像信息，同时还容纳了大量的音频信息。影像视频文件包括以下几种：

(1) AVI 文件。AVI(Audio-Video Interleaved)文件是目前比较流行的视频文件格式。采用 Intel 公司的视频有损压缩技术将视频信息和音频信息混合交错地存储在同一文件中，从而解决了视频和音频同步的问题。该文件已经成为 Windows 视频标准格式文件，但文件数据量大。

(2) MPEG 文件。该文件通常用于视频的压缩，其压缩的速度非常快，而解压缩的速度几乎可以达到实时的效果。目前在市面上的产品大多将 MPEG 的压缩/解压缩操作做成硬件卡的形式，如此一来可达到 1.5～3.0 MB/s 的效率，可以在个人计算机上播放 30 fps 全屏幕画面的电影。MPEG 文件压缩比在 50∶1～200∶1 之间。MPEG 可以分为 MPEG Level1、2、4、7 共四种。

(3) DAT 文件。DAT 是 Video CD 或 Karaoke CD 数据文件的扩展名，也是基于 MPEG 压缩方法的一种文件格式。

2．流媒体文件

在 Internet 上传输的多媒体格式中，基本上只有文本、图形文件可以按原格式在网上传输，动画、音频、图像这三类的媒体一般采用流式技术以便于在网上传输。不同的文件格式，传送的方式也有所差异。

(1) RM 文件。该格式是 Real Networks 公司开发的一种主要用于在低速网上实时传输音频和视频信息的压缩格式文件。网络连接速度不同，客户端所获得的声音、图像质量也不尽相同。以声音为例，对于 14.4 kb/s 的网络连接速度，可获得调幅(AM)质量的音质；对于 28.8kb/s 的网络连接速度，可以达到广播级的声音质量。

(2) RMVB 文件。该格式是对原有的 RM 格式的改进，改进了编码算法，使其具有更高的压缩率和品质。它的推出在一定程度上弥补了一些原有的缺陷，成为了流行的网络传输格式。RMVB 一般用于对画面要求不高的场合。

(3) MOV 文件。MOV 原来是苹果电脑中的视频文件格式，自从有了 QuickTime 程序后，我们能在 PC 机上播放 MOV 格式文件，能够通过 Internet 观赏到较高质量的电影、电视和实况转播节目。

(4) ASF 文件。该文件是 Microsoft 为 Windows 98 所开发的串流多媒体文件格式，专为在 IP 网上传送有同步关系的多媒体数据而设计。对应的播放器是微软公司的 Media Player。用户可以将图形、声音和动画数据组合成 ASF 格式的文件，也可以将其他格式的视频和音频转换为 ASF 格式。

6.4.5　数字视频处理软件

视频信息处理软件有两类：一是视频播放软件，另一类是数字视频编辑软件。

1．视频播放软件

由于视频信息数据量庞大，几乎所有的视频信息都以压缩的格式存放在磁盘或光盘上，这就要求在播放视频信息时，计算机有足够的处理能力进行动态实时解压缩播放。目前，常用的视频播放软件很多，著名的有：暴风影音、Power DVD、超级解霸 3000、微软公司的 Media Player 和 Real NetWorks 公司的 RealOne Player。这些视频播放软件，界面操作简单易用，功能强大，支持大多数视频文件格式。

2．数字视频编辑软件

常用的数字视频编辑软件有：Video for Windows、Quick Time、Adobe Premiere 等。在这些视频编辑制作软件中，美国 Adobe 公司开发的 Premiere 是一个功能强大的处理影视作品的视频和音频编辑软件，它是一个专业的 DTV(Desk Top Video)编辑软件，可以在各种操作系统平台下与硬件配合使用。使用该软件，可以制作广播级的视频作品，即使普通业余人员，在配置低档视频设备的个人计算机上也可以制作出专业级的视频文件。

6.4.6　视频处理技术

视频处理具有多种技术，以近年来流行使用的 Premiere 6.5 工具软件为例讲解视频处理的常用方法。

1. Premiere 的启动与状态设置

(1) 选择"开始"→"程序"→"Adobe"→"Premiere 6.5"菜单，启动 Premiere，显示如图 6.11 所示的"载入工程设置"对话框。

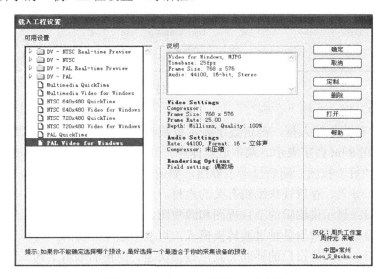

图 6.11　"载入工程设置"对话框

该窗口的左侧是 Premiere 6.5 所预置的各种工程，右侧为我们所选工程的属性，其中包括压缩类型、播放速度、视频尺寸、音频模式等。

(2) 在"载入工程设置对话框"中选择一种模式，通常选择"PAL Video for Windows"模式。如果需要更改工程属性，我们可以单击"定制"按钮，这时弹出图 6.12 所示的"新工程设置"对话框。

图 6.12　"新工程设置"对话框

(3) 单击"编辑方式"输入框，选择"Video for Windows"。

(4) 单击"时基"输入框，选择"25"(采用 25 fps 的播放模式)。

(5) 单击画面顶部的输入框，选择"视频"，如图 6.13 所示。

(6) 在"帧大小"输入框中指定视频画面的尺寸。

(7) 如果希望保持 4：3 的宽高比例，勾选"保持 4：3(T)"，使其有效。

图 6.13　设置"新工程设置"对话框

(8) 单击输入框，选择"音频"。

(9) 单击"格式"输入框，确定数字表示位数和声道形式(一般采用"8 bit-Stereo"模式)，该模式采用 8 bit 数字表示、双声道立体声。

(10) 单击"好"按钮，随后显示主界面，如图 6.14 所示。

项目窗口：导入、存放视频编辑有关的素材。

监视器窗口：显示供编辑的节目视图和源视图。

过渡控制窗口：排列着各种过渡转换模式，可从中选取需要的模式。

导航器窗口：时间线窗口的辅助工具，提供快速、简便的编辑工具。

效果控制窗口：提供各种效果控制。

时间线窗口：主编辑窗口，窗口的横轴是时间轴，标有时间刻度。所有的视频、音频素材都可以在时间轴窗口进行编辑和处理。

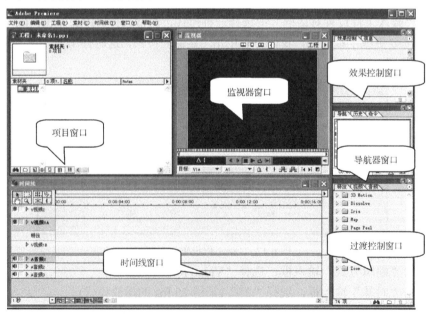

图 6.14　Premiere 6.5 主界面

2. 视频剪辑

对视频影像进行裁剪和连接，是视频剪辑的主要工作。

1）剪裁

(1) 选择"文件"→"导入"→"文件"菜单或在项目窗口双击鼠标左键，打开"导入"对话框，如图 6.15 所示。

图 6.15　"导入"对话框

(2) 指定文件，单击"打开"按钮，工程窗口就可以列出该文件的首画面图标和名称。

(3) 把首画面图标拖曳至时间线下，窗口中的"视频 1A"栏内，见图 6.16。

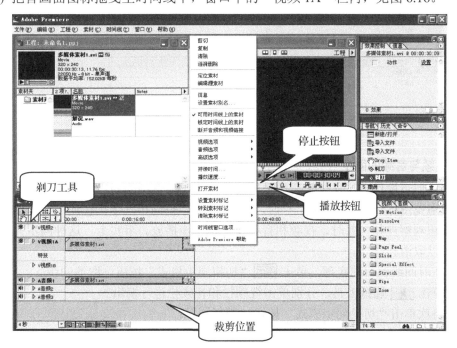

图 6.16　视频文件的裁剪

(4) 单击监视器底部的播放按钮，播放视频文件，确认需要裁减的开始位置，单击停止按钮。

(5) 单击"剃刀工具"。

(6) 在视频 1A 栏中，先单击开始位置，确定需要剪裁区域的开始位置。

(7) 单击监视器底部的播放按钮，播放视频文件，确认需要裁减的结束位置，单击停止按钮。

(8) 单击"剃刀工具"。

(9) 在视频 1A 栏中，单击结束位置，确定需要剪裁区域的开始位置。

(10) 鼠标右键单击剪裁区域，选择"清除"；单击监视器窗口底部的播放按钮，观察删除以后的视频效果。

2) 连接

视频影像的连接采用首尾相接的方式，把多个素材连接成一个整体，形成新的视频文件。

(1) 选择"文件"→"导入"→"文件"菜单，导入第 2 个视频文件。

(2) 将第 2 个图标拖曳至"视频 1A"栏，位于第 1 个视频文件之后，时间线窗口情况如图 6.17 所示。

(3) 单击监视器窗口底部的播放按钮，观察连接效果。

如果把多个视频素材连接在一起，则可依次导入参与连接的视频文件，然后把各个文件的图标依次拖曳到"视频 1A"栏中。

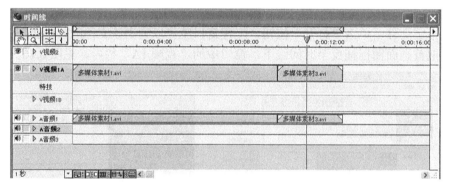

图 6.17　连接视频后的时间线窗口

3. 视频与音频的同步

在视频剪辑操作中，视频和音频是同步的，视频与音频的同步关系可以根据需要予以取消。当拖曳图标到"视频 1A"栏时，"音频 1"栏也同步产生。在使用监视器窗口底部的播放按钮观察视频文件时，视频和音频文件也同步播放。事实上，这种同步关系可以根据需要予以取消和建立。

(1) 在时间线窗口的底部，单击 8≣ "切换同步模式"按钮，取消同步。

(2) 单击 ▶ 选择工具，分别单击视频栏和音频栏进行编辑。

(3) 再次单击"切换同步模式"按钮，恢复同步。

需要注意的是：视频、音频的同步关系一旦被解除，不可对任何一方进行影响时间长度的剪裁操作，否则时间长度不等，同步关系被破坏，效果也变得不伦不类。

4. 为视频配音

在制作视频影像作品时，一般需要增添背景音乐。但是常常由于现场嘈杂以及其他技术原因等因素而不录制同期声，只拍摄影像资料。在后期合成时，再为视频配音。后期配音能够得到非常好的音质和效果，为影片增辉。

一般而言，风光片、影视作品采用后期配音比较常见，而现场音乐会、教师上课、会议发言通常采用同期声。

为视频配音的步骤如下：

(1) 利用音频处理软件编辑制作一段声音，时间长度与视频信息的长度相等，文件采用 WAV 格式，文件名为"解说.wav"。

(2) 选择"文件"→"导入"→"文件"菜单，导入视频文件，如"多媒体素材 1.avi"。

(3) 选择"文件"→"导入"→"文件"菜单，导入音频文件，如"解说.wav"。

(4) 将视频文件拖曳到"视频 1A"栏中。

(5) 单击"切换同步模式"按钮，解除同步关系。

(6) 鼠标右键单击"音频 1"栏，选择"清除"功能，将音频删除。

(7) 将音频文件拖曳到"音频 1"栏内，见图 6.18。

(8) 单击播放按钮，观察效果。

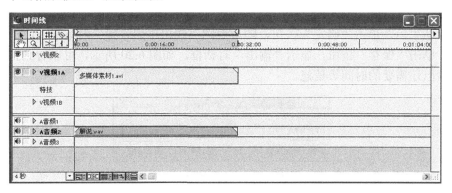

图 6.18 为视频配音

5. 保存文件

制作完成的视频文件可以保存为两种形式：一种形式是可编辑文件，另一种是成品文件。通常情况下，两种形式的文件都需要保存，既方便将来修改，又方便使用。

1) 保存可编辑文件

(1) 选择"文件/另存为"菜单，打开文件保存窗口。

(2) 指定保存地点，为文件命名。这时文件采用默认格式 PPJ，是一种可编辑文件。

(3) 单击"保存"按钮，文件就被保存下来。

在下次需要修改或重新编辑时，选择"文件/打开"菜单，在"文件类型"输入框中选择 ppj 格式，然后设定文件名，打开该文件即可。

2) 保存成品文件

(1) 保存电影格式文件。

电影格式文件包括 AVI 格式(标准视频文件)、GIF89a 格式(网页动画文件)、FLC 格式(平面动画文件)等。

首先选择"文件"→"时间线输出"→"电影",随后显示"输出电影"窗口,在该窗口中,单击"设置"按钮,随后显示"输出电影设置"对话框。在此对话框中单击"文件类型",显示如图 6.19 所示,选择需要的文件格式。

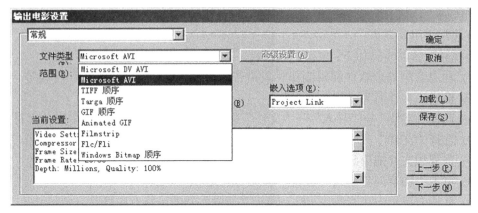

图 6.19 "输出电影设置"对话框

如果希望设置画面尺寸、音频采样频率以及其他各项参数,则单击"输出电影设置"对话框顶部的"常规"输入框,从中分别选择"视频"和"音频",即可设置相关的参数。

设置结束后,单击"确定"按钮,随后返回"输出电影设置"对话框中,指定路径和文件名,单击"保存"按钮。显示"输出"对话框,如图 6.20 所示,可以看到整个电影的帧数、输出还需要的时间等信息。

图 6.20 "输出"对话框

需要说明的是:在保存时,如果摄制的画面尺寸很大,或者音频采样频率过高,保存的时间就会很长,文件的数据量也会很大。

(2) 保存图片序列。

有时为了某种目的,需要把视频文件分解成一组文件序列,以便进行加工、整理或生成包括网页动画在内的其他形式动画等。

首先选择"文件"→"时间线输出"→"电影"菜单,在窗口中单击"设置"按钮,随后显示"输出电影设置"对话框,单击"文件类型",选择"Windows Bitmap 顺序",设置结束后,单击"确定"按钮,随后返回"输出电影设置"对话框中,指定路径和文件名,单击"保存"按钮。

在保存序列文件时,系统自动在"Myphoto"后面继续添加序号,形成一组 BMP 格式的文件。

(3) 保存单张图片。

有时为了某种目的,需要把视频文件导出一帧画面,以便进行加工、整理等。

首先选择"文件/时间线输出/静帧"菜单,在该窗口中,单击"设置"按钮,随后显示

"输出静帧设置"对话框，单击"文件类型"，显示如图 6.21 所示，有几种静帧的格式选择，这里选择"Windows Bitmap 顺序"。设置结束后，单击"确定"按钮，随后返回"输出电影设置"对话框中，指定路径和文件名，单击"保存"按钮。

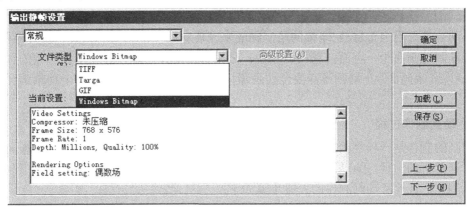

图 6.21　　"输出静帧设置"对话框

6. 退出 Premiere

所有编辑制作完成后，选择"文件"→"退出"菜单，退出 Premiere 软件。如果编辑结果未保存，将显示提示信息"在关闭之前是否保留文件"。

需要保存后退出，单击"是"按钮；不保存立即退出，单击"否"按钮；不退出，单击"取消"按钮。

6.5　动画处理

动画也是一种动态图像形式，但不同于视频。视频的每帧图像是对自然景象或活动对象的实时摄取，而动画的每帧图像是由人工或计算机绘制的。动画可由创作者通过一定的技术制作成影片或电视并放映，使原本不具动态的画面变成活动的场景。

6.5.1　动画的基本概念

1. 动画的本质

英国动画大师 John Halas 曾经说过："动作的变化是动画的本质。"动画是由许多内容相近但不相同的画面构成的，由于每一幅画面中物体的位置和形态不同，因而在连续播放时即能给人以活动的感觉。

2. 动画规则

毫无规律和杂乱的画面不能构成真正意义上的动画，动画应遵循一定的构成规则。动画的构成规则主要有以下三个：

(1) 动画由多画组成，并且画面必须连续。

(2) 画面之间的内容必须存在差异。

(3) 画面表现的动作必须连续，即后一幅画面是前一幅画面的继续。

3. 全动画与半动画

全动画是指动画制作中，为了追求画面的完美、动作的细腻和流畅，按照每秒播放 24 幅画面的数量制作的动画。全动画对花费的时间和金钱在所不惜，美国迪斯尼公司出品的大量动画产品就是这种动画。全动画的观赏性极佳，常用来制作大型动画片和商业广告。

半动画是采用少于每秒 24 幅的绘制画面来表现动画，常见的画面数一般为每秒 6 幅。由于半动画的画面少，因而在动画处理中，采用重复动作、延长画面动作停顿的画面数来凑足每秒 24 幅画面。半动画不需要全动画那样高昂的经济开支，也没有全动画那样巨大的工作量。

4. 动画制作过程

动画的制作是一项复杂的工程，要事先准确地策划好每一个动作的时间、画面数等。多媒体计算机的出现，为动画制作提供了强大的技术保证，动画的制作也从人工制作转向计算机制作。计算机动画制作的一般步骤如下：

(1) 确定应用程序要执行哪些基本任务。

(2) 创建并导入媒体元素，如图像、声音、文本等。

(3) 在软件中的舞台上和时间线中排列这些媒体元素，以定义它们在应用程序中显示的时间和显示方式。

(4) 根据需要对媒体元素应用特殊效果。

(5) 编写 ActionScript 代码以控制媒体元素的行为方式，包括这些元素对用户交互的响应方式。

(6) 测试应用程序，确定它是否按预期方式工作，并查找其构造中的缺陷。在整个创建过程中不断测试应用程序。

(7) 完成后交付使用。

6.5.2　制作动画环境

动画制作除了基本的多媒体硬件外，软件要通常具备大量的编辑工具和效果工具，用来绘制和加工动画素材。不同的动画制作软件用于制作不同形式的动画，例如 Animator Pro 软件用于制作平面动画，3D Studio Max 软件用于制作三维动画，Morph 软件用于制作变形动画，Cool 3D 软件用于制作文字三维动画，Flash 软件用于制作网页动画等。但是，在实际的动画制作中，一个动画素材的完成，往往不仅仅使用一个动画软件，而是多个动画软件共同编辑的结果。

6.5.3　动画制作应注意的问题

动画所表现的内容，是以客观世界的物体为基础的，但又有自己的特点，绝不是简单的模拟。下面，我们就动画制作所需要注意的问题加以讨论。

1. 速度的处理

动画处理是指动画物体变化的快慢，这里的变化含义广泛，既可以是位移，也可以是变形，还可以是颜色的改变。显然，在变化程度一定的情况下，变化所占用的时间越长，速度就越慢；变化所占用的时间越短，速度就越快，在动画中就体现为帧数的多少。同样，对于加速和减速运动来说，分段调整所用帧数，就可以模拟出速度的变化。

一般来说，在动画中完成一个变化过程，比真实世界中的同样变化过程要短。这是动画中速度处理的一个特点。例如，以每秒 25 帧的速度计算，真人走路时，迈一步需 14 帧，在动画中就只需 12 帧来达到同样的效果。这样做的原因有两个：第一，动画中的造型采用单线平涂，比较简洁，如果采用与真实世界相同的处理时间，就会感到速度较慢；第二，为了取得鲜明强烈的效果，动画中的动作幅度处理得比真实动作幅度夸张些。如果你注意看电视动画片，很快就会发现这一特点。

一个物体运动较快时，你所看到的物体形象是模糊的。当物体运动速度加快时，这种现象更加明显，以致你只看到一些模糊的线条，如电风扇旋转、自行车运动时的辐条等。因此从视觉上讲，你只要看到这样一些线条，就会有高速运动的感觉。在动画中表现运动物体，往往在其后面加上几条线，就是利用这种感觉来强化运动效果，这些线称之为速度线。速度线的运用，除了增强速度感之外，在动画的间隔比较大的情况下，也作为形象变化的辅助手段。一般来说，速度线不能比前面的物体的外形长。但有时为了使表现的速度有强烈的印象，常常加以夸张和加强。甚至在某种情况下，只画速度线在运动，而没有物体本身。这也是漫画中的效果用法。

2. 循环动画

许多物体的变化，都可以分解为连续重复而有规律的变化。因此在动画制作中，可以先制作几幅画面，然后像走马灯一样重复循环使用，长时间播放，这就是循环动画。

循环动画由几幅画面构成，要根据动作的循环规律确定。但是，只有三张以上的画面才能产生循环变化效果，两幅画面只能起到晃动的效果。在循环动画中有一种特殊情况，就是反向循环。比如鞠躬的过程，可以只制作弯腰动作的画面，因为用相反的循序播放这些画面就是抬起的动作。掌握循环动画制作方法，可以减轻工作量，大大提高工作效率。因此在动画制作中，要养成使用循环动画的习惯。

动画中常用的虚线运动、下雨、下雪、水流、火焰、烟、气流、风、电流、声波、人行走、动物奔跑，鸟飞翔，轮子的转动，机械运动以及有规律的曲线运动、圆周运动等，都可以采用循环动画。循环动画的不足之处就是动作比较死板，缺少变化。为此，长时间的循环动画，应该进一步采用多套循环动画的方式进行处理。

3. 夸张与拟人

夸张与拟人是动画制作中常用的艺术手法。许多优秀的作品，无不在这方面有所建树。因此，发挥你的想象力，赋予非生命以生命，化抽象为形象，把人们的幻想与现实紧密交织在一起，创造出强烈、奇妙和出人意料的视觉形象，才能引起用户的共鸣、认可。实际上，这也是动画艺术区别于其他影视艺术的重要特征。

实际上要真正认识动画，我们不得不用心去体会。孩子的心＋动画手绘技法＋电脑动画软件操作技术＝新世纪的动画。

6.5.4　动画文件格式

动画是以文件的形式来保存的，不同的动画软件产生不同的文件格式。常见的动画文件格式有以下几种：

(1) FLC 格式：Animator Pro 生成的文件格式，采用每帧 256 色，画面分辨率为 320 × 200～1600 × 1280 不等。该格式的代码效率高、通用性好，大量用在多媒体产品中。

(2) AVI 格式：视频文件格式，动态图像和声音同步播放。受视频标准制约，该格式的画面分辨率不高，满屏显示时，画面质量比较粗糙。

(3) GIF 格式：用于网页的帧动画文件格式。GIF 文件格式有两种类型：一种是固定画面的图像文件，使用 256 色，分辨率为 96 dpi；另一种是多画面的动画文件，同样采用 256 色，分辨率为 96 dpi。

(4) SWF 格式：使用 Flash 制作的动画文件格式，主要用于网络上的演播，特点是数据量小，动画流畅，但不能进行修改和加工。

6.5.5　用 Flash 制作动画

Flash 是 Macromedia 公司的动画制作软件工具。通过该工具，用户可以完成联机贺卡、卡通画、游戏界面、Web 站点中导航界面和消息区、丰富的 Internet 应用等程序制作。Flash 的帮助菜单(或进入程序后直接按下 F1 键)提供了完备的自学信息，使用户能够方便地使用该软件。下面以 Macromedia Flash Professional 8 简单介绍 Flash 动画制作过程。

1. Flash 软件介绍

1) 舞台(Stage)

舞台是创建 Flash 文档时放置图形内容的矩形区域，这些图形内容包括矢量插图、文本框、按钮、导入的位图图形或视频剪辑，诸如此类相当于文件窗口，可以在里面作图或编辑图像，也可以测试播放电影。在桌面上双击 Macromedia Flash 就进入了舞台，如图 6.22 所示。

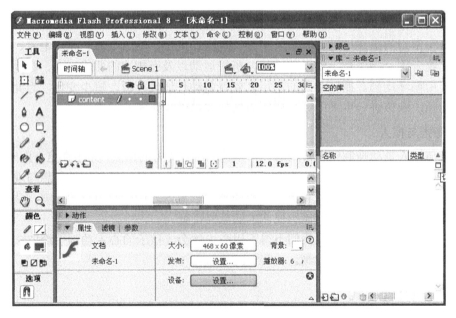

图 6.22　Macromedia Flash 舞台

2) 时间轴(Timeline)

时间轴是用于组织和控制文档内容在一定时间内播放的图层数和帧数。Flash 将时间分割成许多同样的小块，每一块表示一帧。时间轴上的每一小格就表示一帧，帧由左向右按顺序播放就形成了动画电影。时间轴上最主要的部分是帧、图层和播放指针，如图 6.23 所示。

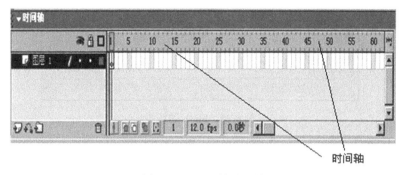

图 6.23　Flash 的时间轴

3) 帧(Frame)

帧是时间轴上的一个小格，是舞台内容中的一个片断，如图 6.24 所示的小格。

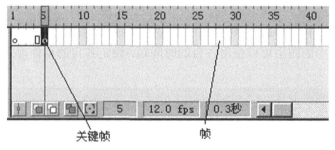

图 6.24　Flash 的帧及关键帧

4) 关键帧(Key Frame)

在电影制作中，通常是要制作许多不同的片断，然后将片断连接到一起才能制成电影。对于摄影或制作的人来说，每一个片断的开头和结尾都要做上一个标记，这样在看到标记时就知道这一段内容是什么。在 Flash 里，把有标记的帧称为关键帧。除此之外，关键帧还可以让 Flash 识别动作开始和结尾的状态。比如在制作一个动作时，将一个开始动作状态和一个结束动作状态分别用关键帧表示，再设定 Flash 动作方式，就可以完成一个连续动作的动画。

对每一个关键帧可以设定特殊的动作，包括物体移动、变形或做透明变化。如果接下来播放新的动作，再使用新的关键帧做标记，就像执行动作的切换一样。

5) 场景(Scene)

电影需要很多场景，并且每个场景的人物、时间和布景可能都是不同的。与拍电影一样，Flash 可以将多个场景中的动作组合成一个连贯的电影。当我们开始要编辑电影时，都是在第一个场景"Scene 1"中开始的，如图 6.25 所示。场景的数量是没有限制的。对于简单的电影是没有必要使用场景的。使用场景必须要学会使用 Flash 中的一些命令。

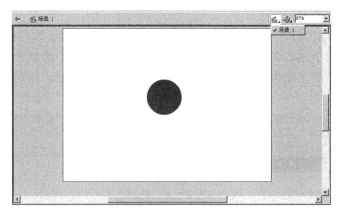

图 6.25 Flash 的场景

6) 图层(Layer)

图层可以理解为一张张透明的胶片。用户可以在不同的图层上做图，再叠放到一起组成一个复杂的图片。每个图层本身都是透明的，所以图像叠到一起时仍感觉像在同一个图层上。当图像要重叠时，排在时间轴窗口中上面图层上的图像要覆盖排在下面图层中的图像。例如，鸟在云朵中飞翔，鸟图层中图像要覆盖云朵图层中图像，看起来就是鸟飞在云彩的前面，而不会隐藏到云彩的后面。

与 Photoshop 一样，Flash 中每个图层中的图像与其他图层中的图像都是不相关的；不同的地方是 Flash 中的图层可以使用各自的时间轴，设定各自的动作而互不干扰，如图 6.26 所示。

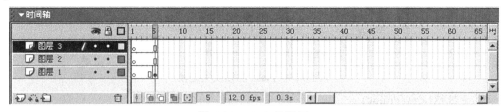

图 6.26 Flash 的图层

2. 动画制作

这里以变形动画和移动动画为例来介绍动画的制作过程。

1) 变形动画制作

(1) 新建一个文件。

(2) 在屏幕上绘制一个任意图形，如图 6.27 所示。

(3) 在时间轴 30 帧处单击鼠标右键，插入"空白关键"，如图 6.28 所示。

图 6.27 Flash 绘制图形

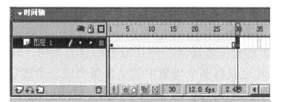

图 6.28 Flash 中插入空白关键帧

(4) 在该空白关键帧中，绘制另一个任意图形，如图 6.29 所示。

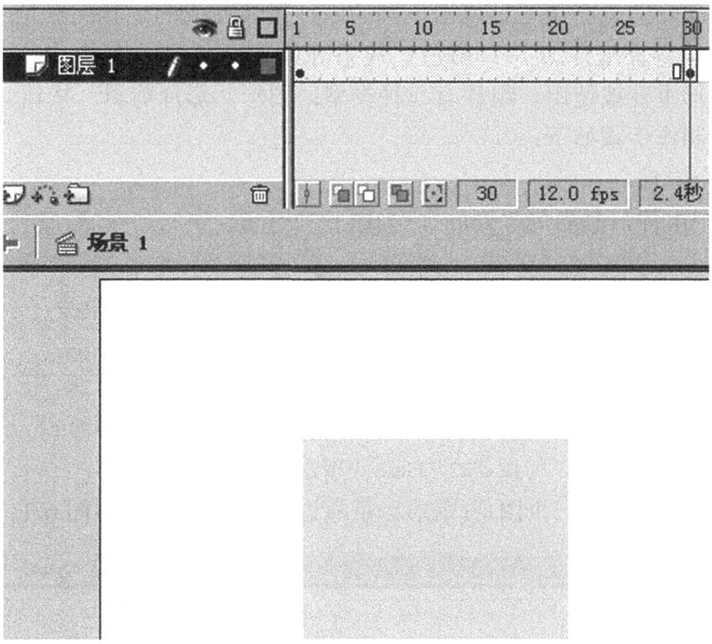

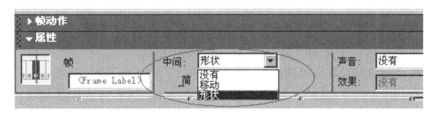

图 6.29　Flash 中绘制任意图形

(5) 在时间轴 1 帧处单击鼠标左键，找到"属性"面板。

(6) 在下方的"属性"窗口中的"中间"中选择"形状"，如图 6.30 所示。

图 6.30　Flash 中属性窗口

(7) 按键盘 Ctrl + Enter，运行动画。

2) 移动动画制作

移动动画与变形动画有所不同，不能直接在舞台上绘制图形。要移动的物品，必须是一个组件(有时也称作"元件"，后续部分都用"组件")。新建组件的方法为：菜单"插入→新建元件"，如图 6.31 所示。

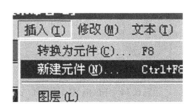

图 6.31　Flash 中新建元件

　　组件相当于一个零件。在制作动画过程中，可以把整个画面上的物品分别做成一个个小的组件。往往动画的画面是通过调用不同的组件拼装而成的。其优点是：当动画制作完成后，可以对这些零件进行加工(如颜色、线条等)，而不需要作其他修改。同时，利用组件可以使一张图形重复被使用。组件有三种类型：图形、影片剪辑、按钮。

　　单图层动画制作步骤如下：

(1) 新建一个文件。

(2) 插入一个组件，命名为"yuan"，如图 6.32 所示。

图 6.32　Flash 中新建一个组件

(3) 在该组件中，绘制一个图形(图形尽量靠近中心点位置)，如图 6.33 所示。

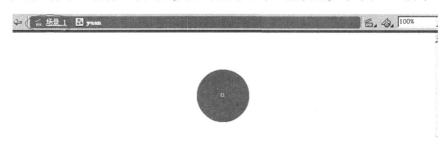

图 6.33　Flash 中绘制圆形

(4) 单击图 6.33 左上角的"场景 1"图标，回到场景。

(5) 单击菜单"窗口"→"图库"。

(6) 选择图库中的"yuan"，将其拖曳到舞台左边，如图 6.34 所示。

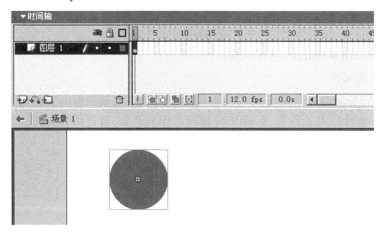

图 6.34　Flash 图形拖动

(7) 在时间轴 30 帧处单击鼠标右键，选择"插入关键帧"。

(8) 把屏幕上的图形移动，至舞台的右边，如图 6.35 所示。

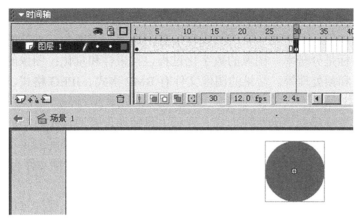

图 6.35 Flash 中移动图形

(9) 在时间轴 1 帧处单击鼠标右键。

(10) 在下拉的菜单中选择"创建动画动作",如图 6.36 所示。

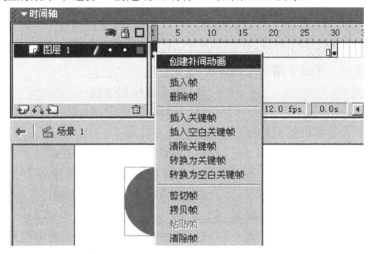

图 6.36 Flash 中创建动画动作

(11) 按键盘 Ctrl + Enter,运行动画。

上面是关于 Flash 动画制作过程中的两个简单例子,目的是希望读者能对 Flash 动画制作有一定的感性认识,但动画制作远不止上面所列,只有在实际中不断地练习和尝试,才能做出一副栩栩如生的高质量动画。

本 章 小 结

生活中常见的媒体信息有文字、声音、图像及视频等。多媒体技术是通过计算机进行综合处理和控制,将不同类型的媒体信息有机组合在一起完成一系列交互式操作的综合媒体形式。

声音是振动物体发出的波在人耳中的感受。表示声音的参数有振幅、频率和带宽等,声音的数字化处理包括采样、量化和编码三个过程。常见的声音文件有 WAV 格式、MIDI

格式、MP3 格式和 CD-DA 格式等。

图像是多媒体中一类重要而常用的媒体信息，适用于表现含有细节的对象。衡量图像清晰度的重要指标是分辨率。图像的数字化过程包括采样和量化；图像的处理方法有特征提取、几何处理和帧处理等；常见的图像文件有 BMP 格式、JPEG 格式、TIF 格式、CWD 格式等。

动态图像包括视频和动画两种形式。视频中每帧图像是通过实时摄取，自然景象或活动对象的，所以信息占用相当大的存储空间。数字视频压缩标准的制定和推广起到了重要的作用，常用的压缩标准有 MPEG-1～MPEG-21 等。常用的视频文件有 AVI 格式、DAT 格式、MPEG 格式和 RMVB 格式等。

动画也是一种常用的媒体信息表现形式，每帧图像是由人工或计算机绘制的，广泛应用在教育培训、商业广告等方面。

习 题 6

一、单项选择题

1. 下列媒体中，不属于常用的媒体类型为_____。

A. 文字　　　　　　　　　　B. 超文本标记语言

C. 动画　　　　　　　　　　D. 视频

2. 多媒体个人计算机的简称是_____。

A. MPC　　　　B. DPC　　　　C. NPC　　　　D. EPC

3. 下面选项中_____不是多媒体计算机所使用的硬件设备。

A. 视频卡　　　B. 音频卡　　　C. 录像机　　　D. 软驱

4. 计算机中常使用的信号类型是_____。

A. 模拟信号　　B. 数字信号　　C. 微波信号　　D. 无线电信号

5. 用 16 位表示的声音和用 8 位表示的声音相比，质量会_____。

A. 差　　　　　B. 好　　　　　C. 一样　　　　D. 无法比较

6. 模拟音频技术中以_____表示声音的强弱。

A. 频率　　　　B. 波长　　　　C. 模拟电压　　D. 声音数据

7. 声音的数字化过程，就是周期性地对声音波进行_____，并以数字数据的形式存储起来。

A. 模拟　　　　B. 采样　　　　C. 调节　　　　D. 压缩

8. 使用 Windows 录音机录音的过程就是_____的过程。

A. 模拟信号转变为数字信号　　　B. 把数字信号转变为模拟信号

C. 把声波转变为电波　　　　　　D. 声音保存

9. 在多媒体技术中，音乐与计算机结合的产物音乐设备数字接口的简称是_____。

A. MIDI　　　　　　　　　　B. MDI

C. MOD　　　　　　　　　　D. MAVE

10. 要设置操作系统中的声音事件，在控制面板中双击_____图标。

A. 声音和音频设备　　　　　　　　B. 系统

C. 显示　　　　　　　　　　　　　D. 声音和多媒体

11. 计算机中声音和图形文件比较大时，对其进行保存时一般要经过_____。

A. 拆分　　　　　　　　　　　　　B. 部分删除

C. 压缩　　　　　　　　　　　　　D. 格式化

12. 视觉上的彩色_____可用来描述，任一彩色光都是这三个特征的综合效果。

A. 亮度、色调、饱和度　　　　　　B. 亮度、黑色、白色

C. 红色、绿色、蓝色　　　　　　　D. 基色、亮度、饱和度

13. 显示器显示图像的清晰程度，主要取决于显示器的_____。

A. 对比度　　　　B. 亮度　　　　　C. 尺寸　　　　D. 分辨率

14. 下列文件中，_____在缩放时分辨率不发生变化。

A. .bmp　　　　　B. .jpeg　　　　　C. .dwg　　　　D. .tif

15. 计算机中 MPEG 视频文件的扩展名为_____。

A. .mp3　　　　　B. .gif　　　　　　C. .avi　　　　D. .mpg

16. 下面的软件中，_____是一款优秀的视频编辑软件。

A. Premiere　　　B. Photoshop　　　C. RealOne　　D. 3D Studio Max

17. _____文件是随着网络技术的发展而涌现出来的一种新的流式视频文件格式，是 RealNETworks 公司所制定的压缩规范中的一种。

A. .mov　　　　　B. .rm　　　　　　C. .avi　　　　D. .mpg

18. 国际上常用的视频制式有_____。

(1) PAL 制　　　(2) NTSC 制　　　(3) SECAM 制　　(4) MPEG

A. (1)　　　　　B. (1) (2)　　　　　C. (1) (2) (3)　　D. 全部

19. 下列数字视频中哪个质量最好_____。

A. 240×180 分辨率、24 位真彩色、15 帧/秒的帧率

B. 320×240 分辨率、30 位真彩色、25 帧/秒的帧率

C. 320×240 分辨率、30 位真彩色、30 帧/秒的帧率

D. 640×480 分辨率、16 位真彩色、15 帧/秒的帧率

20. 半动画是指每秒小于____幅绘制画面的动画，常见的画面数一般为每秒____幅。

A. 30　10　　B. 24　6　　　C. 38　15　　　D. 20　10

二、填空题

1. 常见的媒体有_____、_____、_____、_____、_____、_____等多种形式。

2. 多媒体扩展卡主要包_____和视频卡，其中视频卡又可分为_____、_____、_____、_____等，其功能是连_____、_____等设备，以便于_____。

3. 多媒体计算机的输入/输出设备主要包括_____、_____、_____等。

4. 多媒体的软件开发工具包括_____、_____、_____、_____、_____。

5. 声音的三要素是_____、_____和_____。

6. 声音的数字化过程包括_____、_____和_____。

7. 声音信号的合成常用两种方法有_____和_____。

8. 图像的分辨率主要有_____、_____和_____。

9. 图形图像格式大致可以分为两大类：一类为_____；另一类为_____。

10. 图像的颜色模式有_____、_____、_____。

11. 视频信号种类根据信号的编码方式分为_____和_____。

12. 多媒体技术的发展过程中，数字视频图像压缩标准有_____、_____、_____和_____。

13. 常用的流媒体文件有_____、_____、_____、_____。

14. 动画可以分为_____和_____两种。

15. _____软件用于制作三维动画，_____软件用于制作网页动画等

三、简答题

1. 什么是多媒体技术? 多媒体技术有哪些特点?

2. 多媒体系统主要组成有哪些设备? 简述其功能。

3. 简述声音的数字化过程。

4. 常用的音频文件格式有哪些? 常用的视频文件格式有哪些? 简述其特点。

5. 位图图像和矢量图像有何区别?

6. 常用的位图文件和矢量图像文件有哪些? 简述其特点。

7. 一幅 1024×768 的彩色图像，若采样 32 位真彩色表示，则存储该图像需占用多少字节?

8. 计算机连续显示分辨率为 1280×1024 的 24 位真彩色高质量的电视图像，按每帧占 3 个字节、每秒 30 帧计算，若显示 1 分钟(在无压缩情况下)，则需要多少存储空间?

9. 简述动画的制作过程。

第 7 章　计算机网络基础与应用

本章重点：
◇ 计算机网络的定义和分类
◇ 计算机网络通信与互联设备
◇ 计算机网络 IP 地址与域名系统
◇ WWW、IE 和 E-mail 的应用
◇ 计算机网络与信息安全

本章难点：
◇ 计算机网络协议和体系结构
◇ Internet 的接入方式
◇ 网络与信息安全

　　计算机网络是 20 世纪末产生的最具影响力的技术之一，它是计算机技术和现代通信技术相结合的产物，主要作用是实现信息流通和信息交换。计算机网络发展和应用极大地改变了人们的传统观念和生活方式，特别是 Internet 的普及与应用使得信息的传递和交换更加快捷。目前，计算机网络在全世界范围内迅猛发展，网络应用渗透到社会的各个方面，已经成为衡量一个国家发展水平和综合国力强弱的标志。掌握计算机网络基础知识和应用技术是现代人的必备技能。本章将介绍计算机网络的基础知识和 Internet 的应用。

7.1　计算机网络概述

7.1.1　计算机网络的定义

　　计算机网络是计算机技术和现代通信技术相结合发展起来的一门交叉学科和技术，随着计算机网络发展阶段和侧重点的不同，对于计算机网络有多种不同的定义。根据目前计算机网络的技术与特点，以侧重网络通信和资源共享为目的来描述计算机网络定义。

　　计算机网络是指将具有独立功能的多台计算机系统和设备，通过通信线路(如电缆、光纤、微波、卫星等)和通信设备把它们互相连接起来，按照一定的通信协议以实现系统资源共享、相互通信为目的的信息网络系统。

　　现代计算机网络的主要功能一是资源共享，即共享网络中计算机及其各类硬件、软件资源和数据资源等；二是实现各计算机之间的相互通信，其他还有协同工作与安全。

7.1.2 计算机网络的产生

1. 通信技术的发展

通信技术的发展经历了一个漫长的过程，1835 年莫尔斯发明了电报，1876 年贝尔发明了电话，从此开辟了近代通信技术发展的历史。通信技术在人类生活和两次世界大战中都发挥了极其重要的作用。

2. 计算机网络的产生

1946 年诞生了世界上第一台电子数字计算机，从而开辟了传统工业社会向信息社会迈进的新纪元。20 世纪 50 年代，美国利用计算机技术建立了半自动化的地面防空系统(SAGE)，第一次利用计算机网络实现远程集中式控制，它将雷达信息和其他信号经远程通信线路送至计算机进行处理，这标志着计算机网络雏形的形成。

1969 年美国国防部高级研究计划局 DARPA(Defense Advanced Research Project Agency)建立了世界上第一个分组交换网 ARPANET，主要用途是实现美国东、西海岸之间的防务信息网络化通信，取得了成功。它是 Internet 的前身，这是一个只有 4 个结点的以存储转发为信息交换方式的分组交换广域网。

1976 年美国 Xerox 公司开发了基于载波监听多路访问/冲突检测(CSMA/CD)原理、采用同轴电缆为传输导体连接多台计算机的局域网，取名为以太网(Ethernet)。

通信网为计算机网络提供了便利而广泛的信息传输通道，而计算机和计算机网络技术的发展也促进了通信技术的发展。

7.1.3 计算机网络的发展

计算机网络出现的历史并不长，但发展速度很快，经历了从简单到复杂的过程。以主机为主的集中式控制方式的计算机网络系统最早出现在 20 世纪 50~60 年代，发展到现在大体经历了四个主要阶段。

1. 大型机主机 + 终端时代(1965—1975 年)

大型机时代是集中运算的年代，使用主机和终端结构模式，所有的运算都是在主机上进行的，用户终端为字符方式。在这一结构里，最基本的联网设备是前端通信控制器和中央控制器(又称集中器)。通过点到点电缆或电话专线把所有终端连到集中器上，实现终端到主机之间的信息通信。

2. 小型机联网时代(1975—1985 年)

DEC 公司首推小型机及其联网技术。小型机及其联网技术由于采用了允许第三方产品介入的联网结构，加速了网络技术的发展，IBM 和 DEC 等公司分别推出小型机网络体系。DEC 在推出 VAX 系列主机、终端服务器等一系列产品的基础之上，以 10Mb/s(每秒 10 兆位数据)速率的局域网被广泛采用。

3. 共享型的局域网时代(1985—1995 年)

随着 DEC 和 IBM 基于 LAN 的终端服务器的推出以及微型计算机的诞生与快速发展，

各设备制造商生产的计算机设备联网所需要解决资源共享及兼容问题日益严峻。为解决这一问题，一种基于 LAN 的网络通信协议研制成功，与此同时，基于 LAN 的网络数据库系统的应用也得到快速发展。

同轴电缆组网技术由于安装不便和可靠性问题，采用双绞线的高可靠星形网络结构迅速发展和普及，通过在大楼楼层中设置集线器(HUB)连接各用户终端和微机。星形结构扩大了联网规模，同时也增加了网络传输的信息量。随后，以路由器为基础的联网技术，不但解决了提升带宽的问题，而且解决了广播风暴问题。

4. 交换时代(1995—至今)

个人计算机(PC)的快速发展是开创网络计算时代最直接的动因。CPU 技术很快从 Pentium 4、双核 Intel core 发展至多核。网络数据业务强调可视化，如：WWW 技术的出现与应用、各种图像文档的信息发布、用于诊断的医疗放射图片的传输、CAD、视频培训系统的广泛应用等等，这些多媒体业务的快速增长、全球信息高速公路的提出和实施都无疑对网络带宽提出更快、更高的需求。目前以高速交换为技术的网络系统已经进入实用阶段。

7.1.4　计算机网络的分类

计算机网络有许多种分类方法，其中最常用的有三种分类方法。

1. 按网络传输技术分类

1) 广播网络

广播网络的通信信道是共享介质，即网络上的所有计算机都共享它们的传输通道。这类网络以局域网为主，如以太网、令牌环网、令牌总线网、光纤分布数字接口(Fiber Distribute Digital Interface，FDDI)网等。

2) 点对点网络

点对点网络也称为分组交换网，点对点网络使得发信者和收信者之间有许多条连接通道，分组要通过路由器，而且每一个分组所经历的路径是不确定的。因此，路由算法在点对点网络中起着重要的作用。点对点网络主要用在广域网中，如分组交换数据网 X.25、帧中继、异步传输方式(Asynchronous Transfer Mode，ATM)等。

2. 按网络覆盖规模分类

1) 局域网

局域网(Local Area Network，LAN)常用于构建在实验室、建筑物或校园里的计算机网络，主要连接个人计算机或工作站来共享网络资源和信息交换，覆盖范围一般在几公里到十几公里。

2) 城域网

城域网(Metropolitan Area Network，MAN)比局域网的规模大，一般专指覆盖一个城市的网络系统，又称为都市网。另外，由于网络应用的特点，一些园区网、校园网(CAN)普遍出现，它们是范围和规模小于城域网的网络。

3) 广域网

广域网(Wide Area Network，WAN)的跨度更大，覆盖的范围可以在几十公里、几百公里、甚至覆盖整个地球，形成联通世界范围的计算机信息网络，也就是 Internet。

3. 按拓扑结构分类

将服务器、工作站等网络单元抽象为点，将网络中的电缆抽象为“线”，形成点和线的几何图形，并描述出计算机网络系统的具体结构，称为计算机网络的拓扑结构。计算机网络的拓扑结构主要有总线形、环形、星形和树形等，如图 7.1 所示。

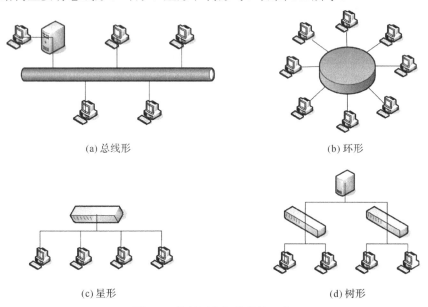

(a) 总线形   (b) 环形

(c) 星形   (d) 树形

图 7.1　常见网络拓扑结构示意

1) 总线形网络拓扑结构

总线形结构网络是将各个结点设备与一条总线相连，网络中的所有结点工作站都通过总线传输数据，如图 7.1(a)所示。总线网络适用场合：局域网以及实时性要求不高的环境。

2) 环形网络拓扑结构

环形结构是网络中各结点通过一条首尾相连的通信链路连接起来的一个闭合环形结构网，如图 7.1(b)所示。环形网络适用场合：局域网以及具有一定实时性要求的环境。

3) 星形网络拓扑结构

这种结构的网络是各工作站以星形方式连接起来的，如图 7.1(c)所示。网中每个结点设备都以中心结点为中心，通过连接线与中心结点相连。中心结点为控制中心，各结点之间的通信都必须经过中心结点转接。星形网络适用场合：局域网，广域网。

4) 树形网络拓扑结构

树形网络结构是自然的不规则分级结构，如图 7.1(d)所示。树形结构实际上是由多级星形结构按层次排列而成。树形网络适用场合：局域网以及需要进行分级数据传送的使用范围比较大的环境。

此外，还存在分布形(菊花链)、网状形、全连接形等拓扑结构的网络。

7.2　网络通信与互联设备

7.2.1　网络协议和体系结构

1. 协议的概念

计算机网络由多个相互连接的结点组成，结点之间要不断地交换数据和控制信息。要做到有条不紊地交换数据，每个结点都必须遵守一套事先约定好的规则，这些规则精确地规定了所要交换数据的格式和时序。这些为网络数据交换而制定的规则、约定与标准被称为网络协议(Protocol)。

网络协议(Protocol)是用来描述各个进程之间信息交换过程的一个术语。在网络中包含多种计算机系统或通信设备，它们的硬件和软件系统各异，要使得彼此之间能够相互通信，就必须有一套通信管理机制使通信双方能够正确地收发信息，并能理解对方所传输信息的含义。准确地说，网络协议就是为实现网络中的数据交换而建立的规则、标准或约定。

网络协议由语法、语义和时序三部分组成。

语法：确定协议元素的格式，即规定数据与控制信息的结构和格式。

语义：确定协议元素的类型，即规定通信双方要发出何种控制信息、完成何种动作以及做出何种应答。

时序：规定事件实现顺序的详细说明，即确定通信状态的变化和过程，如通信双方的应答关系。

2. 网络体系结构

网络体系结构分为两种，一种是国际标准化委员会组织 ISO 提出的开放系统互联参考模型 OSI/RM(Open System Interconnection/Reference Model)，另一种是由美国军方建设的 ARPANET 网络衍生出的 TCP/IP(Transmission Control Protocol/Internet Protocol)协议。

1) ISO/OSI 参考模型

1978 年，国际标准化委员会组织 ISO(International Organization for Standardization)设立了一个分委员会 IEEE 802，专门研究网络通信的体系结构，在 1982 年提出了开放系统互连参考模型 OSI/RM。OSI 定义了各种计算机能够互连的标准框架结构，受到计算机和通信行业的极大关注。这里的"开放"表示任何两个遵守 OSI/RM 的系统都可以进行互连，当一个系统能按 OSI/RM 与另一个系统进行通信时，就称该系统为开放系统。它将整个网络的功能划分成 7 个层次，每一层各自完成不同的功能，如图 7.2 所示。这种划分的依据是每一层都能独立执行本层的具体任务，且功能相对独立，通过接口与相邻层连接。依靠各层之间的接口和功能组合，实现系统间和各结点间的信息传输。分层不能太少，否则，各层的功能增多，实现起来困难；但分层也不能太多，以避免增加各层服务的开销。

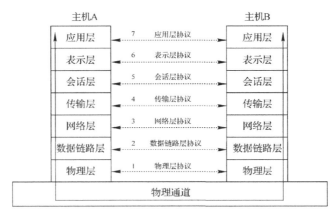

图 7.2　OSI 参考模型及协议

开放系统除了要求系统的计算机、终端及网络用户彼此连接并交换数据外，系统还应相互配合，两个系统的用户要遵守同样的规则，这样他们才能相互理解传输的信息和含义，并能为同一任务而合作。根据上述要求，OSI 开放体系各层的主要功能分配如下。

第 1 层：物理层(Physical Layer)，在物理信道上传输原始的数据比特(Bit)流，并为建立、维护和拆除物理链路连接提供所需的各种传输介质、通信接口特性等。

第 2 层：数据链路层(Data Link Layer)，在物理层提供比特流服务的基础上，建立相邻结点之间的数据链路，通过差错控制提供数据帧在信道上无差错地传输，并进行数据流量控制。

第 3 层：网络层(Network Layer)，为传输层的数据传输提供建立、维护和终止网络连接的手段，把上层传来的数据组织成数据包(Packet)在结点之间进行交换传送。如果在子网中出现过多的数据包，子网可能形成拥塞，因此网络层还要避免拥塞。

第 4 层：传输层(Transport Layer)，为上层提供端到端(最终用户到最终用户)的透明、可靠的数据传输服务。所谓透明的传输是指在通信过程中传输层对上层屏蔽了通信传输系统的具体细节。

第 5 层：会话层(Session Layer)，为表示层提供建立、维护和结束会话连接的功能，并提供会话管理服务。

第 6 层：表示层(Presentation Layer)，为应用层提供信息表示方式的服务，如数据格式的变换、文本压缩和加密技术等。

第 7 层：应用层(Application Layer)，为网络用户或应用程序提供各种服务，如文件传输、电子邮件(E-mail)、分布式数据库以及网络管理等。

从各层的网络功能角度看，可以将 OSI/RM 的 7 层分为三类：第 1、2 层解决有关网络信道问题；第 3、4 层解决传输服务问题；第 5、6、7 层处理对应用进程的访问问题。

从控制角度看，OSI/RM 中的第 1、2、3 层可以看做是传输控制层，负责通信子网的工作，解决网络中的通信问题；第 5、6、7 层为应用控制层，负责有关资源子网的工作，解决应用进程的通信问题；第 4 层为通信子网和资源子网的接口，起到连接传输和应用的作用。

2) TCP/IP 参考模型

从 ARPANET 发展起来的 Internet 最终连接大学的校园网、政府部门和企业的局域网。

ARPANET 最初开发的网络协议使用在可靠性较差的通信子网中出现了不少问题，这就导致了新的网络协议 TCP/IP 协议的出现。虽然 TCP 协议和 IP 协议都不是 OSI 标准，但它们是目前最流行的商业化网络协议。在 TCP/IP 协议出现之后，相继出现了 TCP/IP 参考模型。

　　TCP/IP 分为 4 个层次，它们分别是网络接口层、网际层、传输层和应用层。TCP/IP 的层次结构与 OSI 层次结构的对照关系如图 7.3 所示。

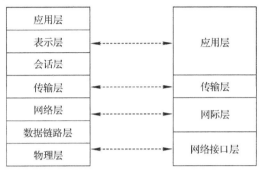

图 7.3　OSI 参考模型与 TCP/IP 参考模型对比

　　(1) 网络接口层。TCP/IP 模型的最低层是网络接口层，也被称为网络访问层，它包括了能使用 TCP/IP 与物理网络进行通信的协议，且对应着 OSI 的物理层和数据链路层。TCP/IP 标准并没有定义具体的网络接口协议，而是旨在提供灵活性，以适应各种网络类型，如 LAN、MAN 和 WAN，这也说明了 TCP/IP 协议可以运行在任何网络之上。

　　(2) 网际层。网际层是在 Internet 标准中正式定义的第一层。网际层所执行的主要功能是处理来自传输层的分组，将分组形成数据包(IP 数据包)，并为该数据包进行路径选择，最终将数据包从源主机发送到目的主机。在网际层中，最常用的协议是网际协议 IP，其他一些协议则用来协助 IP 协议的操作。

　　(3) 传输层。TCP/IP 的传输层也被称为主机至主机层，与 OSI 的传输层类似，它主要负责主机到主机之间的端对端通信，该层使用了两种协议来支持两种数据的传送方法，它们是 TCP 协议和 UDP 协议。

　　(4) 应用层。在 TCP/IP 模型中，应用程序接口是最高层，它与 OSI 模型中的高三层的任务相同，都是用于提供网络服务，比如文件传输、远程登录、域名服务和简单网络管理等。

7.2.2　数据通信系统技术指标

　　用途不同的计算机网络要求有不同的通信系统相适应，不同的通信系统有不同的性能指标。就数据通信系统而言，其性能指标主要有传输速率、频带利用率、差错率等。

1. 信息传输速率(R_b)

　　信息传输速率简称传信率，又称信息速率、比特率，它表示单位时间(每秒)内实际传输的信息比特数，单位为比特/秒，记为 bit/s、b/s 或 bps。比特在信息论中是作为信息量度量的一般单位。一般在数据通信中，如使用"1"和"0"的概率是相同的，则每个"1"和"0"就是一个比特的信息量。如果一个数据通信系统，每秒内传输 9600 bit，则它的传信率为 R_b = 9600 b/s。

2. 码元传输速率(R_B)

码元传输速率简称传码率，又称符号速率、码元速率、波特率或调制速率。它表示单位时间内(每秒)信道上实际传输码元的个数，单位是波特(Baud)，常用符号"B"来表示。码元速率仅仅表征单位时间内传送的码元数目而没有限定这时的码元应是何种进制的码元。但对于传信率，则必须折合为相应的二进制码元来计算。例如，某系统每秒传送 9600 个码元，则该系统的传码率为 9600 B，如果系统是二进制的，它的传信率为 9600 b/s；如果系统是四进制的，它的传信率为 19.2 kb/s；如果系统是八进制的，它的传信率为 28.8 kb/s。由此可见，传信率与传码率之间的关系为：$R_b = R_B \text{lb} N$，式中 N 为码元的进制数。

3. 频带利用率

在比较不同的通信系统的效率时，只看它们的传输速率是不够的，还要看传输这样的信息所占用的频带。通信系统占用的频带愈宽，传输信息的能力应该愈大。通常情况下，可以认为二者成比例。所以真正用来衡量数据通信系统信息传输效率的指标应该是单位频带内的传输速率，记为 η：

$$\eta = \frac{\text{传输速率}}{\text{占用频带}}$$

单位：比特/秒·赫(b/s·Hz)、波特/赫(B/Hz)。例如，某数据通信系统，其传信率为 9600 b/s，占用频带为 6 kHz，则其频带利用率为 η = 1.6 b/(s·Hz)。

4. 差错率

由于数据信息都由离散的二进制数字序列来表示，因此在传输过程中，不论它经历了何种变换，产生了什么样的失真，只要在到达接收端时能正确地恢复出原始发送的二进制数字序列，就是达到了传输的目的。所以衡量数据通信系统可靠性的主要指标是差错率。表示差错率的方法常用以下三种：误码率、误字率和误组率。我们通常使用误码率。误码率又称码元差错率，是指在传输的码元总数中所接收的错误的码元数所占的比例，用字母 P_e 来表示：

$$P_e = \frac{\text{错误接收的码元数}}{\text{所传输的总码元数}}$$

误码率指某一段时间的平均误码率，对于同一条数据电路，由于测量的时间长短不同，码率就不一样。在日常维护中，由 ITU-T 规定测试时间。数据传输误码率一般都应低于 10^{-10}。

7.2.3　网络传输介质

传输介质是指数据传输系统中发送者和接收者之间的物理路径。数据传输的特性和质量取决于传输介质的性质。在计算机网络中使用的传输介质可分为有线和无线两大类。常用的有线传输介质是双绞线、同轴电缆和光纤。常用的无线传输介质是微波、激光、红外和短波。计算机网络中使用各种传输介质来组成物理信道。这些物理信道的特性不同，因而使用的网络技术不同，应用的场合也不同。下面简要介绍各种常用传输介质的特点。

1. 有线传输介质

常用的有线传输介质是同轴电缆、双绞线和光缆。

1) 同轴电缆

同轴电缆(Coaxial Cable)的芯线为铜质导线，第二层为绝缘材料，第三层是由铜丝组成的网状导体，最外面一层为塑料保护膜。芯线与网状导体同轴，故名同轴电缆，见图 7.4。这种结构使其具有高带宽和极好的噪声抑制特性。局域网中常用的有两种同轴电缆，一种是阻抗为 50 Ω 的同轴电缆，用于直接传送数字信号，由其构成的系统称为基带传输系统。基带传输系统的优点是安装简单、价格便宜。但由于在传输过程中基带信号容易发生畸变和衰减，所以传输距离受限，一般在 1 km 以内，典型的数据速率是 10 Mb/s；另一种同轴电缆是阻抗为 75 Ω 的 CATV 电缆，用于传输模拟信号，这种电缆也叫宽带同轴电缆。所谓宽带在电话行业中是指比 4 kHz 更宽的频带，这里泛指模拟传输的电缆网络。宽带系统的优点是传输距离远，可达数十公里，而且可以同时提供多个信道。但是，它的技术更复杂，接口设备也更昂贵。同轴电缆一般用于构建总线形网络拓扑结构。

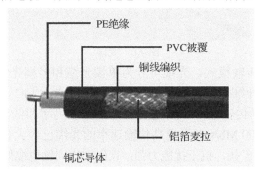

图 7.4　同轴电缆

2) 双绞线

双绞线(Twisted Pair)由直径约 0.5 mm 的互相绝缘的一对铜导线扭在一起组成，对称均匀的绞扭可以减少线对之间的电磁干扰，见图 7.5。这种双绞线大量用在传统的电话系统中，适用于短距离传输，传输距离超过几公里，就要加入中继器。在局域网中，可以使用双绞线作为传输介质，选用高质量的芯线，采用适当的驱动和接收技术，安装时避开噪声源，在几十米之内数据传输速率可以达到 10 Mb/s。双绞线既能用于传输模拟信号，也能用于传输数字信号。由于双绞线价格便宜，安装容易，所以得到了广泛的使用。局域网中的非屏蔽双绞线的数据传输率通常是 10 Mb/s，随着制造技术的发展，100 Mb/s 的双绞线已经大量投入市场使用。常用的双绞线有非屏蔽型(Unshielded Twisted Pair，UTP)和屏蔽型 (Shielded Twisted Pair，STP)两类。双绞线一般用于构建星形网络拓扑结构。

图 7.5　双绞线电缆

3) 光缆

光缆由能传送光波的超细玻璃纤维制成，外包一层比玻璃折射率低的材料。见图 7.6。进入光缆的光波在两种材料的界面上形成全反射，从而不断地向前传播。光缆信道中的光源可以是发光二极管(Light Emitting Diode，LED)或注入式激光二极管(Injection Laser Diode，ILD)。这两种器件在有电流通过时都能发出光脉冲，光脉冲通过光导纤维传播到达接收端。接收端有一个光检测器——光电二极管，它遇到光时产生相应的电信号，这样就形成了一个单向的光传输系统，类似于单向传输模拟信号的宽带系统。如果我们采用不同的互连方式，把所有的通信结点通过光缆连接成一个环，环上的信号虽然是单向传播，但任一结点发出的信息其他结点都能接收到，从而也达到了互相通信的目的。

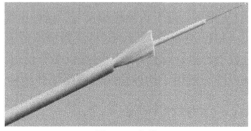

图 7.6　光缆

根据使用的光源和传输模式，光缆可分为单模光缆和多模光缆两种。通常在计算机网络中用多模光缆。光导纤维作为传输介质，具有以下优点：

(1) 具有极高的数据传输速率、极宽的频带、低误码率和低延迟。典型的数据传输速率是 100 Mb/s，现在 1000 Mb/s 乃至更高传输速率的光缆已经大量面市。

(2) 光传输不受电磁干扰，抗干扰能力强；误码率比同轴电缆低两个数量级，只有 10^{-9}。

(3) 很难被偷听，因而安全和保密性能好。

(4) 光缆重量轻、体积小、铺设容易。

光缆的缺点是接口设备比较贵，安装和配置技术比较复杂。

光缆一般适合于构建星形和环形网络拓扑结构，常作为局域网主干网的传输媒体。随着科学技术的发展，光缆通信在计算机网络中已经得到广泛的应用。

2. 无线传输介质

常用的无线传输介质是微波、激光、红外和短波。

1) 微波通信

微波通信利用高频(2～40 GHz)范围内的电波沿直线来进行通信。微波通信系统可分为地面微波系统和卫星微波系统，两者功能相似，但通信能力有很大差别。地面微波系统由视野范围内的两个互相对准方向的抛物面天线组成，长距离通信则需要多个中继站组成微波中继链路。在计算机网络中，使用地面微波系统可以扩展有线信道的连通范围。例如在大楼的顶上安装微波天线，使得两个大楼中的局域网互相连通。

卫星微波系统(通信卫星)可看做是悬在太空中的微波中继站。卫星上的转发器将其波束对准地球上的一定区域，在此区域中的卫星地面站之间就可以互相通信。地面站以一定的频率段向卫星发送信息(上行频段)，卫星上的转发器将接收到的信号放大并变换成另一个频段(下行频段)发回地面接收站。这样的卫星通信系统就可以在一定的区域内组成广播式通信网络，特别适合于海上、空中、矿山、油田等经常移动的工作环境。

2) 激光通信

激光通信是利用在空间传播的激光束将传输数据调制成光脉冲的通信方式，在空间传播的激光束可以调制成光脉冲以传输数据。和地面微波一样，可以在视野范围内安装两个彼此相对的激光发射器和接收器进行通信。由于激光的频率比微波更高，因而可以获得更高的带宽。激光束的方向性比微波束更好，也不受电磁干扰的影响，不怕窃听。但激光穿越大气时会衰减，特别在空气污染、下雨、有雾等能见度低的情况下，可能会使通信中断。激光束的传播距离不会很远，只能在短距离通信中使用，当距离太长时，只好用光纤来代替。

3) 红外传输

红外传输系统利用墙壁或屋顶反射红外线从而形成整个房间内的广播系统。电视机的遥控装置中使用的就是红外光发射器和接收器。红外通信的优点是设备相对便宜，可获得较高的带宽。其缺点是传输距离有限，而且受室内空气状态(例如有无烟雾)的影响。

4) 无线电短波通信

无线电短波通信技术早已应用在计算机网络，已经建成的无线通信局域网使用了特高频 VHF(30～300 MHz)和超高频 SHF(300～3000 MHz)的电视广播频段，这个频段的电磁波是以直线方式在视距范围内传播的，适用于局部地区的通信。短波通信设备比较便宜，便于移动，没有像地面微波站那样的方向性，通过中继站可以传送很远的距离。但是无线电短波通信容易受到电磁干扰和地型、地貌的影响，而且通信带宽比微波通信要小。

7.2.4　网络互联硬件设备

常用的网络互联硬件设备有网络适配器、调制解调器、中继器、集线器、网桥、路由器、交换机、网关等。

1. 网络适配器

网络适配器(Adapter)简称网卡，提供工作站与网络之间的逻辑和物理链路，完成工作站与网络之间的数据传输。计算机连接局域网前，必须安装一块网卡。按所支持的总线类型，网络适配器可分为 4 类，分别是工业标准结构(Industrial Standard Architecture，ISA)总线网卡、扩展工业标准结构(Extended Industrial Standard Architecture，EISA)总线网卡、微通道结构(MCA)网卡和外设组件互联(Peripheral Component Interconnect，PCI) 标准网卡，典型的 PCI 总线网卡如图 7.7 所示。

图 7.7　PCI 总线网卡

2. 调制解调器

调制解调器(Modem)是一种数模转换的设备。电话系统较多是模拟信号，而计算机识别的只是数字信号，如果通过模拟电话线路来连接计算机网络，则必须使用调制解调器。调制解调器的功能就是相互转换数字和模拟信号。这样，就可以实现计算机的远程联网。

3. 中继器

中继器(Repeater)又称为重发器，实现网络的物理层连接，其功能是实现电信号的远距离传输，同时在传输过程中对信号进行补偿、整型、再生和转发。中继器可分为双口中继器和多口中继器。双口中继器的一个口用于信号输入，另一个口用于信号输出。典型的中继器如图 7.8 所示。

图 7.8　中继器

4. 集线器

多口中继器称为集线器(Hub)，用于连接多路传输介质，而且还可以把总线结构网络连接成星形或树形结构网络，如图 7.9 所示。集线器按其结构可分为无源集线器(Passive Hub)、有源集线器(Active Hub)和智能集线器(Intelligent Hub)。无源集线器只是把相近地域的多段传输介质集中到一起，对传输信号不作任何处理，集中的传输介质只允许扩展到最大有效距离的一半。有源集线器除具有无源集线器的功能之外，还能对每条传输线上的电信号进行补偿、整形、再生、转发，具有扩展传输介质长度的功能。智能集线器除具有有源集线器的功能之外，还具有网络管理、路径选择的功能。随着微电子技术的发展，又出现了交换式集线器(Switch Hub)，即在集线器上增加了线路交换的功能，提高了传输带宽。

图 7.9　独立式集线器

5. 网桥

网桥(Bridge)又称为桥接器，使用在数据链路层，用来连接两个具有相同通信协议、相同传输介质和相同寻址结构的局域网，其作用和目的是扩展网段和延伸网络距离。

6. 路由器

路由器(Router)用于在网络层实现网络互联与报文转发。除具有网桥的全部功能之外，增加了路由选择功能，可以用来互联多个及多种类型的网络。当两个以上的网络互联时，必须使用路由器。路由器的主要功能如下：

(1) 路径选择：提供最佳转发路径选择，均衡网络负载。

(2) 流量控制：利用通信协议的流量控制功能，控制数据传输，解决线路拥挤问题。

(3) 过滤功能：具有判断需要转发数据分组的功能，可根据 LAN 网络地址、协议类型、网间地址、主机地址、数据类型等判断数据组是否应该转发。对于不该转发的数据信息予以滤除，既具有较强的隔离作用，又可提高网络的安全和保密性。

(4) 分割子网：可以根据用户业务范围把一个大网分割成若干个子网。一台典型的路由器如图 7.10 所示。

图 7.10 典型的路由器

7. 交换机

交换机(IP Switch)是适应交换技术尤其近年来随着 ATM 技术的产生而出现的新型网络互联设备，它同时具有网桥和路由器的功能，把软件寻址和硬件交换的功能结合起来，实现了 LAN 与 LAN、LAN 与 WAN 之间的数据快速传输，解决了过去网络之间数据传输的瓶颈问题。交换机是 ATM 网、快速以太网(Fast Ethernet)和千兆以太网(Gigabit Ethernet)组网必不可少的设备。典型交换机如图 7.11 所示。

图 7.11 各种局域网的交换机

8. 网关

网关(Gateway)又称为协议转换器，可以在 OSI/RM 最高层实现网际互联。一般用于不同类型且差别较大的多个大型广域网(WAN)之间的互联；也可以用于具有不同协议、不同类型的 LAN 与 WAN、LAN 与 LAN 之间的互联；还可以用于同一物理层而在逻辑上不同网络间的互联。

7.3 Internet 技术

7.3.1 Internet 概述

Internet 是由成千上万的不同类型、不同规模的计算机网络和计算机主机组成的覆盖世界范围的巨型网络。在这个全球性的网络上，用户可以了解最新的气象信息、新闻动态、股市行情，可以给远方的朋友发电子邮件，可以在 BBS 上发表个人言论，还可以登录到远程图书馆的各种数据库查询需要的信息，足不出户就可以享受网上购物、远程教育、远程医疗服务等。在这个网络上还提供了各种各样的免费资源，用户可以根据自己的需要进行查询、下载。总之，利用 Internet，人们几乎都能共享这些信息，它是知识、信息和概念的集合。它的重要意义可以和工业革命带给人类和社会的巨大影响相媲美。

1. Internet 的形成和发展

Internet 是由 Interconnection 和 Network 两个词组合构成的，通常译为"因特网"或"国际互联网"。Internet 是一个国际性的互联网络，它将遍布在世界各地的计算机、计算机网络及互联设备连接在一起，使网上的每一台计算机或终端都像在同一个网络中那样实现资源共享和信息交换。

Internet 建立在高度灵活的通信技术之上，正在迅速发展成为全球的数字化信息库，它提供了用以创建、浏览、访问、搜索、阅读、交流信息等形形色色的服务，所涉及的信息范围极其广泛，其中包括自然科学、社会科学、体育、娱乐等各个方面。这些信息由多种数据格式构成，可以被记录成便笺，组织成菜单、多媒体超文本、文档资料等多种形式，而且这些信息可以交叉参照，快速传递。

Internet 是由美国的 ARPANET 发展和演化而来的。1983 年 TCP/IP(Transmission Control Protocol/Internet Protocol)协议诞生并在 ARPANET 上正式启用，这是全球 Internet 正式诞生的标志。从 1969 年 ARPANET 的诞生到 1983 年 Internet 的形成是 Internet 发展的第一阶段，也就是研究试验阶段，当时连接在 Internet 上的计算机约 220 台。

1983—1994 年是 Internet 发展的第二阶段，核心是 NSFNET 的形成和发展，这是 Internet 在教育和科研领域广泛使用的阶段。1986 年美国国家科学基金委员会(National Science Foundation，NSF)制定了一个使用超级计算机的计划，即在全美设置若干个超级计算中心，并建设一个高速主干网，把这些中心的计算机连接起来，形成 NSFNET，并成为 Internet 的主体部分。

Internet 最初的宗旨是用来支持教育和科学研究活动，不是用于营业性的商业活动。但是随着 Internet 规模的扩大，应用服务的发展以及市场全球化需求的增长，美国政府提出了一个新概念——Internet 商业化，并开始建立了一些商用 IP 网络。1994 年 NSF 宣布不再给 NSFNET 运行、维护提供经费支持，而由 MCI、Sprint 等公司运行维护，这样不仅商业用户可以进入 Internet，而且 Internet 的经营也商业化了。

Internet 从研究试验阶段发展到用于教育、科研的实用阶段，进而发展到商用阶段，反映了 Internet 技术应用的日益成熟。

2. Internet 的管理机构

Internet 与局域网的工作原理基本相同。不过，由于规模不同，其作用就产生了从量变到质变的飞跃。用路打比方，局域网只是村子里的"小路"，Internet 才是四通八达的"高速公路"。由于 Internet 的规模巨大，要使 Internet 正常运行，必然要解决一些局域网根本无需考虑的问题，如异构性、路由、安全性和网络管理等。

首先，Internet 的网络结构复杂，需要庞大的投资。网络的架设要根据距离与地理环境的不同而采取不同的结构，有些地段可能采用光纤，有些地段可能采用微波，另一些地段则可能采用卫星信道。通常，这样庞大的架网工程都由一些电信部门或大型的电话电报公司承担。当用户要连接 Internet 时，只要向电信部门或电话电报公司租用线路就可以了。

其次，Internet 上的计算机五花八门，从一开始就必须考虑不同计算机之间的通信。为了达到这一目的，开发研制 TCP/IP 协议，并使该协议成为 Internet 中的通信协议，任何遵守 TCP/IP 协议的计算机都能"读懂"另一台同样遵守 TCP/IP 协议的计算机发来的信息。

Internet 不受某一个政府或个人控制，但它本身却以自愿的方式组成了一个帮助和引导 Internet 发展的最高组织，称为"Internet 协会"(Internet Architecture Board，IAB)。

IAB 负责定义 Internet 的总体结构(框架和所有与其连接的网络)和技术上的管理，对 Internet 存在的技术问题及未来将会遇到的问题进行研究。IAB 下设 Internet 研究任务组 (IRTF)、Internet 工程任务组(IETF)和 Internet 网络号码分配机构(IANA)：

(1) Internet 研究工作组(IRTF)的主要任务是促进网络和新技术的开发与研究。

(2) Internet 工程任务组(IETF)的主要任务是解决 Internet 出现的问题，帮助和协调 Internet 的改革和技术操作，为 Internet 各组织之间的信息沟通提供条件。

(3) Internet 网络号码分配机构(IANA)的主要任务是对诸如注册 IP 地址和协议端口地址等 Internet 地址方案进行控制。

Internet 的运行管理可分为两部分：网络信息中心 InterNIC 和网络操作中心 InterNOC。网络信息中心负责 IP 地址分配、域名注册、技术咨询、技术资料的维护和提供等。网络操作中心负责监控网络的运行情况以及网络通信量的收集与统计等。

几乎所有关于 Internet 的文字资料，都可以在 RFC(Request For Comments)中找到，它的意思是"请求评论"。RFC 是 Internet 的工作文件，其主要内容除了包括对 TCP/IP 协议标准和相关文档的一系列注释和说明外，还包括政策研究报告、工作总结和网络使用指南等。

3. 我国 Internet 的发展情况

1987 年 9 月 20 日，钱天白教授发出了第一封电子邮件"越过长城，通向世界"，揭开了我国使用 Internet 的序幕。以后数年内由清华大学、中国科学院先后通过不同的研究渠道，实现了与欧洲和北美地区的 E-mail 通信。1994 年中国正式加入 Internet，并建立了中国顶级域名服务器，使中国进入 Internet 的时代。

1993 年底，我国有关部门决定兴建"金桥"、"金卡"、"金关"工程，简称"三金"工程。"金桥"工程是指国家公用经济信息通信网。"金卡"工程是指国家金融自动化支付及电子货币工程，该工程的目标和任务是用十余年的时间，在 3 亿城市人口中推广普及金融交易卡和信用卡。"金关"工程是指外贸业务处理和进出口报关自动化系统，该工程是用 EDI 实现国际贸易信息化，进一步与国际贸易接轨。后来，有关部门又提出"金科"、"金卫"工程等，正是这些信息工程的建设，带动了我国电信事业和 Internet 产业的新发展。

我国在 20 世纪 90 年代分别由邮电部、国家教委与中国科学院、电子工业部主持建设

4 大公用数据通信网,为我国 Internet 的发展创造了条件,形成了国家高速数据通信主干网。这 4 大公用数据通信网是:中国公用分组交换数据网(China PAC)、中国公用数字数据网(China DDN)、中国公用计算机互联网(China Net)和中国公用帧中继网(China FRN)。形成了国家高速数据通信主干网。

我国建成的 Internet 主要网络是:

(1) 中国科技网 CSTNet:前身是中国国家计算与网络设施(the National Computing and Networking Facility of China,NCFC),主要为国家科技界、政府部门和高新技术企业服务。NCFC 最重要的服务职能包括网络通信、域名注册,信息资源和超级计算服务。在国务院信息化领导小组的授权下,该网络控制中心运行 CNNIC 职能,负责我国的域名注册服务。

(2) 中国教育和科研网(China Education Research Network,CERNet):该网是 1994 年国家科委主持,由清华大学、北京大学等 10 所大学承担建设的面向教育科研单位使用的公益性计算机网络。CERnet 分为 4 级管理:全国主干网络中心、地区网络中心和地区主结点、省级教育科研网和校园网。

(3) 中国公用计算机互联网(ChinaNet):1995 年,由邮电部投资建设 China Net 并面向全国公众开放,提供国内网络基础设施和资源服务,经由路由器与 Internet 联通。1995 年 6 月正式运营,是中国民用计算机骨干网,提供多种途径和多种速率的接入方式。

(4) 国家公用经济信息网(China GBN):亦称金桥网,1996 年开始建设的中国第二个可商业运行的计算机互联网络,主要以企业为服务对象,为国家经济发展服务。该网络以光纤、卫星、微波、无线移动等多种通信方式,形成天地一体的网络模式,有力地推进了我国信息化事业的发展。

4. Internet 的发展趋势

Internet 的发展经历了研究网、运行网和商业网三个阶段。今天 Internet 已经渗透到社会各个方面,用户可以随时了解最新的气象消息、新闻动态和旅游信息,看到当天的报纸和最新的期刊、杂志,在家里购物、订机票、租车、订餐,给银行或信用卡公司汇款、转账、发电子邮件、到图书馆和各类数据库查询资料、享受远程教学、远程医疗等。

纵观 Internet 的发展,可以看出 Internet 发展趋势表现在运营产业化、应用商业化、互联全球化等,目前基于云计算、大数据技术,已经进入物联网时代。

5. Internet 的功能

从技术角度来看,Internet 包括了各种计算机网络互联,在全球范围内构成了一个四通八达的"网间网",形成了快速连通的"地球村"。在这个网络中,其核心的几个最大的主干网络组成了 Internet 的骨架,它们主要属于美国的 Internet 服务供应商,如 GTE、MCI、Sprint 和 AOL 等,通过主干网络之间的相互连接,建立起一个非常快速的通信网络,承担了网络上大部分的通信任务。每个主干网络间都有许多交汇的结点,这些结点将下一级较小的网络和主机连接到主干网络上,这些较小的网络再为其服务区域的公司或个人提供连接服务。

从应用角度来看,Internet 是一个世界规模的巨大的信息和服务资源网络,它能够为每一个 Internet 用户提供有价值的信息和其他相关的服务。也就是说,通过使用 Internet,

世界范围内的人们既可以互通信息、交流思想，又可以从中获得各方面的知识、经验和信息。

Internet 提供的主要功能有以下几种：

(1) 信息获取。通过 WWW、FTP、Gopher 等服务可以让用户从浩如烟海的 Internet 上获取科技、教育、商业和娱乐等任何领域的信息。

(2) 信息检索。针对网上如此庞大而繁杂的信息资源，Internet 提供了类似于图书馆目录的强大系统。如用户可以利用 Yahoo 搜索引擎按照自己习惯的方式查找各种线索，最终找到所需信息在 Internet 上的位置。

(3) 信息发布。采用多种方式将值得提供给他人共享的信息发送到 Internet 上。例如，新闻机构发布电子新闻，商家发布广告、市场调查报告，用人单位发布招聘信息，科研机构发布学术交流信息等。

(4) 邮件收发。这种通信方式具有价格低廉、迅速快捷、使用便利、内容多样性等优点，现已成为 Internet 上使用最广泛、最频繁的一种服务。邮件内容的形式不仅可以是文字信息，还可以是声音、图片等多媒体信息。

(5) 专题讨论。利用 Internet 上的新闻组和专题讨论组可以给共同关心某一主题的团体提供论坛，团体中的成员能够相互充分讨论和交流。

(6) 网上学习。渴望求知的人们可以到网上去上大学，可以从网上了解学校概况和专业课程设置情况等相关信息，阅读电子课本，在网上多种形式的教学辅导和讨论的帮助下获得技术知识，并完成相应的学业。

(7) 网上浏览。旅游前可以上网查找感兴趣的旅游点情况，确定旅游线路和日程表，准备必需品等。对于没有时间出游的旅客也可以在网上领略旅游胜地的风光和风土人情。

(8) 网上购物。进入网上商店可以选购自己所需的任何商品，例如在网上书店选购书籍，可以像在图书馆中一样先查阅目录，再通过一定的支付手段支付货款(如网上支付)，商家就会把商品送到购买者手中。

(9) 网上交友。使用网上的电子公告板 BBS、在线论坛、聊天室等功能，可以帮助人们在交流思想的同时，也结交志趣相投的朋友。

Internet 上的应用丰富多彩，除了上述应用之外，还有网上寻医问药、网上炒股、网上听音乐、网上看电影电视、网上打长途电话及传真、网上游戏等。

7.3.2　网络 IP 地址

Internet 实质上是把分布在世界各地的各种网络，如计算机局域网和广域网、数字数据通信网以及公用电话交换网等互相连接起来而形成的超级网络。然而，单纯的网络硬件互连还不能形成真正的 Internet，互联起来的计算机网络还需要有相应的软件才能相互通信，而 TCP/IP 协议就是 Internet 的核心。

1. Internet 地址的意义及构成

Internet 将位于世界各地的大大小小的物理网络通过路由器互连起来，形成一个巨大的虚拟网络。在任何一个物理网络中，各个站点的机器都必须有一个可以识别的地址，才能在其中进行信息交换，这个地址称为"物理地址"。网络的物理地址给 Internet 统一全网地址带来两个方面的问题：第一，物理地址是物理网络技术的一种体现，不同的物理网络，其物理地址的长短、格式各不相同，这种物理地址管理方式给跨越网络通信设置了障碍；第二，一般来说，物理网络的地址不能修改，否则，将与原来的网络技术发生冲突。

Internet 针对物理网络地址的现实问题采用由 IP 协议完成统一物理地址的方法。IP 协议提供了一种全网统一的地址格式。在统一管理下，进行地址分配，保证一个地址对应一台主机，这样，物理地址的差异就被 IP 层所屏蔽。因此，这个地址称为"Internet 地址"，也称为"IP 地址"，唯一标识网络中的每一台主机地址。

在 Internet 中，IP 地址所要处理的对象比局域网复杂得多，所以必须采用结构编址。地址包含对象的位置信息，采用的是层次型的结构。

Internet 在概念上可以分为三个层次，如图 7.12 所示。最高层是 Internet；第二层为各个物理网络，简称为"网络层"；第三层是各个网络中所包含的许多主机，称为"主机层"。这样，IP 地址便由网络号和主机号两部分构成，如图 7.13 所示。由此可见，IP 地址结构明显带有位置信息，给出一台主机的唯一地址，马上就可以确定它在哪一个网络上。

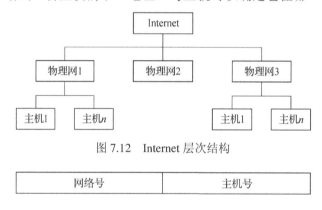

图 7.12　Internet 层次结构

网络号	主机号

图 7.13　IP 地址结构

IP 地址由 IP 协议规定，目前并行使用的有两个版本：IPv4 和 IPv6。IPv4 规定了计算机的 IP 地址由 32 位二进制数据组成；而 IPv6 规定了计算机的 IP 地址由 128 位二进制数据组成。由于历史原因，IPv4 至目前仍然为大量用户所使用，本节主要以 IPv4 版本(简称 IP 地址)进行介绍。

由图 7.13 可以看出，IP 地址包括网络号和主机号。如何将这 32 位的信息合理地分配给网络和主机作为编号，看似简单，意义却很重大。因为各部分的位数一旦确定，就等于确定了整个 Internet 中所包含的网络数量以及各个网络所能容纳的主机数量。

在 Internet 中，网络数量是难以确定的，但是每个网络的规模却比较容易确定。众所周知，从局域网到广域网，不同种类的网络规模差别很大，必须加以区别。Internet 管理委员会按照网络规模的大小，将 Internet 的 IP 地址分为 A、B、C、D 和 E 五种类型。其中，A、B、C 是主要的类型地址，称为基本地址。除此之外，还有两种次要类型的地址：一种是专供多目传送用的多目地址 D，另一种是扩展备用地址 E。这五类地址的格式如图 7.14 所示。

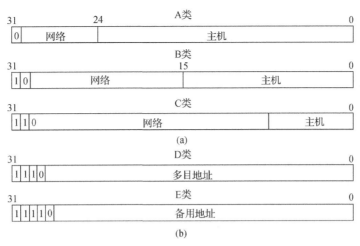

图 7.14　IP 地址分类

2. IP 地址的划分

由于 IP 地址是以 32 位二进制数的形式表示的，这种形式非常不适合阅读和记忆，为了便于阅读和理解 IP 地址，Internet 管理委员会采用了一种"点分十进制"表示方法来表示 IP 地址。也就是在面向用户的文档中，由 4 段(每段 1 个字节)构成的 32 位 IP 地址直观地表示为 4 个以"."(实心圆点)隔开的十进制整数。例如，用二进制数表示的 IP 地址为 01101101.10000000.11111111.11111110，对应的点分十进制数表示的 IP 地址就变成为 109.128.255.254，这样便于记忆和阅读。

Internet 网上计算机的 IP 地址分为两部分，即网络地址和主机地址。A、B、C 三类是常用地址，D 类为多点广播地址，E 类保留作研究之用。IP 地址的编码规定了一些特殊 IP 地址系统留用：全 0 地址表示本地网络或本地主机。全 1 地址表示广播地址，任何网站都能接收。所以除去全 0 和全 1 地址外：

A 类地址：有 126($2^7 - 2$)个网络地址，每个网络有 16 777 214 个主机地址；

B 类地址：有 16 382($2^{14} - 2$)个网络地址，每个网络有 65 534 个主机地址；

C 类地址：有 2 097 150($2^{21} - 2$)个网络地址，每个网络有 254 个主机地址。

除掉特殊地址，整个 Internet 网络用十进制数表示的各类 IP 地址范围如表 7-1 所示。

表 7-1　IP 地址的格式及范围

31	24	23	16	15	7	IP 地址的格式及范围
0	网　络		主　机			A 类地址：1.0.0.0～127.255.255.255
10		网　络		主　机		B 类地址：128.0.0.0～191.255.255.255
110		网　络			主　机	C 类地址：192.0.0.0～223.255.255.255
1110		多目广播				D 类地址：224.0.0.0～239.255.255.255
11110		保　留				E 类地址：240.0.0.0～254.255.255.255

3. IP 地址管理

根据 IP 地址的第一个字节，我们就可以判断它是 A 类、B 类还是 C 类地址。所有 IP

地址由 Internet 网络信息中心分配，即 Inter NIC(Internet Network Information Center)，它专门负责向提出 IP 地址申请的网络用户分配网络地址，然后，各网络管理者再在本网络内部对其主机号进行本地分配。世界上目前有三个网络信息中心：

(1) Inter NIC——负责美国及其他地区。

(2) Ripen NIC——负责欧洲地区。

(3) AP NIC——负责亚太地区。

任何一个用户如果想加入 Internet，就必须向网络信息中心 NIC 申请一个 IP 地址。

这 5 类地址各有特点，用户可以根据以下方法来区分各类地址：

(1) 看 IP 地址的前几个二进制位：若第一个二进制位为 0，则该 IP 地址为 A 类；若第一个二进制位为 1，则再看第二个二进制位，若为 0，该 IP 地址为 B 类；若前两个二进制位为 11，则再看第三个二进制位，若为 0，该 IP 地址为 C 类；若前三个二进制位为 111，则再看看第四个二进制位，若为 0，该 IP 地址为 D 类，若为 1，则该 IP 地址为 E 类。

(2) 看 IP 地址的第一个字节段的十进制位：若为 1～126，则该 IP 地址为 A 类；若为 128～191，则该 IP 地址为 B 类；若为 192～223，则该 IP 地址为 C 类；若为 224～239，则该 IP 地址为 D 类；若为 240～254，则该 IP 地址为 E 类。

Inter NIC 由 AT&T 拥有和控制，访问者可以利用电子邮件地址 mailserv@ds.internic.net 访问 Inter NIC。

7.3.3 域名系统

1. 域名系统与主机命名

在 Internet 中，由于采用了统一的 IP 地址，才使网上任意两台主机的上层软件能够相互通信。这就是说，IP 地址为上层软件提供了极大的方便。然而，像电话号码一样，IP 地址用十进制表示时，一个 IP 地址具有十几位整数，数量范围从 0～43 亿，要记住用这类抽象数字表示的 IP 地址是十分困难的。为了给一般用户提供一种直观明了的主机识别符，TCP/IP 协议专门设计了一种字符型的主机命名机制，也就是给每台主机一个有规律的名字，这种主机名相对于 IP 地址来说是一种更为高级的地址形式，称为"域名系统"。

Internet 的域名系统除了给每台主机一个容易记忆、具有规律的名字，以及建立一种主机名与计算机 IP 地址之间的映射关系外，域名系统还能够完成咨询主机各种信息的工作。另外，几乎所有的应用层协议软件都要使用域名系统。例如，远程登录 Telnet、文件传送协议 FTP 和简单邮件传送协议 SMTP 等。

与 IP 地址相比，人们更喜欢使用由字符串组成的计算机名。在 Internet 中，人们可以用各种各样的方式来命名自己的计算机。尽管许多人都喜欢用简短的名字来命名自己的计算机，但是为了避免在 Internet 上出现多台计算机重名的问题，人们不得不使用较长一些的名字来命名，即在每个名字后面加入另外的一些字符串作为后缀。因此，一台计算机的全名是由其局部名字后面跟一个圆点和其公司或组织的名字组成的。

2. Internet 域名系统的规定和管理

IP 地址由软件使用，而网络用户希望用名字来标识主机，从而便于记忆和使用。Internet

的域名系统(Domain Name System，DNS)，就是为这种需要而开发的。

　　DNS 是一种分层命名系统，名字由若干标号组成，标号之间用圆点分隔。最右边的标号是主域名，最左边的标号是主机名。中间的标号是各级子域名，从左到右按由小到大的顺序排列。典型的域名结构如下：

　　主机名.单位名.机构名.国家名

　　例如：www.xust.edu.cn 是一个域名，从右到左分别是：顶级域名 cn 表示中国，子域名 edu 表示教育科研网，xust 表示单位名西安科技大学，www 表示 web 主机。

　　最高一层的主域名由 Inter NIC 管理，表 7-2 是 Inter NIC 管理的国际级主域名。主域名也包含国家代码，表 7-3 列出了部分国家和地区的主域名代码，查表可得中国的代码为 CN，美国的代码是 US 等。

表 7-2　主域名的约定

域名标识	含　义	域名标识	含　义
.com	商业组织等盈利性组织	.firm	商业组织或公司
.net	网络和网络服务提供商	.stop	提供货物的商业组织(原名.STORE)
.edu	教育机构、学术组织、国家科研中心等	.web	WEB 有关的组织
.gov	政府机关或组织	.arts	文化娱乐组织
.mil	军事组织	.rec	娱乐消遣组织
.org	非盈利组织(例如技术支持小组)	.info	信息服务组织
.int	国际组织	.nom	个人

表 7-3　部分国家和地区代码

域名代码	国家或地区	域名代码	国家或地区	域名代码	国家或地区
at	奥地利	ie	爱尔兰	uk	英国
au	澳大利亚	il	以色列	us	美国
ca	加拿大	it	意大利	hk	香港(中国)
ch	瑞士	fr	法国	ru	俄罗斯
cn	中国	gr	希腊	om	印度
dk	丹麦	jp	日本	de	德国
es	西班牙	nz	新西兰		

　　域名到 IP 地址的变换由分布式数据库系统 DNS 服务器实现。一般子网中都有一个域名服务器，该服务器管理本地子网所连接的主机，也为外来的访问提供 DNS 服务。这种服务采用典型的客户机/服务器访问方式。客户机程序把主机域名发送给服务器，服务器返回对应的 IP 地址。有时被询问的服务器不包含查询的主机记录，根据 DNS 协议，服务器会提供进一步查询的信息，也许是包括相近信息的另外一台 DNS 服务器的地址。

　　特别需要指出的是域名与网络 IP 地址是两个不同的概念。虽然大多数联网的主机不仅有唯一的网络 IP 地址，而且还有一个域名，但是也有一部分主机没有网络 IP 地址，只有域名。这种计算机用电话线连接到一个有 IP 地址的主机上(电子邮件网关)，通过拨号方式访问 IP 主机，只能发送和接收电子邮件。

在 Internet 中，域名的管理也是层次型的。由于管理机构是逐层授权的，所以最终的域名都能得到 NIC 承认，并成为 Internet 中的正式名字。整个 Internet 的域名构成一个树状结构，其中树根作为唯一的中央管理机构(NIC)是未命名的，不构成域名的一部分。这样，在二级域名下又划分第三极域名，如此形成树形的多级层次结构，如图 7.15 所示。

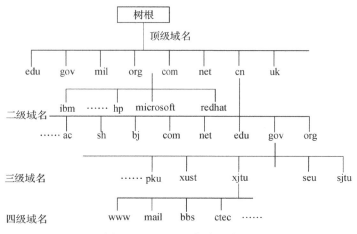

图 7.15　Internet 的域名结构

由于主域名的数量有限，在目前的 Internet 中，即便考虑到全世界一百多个国家和地区的地理域名，再加上 9 个组织结构型域名，总共也不会超过 200 个。而且这些域名均已做出了标准化的规定，使 NIC 对这些域名的管理非常简便。因此，Internet 管理委员会决定将子域名也纳入 NIC 进行集中管理。

3. 我国互联网的域名规定

我国成立了"中国互联网络信息中心(China Network Information Center，CNNIC)"，并颁布了中国互联网的域名规定。国务院信息化工作领导小组办公室于 1997 年 6 月 3 日在北京主持召开"中国互联网络信息中心成立暨《中国互联网络域名注册暂行管理办法》发布大会"，宣布中国互联网络信息中心工作委员会成立，并发布《中国互联网络域名注册暂行管理办法》和《中国互联网络域名注册实施细则》。CNNIC 自成立之日起，负责我国境内的互联网络域名注册、IP 地址分配、自治系统号分配、反向域名登记注册等注册服务，同时还提供有关的数据库服务及相关信息与培训服务。

CNNIC 由国内知名专家和国内 4 大互联网络 CHINANET、CERNET、CSTNET 和 CHINAGBN 代表组成。它是一个非盈利性管理和服务机构，负责对我国互联网的发展、方针、政策及管理提出建议，协助国务院信息化办公室实施对中国互联网络的管理。

根据已发布的《中国互联网络域名暂行管理办法》，中国互联网络域名体系最高级为 CN。子域名共有 40 个，分为 6 个"类别域名"(如 BJ、SH、TJ、SX 等)。原来一些与此不符的旧的子域名(如 CO.CN、OR.CN 等)将停止注册并改用新名。子域名中除了 EDU 的管理和运行由 CERNET 网络中心负责之外，其余由 CNNIC 负责。有关中国域名规定的详细资料可查询 CNNIC 的 WWW 站点：http://www.cnnic.net.cn。

7.3.4　Internet 接入方式

1. 骨干网和接入网的概念

宽带网络，既宽带互联网，指为用户实现传输速率超过 2 Mb/s、24 h 连接的非拨号接入而存在的网络服务。宽带网络可以分为骨干网和接入网两部分。

(1) 骨干网指为所有用户共享，传输骨干网数据的网络，它通常由传输量大的光纤作为传输介质，由高速设备互联，实现城市或者国家之间的数据传输。

(2) 接入网通常被称为最后一千米的连接，指的是骨干网和用户终端之间的连接。

2. 传统接入技术

任何一台计算机要想接入 Internet 网络，只要以某种方式与已经接入 Internet 网络的一台主机进行连接即可。有很多专门的公司(如电信机构)从事这种接入服务，它们被称为 ISP(Internet Server Provider)。接入服务提供者 ISP 一般具备 3 个条件。

(1) 它有专线与 Internet 网络相接。

(2) 它有运行各种服务程序的主机，这些作为服务器的主机连续运行，可以随时提供各种服务。

(3) 它有地址资源，可以给申请的用户分配 IP 地址。

具体的接入方式可以分为远程终端方式、拨号 IP 方式和专线方式。前两种适用于单机的接入，第三种适用于局域网的接入。

1) 单机接入

(1) 远程终端接入方式。这种接入方式可以运用于计算机的单机接入。它是指利用 DOS 或 Windows 下的通信软件，把计算机与 Internet 网络上的一台主机相连作为它的一个远程终端，其功能与主机的真正终端完全相同。

(2) IP 拨号方式。这种方式也是利用电话线拨号上网，通信软件有两种：一种是串行线 Internet 协议(Serial Line Internet Protocol，SLIP)，称做 SLIP 连接；另一种是点对点协议(Point to Point，PPP)，称做 PPP 连接。这种方式的连接方法需在接入提供机构申请 IP 地址、用户标识和口令等。这里申请的 IP 地址有静态 IP 地址和动态 IP 地址两类。前者是分配给用户一个专用的 IP 地址，后者是在拨号上网时临时分配的一个地址，断开以后不再占用的地址，以后再上网时再另行分配地址。目前大多数用户都是通过 IP 拨号方式使自己的计算机与 Internet 网络相连。

2) 局域网接入

局域网应用十分广泛，如果把局域网和 Internet 网络上的主机相连，就可以使网上的每台工作站直接访问 Internet 网络。由于局域网的种类和使用的软件系统不同，可以分成两种情况：

(1) 一种是网上工作站共享服务器的 IP 地址，简称共享地址。

(2) 另一种是每个工作站都有自己独立的 IP 地址，简称独立地址。

3. 宽带接入技术

1) 基于铜线的 xDSL 接入技术

数字用户环路(Digital Subscriber Line，DSL)技术是基于普通电话线的宽带接入技术，它在同一铜线上分别传送数据和语音信号，数据信号不通过电话交换设备，减轻了电话交换机的负载，并且不需要拨号，一直在线，属于专线上网，省去了拨号昂贵的电话费用。

xDSL 中 x 代表各种数字用户环路技术，包括 ADSL、RADSL、HDSL、VDSL 等。

VDSL、ADSL、RDSL 属于非对称式传输。其中 VDSL 技术最快，在一对铜质双绞线电话线上，下行速率为 13～52 Mb/s，上行数据速率为 1.5～2.3 Mb/s，但其距离只在几百米以内；ADSL 在一对铜线上支持上行速率 640 kb/s～1 Mb/s，下行速率 1 Mb/s～8 Mb/s，有效传输距离在 3～5 km 范围内，是目前应用最多的一种方式；RADSL 则可以根据距离和铜线的质量动态调整速率。

采用不对称传输时因为在 Internet 的各种应用中，例如视频点播 VOD、软件下载等，用户下载的信息往往要比上传的信息要多得多。

ADSL 适用普通电话线来传输数据，设备安装简单，用户只需将 ADSL Modem 串接在计算机网卡和电话之间，配置好机器的 IP、DNS 等参数即可。

2) 光纤同轴混合技术

光纤同轴混合(Hybrid Fiber Coaxial，HFC)系统是在传统的同轴电缆 CATV 技术基础上发展起来的，它利用普通的 CATV 电缆外加 Cable Modem(电缆调制解调器)实现用户和 Internet 的连接，从而实现利用已有的有线电视网络实现高速数据接入。

HFC 系统比光纤接入成本要低，并有铜缆和双绞线无法比拟的传输带宽，通常为 750 MHz～1 GHz，传输速度可以达到 3～50 Mb/s，传输距离为 100 km 甚至更远。

3) 光纤接入

光纤传输系统具有传输信息容量大、传输损耗小、抗干扰能力强等优点，是实现宽带业务的最佳方式。目前在已经投入的光纤接入应用中，有光纤到路(FTTC)、光纤到楼(FTTB)和光线到户(FTTH)3 种，但因为光纤接入技术复杂，投资高，一般用户难以承受，所以实际得到广泛应用的只是前两种。

4) 无线接入

无线接入分为固定无线接入和移动无线接入。固定无线接入又称为无线本地环路(Wireless Local Loop，WLL)，利用无线设备直接接入公用电话网，微波一点多址、卫星直播系统都属于固定无线接入的范畴。

移动无线接入是近年才发展起来的一种新型接入方式，是笔记本电脑、智能手机等移动终端对 Internet 接入要求不断增加而产生的。

相对手机而言，利用原有的 GSM(Global System For Mobile Communication)网络的通用无线分组业务(General Packet Radio Service，GPRS)和利用 CDMA(Code-Division Multiple Access)网络实现网络接入的 3G\4G(3\4rd Generation)应用已经如火如荼。对于计算机，无线局域网技术(Wireless LAN，WLAN)则成为了新兴的技术热点。WLAN 遵循 IEEE 的 802.11 标准，为移动用户提供高速率移动接入。目前 802.11 被分为 3 个标准：802.11a、802.11b 和 802.11g，分别提供 5 Mb/s、12 Mb/s 和 56 Mb/s 的接入速度，更多的标准正在开发中。

WLAN 要求用户安装有支持无线收发的无线适配器(无线网卡 WNIC)和相应的芯片组

无线接入点(Wireless Network Access Point，AP)，在无线信号的"热点"区域内即可登录网络，如目前广泛使用的 WIFI(Wireless Fidelity)。

7.4　Internet 的应用

7.4.1　WWW 概念及应用

WWW(World Wide Web)的简称是 Web，也称为"万维网"，是一个在 Internet 上运行的全球性分布式信息系统。WWW 是目前 Internet 上最方便和最受用户欢迎的信息服务系统，它的影响力已经远远超出了专业技术的范畴，并且已经进入到广告、新闻、销售、电子商务与信息服务等各个行业和领域。WWW 通过 Internet 向用户提供基于超媒体的数据信息服务。它把各种类型的信息有机地集成起来，以供用户浏览和查询。

WWW 诞生于瑞士日内瓦的欧洲粒子物理实验室(CERN)，1989 年实现了第一个基于文本的 Web 原型，并将它作为高能物理学界科学家们交流的工具。WWW 的信息结构是网状的，是一种基于超文本方式的信息查询服务系统，建立在客户机服务器模型之上，以 HTML 语言和 HTTP 协议为基础，能够提供面向各种 Internet 服务用户界面的信息浏览系统。

1. Web 网站与网页

WWW 实际上就是一个庞大的文件集合体，这些文件称为网页，存储在 Internet 上的成千上万台计算机中。提供网页的计算机被称为 Web 服务器，又称网站、网点。

2. HTTP 协议

为了将网页的内容准确无误地传送到用户的计算机上，在 Web 服务器和用户计算机之间必须使用一种特殊的"语言"进行交流，这就是超文本传输协议 HTTP。

HTTP 负责用户与服务器之间的超文本数据传输，HTTP 是 TCP/IP 协议组中的应用层协议，建立在 TCP 之上，它面向对象的特点和丰富的操作功能，能满足分布式系统和多种类型信息处理的要求。

3. 超文本与超级链接

对于文字信息的组织，通常都是采用有序的排列方法，比如一本书，读者一般是从书的第一页到最后一页顺序地查询所需要了解的知识。随着计算机技术的发展，人们不断推出新的信息组织方式，以方便人们对各种信息的访问，超文本就是其中之一。超文本就是指它的信息组织形式不是简单的按顺序排列，而是用由指针链接的复杂的网状交叉索引方式，对不同来源的信息加以链接。可以链接的有文本、图像、动画、声音或影像等，而这种链接关系则称为"超链接"。所有的网页都是用超文本标识语言(Hyper Text Markup Language，HTML)编写出来的。HTML 是一种强有力的文档处理语言，它不是一种程序设计语言。HTML 文档本身是文本格式的，用任何一种文本编辑器都可以对它进行编辑。

用户通过浏览器从某个网站上看到的第一个网页被称为主页。主页是指个人或某个机构的基本信息页面，通常在主页上显示了网站的主要服务功能，当鼠标指向它们时，鼠标指针变成手形。手形鼠标所指向的部分，往往是带下划线的文字，有时也会是图形、动画等，我们称之为超级链接。当鼠标单击超级链接时，浏览器会显示出与该超级链接相关的网页、声音、动画、影片等类型的网络资源。

4. 超文本传输协议 HTTP

由于 WWW 支持各种数据文件，当用户使用各种不同的程序来访问这些数据时，就会变得非常复杂。此外，对于用户的访问，还要求具有高效性和安全性。因此，在 WWW 系统中，需要有一系列的协议和标准来完成复杂的任务，这些协议和标准就称为 Web 协议集，其中一个重要的协议就是 HTTP。

超文本传输协议 HTTP 负责用户与服务器之间的超文本数据传输。HTTP 是 TCP/IP 协议组中的应用层协议，建立在 TCP 之上，它面向对象的特点和丰富的操作功能，能满足分布式系统和多种类型信息处理的要求。

7.4.2 IE 浏览器的使用

很多公司都开发了自己的浏览器。目前最常用的是微软公司的 Internet Explorer(以下简称 IE)。微软公司为了推广 IE，在 Windows 98 操作系统中捆绑了 IE 4.0，而在 Windows 98 第二版和 Windows 2000 中则捆绑了 IE 5.0，Windows ME 中捆绑了 IE 5.5，Windows XP 中捆绑了 IE 6.0，在 Windows 7 中通过系统更新可以获得 IE 9 版本。本小节以最新的 IE 9 为例介绍基本使用技巧，更高版本的 IE 建议自学。

1. IE 9 的使用

网景公司的 Netscape Navigator 最早发布于 1994 年 12 月，红极一时。次年 1 月微软公司发布 IE，此款浏览器是专门应对网景公司而开发的，随着时间的推移和微软公司一系列的商业手段，IE 现在已经占据了浏览器市场的大部分份额。图 7.16 显示 IE 9 的主界面。IE 9 功能强大，使用非常方便，这里只介绍部分常用功能。

图 7.16   IE 9 主界面

1) 访问网页

在地址栏中输入要访问的网址，地址栏的右边有一个下拉箭头，单击它可列出曾经浏览过的网页，从中选择需要的地址后按回车键，即可浏览此网页。

地址栏是输入和显示网页地址的地方。Internet 地址(称为 URL 即统一资源定位地址)通常以协议名开头，后面是负责管理该站点的组织名称，后缀则标识该组织的类型。例如：地址"http://www.xust.edu.cn"提供下列信息：

- http：这台 Web 服务器使用 HTTP 协议。
- WWW 该站点在 World Wide Web 上。
- xust 该 Web 服务器位于西安科技大学。
- edu 属于教育机构。
- cn 代表中国。

所有的 Web 地址都以"http://"开头，但也可将其省略，IE 会自动把它输入进去。

Internet 中的网页最有特色的就是页面中嵌入的超级链接，只要进入任何一个 Web 页面，会发现许许多多的超级链接，它们本身可以是文本、图形等。判断链接的方法是将鼠标指向文本或者图形，指针变成小手的形状，此处即为链接点，单击就可以打开目标文件。

在 Explorer 中除了网页本身提供的超级链接可以实现页面间的跳转之外，还可以利用工具栏"前进"和"后退"按钮在访问过的页面之间跳转。单击"前进"和"后退"按钮右边的箭头，可实现页面间的快速跳转。

2) 创建网页快捷方式

为某个网页创建快捷方式，这样可以直接连接到该网页。在需要创建快捷方式的当前页面上单击鼠标右键，弹出快捷菜单，选择"创建快捷方式"。

3) 打印网页

IE 9 提供打印网页的功能，选择要打印一部分或者全部。利用"工具"弹出菜单选择"打印"即可打印出选择的内容，注意打印之前要对页面的打印属性进行设置。也可以在页面上单击鼠标右键，在弹出的快捷菜单上选择"打印"命令进行页面内容打印。

4) 保存网页

将当前页面保存在计算机可以使用"工具"弹出菜单里的"文件"菜单，单击"另存为"，指定要保存的路径，输入保存的文件名即可保存该网页了。同时还可以将网页上的图片设置为墙纸、保存网页上的图片和背景图片，这些都可以通过右击弹出快捷菜单，选择相应选项来完成。注意：无论是从网页上保存的图片还是背景图案，在制作网页时均可用作背景图案。

5) 搜索网页

在 Internet 上浏览可以得到丰富的信息。但对于用户来说，并不是漫无目的的浏览网页，而是根据需要查找感兴趣的信息。如果只是想查找与当前查看的 Web 页相似的 Web 页，可以使用"工具"菜单的"显示相关站点"选项来进行搜索；也可以通过工具栏的"搜索"按钮，输入关键词，选择搜索引擎，进行搜索；还可以直接在地址文本框中先键入"go"、"find"或"？"，再键入要搜索的单词或短语，按回车键之后，IE 将使用预置的搜索提供商进行搜索。

6) 查看历史记录

IE 9 的历史记录中自动存储了已经打开过的 Web 页的详细资料。点击收藏夹中的“历史记录”按钮，在浏览列表中选择要访问的网页标题，就可以快速打开这个网页，查看以前浏览过的信息。

7) 其他功能

另外，IE 9 还提供很多其他功能，例如通过使用“收藏”工具可以完成向收藏夹中添加网址、整理收藏夹、脱机浏览网页等功能。

2. IE 9 的设置

第一次启动 IE 时会自动启动 Internet 连接向导，通过向导的提示，可以快捷地连接到 Internet。下面介绍 IE 9 的设置过程。

IE 9 是典型的 Windows 风格窗口，这里不再赘述其各部分的操作，主要介绍如何设置它的属性。在 IE 9 界面，选择“工具”按钮，在弹出的菜单中点击“Internet 选项”，弹出“Internet 选项”窗口(如图 7.17 所示)。

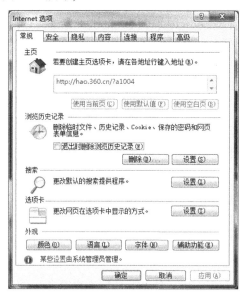

图 7.17　“Internet 选项”窗口

“常规”选项卡中，可以在地址栏输入最常用的一个网址，以后每次打开 IE，会自动访问这个网址。IE 会将访问过的网址的信息保存在一个临时文件里，以方便以后访问，在这里可以删除这些临时文件，提高浏览速度。“历史记录”选项中可以设置网页保存在历史记录中的天数。

“安全”选项卡可以设置查看信息的权限。在这里，不同的站点有不同的权限，其中可信站点的安全度最低，受限站点的安全度最高。用户可通过单击“站点”按钮来设置具体的可信站点和受限站点。

“隐私”选项卡是用来调整 Cookies 的级别，Cookie 是一种能够让网站服务器把少量数据储存到客户端的硬盘或内存，或是从客户端的硬盘读取数据的一种技术。Cookies 是当你浏览某网站时，由 Web 服务器置于你硬盘上的一个非常小的文本文件，它可以记录你的用户 ID、密码、浏览过的网页、停留的时间等信息。当你再次来到该网站时，网站通过读取 Cookies，得知你的相关信息，就可以做出相应的动作，如在页面显示欢迎你的标语，或者让你不用输入 ID、密码就直接登录等等。

"内容"选项卡的"分级审查"选项可对不同站点设置不同的访问权限。通过设置密码，来设定访问权限。

"连接"选项卡是设置连接方式的。如果计算机的连接是采用单机连接方式，也就是单独用一台计算机利用拨号或专线直接和 Internet 连接，那么可以单击"建立连接"按钮，利用"连接向导"重新建立一个新的连接。如果计算机是通过局域网与 Internet 连接，那么可以单击"局域网设置"按钮来修改或设定代理服务器的 IP 地址及端口地址等。

"程序"选项卡可设置与 IE 相关的 Internet 服务程序，如默认浏览器的确认、加载项的管理及 HTML 编辑器服务程序等。不过这里一般都取默认值。

"高级"选项卡设置 IE 浏览信息的方式，主要用于完成 IE 对网页浏览的特殊控制。至此，已经完成了最基本的设置，能够上网畅游一番了。

7.4.3　信息搜索与搜索引擎的使用

Internet 中的信息是海量的，要在数以万计的网站中浏览，找到需要的信息是一件十分困难的事情，这时需要用搜索引擎。搜索引擎是一种特殊的站点，是某些网站提供的用于网上查询的程序，其主要任务是帮助用户寻找特定的信息，提供信息查询和信息导航服务。搜索引擎周期性地在 Internet 上收集新的信息，并将其分类存储，这样搜索引擎所在的计算机上，就建立了一个不断更新的数据库。用户在搜索特定信息时，实际上是借助搜索引擎在这个数据库中查找。

1. 搜索引擎的工作原理

搜索引擎并不真正搜索互联网，它搜索的实际上是预先整理好的网页索引数据库。真正意义上的搜索引擎，通常指的是收集了互联网上几千万到几十亿个网页并对网页中的每一个词(即关键词)进行索引，建立索引数据库的全文搜索引擎。当用户查找某个关键词的时候，所有在页面内容中包含了该关键词的网页都将作为搜索结果被搜索出来。在经过复杂的算法进行排序后，这些结果将按照与搜索关键词的相关度高低，依次排列。

搜索引擎的原理，可以看做三步：从互联网上抓取网页、建立索引数据库、在索引数据库中搜索排序。

1) 从互联网上抓取网页

利用能够从互联网上自动收集网页的 Spider(蜘蛛)程序，自动访问互联网，并沿着任何网页中的所有 URL 抓取其他网页，重复这个过程，并把抓取的所有网页收集回来。

2) 建立索引数据库

由分析索引系统程序对收集回来的网页进行分析，提取相关网页信息(包括网页所在 URL、编码类型、页面内容包含的关键词、关键词位置、生成时间、大小、与其他网页的链接关系等)，根据一定的相关度算法进行大量复杂计算，得到每一个网页针对页面内容中及超级链接中每一个关键词的相关度(或重要性)，然后用这些相关信息建立网页索引数据库。

3) 在索引数据库中排序

当用户输入关键词搜索后，由搜索系统程序从网页索引数据库中找到符合该关键词的所有相关网页。因为所有相关网页针对该关键词的相关度早已算好，所以只需按照现成的相关度数值排序，相关度越高，排名越靠前。最后，由页面生成系统将搜索结果的链接地址和页面内容摘要等内容组织起来返回给用户。

搜索引擎的 Spider 一般要定期重新访问所有网页(各搜索引擎的周期不同，可能是几天、几周或几个月，也可能对不同重要性的网页有不同的更新频率)，更新网页索引数据库，以反映出网页内容的更新情况，增加新的网页信息，去除死链接，并根据网页内容和链接关系的变化重新排序。这样，网页的具体内容和变化情况就会反映到用户查询的结果中。

2. 搜索引擎的分类

不同的搜索引擎有不同的特点，根据其工作原理分为如下两类。

1) 全文搜索引擎

全文搜索引擎又叫做独立搜索引擎，是从网站上提取信息建立网页数据库。这类搜索引擎按用户输入的搜索关键字在网站和网页间搜索，将与关键字匹配的网站和网页列出，供用户选择。搜索引擎的自动信息搜集功能分两种。一种是定期搜索，即每隔一段时间(比如 Google 一般是 28 天)搜索引擎主动派出 Spider 程序，对一定 IP 地址范围内的互联网站进行检索，一旦发现新的网站，它会自动提取网站的信息和网址加入自己的数据库。

另一种是提交网站搜索，即网站拥有者主动向搜索引擎提交网址，它在一定时间内(2 天到数月不等)定期向搜索网站派出 Spider 程序，扫描网站并将有关信息存入数据库，以备用户查询。由于近年来搜索引擎的索引规则发生了很大变化，主动提交网址并不保证网站能进入搜索引擎数据库，因此目前最好的办法是多获得一些外部链接，让搜索引擎有更多机会找到并自动将其他网站收录。

当用户以关键词查找信息时，搜索引擎会在数据库中进行搜寻，如果找到与用户要求内容相符的网站，便采用特殊的算法：通常根据网页中关键词的匹配程度，出现的位置、频次、链接质量等计算出各网页的相关度及排名等级，然后根据关联度高低，按顺序将这些网页链接返回给用户。

2) 索引搜索引擎

索引搜索引擎又称为元搜索引擎，是一种搜索其他目录搜索网站的引擎。它将查询请求格式化为每个目录搜索网站能接受的适当格式，然后发出查询请求，能同时使用多个常用的搜索引擎，但本身不具有搜索用的网页数据库(如百度)。目录索引引擎将网站分门别类地存放在相应的目录中，因此用户在查询信息时，可选择关键词搜索，也可按分类目录逐层查找。如以关键词搜索，返回的结果跟搜索引擎一样，也是根据信息关联程度排列网站，只不过其中人为因素要多一些。如果按分层目录查找，某一目录中网站的排名一般是由标题字母的先后顺序决定(也有例外)。

与全文搜索相比，目录索引有许多不同之处。

首先，全文搜索属于自动网站检索，而目录索引则完全依赖手工操作。用户提交网站后，目录编辑人员会亲自浏览该网站，然后根据一套自定的评判标准甚至编辑人员的主观印象，决定是否接纳该网站。

其次，全文搜索引擎收录网站时，只要网站本身没有违反有关的规则，一般都能登录成功。而目录索引对网站的要求高得多，有时即使登录多次也不一定成功。尤其像 Yahoo 这样的超级索引，登录更是困难。此外，在登录搜索引擎时，我们一般不用考虑网站的分类问题，而登录目录索引时则必须将网站放在一个最合适的目录里。

最后，全文搜索引擎中各网站的有关信息都是从用户网页中自动提取的，所以用户拥有更多的自主权；而目录索引则要求必须手工另外填写网站信息，而且还有各种各样的限制。更有甚者，如果工作人员认为你提交网站的目录、网站信息不合适，就可以随时对其进行调整。

目前，搜索引擎与目录索引有相互融合渗透的趋势。原来一些纯粹的全文搜索引擎现在也提供目录搜索，如 Google 就借用 Open Directory 目录提供分类查询。而像 Yahoo 这些老牌目录索引则通过与 Google 等搜索引擎合作扩大搜索范围。在默认搜索模式下，一些目录类搜索引擎首先返回的是自己目录中匹配的网站，如国内搜狐、新浪、网易等；而另外一些则默认的是网页搜索，如 Yahoo。

通过以上的学习我们应该有这些概念：搜索引擎只能搜到它网页索引数据库里储存的内容；如果搜索引擎的网页索引数据库里应该有而你没有搜索出来，那就是搜索能力问题，学习搜索技巧可以大幅度提高搜索能力。

3. 使用搜索引擎的技巧

要完成有效的搜索，首先应当确定要搜索什么。下面介绍一些搜索的技巧，帮助用户决定使用哪个正确的搜索网站，以及如何获得更有效的搜索结果。

(1) 如果主题范围小，不妨简单地使用两三个关键词。

(2) 如果不能准确地确定搜索的是什么或搜索的主题范围很广，不妨使用 Yahoo 一类的目录搜索。

(3) 尽可能缩小搜索范围，许多搜索网站只允许在网页中搜索，或只在新闻组中搜索，或只在某个特定地理区域搜索。

(4) 如果搜索返回了太多结果，却不能简单缩小搜索范围，不妨使用索引搜索引擎。另外，可充分使用操作符改善搜索过程。

一旦确定了搜索内容，下一步是如何有效地输入搜索内容。许多搜索网站允许使用布尔操作符。布尔操作符提供了一种包括或排除关键字的方法，以及搜索引擎翻译关键字的方法。

大多数搜索引擎提供了如何使用引擎的提示，以及如何在搜索中输入布尔操作符的相应语法。

下列操作适合绝大部分搜索引擎，它们将帮助用户获得最佳搜索结果。

① AND(与)操作，常用操作符为“+”或“&”。例如“网络＋习题”，表示要查询同时含有关键词“网络”和“习题”的网站。

② OR(或)操作，常用操作符为“，”或“空格”。例如“网络，习题”，表示要查询含有关键词“网络”或者“习题”的网站。

③ NOT(非)操作，常用操作符为“—”。例如“网络—习题”，表示要查询含有关键词“网络”，但不含有关键词“习题”的网站。

4. 常用的搜索工具

前一节介绍了如何利用 IE 进行搜索,本节介绍其他一些方法。在 Internet 上有许多站点可提供搜索引擎,通常人们就把这些站点称为搜索站点,如著名的 Google、Yahoo、Sohu、百度等。下面重点介绍其中的 Google 和百度搜索引擎。

1) Google 搜索引擎

Google 成立于 1998 年,数年来逐渐发展成为目前全球最大、最受欢迎、使用率和搜索精度最高的全文搜索引擎。它是由两位斯坦福大学的博士生 Larry Page 和 Sergey Brin 创立的。Google 这个词是由英文单词"googol"变化而来。"googol"是美国数学家 Edward Kasner 的侄子 Milton Sirotta 创造的一个词,表示 1 后边带有 100 个零的数字。使用这个词代表公司想征服网上无穷无尽资料的雄心。Google 通过自己的公共站点 www.google.com 提供服务(中文主页如图 7.18 所示),同时还为信息内容供应商提供联合品牌的网络搜索解决方案。

图 7.18　Google 中文主界面

Google 目录中收录了 10 多亿个网址,这在同类搜索引擎中是首屈一指的。这些网站的内容涉猎广泛,无所不有。与大多数其他搜索引擎不同的是,Google 只显示相关的网页,其正文或指向它的链接包含用户所输入的所有关键词,而无须再受其他无关结果的烦扰。而且,Google 最擅长于为常见查询找出最准确的搜索结果,只需要使用"手气不错(tm)"按钮,会直接进入最符合搜索条件的网站,省时又方便。另外,Google 储存的网页快照可以帮助用户在当存有网页的服务器暂时出现故障的时候仍可浏览该网页的内容,如果找不到服务器,Google 储存的网页快照也可救急。虽然网页快照中的信息可能不是最新的,但在网页快照中查找资料要比在实际网页中快得多。

2) 百度搜索引擎

百度是全球最大的中文搜索引擎。1999 年底,百度成立于美国硅谷,它的创建者是在美国硅谷有多年成功经验的李彦宏先生和徐勇先生。2000 年百度公司回国发展。为国内著名的门户网站提供服务,如搜狐、新浪、猎豹等。百度的起名,来自于"众里寻她千百度"

的灵感，它寄托着百度公司对自身技术的信心。

百度公司是中国互联网领先的软件技术提供商和平台运营商。国内提供搜索引擎的主要网站中，超过 80% 由百度提供。百度搜索引擎使用了高性能的"蜘蛛程序"自动地在互联网中搜索信息，可定制、高扩展性的调度算法使得搜索器能在极短的时间内收集到最大数量的互联网信息。采用全球独有的超链分析技术，使搜索结果更加准确。超链分析就是通过分析链接网站的多少来评价被链接的网站质量，这保证了用户在百度搜索时，越受用户欢迎的内容排名越靠前。

百度的网址是 www.baidu.com，图 7.19 所示是它的主页。百度约有 9000 万中文网页，每两周更新一次。它在中国各地和美国均设有服务器，搜索范围涵盖了中国大陆、香港、台湾、澳门、新加坡等华语地区以及北美、欧洲的部分站点。百度搜索引擎拥有目前世界上最大的中文信息库，总量达到 1 亿 2 千万页以上，并且还在以每天几十万页的速度快速增长，提供了具有特色、符合中国人习惯的服务。

图 7.19　百度主界面

中文搜索自动纠错功能，如果用户误输入错别字，可以自动给出正确关键词提示。

百度快照是另一个广受用户欢迎的特色功能，解决了用户上网访问经常遇到死链接的问题：百度搜索引擎已先预览各网站，拍下网页的快照，为用户储存大量应急网页。即使用户不能链接上所需网站时，百度为用户暂存的网页也可救急。而且通过百度快照寻找资料往往要比常规方法的速度快得多。

百度还有其他多项体贴普通用户的功能，包括相关搜索、中文人名识别、简繁体中文自动转换、网页预览等。还有新增加的专业的 MP3 搜索、Flash 搜索、新闻搜索、信息快递搜索，并正在快速发展其他用户喜欢的搜索功能。百度搜索引擎，将发展为最全面的搜索引擎，为所有中文用户打开互联网之门。

3) 国内常用的搜索引擎

(1) 百度(http://www.baidu.com)：目前最大的中文搜索网站，可以进行全文搜索和目录搜索。

(2) 雅虎中国(http://cn.yahoo.com)：收录了数以万计的中文网站。

(3) 搜狗(http://www.sogou.com/)：搜狐公司于 2004 年 8 月 3 日推出的全球首个第三代互动式中文搜索引擎，产品线包括了网页应用和桌面应用两大部分。

(4) 新浪爱问搜索(http://iask.com/)："爱问 iAsk"是新浪完全自主研发的搜索产品，采用了目前最为领先的智慧型互动搜索技术，充分体现人性化应用的产品理念。

(5) 网易有道中文搜索引擎(http://www.youdao.com/)：国内常用搜索引擎之一。

(6) Google 搜索(http://www.google.cn)：目前全球最大的搜索引擎之一。

4) 国外常用的搜索引擎

(1) AltaVista(http://www.altavista.com)。AltaVista 是网上搜索引擎的领先者，它有最大最详尽的索引。AltaVista 可以对网页和很多 Usenet Newsgroups 进行查找，对返回结果的格式进行控制，分标准、压缩和详细三种格式。它还能提供简单和高级搜索。高级搜索包括简单搜索的所有特性，查找的结果按关键词排序。

(2) Excite(http://www.excite.com)。Excite 使用的是基于关键词或基于概念的正文和主题搜索。按 Excite 开发者的话来说，概念搜索不只是简单地查找含有要查找单词的文档，还可搜索与要查找概念相关的文档。默认的查找是概念查找。用户可以查找网上的文档、评论、UseNet Newsgroup 或分类区。在同一个搜索框内可以输入简单或高级搜索，包括布尔搜索。

(3) Meta Crawler(http://www.metacrawler.com)。Meta Crawler 是最流行、最有效的一个索引搜索引擎。它不仅能完成搜索，还能去掉重复的入口网站并评价哪个结果对用户最有用，但它唯一的缺点是搜索时间较长。

7.4.4　电子邮件应用

随着计算机网络技术的发展，电子邮件(E-mail)已经成为人们日常生活中一种十分平常的通信方式。电子邮件系统完全不同于普通的邮政系统，它是依靠 Internet 来提供服务的。本节着重介绍电子邮件系统的基本知识，并简单介绍常用的收发电子邮件工具。

1. 电子邮件简介

用电子邮件系统发送信件时，Internet 利用互联网的功能，把通过输入设备输入的信件内容转换成计算机和通信设备可以识别的数据信号并传送出去；接收信件时，同样通过 Internet 把数据信号还原为人类可以识别的文字。这样，电子邮件就实现了发和收的过程。

但是，并非所有的计算机用户在任何时候都可以发送邮件，要想拥有一个 Internet 邮件系统，应该具备以下两个条件：一是成为 Internet 的网络用户，事实上，在浏览器技术产生前，只要是 Internet 网络用户，相互之间就能够通过 E-mail 来交流。这是因为任何一台连接 Internet 的计算机都能自动响应电子邮件服务程序，都可以通过 E-mail 访问 Internet 服务。二是用户需要有一个由 Internet 服务商提供的电子邮件信箱，用户可以向服务商申请一个电子邮件账号，该账号类同于我们普通的邮政系统中的详细通信地址，为我们提供接收电子邮件的地址功能。要发信给某个人，必须要知道这个人的地址。

电子邮件提供了一种快捷、廉价的现代化通信手段，世界上每天大约有数亿用户通过电子邮件相互联系。电子邮件具有自己独特的优势：

(1) 成本较低。现实生活中寄一封航空信件要几块钱，如果情况紧急，发个特快专递需要上百块钱。而通过 Internet 发送邮件，即使是越洋过海，也只要交付少量的联网费用，就可以联网发出。

(2) 速度快。发送一份电子邮件，只需几秒钟，最慢的也不会超过几个小时。

(3) 范围广。随着网络技术的发展，Internet 已经发展到了世界的各个角落，只要 Internet 网络覆盖的区域，就可以通过电子邮件来交流。

(4) 安全可靠。每个电子邮件从发信主机到目的主机，邮件服务能够确保信件准确无误地到达。但是有时在传递、存储、转发、接收的过程中被网络破坏者窃听和泄密。所以，网络安全问题已经成为信息化社会的一个焦点问题。

(5) 可以把存储在计算机中的照片通过电子邮件发送给亲友，而不必担心相片被折坏。

(6) 使用简单。操作者只需按照软件要求，完成一些简单的操作，点击一些命令按钮，即可发出邮件。节假日时，还可以为自己的亲朋好友发出配有精美图案、悠扬音乐的电子贺卡。

(7) 具有较强的管理功能。为用户提供了通信簿，而且可以对邮件进行过滤、删除、移动、复制，还可实现转发、回复等功能。

2. 电子邮件地址

为了顺利收发电子邮件和确保邮件的安全性，每个用户都必须向 Internet 服务商或者提供电子邮件服务的站点申请一个电子邮件账号，此账号可以提供电子邮件功能，也可以浏览到互联网服务提供商(Internet Service Provider，ISP)指定的结点。Internet 电子邮件地址的格式是：用户名@域名。@的意义是 at，是必不可少的分隔符。@前的用户名由用户提供给 ISP 的，它可以用自己的名字或是一些有"特殊意义"便于记忆的字母、文字、数字来命名。@后是代表邮件服务器的域名(Domain Name)或主机名(Host Name)，如：FM@365.COM，也可以用该域名对应的 IP 地址来替换。用户有了自己的邮箱地址，类似于有了他们的通信地址，就可以来发送和接收邮件了。

目前，很多网站都提供免费邮箱，方便普通用户收发电子邮件。同时也推出了收费邮箱来缓解网站的经济状况，而且为用户提供了比免费邮箱更优越，更方便的服务：

(1) 供 1～100 MB 的邮箱空间，它是免费邮箱空间的若干倍。

(2) 收发 5～10 MB 的邮件附件，包括图像、音频、视频文件。

(3) 用户提供不同风格的页面。

(4) 增强型的地址本，可编辑个人地址和团体邮件列表。

(5) 以设置超级过滤器，拒收某些邮件或对邮件分类。

(6) 有手机短信定制功能等。

Internet 收费电子邮件地址的格式是：用户名@vip.域名。

另外，为了满足用户不断增长的需求，一些网站还提供了新的企业邮箱服务。企业邮箱服务主要特点包括：

(1) 提供后缀为企业域名的信箱。

(2) 各种服务都支持安全通道(SSL)，避免黑客在网络传输中截获口令和信件。

(3) 服务器采用大容量 Raid 冗余硬盘阵列，保证系统运行稳定可靠。

(4) 客户可根据企业具体情况将每个邮箱的容量设定为 5 MB 或 5 MB 的倍数。

(5) 提供智能化的垃圾信防范措施。

(6) 客户进入邮箱后，将看到有自己企业的界面。

(7) 客户除了登录网站页面可进入邮箱外，还为客户提供嵌入其企业网站的登录服务。

3. 电子邮件系统

Internet 电子邮件系统的工作模式是一种客户机/服务器的方式。客户机负责的是邮件的编写、阅读、管理等处理工作；服务器负责的是邮件的传送工作。电子邮件服务的工作过程是：发送方发送信件给自己的邮件服务器，邮件服务器按收件人将信件地址发送到接收方的邮件服务器中，接收方邮件服务器将接收到的邮件按收件人的地址分发送到收信人的电子邮件箱中，收信人随时随地可登录网络读取邮件，并对它们进行处理。一个电子邮件系统的基本组成如图 7.20 所示。其中客户软件为 UA(User Agent)，而服务器软件称为 MTA(Message Transfer Agent)。

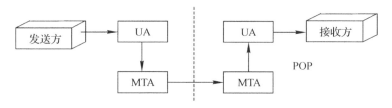

图 7.20　电子邮件系统的基本组成

完整的电子邮件系统应该具有 3 个主要的组成部分：包括客户端软件用户代理(User Agent)、邮件服务器软件(Message Transfer Agent，MTA)，以及电子邮件使用的协议。用户代理是在客户端中运行的程序，为用户与电子邮件系统提供了友好的接口，用来发送和接收邮件。邮件服务器是一个邮件系统的核心，所有互联网服务提供商(Internet Service Provider，ISP)都是通过邮件服务器实现邮件的发送和接收。电子邮件使用的协议有发送协议和接收协议。

1982 年制定的电子邮件标准 SMTP(Simple Mail Transfer Protocol)是其中的一种，这种协议仅局限于传递简单的文本报文，不能传递语音、图像以及视频文件。1993 年又制定出了新的电子邮件标准，即"通用因特网邮件扩充(Multipurpose Internet Mail Extensions，MIME)"协议，MIME 在其邮件的首部说明了数据类型(包括文本、声音、图像、视频)，它也可以同时传送多种类型的数据。

其次是接收协议，最初公布于 1984 年的邮局协议(Post Office Protocol，POP)经过 9 次更新，现在使用的是第三版本 POP3 来接收邮件，并向用户提供邮箱和内容的信息。POP 服务器是具有存储转发功能的中间服务器，它一旦将邮件内容提交给收信人后就不再保存这些邮件。因而 POP3 又是一个脱机协议。另一协议是"因特网信息存取(Internet Message Access Protocol，IMAP)"协议。现在使用较多的是 1994 年的版本 IMAP4，IMAP 是一个联机协议，IMAP 服务器邮箱中的邮件一直保存着。IMAP 相对于 POP3 的好处是：

(1) 可以省去信件占用的硬盘空间。

(2) 用户可以在任何地方的任何计算机上阅读和处理自己的信件。

(3) 还可以只读取邮件中的部分内容。

但是由于邮件一直存放在 IMAP 服务器上，而未复制到 PC 机上，所以用户只有连接服务器时才可阅读。

4. 收发电子邮件

1) 申请电子邮箱

为了利用电子邮件系统来实现邮件的发送/接收，实现人与人之间的交流通信过程，电子邮箱是必不可少的。如今许多门户站点都提供免费电子邮箱。用户可以直接上网申请这些邮箱进行在线使用。免费电子邮箱的形式多种多样，技术各有特点。免费电子邮箱通用的特点有：

(1) 界面简单直观，易学易用。

(2) 提供了抄送、暗送、回复、签名文档等功能，允许用户选择信件的优先级和定时发送信件。

(3) 站点可以提供大容量的信箱空间，小到几兆，大的达到几十兆。

(4) 可以传送文字、声音、图形、图像等各种信息。

(5) 能够提供众多的增值功能，如邮件传呼机，支持手机短信息、翻译信箱服务和语音视频邮件等服务。

(6) 提供了各种安全措施，通过数字签名和加密方式，邮件接收者确定发送人的身份，确保邮件的保密性，防止来路不明的邮件(如病毒邮件的)侵扰。

(7) 由于邮箱空间的紧张，免费电子邮箱向收费电子邮箱过渡。

要想使用电子邮件，首先必须有电子邮件地址。也就是说，必须向 ISP 申请电子邮件服务，这样用户可以利用 ISP 提供的邮件服务器和电子信箱账号收发电子邮件。

电子邮件地址格式：用户账号@主机地址

一般情况下，在向 ISP 申请上网得到上网服务账号后，会得到相应的电子邮件地址。另外，还有许多网站为用户提供免费的电子邮件服务，表 7-4 介绍部分提供免费邮箱的网站。

表 7-4　部分提供免费邮箱的网站

网站名	邮箱注册网址	简　　介
新浪	mail.sina.com.cn	提供 2GB 邮箱空间，支持 POP3，支持 BP 寻呼功能，支持邮件过滤 POP3：pop3.sina.com.cn　　SMTP：smtp.sina.com.cn
网易	mail.163.com/	提供 3GB 邮箱空间，快速且稳定；提供 POP3 服务 POP3：pop.netease.net　　SMTP：smtp.netease.com
雅虎中国	mail.cn.yahoo.com/	提供 3.5GB 邮箱空间，反垃圾、病毒邮件，支持邮件到达提醒 POP3：pop.yahoo.com.cn　　SMTP：smtp.yahoo.com.cn
搜狐	mail.sohu.com/	提供 50MB 邮箱空间，快速且稳定；提供 POP3 服务 POP3：pop.sohu.com　　SMTP：smtp.sohu.com
	Hotmail	提供基于 Web 的邮件管理功能。国外著名的免费邮箱提供商，速度快

2) 电子邮件工具

除了上述可以在线收发邮件的电子邮箱以外，还有一些专门的电子邮件客户端，它可以直接安装到用户的计算机上，如 Outlook Express、Foxmail 等软件；一些机构也可以独立开发自己的电子邮件系统，如西安科技大学的"西科电邮"。

7.5　网络与信息安全

本节介绍网络与信息安全的概念及目标，网络中存在的不安全因素、防御策略以及常用安全技术等。

7.5.1　网络与信息安全概述

1. 安全的基本概念

安全的基本含义可以归纳为：客观上不存在威胁，主观上不存在恐惧。社会进入信息化时代意味着社会对信息的深度依赖，正是这种深度依赖导致了网络与信息安全问题的出现。

2. 信息安全的定义

信息安全(Information Security)目前没有公认、统一的定义。随着信息科技的发展与应用，信息安全的内涵在不断延伸。在当前情况下，信息安全可被理解为在既定的安全条件下，信息系统抵御意外事件或恶意行为的能力，这些事件和行为将危及所存储、处理或传输数据或者所提供服务的完整性、可用性、保密性、不可否认性和可靠性。由于这些性质基本刻画了信息安全的特征，被普遍认为是信息安全有五种基本属性。

3. 信息安全的属性

不管入侵者怀有什么目的，采用什么手段，都要通过攻击信息的安全属性来达到目的。信息安全有以下五个基本属性。

1) 完整性

完整性(Integrity)是指信息在存储或传输过程中保持不被修改、不被破坏、不被插入、不延迟、不乱序和不丢失的特性。对信息安全发动攻击主要是为了破坏信息的完整性。

2) 可用性

可用性(Availability)是指信息可被合法用户访问并按要求顺序使用的特性，即指当需要时可以使用所需信息。对可用性的攻击就是阻断信息的可用性，例如破坏网络和有关系统的正常运行就属于对可用性进行攻击。

3) 保密性

保密性(Confidentiality)是指信息不泄露给未经授权的个人和实体，或被未经授权的个人和实体利用的特性。

4) 不可否认性

不可否认性(Non-Repudiation)是指能够保证信息行为人不能否认其信息行为,该属性可以防止参与某次通信的一方事后否认本次通信曾经发生过。

5) 可靠性

可靠性(Reliability)指信息以用户认可的质量连续服务于用户的特性(包括信息的迅速、准确和连续地转移等)，也有人认为可靠性是人们对信息系统而不是对信息本身的要求。

信息安全的内在含义是指采用一切可能的办法和手段，千方百计保证信息的上述"五性"安全。信息对抗/信息攻击是指采用一切努力，破坏信息的上述"五性"安全。

4. 信息安全、计算机安全和网络安全的关系

在讨论信息安全问题之前，需要区分信息安全、计算机安全和网络安全三者之间的关系。

1) 计算机安全

国际标准化组织(ISO)将计算机安全定义为："为信息处理系统建立和采取的技术上的和管理上的安全保护措施，保护系统中硬件、软件及数据不因偶然和恶意的原因而遭到破坏、更改和泄漏"。这里包含了两方面内容：物理安全和逻辑安全。物理安全指计算机系统设备受到保护，免于被破坏、丢失等；逻辑安全则指保障计算机信息系统的安全，即保障计算机中信息的完整性、保密性和可用性。主要目标是保护计算机资源免受毁坏、替换、盗窃和丢失。这些计算机资源包括计算机设备、存储介质、软件和计算机输出材料和数据。

2) 网络安全

网络安全就是网络上信息的安全，是指网络系统的硬件、软件和系统中的数据受到保护，不受偶然的或是恶意的攻击而遭受破坏、更改、泄露，确保系统连续可靠地运行，不中断网络服务。从广义上讲，凡是涉及网络信息的可用性、保密性、完整性、可靠性和不可否认性的相关技术和理论都是网络安全所要研究的领域。

3) 信息安全、计算机安全和网络安全的关系

从本质上来讲，计算机安全、信息安全和网络安全都是一样的，就是能够使计算机系统不受自然的或者恶意的原因遭到破坏，或者破坏后能恢复正常使用。计算机网络以及网络中的计算机和计算机中的信息系统三者所涉及的范围不同，三者又互相交叉。

7.5.2　计算机信息不安全因素

计算机信息系统的不安全因素主要如下。

1. 系统自身的脆弱性

计算机网络系统由网络硬件系统和网络软件系统两部分组成。计算机系统的脆弱性能够从硬件与软件两部分存在的安全缺陷看出。

1) 硬件缺陷

计算机硬件系统是一种精密的电子设备。由于材料、工艺、技术水平、成本等限制，使得一般的计算机难以适应许多实际的环境条件和要求。硬件设备受环境、设备质量等因素影响可能发生故障，造成的数据破坏和丢失，不能保证数据的完整性。

2) 软件缺陷

软件部分由操作系统、编译系统、网络系统、驱动程序及各种功能的应用软件系统和数据库系统等组成。由于计算机软件系统本身总是存在许多不完善甚至是错误之处，所以

在运行中必然会出现一些安全漏洞。

3) 网络的开放性

由于开放性，网络系统的协议和实现技术是公开的，其中的设计缺陷可能被人利用。

2. 系统面临的主要威胁

1) 计算机病毒

计算机病毒是一些人蓄意编制的一种寄生性的计算机程序，它能在计算机系统中生存，通过自我复制来传播，在一定条件下被激活，从而给计算机系统造成一定损害，甚至严重破坏。

2) 人为的恶意攻击

对信息进行人为的故意破坏或窃取称之为攻击。黑客攻击是计算机网络所面临的主要威胁之一。这种攻击以各种方式有选择地破坏信息的有效性和完整性，或者进行截获、窃取、破译以获得重要机密信息，具有很强的目的性。根据攻击的方法不同，可分为被动攻击和主动攻击两类，图 7.21 图示了这两类攻击。其中，截获信息的攻击称为被动攻击，而中断、篡改和伪造信息的攻击称为主动攻击。

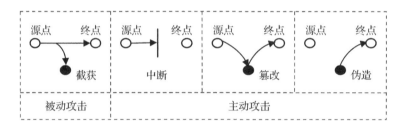

图 7.21　对网络的被动攻击和主动攻击

被动攻击是在不干扰系统正常工作的情况下进行窃听、截获、窃取系统信息，以便破译分析；利用观察信息、控制信息的内容来获得目标系统的位置、身份；利用研究机密信息的长度和传递的频度来获得信息的性质。被动攻击不容易被用户发现，因此它的攻击持续性和危害性更大。主动攻击是指篡改信息的攻击。它不仅能截获，而且威胁到信息的完整性和可靠性。它是以各种各样的方式，有选择地修改、删除、添加、伪造和重排信息内容，造成信息破坏。

3) 陷门

陷门指在某个系统或某个文件中设置的"机关"，使得在输入特定数据时，允许违反安全策略。通常软件公司的编程人员为了自身方便而设置了一些软件"陷门"，这些"陷门"一般不为外人所知，但是一旦"陷门"被攻破，其造成的后果将不堪设想。

4) 电磁干扰

高压电线、电波发射天线，微波线路、高频电子设备等，都会产生电磁干扰信号，这些电磁干扰信号会破坏计算机磁性介质中的信息。

7.5.3　安全防范策略

信息安全是一个涉及面很广的系统问题。要想达到安全的目的，必须同时从法规政策、管理、技术这三个层次上采取系统有效的措施。任何单一层次上的安全措施都不可能提供真正全方位的安全保护。

1. 制定严格的法律、法规

计算机信息系统的迅速发展，导致它的某些行为无法可依、无章可循，导致网络中的某些计算机犯罪处于无序状态。面对日趋严重的网络犯罪，必须建立与网络安全相关的法律、法规，使非法分子慑于法律，不敢轻举妄动。

2. 建立严格的安全管理制度

各用户单位应建立相应的网络安全管理办法，加强内部管理，建立合适的网络安全管理系统，建立安全审计和跟踪体系，提高整体网络安全意识。

3. 采用先进的网络安全技术

采用先进的网络安全技术是网络安全与保密的根本保证。用户对自身面临的威胁进行风险评估，决定其所需要的安全服务种类，选择相应的安全机制，然后集成先进的安全技术，形成一个全方位的安全系统。后面一节将全面介绍常用安全技术。

7.5.4　信息与网络安全常用技术

信息安全强调的是通过技术和管理手段，能够实现信息在传输和存储过程的保密性、完整性、可用性和不可抵赖性。当前采用的信息安全防范技术主要有信息存储安全技术、访问控制、数据加密和数字签名技术等。特别地，网络安全技术中最重要的是防火墙技术。

1. 信息存储安全技术

随着计算机技术的发展，越来越多的企业和个人在使用计算机处理日常业务，这使得用户对计算机系统中数据的依赖性大大加强。计算机普遍使用磁盘保存数据，因此，由于磁盘故障引起的数据丢失问题，往往给用户带来灾难性的损失。为解决这样的问题，可采用冗余数据存储的方案。冗余数据存储不同于普通的数据定时备份，在定时备份方案中，一旦设备出现故障，则会丢失未及时备份的数据，不能确保数据的完整性。而冗余存储是指数据同时被存储在两个或两个以上的存储设备中，不会发生定时备份的情况。冗余数据存储技术分为磁盘镜像、磁盘双工和双机容错。

1) 磁盘镜像技术

磁盘镜像技术是在同一硬盘控制器上安装两个完全相同的硬盘。操作中，一个设置为主盘，另一个设置为镜像盘或者从盘。当写入数据时，分别存入两个硬盘中，两个硬盘中保存有完全相同的数据。当一个硬盘发生故障，另一镜像盘可以继续工作，并发出警告，提醒管理员修复或更换硬盘。磁盘镜像具有很好的容错能力，可以防止单个硬盘的物理损坏，但无法防止逻辑损坏。

Windows 2000 Server 及以后的版本配备了支持磁盘镜像的软件，只需要在数据服务器上安装两块硬盘，经过对操作系统进行相关配置，就可以实现磁盘镜像技术。

2) 磁盘双工技术

磁盘镜像技术可以保证一个磁盘损坏后系统仍能正常工作。但如果服务器通道发生故障或电源系统故障，磁盘镜像就无能为力了。磁盘双工可以很好地解决这个问题，它将两个硬盘分别接在两个通道上，每个通道都有自己独立的控制器和电源系统，当一个磁盘或通道或电源系统发生故障时，系统会自动使用另一个通道的磁盘而不影响系统的正常工作。磁盘双工不仅对系统具有很强的数据保护能力，而且由于这两个硬盘上的数据完全一样，服务器还可以利用两个硬盘通道，并行执行查找功能，从而提高系统的响应速度。

3) 双机容错技术

双机容错的目的在于保证数据永不丢失和系统永不停机，其基本架构分两种模式。

一是双机互备支援。所谓双机互备支援就是两台主机均为工作机，在正常情况下，两台工作机均为系统提供支持，并互相监视对方的运行情况。当一台主机出现异常，不能支持信息系统正常运行时，另一主机则主动接管异常机的工作，继续支持系统的运行，从而保证系统能够不间断地运行，达到不停机的目的。但此时正常主机的负载会有所增加。

二是双机热备份。所谓双机热备份就是一台主机为工作机，另一台主机为备份机，在系统正常情况下，工作机为系统提供支持，备份机监视工作机的运行情况，当工作机出现异常，不能支持系统运行时，备份机主动接管工作机的工作，继续支持系统的运行，从而保证系统能够不间断地运行。当工作机经过维修恢复正常后，系统管理人员将备份机的工作切换回工作机，也可以启动监视程序监视备份的运行情况，这样，原来的备份机就成了工作机，原来的工作机就成了备份机。

2. 访问控制技术

访问控制是基本的安全防范措施，用于防止非法用户使用计算机系统以及合法用户对系统资源的非法使用。对计算机系统的访问控制必须对访问者的身份实施一定的限制，这是保证系统安全所必需的。访问控制通常采取以下两种措施。

(1) 识别与认证访问系统的用户。

(2) 决定用户对系统资源可进行何种访问。

1) 识别和认证

所谓识别，就是要明确访问者是谁，即识别访问者的身份。必须对系统中的每个合法用户都有识别能力，为保证识别的有效性，必须保证任意两个不同的用户都不能具有相同的用户标识。

所谓认证，是指在访问者声明自己的身份后，计算机系统必须对所声明的身份进行验证，以防假冒，实际上就是证实用户的身份。认证过程需要用户出具能够证明身份的特殊信息，这个信息是秘密的，任何其他用户都不能拥有。

识别与认证是涉及计算机系统和用户的一个全过程。只有识别与认证过程都正确后，系统才能允许用户访问系统资源。目前，最常用的认证手段是口令机制。除了使用用户标识与口令之外，还可以采用较为复杂的物理识别设备，如智能卡。也可以用生物识别技术进行验证，如基于某种特殊的物理特征，指纹、手印、视网膜等对人进行唯一性识别。

在使用口令机制时，口令的选择非常重要。口令是只有系统管理员和用户自己才知道的简单字符串。只要保证口令机密，非授权用户就无法使用该账户。

黑客破解口令的方法通常有两种，一种是通过口令破解程序从存放许多常用密码的数据库中逐一尝试；另一种是设法偷走系统的口令文件，然后破译这些经过加密的口令。

第一种方法是使用枚举法，它从指定的字母或数字开始，逐步增加，直到破解出口令。第二种破解方法不是真正地去解码，因为现代加密算法基本上都是不可逆的。它是通过逐个尝试的单词，用已知道的加密算法来加密这些单词，直到发现一个单词经过加密后的结果和需要解密的数据一样，这个单词就被认为是要破解的口令。

通过破解口令的原理，可以知道培养和设置一个强口令的习惯是非常重要的。在设置口令时，需要注意以下事项：

(1) 口令要有足够的长度，口令越长，被猜中的概率就越低。

(2) 口令最好是英文字母和数字以及一些特殊符号的组合，将字母和数字组合在一起可以提高密码的安全性。

(3) 不要使用有明确意义的英语单词。用户可以将自己所熟悉的一些单词的首字母组合在一起，或者使用汉语拼音的首字母。

(4) 不要使用人们能轻易猜出的口令，特别是用户的实际姓名、生日、电话号码等。

(5) 在用户访问的各种系统上不要使用相同的口令。

(6) 不要沿用系统给所有新用户的缺省密码，如"1234"、"password"等，要在第一次进入账户时修改密码。

(7) 经常更换口令。

2) 设置用户访问权限

对于一个已被计算机系统识别与认证了的用户，还要对其访问操作实施一定的限制。可以把用户分为具有如下几种属性的用户类。

(1) 特殊的用户。这种用户是系统的管理员，具有最高级别的特权，可以对系统资源进行任何访问，并具有所有类型的访问、操作能力。

(2) 一般用户。即系统的一般用户，他们的访问操作要受到一定的限制，通常需要由系统管理员对这类用户分配不同的访问操作权限。

(3) 审计的用户。这类用户负责整个系统的安全机制与资源使用情况审计。

(4) 作废的用户。这是一类被拒绝访问系统的用户，可能是非法用户。

3. 数据加密技术

数据加密的基本思想就是伪装信息，使非法用户无法理解信息的真正含义。借助数据加密技术，信息以密文的方式存储在计算机中，或通过网络进行传输，即使发生非法截获或者数据泄露，非授权者也不能理解数据的真正含义，从而达到信息的保密性。同理，非授权者也不能伪造有效的密文数据达到篡改信息的目的，进而确保数据的真实性。

1) 一般的数据加解密模型

一个完善的密码系统应包括五个要素：明文信息空间、密文信息空间、密钥空间、加密变换 E 和解密变换 D。有关名词含义如下。

① 明文：加密前的原始信息(Plaintext，通常记作 P；也记作 M，Message)。

② 密文：加密后的密文信息(Cipher text，通常记作 C)。

③ 加密：将明文的数据变成密文数据的过程(Encryption，通常记作 E)。

④ 解密：利用加密的逆变换将密文数据恢复成明文数据的过程(Decryption，通常记作 D)。

⑤ 密钥。控制加密和解密运算的符号序列化的数学模型(Key，通常记作 K)。

一般的数据加解密模型如图 7.22 所示。用户 A 向 B 发送明文 X，但通过加密算法 E 运算后，就得出密文 Y。

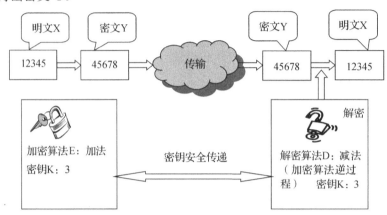

图 7.22　一般的数据加解密模型

在数据加密、解密过程中，加密算法和解密算法是可以公开的，通信双方使用的密钥是通过秘密方式产生的，通过保密的安全通道传输，只能由通信双方掌握。如果丢失了密钥，则密码系统不攻自破，可见密钥是很重要的。

2) 基本加密算法

加密技术主要体现在算法上。传统的三种基本加密方法是：换位法、代替法和代数法。实际使用的加密方法一般都是这些基本方法的组合。

(1) 换位法：将明文数据中的字母重新排列，字母本身不变，但相对的位置发生了一定规律的变化。常用的算法有矩阵换位法、定长置换法、栅栏加密法等。

(2) 代替法：将明文数据中的字母用其他字母替代，而原来的位置不发生变化。常用的算法有：凯撒(Caesar)代替法、Vernam 算法、维吉尼亚(Vigenere)密码、Hill 加密算法等。

(3) 代数法：将明文数据先转化成数，或直接将明文信息的二进制数形式作为运算对象，然后对其进行特定的运算产生密文数据。

3) 两类密码体制

加密技术在应用中一般采用两种类型："对称式"加密算法和"非对称式"加密算法。

(1) 对称加密算法。所谓的对称加密算法是指用加密数据的密钥可以计算出用于解密数据的密钥，反之亦然。绝大多数对称加密算法的加密密钥和解密密钥都是相同的。对称加密算法的安全性完全决定于密钥的安全，算法本身是可以公开的，因此一旦密钥泄漏就等于泄漏了被加密的信息。对称加密算法的优点是：安全性高，加密速度快。缺点是：密钥管理难，无法检测密钥是否泄露。最常用的对称加密算法是由 IBM 开发的数据加密标准(Data Encryption Standard，DES)算法。

(2) 非对称加密算法。所谓非对称加密算法是指用于加密的密钥与用于解密的密钥是不同的，而且在一定时间内从加密的密钥无法推导出解密的密钥。这类算法用于加密的密钥是可以广泛公开的，任何人都可以得到加密密钥并用来加密信息，但是只有拥有对应解密密钥的人才能将信息解密。其中，加密密钥称为公开密钥(Public Key，PK)，解密密钥称为秘密密钥(Secret Key，SK)。目前仍然安全并且使用最广泛的非对称加密算法是由 R.L.Rivest、A.Shamir 和 L.M.Adleman 三位教授提出的 RSA 算法，它是一个既能用于数据加密，也能用于数字签名的加密算法。

4) 数字签名

数字签名是在以计算机为基础的现代事务处理中，采用的电子形式的签名。在 ISO 的标准定义中将它定义为：附加在数据单元上的一些数据，或是对数据单元所作的密码变换，这种数据和变换允许数据单元的接受者用以确认数据单元的来源和数据单元的完整性，并保护数据，防止被人进行伪造。它是保障信息传输和存储过程中信息的完整性、真实性和不可抵赖性的一种信息安全技术。

一个完整的数字签名方案包括两个部分：签名算法和验证算法。即，使用私钥对信息签名，然后用一个公开算法进行验证。因此，数字签名算法应满足下列 3 个条件：

(1) 签名者事后不能否认自己的签名；

(2) 其他人不能伪造签名，也不能对接收或发送的信息进行篡改；

(3) 当当事人双方关于签名真伪发生争执时，有公正的仲裁者可以验证辨别真伪。

目前实现数字签名的方法主要有三种：一是用公开密钥技术；二是利用传统密码技术；三是利用单向校验和函数进行压缩签名。其中公开密钥技术用于数字签名的基本原理是，发送方使用只有自己知道的密钥对报文加密，即在该报文上签名；接收方查找到该发送方的公共密钥，用反函数对报文进行解密，即验证签名。接收方知道是谁发送的报文，因为只有发送方持有执行加密的密钥。

数字签名同传统的手写签名相比有许多特点。首先，在数字签名中签名和信息是分开的，需要一种方法将签名与信息绑定在一起，而在传统的手写签名中，签名被认为是文件信息不可或缺的一部分；其次，在签名验证的方法上，数字签名利用一种公开的方法对签名进行验证，任何人都可以对签名进行验证，而传统手写签名的验证是由文件接收者凭其对签字人所签字的熟知程度或通过同样的签名相比较而进行的；其三，在数字签名中，有效签名的复制同样是有效的签名，而在传统的手写签名中，复制的签名是无效的。因此，在数字签名方案的设计中要预防签名的复用。

数字签名主要应用于网络环境下的电子公文流传、电子商务、电子银行等领域中。

5) 防火墙技术

防火墙技术是建立在现代通信网络技术和信息安全技术基础上的应用性安全技术，越来越多地应用于内部网络与外部网络的中间，保障着内部网络的安全。

网络俗语中所说的防火墙(Firewall)是指隔离在内部网络与外部网络之间的一道防御系统。它可以在用户的计算机和 Internet 之间建立起一道屏障，把用户和外部网络隔离，用户可以通过设定规则来决定哪些情况下防火墙应该割断计算机与 Internet 间的数据传输，哪些情况下允许两者间的数据传输。通过这样的方式，防火墙挡住了来自外部网络对内部网络的攻击和入侵，从而保障了用户的网络安全。

在设计防火墙时，人们做了一个假设：防火墙保护的内部网络是"可信赖的网络"(Trusted Network)，而外部网络是"不可信赖的网络"(Untrusted Network)。设置防火墙的目的是保护内部网络资源不被外部非授权用户使用，防止内部受到外部非法用户的攻击。

那么防火墙安装的位置一定是在内部网络与外部网络之间。防火墙的位置如图 7.23 所示。

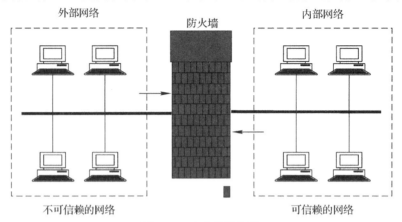

图 7.23　防火墙的位置

从总体上看，防火墙应具有以下四个基本功能：

(1) 检查所有从外部网络进入内部网络的数据包。

(2) 检查所有从内部网络流出到外部网络的数据包。

(3) 执行安全策略，限制所有不符合安全策略要求的分组通过。

(4) 具有防攻击能力，保证自身的安全性。

防火墙是一个硬件和软件的结合体，从实现方式上来看，防火墙可以分为硬件防火墙和软件防火墙两类，硬件防火墙是通过硬件和软件的结合来达到隔离内、外部网络的目的；而软件防火墙则是通过纯软件的方式来实现的。

从逻辑上讲，防火墙是分离器、限制器和分析器，有效地监控了内部网和 Internet 之间的任何活动，保证了内部网络的安全。

从应用上看一般分为两类，即：

(1) 网络级防火墙，主要是用来防止整个网络出现外来非法的入侵。属于这类的有分组过滤(Packet Filtering)和授权服务器(Authorization Server)。前者检查所有流入本网络的信息，然后拒绝不符合事先制定好的一套准则的数据，而后者则是检查用户的登录是否合法。

(2) 应用级防火墙，从应用程序来进行访问控制。通常使用应用网关或代理服务器(Proxy Server)来区分各种应用。例如，可以只允许通过访问万维网的应用，而阻止 FTP 应用的通过。

防火墙的出现有效地限制了数据在网络内外的自由流动，它具有以下优点：

① 它可以控制不安全的服务，只有授权的协议和服务才能通过防火墙。

② 它能对站点进行访问控制，防止非法访问。

③ 它可把安全软件集中地放在防火墙系统中，集中实施安全保护。

④ 它强化私有权，防止攻击者截取别人的信息。

⑤ 它能有效地记录 Internet 上的活动。防火墙能为所有的访问做出日志记录，日志是对一些可能的攻击进行分析并加以防范的十分重要的情报。防火墙系统也能够对正常的网络使用情况做出统计，通过分析统计结果，可以使网络资源得到更好的利用。

有人认为只要安装了防火墙，所有的安全问题就迎刃而解。事实上，防火墙并不是万能的，安装了防火墙的系统仍然存在着安全隐患。以下是防火墙的一些缺点：

① 不能防范恶意的内部用户。防火墙可以制止内部用户经过网络发送机密信息，但用户可以将数据复制到磁盘上，放在公文包中带出去。如果入侵者已经在防火墙内部，防火墙是无法预防他的入侵的。内部用户可以不经过防火墙窃取数据，破坏硬件和软件，这类攻击占了全部攻击数的一半以上。

② 不能防范不通过防火墙的链接。防火墙能够有效防范通过它传输的信息，却不能防范不通过它传输的信息。例如，如果站点允许对防火墙后面的内部系统进行拨号访问，那么防火墙绝对没有办法阻止入侵者进行拨号入侵。

③ 不能防范全部的威胁。防火墙被用来防范已知的威胁，一个很好的防火墙的设计方案可以防范新的威胁，但没有一个防火墙能自动防御所有的新的威胁。

④ 防火墙不能防范病毒。防火墙不能防范从网络上传染来的病毒，也不能消除 PC 机已经存在的病毒。无论防火墙多么安全，用户都需要一套防毒软件来预防病毒。

⑤ 防火墙系统难以配置和管理，容易造成安全漏洞。防火墙系统的配置与管理相当复杂，要想成功地维护防火墙，管理员对网络安全攻击的手段与系统配置的关系必须有相当深刻的了解。由多个路由器、包过滤路由器、应用网关组成的防火墙系统，管理上稍有疏忽就有可能造成潜在的危险。统计表明，30%的入侵是在有防火墙的情况下发生的。

无论什么事都有它的两面性。在看到防火墙在安全防范中的积极作用的同时，也要看到防火墙的局限性，并且应该清醒地认识到有时防火墙会给人一种不实际的安全感，导致内部管理的松懈，很多内部的攻击行为不是任何基于隔离作用的防火墙所能够防范的。因此，构筑网络系统的安全体系，必须将防火墙和其他技术手段以及网络管理统一起来考虑。

本 章 小 结

本章主要介绍了计算机网络定义、产生、发展与分类以及网络通信技术指标、传输介质和联网设备；重点介绍了 Internet 技术及其应用。其中网络协议和体系结构作为简单了解，需要重点熟悉网络传输介质和掌握网络互联硬件设备的使用技能；熟悉网络 IP 地址的类型、域名系统的构成和 Internet 的接入方式；熟练使用 WWW、IE 浏览器、网络搜索引擎和收发电子邮件的工具软件以及网络与信息安全。

习　题　7

一、单项选择题

1. 计算机网络中常用的有线传输介质有(　　)。

A. 双绞线、红外线、同轴电缆　　　B. 同轴电缆、激光、光纤

C. 双绞线、同轴电缆、光纤　　　　D. 微波、双绞线、同轴电缆

2. 计算机网络的发展，经历了由简单到复杂的过程。其中最早出现的计算机网络是（　　）。

A. Internet　　　　　B. Ethernet　　　　C. ARPANET　　　　D. PSDN

3. 建设和发展计算机网络的主要目的有两个，即（　　）和（　　）。

A. 娱乐　　　　　　B. 资源共享　　　C. 控制　　　　　　D. 相互通信

4. 在 OSI 模型中，（　　）层规定了通信设备和传输媒体之间使用的接口特性。

A. 表示层　　　　　B. 网络层　　　　C. 传输层　　　　　D. 物理层

5. 计算机网络的组成元素可以分为网络结点和通信链路两大类，网络结点的互联模式称为网络的（　　）。

A. 拓扑结构　　　B. 总线形结构　　　C. 环形结构　　　D. 星形结构

6. （　　）是我国 Internet 主干网的管理机构。

A. CSTNE　　　　B. CHINAGBN　　　C. CERNET　　　　D. CNNIC

7. IP 地址的长度固定为（　　）位。

A. 64　　　　　　B. 8　　　　　　　C. 16　　　　　　　D. 32

8. http://www.xust.edu.cn 是"西安科技大学"的网址，其中"http"是指（　　）。

A. 超文本传输协议　　　　　　　　B. 文件传输协议

C. 计算机主机域名　　　　　　　　D. TCP/IP 协议

9. 某用户的 E-mail 地址为 Liu@online.sh.cn，（　　）是该用户的用户名。

A. Liu　　　　　　B. online　　　　　C. sh　　　　　　D. cn

10. IP 地址：130.24.35.68 属于（　　）类地址。

A. A 类地址　　　B. B 类地址　　　C. C 类地址　　　D. D 类地址

11. 导致信息安全问题产生的原因有很多，但综合起来一般有_____两类。

A. 物理与人为　　　　　　　　　　B. 黑客与病毒

C. 系统漏洞与硬件故障　　　　　　D. 计算机犯罪与破坏

12. 防止计算机信息被盗取的手段不包括_____。

A. 用户识别　　　　　　　　　　　B. 数据加密

C. 访问权限控制　　　　　　　　　D. 限制对计算机的物理接触

13. 关于密码技术，下列论述不正确的是_____。

A. 在对称加密算法中，用以加密的密钥和用以解密的密钥是相同的

B. 非对称加密算法中，用以加密的密钥和用以解密的密钥不同，解密密钥不能由加密密钥通过数学运算推导出来

C. 数字签名中出现的纠纷，由公正的第三方仲裁

D. 在数字签名中，复制的签名是有效的

14. 防火墙一般部署在_____。

A. 工作站与工作站之间　　　　　　B. 服务器与服务器之间

C. 工作站与服务器之间　　　　　　D. 网络与网络之间

15. 关于防火墙，下列叙述不正确的是_____。

A. 防火墙是一种保护计算机网络安全的技术性措施

B. 防火墙是一个用以阻止网络中黑客访问某个网络的屏障

C. 防火墙主要用于防止计算机病毒

D. 防火墙可以看做是控制进出两个方向的门槛

16. 为了保证内部网络安全，下面做法中无效的是_____。

A. 制定安全管理制度　　　　　　　　B. 在内部网与因特网之间加防火墙

C. 为使用人员设置不同权限　　　　　D. 购买高性能计算机

二、填空题

1. 计算机网络的定义是 _____。

2. 常见的网络连接设备有_____、_____和_____等。

3. 计算机网络中的资源共享包括_____、_____、_____。

4. 计算机网络的拓扑结构主要有_____、_____、_____、_____等。

5. 根据网络规模和距离远近可以将计算机网络分为_____、_____、_____。

6. 网络协议时通信双方必须遵守的事先约定好的规则，一个网络协议由_____、_____和_____三部分组成。

7. 路由器的主要功能有_____、_____、_____等几种。

8. 我国的四个重点 Internet 项目是_____、_____、_____和_____。

9. IP 地址采用的是_____结构，它由_____和_____两部分组成。

10. 搜索引擎的工作原理和过程，可以看做三步：_____、_____、_____。

11. 信息的性质有_____、_____、_____、_____和_____等。

12. 信息安全的五种基本属性包括_____、_____、_____、_____和_____。

13. 双机容错的基本架构分两种模式，分别是_____和_____。

14. 识别和认证过程中最常用的认证手段是_____。

15. 数字签名是保证信息_____、_____和_____的一种安全技术。

16. 主动攻击包括对信息的_____、_____和_____。

17. 从应用上看，防火墙一般分为两类，即_____和_____。

18. 传统的三种基本加密方法是_____、_____和_____。

三、简答题

1. 什么是 IP 地址？简述 IP 地址的分类特点。

2. 计算机网络发展分为几个阶段？每个阶段有何特点？

3. OSI/RM 共分为哪几层？简要说明各层的功能。

4. TCP/IP 协议模型分为几层？各层的功能是什么？

5. 局域网的总线形、环形和星形拓扑结构各自的特点是什么？

6. 常见的网络设备有哪些？其中路由器和交换机有什么区别？

7. Internet 的接入方式有哪几种？

8. 简述全文搜索引擎和索引搜索引擎的不同点。

9. 简述信息系统的不安全因素。

10. 简述防火墙的概念和基本功能。

第8章　程序设计与软件工程基础

本章重点:
◇ 软件的定义、特征及分类
◇ 程序设计语言的分类及应用
◇ 数据结构及研究对象
◇ 算法的设计要求及表示方法
◇ 结构化程序设计

本章难点:
◇ 算法设计的基本方法
◇ 面向对象程序设计
◇ 软件生命周期和软件开发模型

8.1　概　　述

8.1.1　软件的定义及特性

1. 软件的定义

众所周知,计算机系统由计算机硬件和计算机软件两个部分组成:硬件是计算机系统的各种物理设备,软件着重解决如何控制、管理和使用计算机的问题。硬件和软件是相互依存的。计算机借助软件能创造虚拟的商场、网上银行、多媒体影像等;并且可以对市场销售情况进行分析,预测和判断大众的消费习惯,或是对交易过程进行分析和指导,解决各类科学研究和计算等活动。

简单地说,软件是由程序、数据和相关文档组成的。程序是人们按问题的求解算法规则,通过某种计算机语言的语法规则编写的一系列指令代码的有序集合(计算机按步骤执行指令);数据是计算机加工的“原料”,如图形、声音、文字、数、字符和符号等;文档是描述程序的设计、内容、组成、功能规格、开发情况、测试结果及使用方法的文字资料和图表等,如程序设计说明书、流程图、用户手册等。更准确地说,软件是计算机程序和程序发展到规模化和商品化后所逐渐形成的综合概念。

2. 软件的特性

(1) 计算思维的抽象性。软件是一种具体的逻辑过程,是人力计算思维的展现,而不是具体的物理实体。软件的正确与否、质量好坏,需要程序在计算机上运行后才能知道,这就给软件的设计、生产和管理带来了许多困难。

(2) 知识产权与保护性。软件开发与硬件生产的方式不同。硬件产品的成本构成中有形的物质占了相当大的比重。就硬件产品生存周期而言，成本构成中设计、生产环节占绝大部分。软件开发没有明显的制造过程，软件生产主要通过人们的智力活动，把知识与技术结合转化成信息产品。软件产品的成本构成中人力资源占了相当大的比重。软件产品的生产成本主要体现在开发和研制方面。软件项目研制成功后，通过复制就可以进行批量生产。因此，出现了软件产品著作权的保护问题。

(3) 可移植性。软件的运行会受到计算机硬件系统的限制，它对系统具有不同程度的依赖。硬件基本上每隔 2～4 年将更新一次，而好的软件产品可有 15 年或更长的生存期。从经济的角度看，将软件产品移植在完全不同的硬件系统上更为经济合理。也就是说，好的软件产品可在它的整个生存期间内运行在 3 个或者更多的不同硬件配置上，经济效益会更加显著。因此，软件的移植性已成为衡量软件品质的重要指标之一。

(4) 可维护性。软件和硬件的维护不同。硬件是有损耗的，磨损和老化会导致故障率增加甚至损坏，可以通过更换一个新硬件来解决。软件则不存在磨损和老化的问题，但却存在退化的问题。在软件的生存周期中，为了使它能够克服以前没有发现的故障、适应硬件和软件环境的变化，或满足用户新的要求，必须多次对其进行校正、修改和完善，使之不断适应应用需求。

(5) 复杂性。有人认为，人类能够创造的最复杂的产物是计算机软件。正如 Fred Brooks 所指出的：“软件的复杂性是一个基本特征，而不是偶然如此。”软件的复杂性一方面来自它所反映的实际问题的复杂性和管理开发过程的困难性；另一方面也来自程序结构自身的复杂性。

(6) 社会性。20 世纪，软件成本仅占计算机系统总成本的 10%左右，而绝大部分成本是硬件成本。但是今天，这个比例完全颠倒，软件的开销远远超过了硬件的开销。软件的研制工作需要投入大量、复杂的和高强度的脑力劳动，研制所需的社会成本比较高。不仅如此，软件开发工作涉及很多社会因素(如机构、体制和管理模式等)，也涉及使用者的观念和心理方面的因素。这些人与社会的因素常常成为软件开发的困难所在，直接影响到项目的成败。

8.1.2　软件及应用软件的分类

1. 软件分类

传统上把软件分为两大类：系统软件和应用软件。

(1) 系统软件。系统软件指软件制造商设计研发的用于控制、管理和方便用户使用计算机的软件，如操作系统、语言编译/解释系统、网络管理软件、数据库管理软件、服务程序、界面工具箱等支持计算机正常动作的“通用”软件，是每台计算机系统必配的软件。

(2) 应用软件。应用软件是解决某一应用领域问题设计研发的软件，如财务软件、通信软件、科学计算软件、计算机辅助制造软件(CAD/CAM)等。但值得注意的是，在目前整个社会信息化的环境下，系统软件和应用软件的许多功能是可以互相转移的，系统软件和应用软件的界限正在模糊。

2. 应用软件分类

一台计算机上提供的系统软件的综合叫做软件(开发)平台，程序员在此平台上编制应用程序。应用程序通用化、商业化后就成为应用软件。使用者(业务人员)不需要编制程序就可利用应用软件去解决自己的问题。随着计算机应用领域的逐步扩展，诞生了很多带有行业特点的应用软件。应用软件按技术特点可分为以下几类：

(1) 业务处理软件。目前各行各业都有处理其日常业务信息的管理信息系统(MIS)。MIS拥有一个或多个数据库，存放所有业务的信息；而应用程序是离散的，比如高校信息管理系统中的人事、学籍、工资、排课计划等；彼此之间只有数据联系。可以说业务软件的技术重点是数据库应用，如联机事务处理(OLTP)、联机分析处理(OLAP)、决策支持系统(DSS)等，其目的是处理具体事务。近年来还出现了业务过程重组(BPR)和企业资源规划(ERP)等技术，进一步整合企业资源，提高企业的竞争力。

(2) 科学计算软件。传统的应用领域注重数值计算的速度和精度，目前此类软件已转向多机协作计算、并行计算、可视化计算、大量图形图像的计算辅助设计。特别是一些特殊行业中对系统模拟软件的真实性和实时性需求越来越高。

(3) 嵌入式软件。工业制造的未来方向是产品的自动化和智能化，中国制造 2025 年的目标是实现“智能制造与智慧工厂”，智能软件就成为核心技术。嵌入式软件在这个进程中扮演着重要的角色。例如，在某个产品(冰箱、洗衣机、导弹)中置入一个单片机，单片机的软件可根据传感器输入的数据控制该产品的行为，例如可以调温、延时或调控角度。这些软件在宿主机(Host)上以某种语言开发，经交叉编译后成为单片机的机器码程序并嵌入单片机。应用程序的开发、调试、修改、升级都在宿主机上完成。近年来，Java 芯片和 Java嵌入式应用程序发展非常迅速，用途极其广泛。

(4) 实时控制软件。物联网时代的到来，在现代工业控制系统中，需要一种软件能够从外部环境收集信息(如模拟量、数字量通过 A/D、D/A 进行转换)，分析信息并发出处理指令，处理后又能及时做出响应。实时软件就是这种用来监控、分析、控制实时事务的软件。

(5) 个人计算机软件。个人计算机软件体现在用户需求，包括字处理、电子报表、多媒体写作、娱乐游戏、个人数据库、个人财务管理、计算机制图、联机上网等软件。这些为用户定制的软件是不需要编程就可以直接使用的。

(6) 人工智能软件。近年来出现的各种专家系统，用于辅助决策、模式识别、定理证明等的软件就属于人工智能软件。它们用来解决非数值问题，一般有一个知识库，用于存放知识和规则。这种软件的计算量和空间开销非常大。

随着计算机应用领域的不断延伸，用户希望软件产品的功能越来越强大，性能越来越卓越，用户体验越来越好。因此，为了满足各种需求，人们根据不同的问题、不同的领域，开发出越来越多功能强大、品质卓越的应用软件，并努力缩小计算机高速自动化与人们使用习惯之间的差别，以便更好地利用和促进计算机为人类服务。

8.2　程序设计语言

8.2.1　程序设计语言的发展与分类

计算机是机器，它之所以能自动工作是因为它在执行相应的程序，程序规定了需要执行的动作和动作执行的顺序。这些动作非常简单(包括算术运算、逻辑运算、数据传输和跳转等)，但是用它们进行有机组合却能完成非常复杂的任务。这就好像两根毛衣针有上针、下针、放针和收针 4 种操作，但是根据不同的口诀却可以织出花色各异的毛衣或者是围巾来，这个口诀就是织衣程序。世界上第一个程序员 Ada 就是这样用穿孔卡为 Babage 的差分引擎计算机设计编制织花程序的。

程序其实就是计算机指令的序列，编写程序就是为计算机安排指令序列。编写程序需要利用计算机能识别的语言，把解决问题的计算方案或操作过程表达出来；然后按照冯·诺依曼的思想，将程序装入计算机内存，按顺序逐条执行，全部执行完毕后就可以达到事先预想的效果。整个设计、编制、调试程序的方法和过程称为程序设计(Programming)。

编制程序所使用的计算机语言被称为程序设计语言(编程语言，Programming Language)，是一组用来定义计算机程序的语法规则，向计算机发出指令。程序设计语言是人-机交换信息的媒体，是表达软件的工具；也是人-人交换信息的工具。因为在人类交流日益密切的世界中，软件的开发和使用不是个人行为，协作开发、使用和修改软件时都要阅读程序，所以程序设计语言必须规范化和标准化。

在过去的几十年间，大量的程序设计语言被发明、被取代、被修改或组合在一起。尽管人们多次试图创造一种通用的程序设计语言，却没有达到目的。由于创造编程语言的初衷都不相同，所以才会有那么多种编程语言。每一种程序设计语言都类似于人类熟悉的自然语言(如汉语、英语)，有其一套固定的符号和语法规则；但是又与随着民族文化发展而形成的各种自然语言而不一样。程序设计语言要求更严格、更小巧(常用的程序设计语言的原发规则少则 20 条，一般不超过 150 条；最大语言 Ada，其语法规则有 277 条)、没有二义性(每条语句在执行时都只能有一个解释)。

程序设计语言是人和计算机之间最原始的交互工具，从第一台计算机问世到现在，出现过形形色色的计算机程序设计语言。

按照用户要求，程序语言分为过程式语言和非过程式语言。过程式语言的主要特征是指用户可以指明一系列可顺序执行的运算，以表示相应的计算过程。例如，FORTRAN、COBOL、ALGOL60 等都是过程式语言。用户使用非过程语言描述问题时不必指明解决问题的顺序。但这只是一个相对的概念，也就是说随着近代程序设计技术的改进，需要用户提供的描述解决问题顺序的内容越来越少，即越来越非过程化。著名的例子是表格的生成程序(RPG)，它实质上不是语言，使用者只须指明输入和预期的输出，无须指明为了得到输出所需的过程。

按照应用范围，有通用语言和专用语言之分。解题目标并不单一的语言称为通用语言，例如 FORTRAN、COBOL、ALGOL60、BASIC、C、D 语言等都是通用语言。解题目标单一的语言称为专用语言，如 APT(Automatically Programmed Tool，专门用于定义工件、刀具的几何形状，以及刀具相对于工件的运动)等。

按照使用方式，有交互式语言和非交互式语言之分。具有反映人机交互作用的语言成分的称为交互式语言，如 BASIC、C 等语言就是交互式语言。语言成分不反映人机交互作用的称非交互式语言，如 FORTRAN、COBOL、ALGOL60、Pascal 等都是非交互式语言。

按照成分性质，有顺序语言、并发语言和分布语言之分。只含顺序成分的语言称为顺序语言，如 FORTRAN、COBOL 等都属于顺序语言。含有并发成分的语言称为并发语言，如并发 Pascal、Modula 和 Ada 等都属于并发语言。考虑到分布计算要求的语言称为分布语言，如 Modula 便属于分布语言。

纵观发展历史，可以把程序设计语言分为两大类：低级语言和高级语言，如图 8.1 所示。

图 8.1　程序设计语言分类

1. 机器语言

机器语言(Machine Language)是一种 CPU 的指令，是 CPU 可以识别的一组由 1 和 0 序列构成的指令码，不需要进行任何翻译，是最早出现的计算机语言。也就是说，机器语言是从属于硬件设备的，不同型号的计算机有不同的机器语言，它是一种面向机器的语言。用机器语言编程序，就是从所使用的 CPU 的指令系统中挑选合适的指令，组成一个指令系列；而且每台机器的指令，其格式和代码所代表的含义都是硬性规定的。机器语言的优点是：编写的程序代码不需要翻译、占用的存储空间小、执行速度快。

例如，计算算术表达式 A = 16 + 3 的机器语言程序如下：

```
10110000 00010000        把 16 放入累加器 AX 中
00101100 00000011        将 3 与累加器 AX 中的值相加，结果仍放入 AX 中
11110100                 结束，停机
```

可以看出，在利用机器语言进行程序设计时，程序员既要驾驭程序设计的全局又要深入每一个局部直到实现的细节，因而所编出的程序可靠性差，而且开发周期长。由于用机器语言进行程序设计的思维和表达方式与人们的习惯大相径庭，只有经过较长时间职业训练的程序员才能胜任，使得程序设计曲高和寡；程序的质量完全取决于个人的编程水平，同时它的书面形式全是"密"码，所以可读性差，不便于交流与合作。不同的机器，其指令系统不同，机器语言也因机而异，编写出的程序通用性差，所以可移植性和重用性都很差。

2. 汇编语言

为了符合人类的思维习惯，人们开始使用一些容易记忆和辨别的有意义的符号代替机器指令，这就是汇编语言(Assembly Language)，又称符号语言。例如用 ADD 表示加法(Addition)，用 SUB 表示减法(Subtraction)等。同时又用变量(即符号名)取代各类地址，例如用 Addr 取代地址码。这样构成了计算机汇编语言。

例如，计算 A = 16 + 3 的汇编语言程序如下：

```
MOV    AX,16        ;把 16 放入累加器 A 中
ADD    AX,3         ;将 3 与累加器 A 中的值相加，结果仍放入 A 中
HLT                 ;结束，停机
```

注：汇编指令中的"AX"表示 CPU 中的数据寄存器。

由此可见，汇编语言在一定程度上克服了机器语言难读难改的缺点，变得易于读写、调试和修改，同时保持了机器语言占据存储空间少、执行速度快的优点。因此在程序设计

中，对实时性要求较高的任务，如过程控制等，仍经常采用汇编语言。

汇编语言可有效地访问、控制计算机的各种硬件设备，如磁盘、存储器、CPU、I/O 端口等。但汇编语言也是面向机器的，使用汇编语言编程需要直接安排存储，规定寄存器和运算器的动作次序，还必须知道计算机对数据约定的表示(定点、浮点、双精度)等。这对大多数人员来说，都不是一件简单的事情。此外，不同的计算机在指令长度、寻址方式、寄存器数目、指令表示等都不一样，这样使得汇编程序不仅通用性较差，而且可读性也差，这也是导致了高级语言出现的直接原因。如今汇编语言经常与高级语言配合使用，应用仍旧十分广泛。70%以上的系统软件是用汇编语言编写的。例如某些快速处理、位处理、访问硬件设备的高效程序，或是某些高级绘图程序、视频游戏程序都是用汇编语言编写的。

虽然汇编语言是利用计算机所有硬件特性并能直接控制硬件的语言，但是计算机并不能直接识别。用汇编语言编写的程序称为汇编源程序，必须使用汇编程序翻译成计算机所能识别的目标程序(Object Program)后，才能被计算机执行，常用的汇编程序有 MASM 或 TASM。汇编程序是将汇编语言编制的程序(源程序)翻译成机器语言程序(目标程序)的工具，汇编过程如图 8.2 所示。

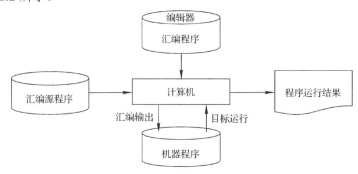

图 8.2　汇编程序的处理和运行过程

汇编程序的具体翻译工作有如下几步：

第一步：用机器操作码代替符号化的操作符，形成机器指令代码；

第二步：用数值地址代替符号名称；

第三步：将常数翻译为机器的内部表示；

第四步：分配指令和数据的存储单元；

第五步：通过动态链接形成机器可执行程序。

3. 高级语言

高级语言是一种接近人类语言，与自然语言和数学语言相似的程序设计语言。相对于机器语言和汇编语言，程序员使用高级语言编制程序时，可以完全不用与计算机的硬件打交道，也不必了解机器的指令系统。此时，程序员就可以集中精力来解决问题本身，而不必受机器的制约，编程效率大大提高；由于与具体机器无关，程序的通用性得到了增强。

学习使用高级语言要比学习使用机器语言和汇编语言容易得多，它为计算机的推广普及扫除了一个大障碍，即使对计算机内部结构一无所知的非计算机专业工作者，也能学会使用高级语言编写程序去解决他们需要计算机处理的问题。

目前，据统计已经有好几百种的计算机高级语言。尽管种类很多，但广泛应用的却仅有十几种，它们有各自的特点和使用范围。例如：BASIC 语言是一类普及性的会话语言；FORTRAN 语言多用于科学及工程计算；COBOL 语言多用于商业事务处理和金融业；Pascal 语言有利于结构化程序设计；C 语言常用于系统软件的开发；PROLOG 语言多用于人工智能；面向对象的程序设计语言 Java 多用于网络环境。

例如，计算算术表达式 A = 16 + 3 的 C 语言程序如下：

```
main( )
{   int A;                  /*定义变量 A*/
    A=16+3;                 /*计算 A，常量 16 和 3 的和赋予 A*/
    printf("%d", A);        /*输出结果 A*/
}
```

可见，高级语言是由数字、数学符号和一些英文单字组成的，比自然语言更单调、严谨和富有逻辑性。因此，用高级语言编写的程序易读、易修改，通用性好，而且不依赖于机器。

然而，计算机却并不认识这种接近人类自然语言的规则集，也不能对其编制的程序直接运行，必须经过语言处理程序的翻译或解释后才可以被机器接受，即"源程序"必须先被翻译转换成"目标程序"(即机器语言程序)才能执行。每一种高级语言都有自己的翻译程序，在一个计算机上运行某一种高级语言源程序的前提是：该计算机系统配置了该语言的翻译程序，以便源程序可以被翻译成目标程序。翻译过程是需要时间的，因此，高级语言程序的执行速度通常比不上机器语言和汇编语言。

1) 高级语言的翻译过程

翻译程序有两种工作方式：解释方式和编译方式，相应的翻译工具也分别称为解释程序和编译程序。

(1) 解释方式。

解释方式的翻译工作由解释程序来完成，这种方式如同口译方式，逐句翻译执行，直到最后一条语句为止，但不生成目标程序。解释程序对源程序进行逐句分析，若没有错误，可立即给出执行结果；若有错则报错并提醒用户。解释方式的工作过程如图 8.3 所示。

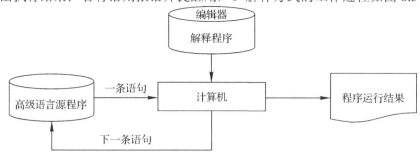

图 8.3　解释程序的处理和运行过程

这种边解释边执行的方式特别适合于人机对话，并对初学者有利，便于查找错误的语句行和修改，但解释方式执行速度慢，原因有三个：

① 每次运行该程序，必须要重新解释；而编译方式编译一次，可重复运行多次。

② 如果程序较大，但是错误发生在程序的后半部分，那么前面的运行是无效的。

③ 解释程序只看到一句语句，无法对整个程序优化。

整个过程是边解释边工作的，不需要链接其他的程序；BASIC、LISP 等语言运行时采用解释方式。

(2) 编译方式。

编译方式的翻译工作由编译程序来完成，编译程序对整个源程序进行编译处理，产生一个与源程序等价的目标程序。但目标程序还不能立即装入机器执行，目标程序还需要调用一些其他语言编写的程序和标准程序库中的标准子程序；之后链接程序将目标程序与有关的程序库组合成一个完整的可执行程序。由此产生的可执行程序可以脱离编译程序和源程序独立存在并反复使用，故编译方式执行速度快、效率高。但一旦修改源程序，就必须重新编译。编译方式的大致工作过程如图 8.4 所示，一般高级语言(C、Pascal、COBOL 等)都采用编译方式。

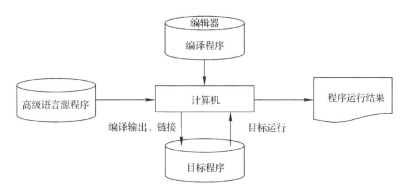

图 8.4　编译程序的处理和运行过程

Visual Basic 可以以编译方式和解释方式两种模式运行；而 Java 语言是解释方式和编译方式相结合的，即先编译为 Java 字节码，在网络上传送到任何一种机器上之后，再用该机所配置的 Java 解释器对 Java 字节码进行解释执行。

2) 高级语言的分类

最初的高级语言只有面向过程语言，经过几十年的发展，有新增面向问题语言和面向对象语言。

(1) 面向过程的语言。

面向过程的语言致力于用计算机能够理解的逻辑来描述需要解决的问题和解决问题的具体方法、步骤；也就是对具体的算法进行描述，所以又称算法语言。用这类语言编程时，在程序中不仅要告诉计算机"做什么"，还要告诉计算机"如何做"；但是不会涉及计算机内部的结构，只需根据所求解的问题的算法，写出处理的过程即可。比如在存取数据时，不必具体指出各存储单元的具体地址，可以用一个符号(即变量名)代表地址。计算机语言FORTRAN、BASIC、Pascal、C 等，均属此类语言。

(2) 面向问题的语言。

面向问题的语言又称非过程化的语言或第四代语言(4GLS)。用面向问题的语言解题时，不仅摆脱了计算机的内部逻辑问题，也不必关心问题的求解算法和求解过程，其表达方式接近于被描述的问题，易于理解和掌握。只需指出要计算机做什么以及数据的输入和输出形式，就能得到所得结果。

面向过程化的语言，目的在于高效地实现各种算法，需要详细地描述"怎样做"；而面向问题的语言是非过程化的，目的在于高效、直接地实现各种应用系统，仅需要说明"做什么"，它与数据库的关系非常密切，能够对大型数据库进行高效处理。如 Oracle 数据库应用开发环境、Informix-4GL、SQL Windows、Power Builder 等就属于此类语言。

(3) 面向对象语言。

面向过程语言过分强调求解过程的细节，所以程序代码不易重复使用；而非过程语言与数据库的关系非常密切，应用范围却比较狭窄，为了克服以上缺点，推出了面向对象语言。面向对象语言继承了面向过程高级语言的结构化设计、模块化、并行处理等优点，克服了数据与代码分离的缺点；代表了新颖的程序设计思维方法，它设计的出发点就是为了能更直接地描述客观世界中存在的事物以及它们之间的关系。

面向对象语言将客观事物看做是具有特性和行为的对象，抽象地找出同一类对象的共同性和行为，形成类。通过类的继承与多态机制可以很方便地实现代码重用，这大大提高了程序的复用能力和开发效率。面向对象语言已经成为了程序语言的主要研究方向之一。大家比较熟悉的面向对象语言有 C++、Visual Basic、Java 等。

8.2.2　程序设计语言的选择

在程序设计时，选择程序设计语言非常重要，如果选择了适宜的语言，就能减少编码的工作量和程序的测试量，并且可以得到易读、易测试、易维护的代码。D.A.Fisher 曾经说过："设计语言不是引起软件问题的原因，也不能用它来解决软件问题，但是，由于语言在一切软件活动中所处的中心地位，它们能使现在的问题变得较易解决，或者更加严重。"任何一种语言都不是"十全十美"的，因此在选择程序设计语言时，首先明确求解的问题对编码有什么要求，并按照轻重次序一一将其列出；然后根据这些要求去衡量可使用的语言，以判断出哪些语言能较好地满足要求。一般情况下，程序设计语言的选择常从应用领域、算法与计算的复杂度、数据结构的复杂度、效率、可移植性、程序设计人员的水平、构造系统的模式等方面进行考虑。其中选择程序设计语言的首要标准是应用领域。下面简单介绍几种常用的高级语言的特点和它的主要应用领域。

1. FORTRAN 语言

FORTRAN(FORmula TRANslation)语言是世界上最早出现的高级程序设计语言，它由 John Backus 于 1954 年开发。其含义是"公式翻译"。它是一种分块并列结构的、面向过程的高级语言。FORTRAN 语言开始是为解决数学问题和科学计算而提出的，但多年来的应用表明：FORTRAN 具备本身标准化程度高，便于程序互换和优化，计算速度快等特点；因此这种高级语言目前仍广泛流行。它能够很方便地处理复杂的数学计算表达式，是工程界最常用的编程语言，在航空航天、地质勘探、天气预报和建筑工程等领域始终发挥着极其重要的作用。曾流行的版本是 FORTRAN 77，目前使用的是 FORTRAN 90。FORTRAN 90 在 FORTRAN 77 的基础上做了较大的更新，引入了类型、递归、指针、动态数组等功能。同时一些公司纷纷推出 Visual Fortran，这为工程技术界进行科学计算和编写面向对象的工程实用软件的用户提供了极大的方便。熟悉 VB 或 VC 的读者可以很容易地掌握 Visual

Fortran 的使用，进一步开发出自己专业领域的 Windows 下界面友好的工程应用软件。

2. COBOL 语言

COBOL(Common Business Oriented Language)语言是 1959 年由 Grace Hopper 和他的小组开发出来的，并于 1961 年美国数据系统语言协会公布。它是一种适合于商业及数据处理的类似英语的程序设计语言，可使商业数据处理过程精确表达。COBOL 是一种面向数据处理的、面向文件的、面向过程的高级编程语言，其语法与英文很接近，即使不懂电脑的人也能看懂程序，可是一种功能很强而又极为冗长的语言。COBOL 主要用于商业数据处理和银行管理系统的开发，可对各种类型的数据进行收集、存储、传送、分类、排序、计算及打印报表、输出图像。经过不断的修改、丰富完善和标准化，COBOL 已发展为多种版本。

3. BASIC 语言与 Visual BASIC

BASIC(Beginner's All purpose Symbolic Instruction Code)是"初学者的通用符号指令代码"，是一种设计给初学者使用的程序设计语言。BASIC 语言是 1964 年由 John Kemeny 和 Thomos Kurts 在 FORTRAN 语言基础上开发的，是一种直译式的编程语言，在完成编写后不须经由编译及链接等操作即可执行。BASIC 语言是初学者最容易学习的语言之一，从而得到了广泛的使用。

1991 年，Microsoft 公司推出了基于 Windows 环境的 Visual Basic 1.0 版，获得了巨大成功。目前流行的是 Visual Basic 6.0 版，网络功能更强的 Visual Basic.NET。Visual Basic 采用可视化界面设计、事件驱动的编程机制、基于对象的程序设计方法，有利于应用程序的开发和维护。

4. Pascal 语言与 Delphi

Pascal 语言是瑞士计算机科学家 Niklaus Wirth 于 1968 年开发的，以法国数学家 Blaise Pascal 的名字命名。Pascal 语言是一种通用的程序设计语言，它语法严谨，数据类型丰富，强调结构化编程，运行效率高；排错能力强。因为 Pascal 层次分明，程序易写，具有很强的可读性，是第一个结构化的编程语言，从而成为在 C 语言问世前最受欢迎的语言之一，尤其适合作为教学语言和开发系统软件。

Delphi 是 Inprise 公司(即原 Borland 公司)在 Pascal 语言基础上发展起来的可视化软件开发工具，使用了面向对象和软件组件的概念，可以设计各种具有 Windows 风格的应用程序(如数据库应用系统、通信软件和三维虚拟现实等)，也可以开发多媒体应用系统。

5. C 语言

1972 年，美国贝尔实验室的 Kennet L.Thompson 和 Dennis M.Ritchie 共同设计和开发了 C 语言。C 语言是 Combined Language(组合语言)，它既具有高级语言的特点，又具有汇编语言的特点。它可以作为工作系统设计语言，编写系统应用程序，也可以作为应用程序设计语言，编写不依赖计算机硬件的应用程序。因此，它的应用范围广泛，不仅是在软件开发上，而且各类科研都需要用到 C 语言，例如单片机以及嵌入式系统开发。

最初的 C 语言是为描述和实现 UNIX 操作系统而设计的。它简洁紧凑、灵活方便；运算符非常丰富，其中包括位运算符；数据结构十分丰富，包括了整型、实型、字符型、数组类型、指针类型、结构体类型、共用体类型等，能用来实现各种复杂的数据结构的运算；并引入了指针概念，使程序效率更高。C 语言允许直接访问物理地址，可以直接对硬件进行操作，具有类似于汇编语言的高执行效率。C 语言适用范围大，可移植性好，适用于开发系统软件和对速度要求比较高的应用软件(如游戏和测试软件)。

C 语言的缺点主要表现在数据封装的安全性有很大缺陷；对变量的类型约束不严格，对数组下标越界不做检查；加之指针的引入，尽管贴近硬件，但却给操作带有很多不安全的因素。从应用的角度看，C 语言比其他高级语言较难掌握。

6. C++ 语言和 C#语言

1980 年，贝尔实验室的 Bjarne Stroustrup 对 C 语言进行了扩充，加入了面向对象的概念，并于 1983 年改名为 C++。西方的程序员通常将其读做 "C Plus Plus" 或者 "CPP"。C++ 是一种静态数据类型检查的、支持多重编程范式的通用程序设计语言，使用非常广泛。它支持过程化程序设计、数据抽象、面向对象程序设计、泛型程序设计等多种程序设计风格。由于 C 的广泛应用，从而带动了 C++ 的广泛应用。C++ 由以下四个 "子语言" 组成：C 子语言、面向对象的 C++、泛型编程语言、STL(C++ 标准模板库)。

在 Windows 系统下的 C++ 语言主要有两个产品，即 Visual C++ 和 C++ Builder。Visual C++ 是 Microsoft 公司的 C++ 产品，提供了 Microsoft 基础类库(MFC)，是 Visual Studio 可视化编程产品家族的一员，可以开发运行效率很高的 Windows 应用程序，但要深入掌握 MFC，需要付出更多的精力和时间。C++ Builder 是 Borland 公司的 C++ 产品，含有大量的可重构组件，可以帮助用户快速开发出复杂的 Windows 应用程序。

C# 是 Microsoft 公司发布的一种面向对象的、运行于.NET Framework 之上的高级程序设计语言。它包括了诸如单一继承、接口、与 Java 几乎同样的语法和编译成中间代码再运行的过程；借鉴了 Delphi 的一个特点，与 COM(组件对象模型)是直接集成的，在更高的层次上重新实现了 C/C++。利用 C#，开发人员能够快速建立基于微软网络平台的应用，并且提供大量的开发工具和服务，适用于开发基于计算和通信的各种应用软件。

7. Java 语言

Java 语言是 1995 年由 SUN Microsystems 公司推出的面向对象的程序设计语言。Java 语言的语法类似 C++，但简化并去除了 C++ 语言一些容易被误用的功能，如指针。Java 语言是分布式的、体系结构中立的(即跨平台的)、健壮且安全的、多线程的、动态的面向对象的语言，在网络编程中占据无可比拟的优势。

8. Visual FoxPro

Visual FoxPro 的前身是 FoxBase，是美国 Fox Software 公司推出的数据库产品，在 DOS 上运行，与 xBase 系列相容。FoxPro 原来是 FoxBase 的加强版，最高版本曾出现过 2.6。之后，Fox Software 被微软收购，加以发展，使其可以在 Windows 上运行，并且更名为 Visual FoxPro。目前最新版为 Visual FoxPro 9.0，而在学校教学和教育部门考证中依然沿用经典版的 Visual FoxPro 6.0。相对以往的版本，Visual FoxPro 6.0 提供了多种可视化编程工具，并在表的设计方面增添了表的字段和控件直接结合的设置。

9. SQL

结构化查询语言(Structured Query Language，SQL)是一种数据库(Database)查询和程序设计语言，用于存取数据以及查询、更新和管理关系数据库系统。SQL 语言包含 4 个部分：数据定义语言(DDL)、数据操作语言(DML)、数据查询语言(DQL)、数据控制语言(DCL)。

主流的关系数据库管理系统都支持 SQL，可以在数据库管理系统上通过交互式的 SQL 命令对数据库进行定义和操作，如 SQL Server、Oracle、MySQL、DB2、Mimer、PostgreSQL、SQLite 和 Access 等数据库。

10. HTML 标记语言

HTML(Hypertext Marked Language)即超文本标记语言或超文本链接标示语言，是目前网络上应用最为广泛的语言，也是构成网页文档的主要语言。HTML 的结构包括头部(Head)、主体(Body)两大部分，其中头部描述浏览器所需的信息，而主体则包含所要说明的具体内容。用 HTML 编写的超文本文档称为 HTML 文档，它是由 HTML 命令组成的描述性文本。HTML 命令可以说明文字、图形、动画、声音、表格、链接等，而且 HTML 文档独立于各种操作系统平台(如 UNIX，Windows 等)。自 1990 年以来 HTML 就一直被用作 World Wide Web(简称 WWW)的信息表示语言，用于描述 Homepage(主页)的格式设计，以及它与 WWW 上其他 Homepage 的链接信息。

11. 其他网站开发语言

目前最常用的动态网页语言有 ASP、JSP、PHP，三者都是面向 Web 服务器的技术。

ASP(Active Server Pages)意为"动态服务器页面"，是 Microsoft 公司开发的动态页面技术，采用脚本语言 VBScript(或 JavaScript)作为自己的开发语言；利用它可以产生和执行动态的、高性能的 Web 服务应用程序，并能与数据库和其他程序进行交互，是一种简单、方便的编程工具。

ASP.net 是 ASP 的升级平台，将基于通用语言的程序在服务器上运行。通用语言的基本库、消息机制、数据接口的处理都能无缝地整合到 ASP.net 的 Web 应用中。ASP.NET 常用的两种开发语言是 VB.NET 和 C#。C#相对更为常用，因为 C# 是 .NET 独有的语言，VB.NET 则适合于以前熟悉 VB 的程序员。

PHP(Hypertext Preprocessor，超级文本预处理语言)是一种在服务器端执行的内嵌 HTML 文档的脚本语言。它大量地借用 C、Java 和 Perl 语言的语法，并耦合 PHP 自身的特性，使 Web 开发者能够快速地写出动态产生页面。它支持目前绝大多数的数据库。

JSP(Java Server Pages)是 Sun 公司推出的新一代网站开发语言，可以在 Serverlet 和 JavaBean 的支持下完成功能强大的站点程序。JSP 技术有点类似 ASP 技术，而且与 ASP 是兼容的。它是在传统的网页 HTML 文件(*.htm,*.html)中插入 Java 程序段(Scriptlet)和 JSP 标记(tag)，从而形成 JSP 文件(*.jsp)。用 JSP 开发的 Web 应用是跨平台的，既能在 Linux 下运行，也能在其他操作系统上运行。

ASP 只能执行于微软的服务器平台，PHP 可在 Windows、UNIX、Linux 的 Web 服务器上正常执行，JSP 同 PHP 类似。

JavaScript 和 VBScript 是网页脚本语言，分别由 Netscape 公司和 Microsoft 公司开发，可以增强网页动态和交互效果，主要用来在客户端实现特效。JavaScript 是跨操作系统平台的，无论是 Windows、UNIX 还是 Macintosh，只要操作系统中装有相关的浏览器，就可以正常运行。VBScript 即 Visual Basic Script(Visual Basic 脚本语言，VBS)，是 ASP 动态网页默认的编程语言，配合 ASP 内建对象和 ADO 对象，用户很快就能掌握访问数据库的 ASP 动态网页开发技术。VBScript 只能在 IE 浏览器中运行，但是可以比 JavaScript 更深入地控制 IE 浏览器。

8.2.3　程序设计的基本过程

　　程序设计是计算机解决问题所需的分析、设计、编写及调试程序过程，是软件构造活动中的重要组成部分。程序设计需要选择某种程序设计语言编写程序代码，来驱动计算机完成特定的功能。其实，设计程序就像盖房子，首先要有设计图纸，然后才能动工建设。程序设计的基本过程一般由问题分析、算法设计、程序编制、调试运行、整理文档等几个阶段组成，如图 8.5 所示。

图 8.5　程序设计的基本过程

1. 问题分析

　　对于每一项程序设计任务，都要根据实际问题进行具体研究；分析需要输入/输出的数据；讨论问题是否需要精确求解，选择合适的数学模型。在这个阶段，程序员需要明确程序所要达到的预期目标，弄清楚程序设计的条件与设计要求，如对计算机软件与硬件方面的需求、对输入/输出、文件的设置和数据的处理过程等方面的要求。

2. 算法设计

　　算法(Algorithm)是一系列解决问题的清晰指令。算法的初步描述可以采用自然语言方式，然后逐步将其转化为程序流程图或其他直观方式。这些描述方式比较简单明确，能直接展示程序设计的思想，是进行程序编制和调试的重要基础。不同的算法完成同样的任务花费的时间和空间都是不相同的。

3. 程序编制

　　为了使计算机能够理解人的意图，人类就必须要将需解决的问题的思路、方法和手段通过计算机能够理解的形式告诉计算机，使得计算机能够根据人的指令一步一步去工作，完成某种特定的任务。这种人和计算机之间交流的过程就是编制程序。编程的过程要严格遵守所用语言的语法规则，准确地使用各种语句和规则。

4. 调试运行

　　当利用计算机中的编辑器将程序编辑完成后，在投入实际运行前，需要反复进行检查，并通过编译程序对程序进行编译，通过编译器再对程序进行语法和逻辑结构方面的检查。编译链接通过后，才能运行得出结果，如果结果不正确，继续调试、修改程序。对于一个程序，有时需要进行多次的反复检查、修改、调试后才能完成。

5. 整理文档

　　程序文档不仅要描述整个程序的框架，而且要对程序的使用及相关技术都要加以说明。程序文档一般由三部分组成：操作手册、程序设计文件、程序代码文件。操作手册主要说明运行程序时所需要的计算机软件与硬件环境、安装与启动方法、程序具体功能的操作方法及输入与输出的安排等；程序设计文件主要是在技术方面进行说明，即对程序功能的描述、程序的修改(更新)与维护以及出现意外情况时应该采取的应变措施等。文档内容要做到完整、正确和清晰。

一般来说，如果问题较为简单，程序编码不多，则可以不需要程序文档。但对于较大型的程序来说，程序文档能提高关键开发的效率，保证软件的质量，而且在软件使用过程中有指导、帮助和解惑的作用；尤其在对软件进行维护时，文档是不可或缺的资料。

8.3　数　据　结　构

著名的计算机科学家沃思提出了一个公式：程序=数据结构+算法。他指出一个程序应该包括以下两方面内容：对数据的描述(程序中要处理的数据的类型和组织形式，即数据结构)及对操作的描述(对数据进行操作的方法和步骤，即算法)。编写程序的过程非常像做菜，如果打算做一道菜，此时已经建立了一个目标(一个待解决的问题)。目标一旦确定，人脑会自动搜索相关的材料，需要哪些主料、辅料，之后如何配菜(菜是切丝还是切片，辅料的搭配是否符合膳食平衡等)，这个过程就是在考虑数据结构。之后的烹调方法就是算法的实现步骤，当然步骤和方法不同，味道也将不一样。

可见，算法描述的是计算机解决问题的具体步骤，计算机程序正是按照算法所描述的步骤对某种结构的数据进行加工处理。如果没有数据结构，计算机就缺少了处理的基础；而没有算法，计算机就缺少了求解问题的方法。要完成软件的程序开发，数据结构与算法是密不可分、缺一不可的。

随着计算机的普及和信息量的增加，信息处理由早期专注于数值解算、追求精度，演变成对非数值计算问题的求解。例如读者使用图书管理系统时，在线阅读某些馆藏的图书等。据统计，当今处理非数值计算性问题占用了85%以上的机器时间。由此可见，信息的表示和组织直接关系到处理信息的程序的效率。

与此同时，许多系统程序和应用程序也因信息量和种类的增加，问题规模变得庞大，结构也变得错综复杂；尤其体现在信息之间的相互关系一般无法用数学方程式加以描述。例如简单的数字类型已经无法详实地描述现实世界中"学生"这个对象了。因此，解决这类问题的关键不再是数学分析和计算方法，而是要设计出合适的结构对此类信息进行完整的表示，才能有效地解决问题。

为了编写出一个"优秀"的程序，必须分析待处理的对象的特征及各对象之间存在的关系，这就是数据结构的研究重点。在计算机科学中，数据结构不仅是一般程序设计的基础，也是设计和实现编译程序、操作系统、数据库系统及其他系统程序和大型应用程序的重要基础。

数据结构的研究已经形成了很多通用性强、具有很高实用价值的数据表示和存储形式。例如语言编译用来实现函数过程调用的"栈"；操作系统中的打印"队列"，可以将打印任务逐个打印，从而避免数据丢失或打印次序混乱；数据库系统则使用线性表、链表等进行数据管理；人工智能领域依据问题的差异涉及诸如广义表、树和各种有向图等。

这些结构不仅为编程人员提供了设计软件系统的有用工具，在广泛的应用领域更体现出了求解问题的精巧思路和优化系统的能力。

8.3.1　数据结构的基本概念

数据结构主要研究计算机存储、组织数据的方式，是指形成相互之间存在一种或多种特定关系的数据元素的集合。研究涵盖 3 个方面的要素：数据之间的逻辑关系(数据集合中各数据元素之间所固有的逻辑关系)、数据在计算机中的存储关系(在对数据进行处理时，各数据元素在计算机中存储的位置关系)和数据的运算方法。

1. 数据

数据是信息载体，能够被输入到计算机并被计算机识别、存储和加工处理。可以是数值数据，如整数、实数；也可以是非数值数据，如声音、图像等。

2. 数据元素

数据元素(也称为结点、记录)是数据的基本单位，在计算机程序中通常作为一个整体考虑。一个数据元素由若干个数据项(Field)组成。数据项是数据的不可分割的、具有独立意义的最小单位，又称字段、域。

现实世界中存在的一切个体都可以是数据元素。例如："春、夏、秋、冬"可以作为季节的数据元素；"26、56、65、73、26……"可以作为数值的数据元素；"父亲、儿子、女儿"可以作为家庭成员的数据元素。

在数据处理领域中，每一个需要处理的对象都可以抽象成数据元素。数据元素可分为两类：一类是不可分割的原子型数据元素，如：整数"172"、字符"F"等；另一类是由多个项目构成的数据元素，其中每个项目被称为一个数据项。例如描述每一个学生的基本信息的数据元素可由下列 6 个数据项组成，如表 8-1 所示。其中的出身日期又可以由三个数据项"年"、"月"和"日"组成，则称"出身日期"为组合项，而其他不可分割的数据项为原子项。

【例 8-1】　一个描述学生基本信息的表，具体内容如表 8-1 所示。

表 8-1　学生基本信息表

班号	姓名	学号	出生日期	身高	性别
1001	王蒙	100101	91/05/28	172	F
1002	周扬	100102	92/10/16	180	M
⋮	⋮	⋮	⋮	⋮	⋮

3. 数据类型

数据类型是程序设计中的概念，用以刻画程序中操作对象的特征。程序中的每个变量、常量、表达式或者函数都属于某个特殊的数据类型，它是具有相同特性的数据的集合。在高级程序设计语言中，数据类型可分为两类：一类是原子类型，例如 C 语言中的整型、字符型、浮点型等基本类型(分别用 int、char、float 等保留字进行标识)；另一类是结构类型，由若干个子项按某种结构构成，例如 C 语言中的数组、结构体等类型，是可以分解的。

【例 8-2】　结构类型举例：

```
struct stu{
```

```
        char    nm[8];                      /* 学号*/
        char    name[18];                   /* 姓名*/
        char    sex;                        /* 性别*/
    };
        struct stu s1;                      /* 学生类型*/
```

数据类型决定了数据的性质，如取值范围、操作运算等。数据类型还决定了数据在内存中所占空间的大小，如 C 语言中字符型占 1 个字节，而长整型一般占 4 个字节等。

4. 数据结构

在具有相同特点的数据元素集合中，各个数据元素之间存在着某种关系(即联系)，这种关系反映了数据元素所固有的一种结构。在数据处理中，通常把数据元素之间这种固有的关系简单地用前后件关系(或直接前驱与直接后继关系)来描述。例如：在"春、夏、秋、冬"中，"春"是"夏"的前件，"夏"是"秋"的前件，"秋"是"冬"的前件。

数据结构应包含如下两种信息：表示数据元素的信息和表示各数据元素之间的前后件关系。具体地说，数据结构由数据的逻辑结构、数据的物理结构(也称存储结构)以及对数据进行相应的运算组成。

1) 数据的逻辑结构

数据的逻辑结构抽象地反映出数据元素之间的逻辑关系(前后件关系)，可以看作是从具体问题中抽象出来的数学模型，与数据在计算机中的存储方式与位置无关。

一年始于春、再夏、再秋、再而冬，四季的关系与将"春、夏、秋、冬"写在纸面上的不同位置或存储在计算机内不同存储单元的顺序无关。

根据数据元素之间关系不同的特性，通常有如图 8.6 所示的四种基本结构。

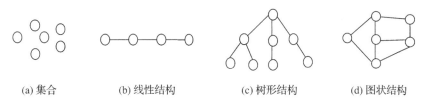

(a) 集合　　　(b) 线性结构　　　(c) 树形结构　　　(d) 图状结构

图 8.6　四类基本结构关系图

(1) 集合：结构中的数据元素除了同属于一种类型外，别无其他关系。集合是元素关系极为松散的一种结构。

(2) 线性结构：结构中的数据元素之间存在一对一的关系。每一个结点最多有一个前件，也最多有一个后件。

(3) 树型结构：结构中的数据元素之间存在一对多的关系，具有分支、层次特性，其形态有点像自然界中的树。

(4) 图状结构或网状结构：结构中的数据元素之间存在多对多的关系，任何两个结点间都可以邻接，其形态像自然界中的网。

2) 数据的存储结构

数据的逻辑结构在计算机存储空间中的存放形式称为数据的存储结构(物理结构)。在数据的存储结构中，不仅要存放各数据元素的信息，还需要存放各数据元素之间的逻辑关系的信息。数据的存储结构是依赖于计算机的，离开了机器，就无法进行任何操作。

常用的存储结构有顺序、链接、索引等存储结构。

(1) 顺序存储方式：每个存储结点只含一个数据元素，所有存储结点连续存放，主要用于线性结构，通常借助于数组来实现。

(2) 链式存储方式：每个结点不仅含一个数据元素，还附加了一个链接字段。对逻辑上相邻的元素不要求其物理地址相邻；结点的存放位置可以是任意的，结点之间的关系通过附加的连接字段(与结点关联的指针或者引用)显式表达出来。

(3) 索引存储结构：每个存储结点只含一个数据元素，所有存储结点连续存放。增设一个索引表，表中的索引指示各结点的存储位置或位置区间端点。

(4) 散列存储方式：每个存储结点只含有一个数据元素，各个结点均匀分布在存储区里。用散列函数指示各结点的存储位置或位置区间端点。

一种数据的逻辑结构可以表示成多种存储结构。如果采用不同的存储结构，数据处理的效率是不同的。因此，在进行数据处理时，选择合适的存储结构是非常重要的。以上四种基本存储方法，既可单独使用，也可组合起来对数据结构进行存储。

3) 数据的运算

数据的运算定义在数据的逻辑结构上，每种逻辑结构都有一个运算的集合。最常用的插入、删除、查找、更新、排序等运算实际上只是在抽象的数据上所施加的一系列抽象的操作。所谓抽象的操作，是指我们只知道这些操作是"做什么"，而无须考虑"如何做"。

(1) 插入：在已有数据结构中添加新的数据元素。

(2) 删除：删除数据结构中的某个数据元素。

(3) 查找：在数据结构中查找某个特定的数据元素。

(4) 更新：改变数据结构中数据元素的值。

(5) 排序：按某种特定规律改变数据结构中的数据元素的排列顺序。

对于表 8-1 所示的学生信息表，可以查看学生的基本信息；当有学生退学时，可以删除该学生的记录(结点)；当有新学生插班时，可以插入新学生的记录；当某位学生的出生日期输入出现错误时，可以进行修改更新；也可以按照学号排列学生的次序。只有确定了存储结构之后，讨论如何具体实现这些操作才有意义。例如在一些顺序存储的数据中插入新的数据元素，与在以链接方式存储的数据中插入新的数据元素，其实现方法显然不同。

8.3.2　数据结构的表示

1. 二元组表示

可以用一个二元组 B=(D，R)来表示一个数据结构，其中 B 表示数据的逻辑结构，D 表示数据元素的集合，R 表示 D 中各数据元素之间的前后件关系。

【例 8-3】　一年四季的数据逻辑结构可以表示成

B = (D，R)

D = {春，夏，秋，冬}

R = {(春，夏)，(夏，秋)，(秋，冬)}

【例8-4】 家庭成员之间辈分关系的数据结构可以表示为

B = (D，R)

D = {父亲，儿子，女儿}

R = {<父亲，儿子>，<父亲，女儿>}

2. 图形表示

一个数据结构还可以直观地用图形表示，上述两例的图形表示如图 8.7 所示。

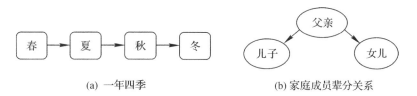

　　　　(a) 一年四季　　　　　　　　　　(b) 家庭成员辈分关系

图 8.7　数据结构的图形表示

算法的形式和内容不可避免地与所选择的数据结构有关。首先，算法由各种数据及其操作构成，算法的构成依赖于数据结构，采用合适的数据结构有助于得到高效算法，数据结构是设计和选择算法的基础，其次数据结构所能施加的任何操作都需要相应的算法。

8.4　算　　法

8.4.1　算法的概念

生活当中，有很多为了解决问题而存在的一系列规则和步骤，譬如做菜肴的菜谱、洗衣机的使用说明书、一首歌曲的歌谱和将复杂的计算(比如除法)描述为一系列算珠拨动操作的珠算口诀。这些步骤都是按一定的顺序和规则进行的，不可缺少和颠倒，称得上是生活中的算法。

在计算机科学中，算法(Algorithm)是描述计算机解决给定问题的有明确意义的操作步骤的有限集合。也就是说，给定初始状态或输入数据，经过计算机程序的有限次运算，能够得出所要求或期望的终止状态或输出数据。

计算机算法一般可分为数值计算算法和非数值计算算法。数值计算算法就是对所给的问题求数值解，如求函数的极限、求方程的根等；非数值计算算法主要是指对数据的处理，通常是对事物的管理，如对数据的排序、分类、查找及文字处理、图形图像处理等。

【例8-5】 有蓝和黑两个墨水瓶，但现在却错把蓝墨水装在了黑墨水瓶中，黑墨水错装在了蓝墨水瓶中，要求将其互换，请你设计算法解决这一问题。

步骤 1：取一只空的墨水瓶，设其为白色；

步骤 2：将黑墨水瓶中的蓝墨水装入白瓶中；

步骤 3：将蓝墨水瓶中的黑墨水装入黑瓶中；

步骤 4：将白瓶中的蓝墨水装入蓝瓶中。

上述就交换在两个墨水瓶中墨水的算法，可以相当于交换两个数的算法。有的时候，对于解决同一个问题，基于不同的解题思路会设计出不同的方案。譬如求解两个整数的最大公约数可以采用欧几里德算法，也可以采用连续整数检测算法。当然两种算法解题的速度有显著差异。同一个算法也可采用不同的形式来表示。例如，欧几里德算法可以采用递归的形式，也可写成迭代形式。

算法是计算机学科的基础，更是程序的灵魂。算法知识远不只是为了编写"优秀"的计算程序，它是一种具有一般意义的智能工具，有助于对化学、数学、语言学或者音乐等其他学科的理解。

需要注意的是算法和程序是两个概念：算法是对问题求解流程的概括描述，而程序是对算法的具体实现。形象地讲，前者是灵魂，后者是包含有灵魂的肉体，算法是决定程序质量和效率的根本保证。一般而言，应当选择简单的、运算步骤少的，即运算快、内存开销小的算法。

算法既然是问题程序化的解决方案，在本质上与一般问题的求解过程是一致的，具体设计求解步骤如图 8.8 所示。为了求解问题，首先必须透彻地理解问题，然后就是选择求解问题的策略和技术，即建立数学模型。算法设计者此时需要决定是否采取精确解法，有些问题是无法求得精确解的，例如求平方根或者求积分。另外一些问题虽然存在精确算法，例如设计人-机对弈的棋局并不困难，可以采用穷举法；但是如果棋局太大，此算法的求解时间会慢得让人无法接受。算法写好之后，要根据问题的要求和算法的特征检查其正确性和完整性。接下来使用一种合适的计算机程序设计语言按照算法结构编写程序并调试运行，最后得到计算机求解的具体结果。

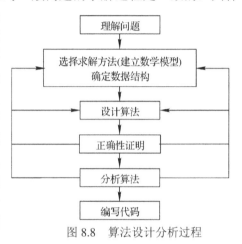

图 8.8　算法设计分析过程

8.4.2　算法的基本特征

算法是一个有穷规则的集合，这些规则确定了解决某类问题的一个有限指令或序列。归纳起来，算法具有以下几个特征：

1. 有穷性

一个算法应当包含有限的步骤，而不能是无限的步骤；同时一个算法应当在执行一定数量的步骤后，算法结束，不能进入死循环。也就是说，对于一个算法，要求其在时间和空间上都是有限的。

实际编程中，"有穷性"往往是指"在合理的范围之内"的有限步骤。如果让计算机执行一个历时 500 年才结束的算法，算法尽管有穷，但超过了合理的限度，人们也不认为此算法是有用的。

2. 有效性

算法的每一个步骤都能够通过基本运算有效地进行，并得到确定的结果；对于相同的输入，无论谁执行算法，都能够得到相同的最终结果。例如，当 Y = 0 时，X/Y 是不能有效执行的。

3. 确定性

算法中的每一个步骤都应当是确定的，而不是含糊的、模棱两可的。也就是说不应出现歧义(二义性)。当用自然语言描述算法时，特别需要注意这点。

例如："将成绩优秀的同学名单打印输出"就有歧义。"成绩优秀"是要求每门课程都 90 分以上，还是平均成绩在 90 分以上? 这样的描述不明确，容易产生歧义，不适合描述算法步骤。

4. 输入

所谓输入是指算法执行时从外界获取的必要信息。外界是相对的概念，一个算法应有零个或多个输入，可以是人工键盘输入的数据，也可以是程序其他部分传递给算法的数据。

例如：计算出 5!，是不需要输入任何信息的(0 个输入)；如果要计算两个整数的最大公约数，则需要输入 2 个整数(2 个输入)。

5. 输出

一个算法应有一个或多个输出。算法的目的是为了解决一个给定的问题，因此，没有结果的算法是没有意义的。结果可以是显示在屏幕上的，也可以是将结果数据传递给程序的其他部分。

8.4.3　算法设计的基本方法

以下给出最常用的一些基本算法设计方法。

1. 列举法

列举法的基本思想是：根据提出的问题，列举所有可能的结果，并用问题中给定的条件检验哪些是正确的，哪些是不正确的。因此，列举法常用于解决"是否存在"或"有多少种可能"等类型的问题，例如求解不定方程的问题、"百钱买百鸡"等问题。

列举法虽然是一种比较笨拙而原始的方法，其运算量比较大；但是许多实际问题，如寻找路径、查找、搜索等问题，局部使用列举法却是很有效的。如果采用人工列举，工作量将是不可想象的，但由于计算机的运行速度快，擅长重复操作，可以很方便地进行大量列举。因此，列举法是计算机算法中的一个基础算法。

当然，在用列举法设计算法时，还应该重点注意使方案优化及尽量减少运算工作量。

2. 归纳法

归纳法的基本思想是：通过列举足够多(但不是全部)的特殊情况，发现其中的一些规律，经过分析，最后找出一般的关系。相对于列举法，归纳法更能反映问题的本质，并且可以解决列举量为无限的问题。

归纳是一种抽象，即从特殊现象中找出一般关系，通过观察一些简单而特殊的情况，最后总结出有用的结论或解决问题的有效途径(枚举归纳法)。与列举法相比，枚举归纳法也称为不完全列举归纳法。

由于在归纳的过程中不可能对所有的情况进行列举，因此，最后由归纳得到的结论还只是一种猜测，还需要对这种猜测加以必要的证明，在没有得到严格证明之前，还不能看做是普遍规律。

3. 递推法

递推法是指从已知的初始条件出发，逐次推出所要求的各中间结果和最后结果。假设求问题规模为 N 的解，初始条件已经给定，例如当 N=1 时，解或为已知，或能非常方便地得到解。这种能采用递推法构造算法的问题有重要的递推性质，也就是说，当得到问题规模为 i－1 的解后，由问题的递推性质，能从已求得的规模为 1，2，…，i－1 的一系列解，构造出问题规模为 i 的解。这样，程序可从 i＝0 或 i＝1 出发，重复地，由已知至 i－1 规模的解，通过递推，获得规模为 i 的解，直至得到规模为 N 的解。

【例 8-6】 对于 Fibonacci(1170～1250 年，意大利数学家)数列：1，1，2，3，5，8，13，21，34 …

问题分析：设 f(n)表示数列中第 n 项，则有

$$f(1) = 1$$
$$f(2) = 1$$
$$f(3) = 1 + 1 = f(1) + f(2)$$
$$\vdots$$
$$f(k) = f(k - 1) + f(k - 2)$$

递推本质上也属于归纳法，工程上许多递推关系式实际上是通过对实际问题的分析与归纳而得到的，因此，递推关系式往往是归纳的结果。

4. 递归

人们在解决一些复杂问题时，为了降低问题的复杂程度(如问题的规模等)，一般总是将问题逐层分解，最后归结为一些最简单的问题。这种将问题逐层分解的过程，实际上并没有对问题进行求解。当解决了最后那些最简单的问题后(递归结束条件)，递归执行过程便终止，再沿着原来分解的逆过程逐步返回，求得分解之初的值。这就是递归的基本思想。

【例 8-7】 有 5 个人坐在一起，问第 5 个人多少岁，他说比第 4 个人大 2 岁；问第 4 个人的岁数，他说比第 3 个人大 2 岁；问第 3 个人，又说比第 2 个人大 2 岁；问第 2 个人，说比第 1 个人大 2 岁；最后问第 1 个人，他说是 10 岁。请问第 5 个人多大?

设 age(n)函数表示第 n 个人的年纪，递归过程如下：

$$age(5) = age(4) + 2$$
$$age(4) = age(3) + 2$$
$$age(3) = age(2) + 2$$
$$age(2) = age(1) + 2$$
$$age(1) = 10 \qquad //递归结束条件$$

递归执行过程在得到第 1 个人的年龄之后就可以结束了，接下来"沿路返回"。即只要求得第 1 个人的年龄，就可计算出第 2 个人的年龄；已知第 2 个人的年龄，便可求得第 3 个人的年龄；依此返回，最终求得第 5 个人的年龄。

选择 C 语言递归算法进行描述：

```
int   age (int n)
{
    int   c;
```

```
        if (n==1)
            return 10;
    else
            return    age(n-1)+2;
    }
```

递归分为直接递归与间接递归两种，例 8-7 中的 age(n)在函数体中调用了自身，属于直接调用。递归算法解题通常显得很简洁，但调用的过程中，系统为利用"栈"来存储每一层的返回点、局部量等，因此递归算法解题的运行效率较低；并且递归次数如果过多的话，容易造成"栈溢出"等。

5. 减半递推技术

解决实际问题的复杂程度往往与问题的规模有着密切的关系。有时缩小问题规模也可以降低求解问题的难度。

算法设计中的"对问题分而治之"方法称为分治法，常用的分治法是减半递推技术。这个技术在快速算法的研究中有很重要的实用价值。所谓"减半"，是指将问题的规模减半，而问题的性质不变。所谓"递推"，是指重复"减半"的过程。

【例 8-8】　设方程 f(x) = 0 在区间 [a，b] 上有实根，且 f(a)与 f(b)符号相反，即 f(a)f(b) < 0。利用二分法求该方程在区间 [a，b] 上的一个实根。

用二分法求方程实根的减半递推过程如下：

(1) 计算区间的中点 c = (a+b)/2，然后计算函数在中点 c 的值 f(c)，并判断 f(c)是否为 0。若 f(c) = 0，则说明 c 就是所求的根，求解过程结束；如果 f(c) ≠ 0，则根据以下原则将原区间减半：若 f(a)f(c) < 0，则取原区间的前半部分；若 f(b)f(c) < 0，则取原区间的后半部分。

(2) 根据计算精度的要求，判断减半后的区间长度是否已经很小：假设 ε 是最小的精度要求，若 $|a - b| \leqslant \varepsilon$，则过程结束，取(a + b)/2 为根的近似值；若 $|a - b| \geqslant \varepsilon$，则重复上述的减半过程。

6. 回溯法

在工程上，有些实际问题很难归纳出一组简单的递推公式或直观的求解步骤，并且也不能进行无限的列举。

对于这类问题，一种有效的方法是"试探"。通过对问题的分析，找出一个解决问题的线索，然后沿着这个线索逐步试探。例如，求解走出迷宫的路线是，记住当前的位置，对于下一个位置的每一种可能进行试探，若试探成功，就得到问题的解；当某一路径受阻时，需要逆序退回，重新选择新路径再进行试探。这种方法称为回溯法。

8.4.4　算法的设计要求

人们总希望算法具有许多良好的特性。一个"好"的算法具有以下 5 个重要特性：

(1) 正确性(Correctness)：算法中不能出现逻辑错误，对精心选择的、典型的、苛刻的、带有刁难性的几组输入数据能够得出满足规格要求的结果；对一切合法的输入数据都能产生满足规格要求的结果。

(2) 可读性(Readability)：算法的设计应该思路清晰、层次分明，方便设计者之间的阅读和交流；这样有助于对算法的理解，也利于对编码的调试和修改。

(3) 健壮性(Robustness)：当输入非法数据时，算法也能适当地做出反应或进行处理；并且，处理出错的方法应该是返回一个表示错误或错误性质的值并中止程序的执行。假设一门科目的成绩满分为 100 分，如果成绩录入时，输入了 120 分，程序可以弹出消息框，提醒操作者数据录入不合理。

(4) 高效率与低存储量(Higher Efficiency and Lower Memory Capacity)：算法效率是指执行一个算法所需要的时间和存储空间。当程序规模较大时，算法的效率问题是算法设计必须面对的一个关键问题。人们总是孜孜追求着效率高、存储量小的算法。但是时间和空间是矛盾的、实际问题的求解往往是求得时间和空间的统一、折中。

(5) 最优性(Optimality)：给出的算法已经优化过，不需再花时间去探究更好的算法。

8.4.5 算法的表示

正如人的思想可以用语言来表达，算法是人求解问题的思想方法，是对解题过程的精确描述，同样也需要用某种方式来表示。表示算法的方法有自然语言、流程图、结构图、伪代码、PAD 图和计算机语言等多种方法，但主要采用自然语言、流程图、伪代码和计算机语言表示算法。

1. 用自然语言表示算法

例 8-1 中关于交换两个瓶中墨水的算法描述就是采用了自然语言。自然语言是人们日常所用的语言，如汉语，英语，德语。使用这些语言不用专门训练，所描述的算法也通俗易懂。下面再给出一个例子。

【例 8-9】 鸡兔同笼问题。一个笼子里有一些鸡和兔子，现在只知道里面一共有 35 个头、94 只脚，试设计一个求解的算法，计算出鸡和兔子各有多少只。

分析问题：设所求的鸡有 x 只，兔子有 y 只；已知笼子里动物的头数是 a，脚数是 b；依题意得到如下的方程组：

$$\begin{cases} x+y=a \\ 2x+4y=b \end{cases}$$

解方程组得：x = 2a – b/2，y = b/2 – a

用自然语言表示算法：

步骤 1：输入笼中动物的头数 a 和脚数 b 的值；

步骤 2：根据问题分析，利用 x = 2a – b/2，求得鸡的个数；

步骤 3：根据问题分析，利用 y = b/2 – a，求得兔的个数；

步骤 4：输出鸡数 x 和兔数 y 的值。

【例 8-10】 设计一个算法，求 100 以内能被 3 整除的数。

分析问题：设能被 3 整除的数为 I，令 I = 1，2，3，…，100，如果 I 能被 3 整除，则输出 I；否则，检查下一个数，直到 I = 100 为止。

用自然语言表示算法：

步骤 1：令 I = 1；

步骤 2：如果 I 是能被 3 整除的数，则输出 I；

步骤 3：$I = I + 1$；

步骤 4：如果 $I \leq 100$，则返回第(2)步；如果 $I > 100$，则进入第(5)步；

步骤 5：程序结束。

通过上面两个实例，可以发现用自然语言描述算法尽管直白易懂，但也存在明显的缺点：

(1) 由于自然语言的歧义性，容易导致算法执行的不确定性；

(2) 自然语言的语句一般太长，从而导致了用自然语言描述的算法太长；

(3) 由于自然语言表示是按照步骤的标号顺序执行的，因此当一个算法出现重复执行某一操作或者进行分支选择较多时，就很难清晰地表示出来；

(4) 自然语言表示的算法不便翻译成计算机程序设计语言。

2. 用流程图表示算法

在程序设计过程中，一般不可能在一开始就用某种程序设计语言编制计算机程序，而是先用某种简单、直观、灵活的描述工具来描述处理问题的流程。目前世界各国程序工作者普遍采用流程图，就是用一些约定的几何图形直观地描述算法。流程图由一些图框和带箭头的流程线组成，其中图框表示各种操作的类型，图框中的文字和符号表示操作的内容，带箭头的流线表示操作的先后次序；美国标准化协会(ANSI)规定了一些常用的流程图符号及意义，表 8-2 列举了其中的一部分。

表 8-2　常用的流程图符号及意义

图　形	名　称	功　　能
⬭	开始/结束	表示算法的开始或结束
▱	输入/输出	表示算法请求输入需要的数据或算法将某些结果输出。内部通常"输入…"，"打印/显示…"
▭	处理	表示算法的处理步骤，内部通常进行变量的计算与赋值
◇	判断	表示算法中的条件判断。作用主要是对一个给定条件进行判断，根据给定的条件是否成立来决定如何执行其后的操作。它有一个入口，多个出口
→	流程线	表示算法中步骤的执行流向
◯	连接点	用于将画在不同地方的流程线连接起来。同一个编号的点是相互连接在一起的，实际上同一编号的点是同一个点，只是画不下才分开画。使用连接点，还可以避免流程线的交叉或过长，使流程图更加清晰
▯	调用/引用	表示调用或是引用函数或是过程，框内是函数名

【例 8-11】　找出 a、b、c 三个数中的最大数。试用流程图描述该算法。

问题分析：在一组数据中找极值是数据处理的一种常见操作。基本思想是：首先假设第一个数是最大数，然后将假设的最大数依次顺序与后面的每一个数进行比较，如果假设的最大数比后面的数大，则维持目前的最大数的地位；如果假设的最大数比后面的数小，则重新将后面的数设成最大数，接着再比较下一个数，做同样的比较，直至全部的数据都比较完毕，此时假设的最大数则从开始的假设变成了事实。这里只要求找三个数中的最大数，结构较简单，其流程如图 8.9 所示。

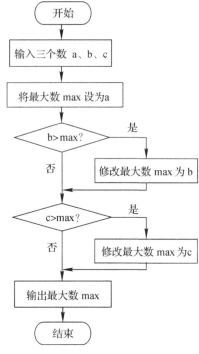

图 8.9　查找最大数的流程图

3. 伪代码法

尽管使用流程图描述算法，直观易懂，但绘制比较麻烦。在设计比较复杂的算法时，可能要反复修改，而修改流程图是比较麻烦的。为了设计算法时简便，常使用伪代码工具。

伪代码使用介于自然语言和计算机语言之间的文字和符号来描述算法；没有固定的、严格的语法规则，如同一篇文章自上而下地写下来；可以用自然语言，也可以用程序设计语言或使用自然语言与程序设计语言的混合体。伪代码不用图形符号，书写方便，格式紧凑，便于向计算机语言算法过渡。因此，实际中也常用伪代码描述算法。

【例 8-12】　求 a、b、c 三个数的最大值的伪代码算法描述如下：问题分析同例 8-11(/**/之间的文字为注释)。

```
BEGIN
    定义三个变量 a、b、c，用来存放三个数，定义变量 max 存放最大值；
    输入三个变量的值；
    max=a;                  /*将最大数 max 设为 a*/
    max=a>b?a:b;            /*比较 a 与 b 的值，如果 b>a，则将 b 赋予 max*/
    max=max>c?max:c;
    /*比较 max 与 c 的值，如果 max>c，则 max 为最大值；否则，将 c 赋予 max*/
    输出 max。
END
```

【例 8-13】 计算阶乘 5! 的值。

问题分析：虽然可以能将计算表示为 $1 \times 2 \times 3 \times 4 \times 5$，但如果求 10!或 20!显然很麻烦，而程序中不能表示成 $1 \times 2 \times 3 \times \cdots \times 10$ 的形式，所以用循环的方法在上次计算结果的基础上，重复进行多次类似的相乘操作。设定用变量 t 存放 5! 的值，它的初值为 1；设定用变量 i 表示累乘数，它的初值为 1；求累乘积 $t \times i$，结果存在 t 中，即 $t \times i \rightarrow t$；再将 i 逐次增加 1，即 $i+1 \rightarrow i$；每增加 1 都求一次累乘积，直到 i = 5 为止。

用伪代码表示的算法如下(/* 与*/之间的文字为注释)：

```
BEGIN                    /*程序开始*/
    1→t                  /*置 t 的初值为 1*/
    2→I                  /*置 i 的初值为 1*/
    while i≤5            /*当 i≤5 时，执行下面花括弧中的语句 */
    {                    /* 循环体开始 */
        t*i→t            /* t 与 i 相乘后结果赋予 t 中 */
        i+1→i            /* 累乘数加 1*/
    }                    /* 循环体结束 */
    print t              /* 输出 t 的值 */
END                      /* 结束 */
```

4. 计算机语言实现

要利用计算机完成一件工作，需要设计算法和实现算法。就好像作曲家创作完成了一首曲谱，类似于设计了一种算法；但它仅仅是一个乐谱，并未以音乐形式呈现。而作曲家的目的是希望人们听到悦耳动人的音乐，这就需要演奏家按照乐谱的规定进行演奏，就是"实现算法"。在没有人"实现"它时，乐谱是不会自动发声的。

到目前为止，我们只是描述算法，即用不同的方式表示出操作的步骤，而要得到运算结果就必须实现算法，即按照操作步骤付诸实施。设计算法的目的是为了实现算法。因此，不仅要考虑如何设计一个算法，更要考虑如何实现一个算法。

根据计算机的特性，它是无法识别自然语言、流程图和伪代码的。只有用计算机语言编写的程序才能被计算机执行(当然还要经过翻译，转换成目标程序才能被计算机识别并执行)。因此，在用自然语言、流程图或伪代码描述出一个算法后，还要将它转换成计算机语言程序。

【例 8-14】 求三个数的最大值。

用 C 语言表示该算法如下：

```
#include <stdio.h>
void main( )
{   int a, b, c, max;                                  /* 定义变量 */
    printf("please input the value of a, b and   c:\n");   /* 提示信息 */
    scanf("%4d%4d%4d", &a, &b, &c);                    /* 输入函数 */
    max=a;                                             /* 先假设 a 为最大值 max */
    if(b>max)
        max=b;                  /* 如果 b 大于 max，将 b 赋予 max */
    if(c>max)
```

```
        max=c;                                    /* 如果 c 大于 max，将 c 赋予 max */
    printf("The maxmum value of the 3 data is %d\n", max);        /* 输出 */
}
```

用 Java 语言表示该算法如下：

```
import javax.swing.JOptionPane;
public class FindMax {
    public static void main(String args[]){
        String input1,input2,input3;
        int a,b,c,max;
        input1 = JOptionPane.showInputDialog("input the value of a:");
        input2 = JOptionPane.showInputDialog("input the value of b:");
        input3 = JOptionPane.showInputDialog("input the value of c:");
        //在对话框中，以字符串形式输入三个数
        a = Integer.parseInt( input1 );
        b = Integer.parseInt( input2 );
        c = Integer.parseInt( input3 );    //将从输入框中输入的三个字符串变成整数赋给 a、b、c
        max=a;                            //先假设 a 为最大值 max
        if(b>max)
            max=b;                        //如果 b 大于 max，将 b 赋予 max
        if(c>max)
            max=c;                        //如果 c 大于 max，将 c 赋予 max
        JOptionPane.showMessageDialog(null,"The max value of "+a+","+b+","+c+"is :"+max ,
                    JOptionPane.PLAIN_MESSAGE );
    }
}
```

与伪代码相比，用计算机语言表示算法时，程序员必须严格遵循所选择语言的语法规则，而且要有良好的编程习惯。

8.4.6　算法的分析

算法分析的目的是对算法进行评价，以改进算法。算法虽然与计算模型密切相关，但模型只是设计算法的根据。算法设计是编排计算机的动作的过程，解是过程的结果。同样的模型、同样的解可以有不同的算法过程，这些算法消耗的计算机资源(表现在算法求解所需的时间、占用空间)的多少不同。

运行一个算法所需的时间和空间资源的量是算法的复杂度。算法的时间和空间复杂度是衡量一个算法优劣、是否实用的一个重要标准。

1. 算法的时间复杂度

算法所需要的时间包括：程序运行时所需要的时间总量；源程序进行编译所需要的时间；计算机执行每条指令所需要的时间；程序中指令重复执行的次数(语句频度)。

度量算法的时间复杂度(Time Complexity)时，如果实地运行该算法的程序显然是不可取的。因为同样的算法在不同的计算机上运行的时间可能差一两个数量级。因此，比较合理的方式是比较算法本身的运算次数，算法中基本操作重复执行的次数是依据算法中最大语句频度来估算。同一个问题 A 算法求解用了 1000 次；而 B 算法仅用 100 次，当然要优于 A 算法。如果是不同的问题，则次数还不能代表时间，例如 1000 次加法比 350 次的乘法快得多(加法运算比乘法快 30～50 倍)。

除了确定基本运算之外，计算对象大小(问题的规模)显然也直接影响到基本运算的次数。例如在 10 000 个数中寻找 x，比在 100 个数中寻找 x 要慢 100 倍；对 100 个数排序和对 10 000 个数排序所需要的时间也不相同。

由此可见影响算法所需时间的因素主要有算法的选择、问题的规模(size)以及硬件的特性。例如选择不同的排序算法进行排序时所需的时间不尽相同；中央处理器(CPU)速度也有差异；程序设计语言及其编译器的不同，也会导致生成目标代码的效率有快有慢。

对于许多计算，即使问题的规模相同，如果输入的数据不同，算法所需的时间开销也会不同。例如，在一个有 n 个元素的数组中查找 x 时，假设某搜索算法是从第一个元素开始，一次检查一个数组元素。如果第一个元素恰好是 x，则所需的查找时间最短，这就是算法的最好情况(Best Case)；如果数组的最后一个元素是 x，则所需的查找时间最长，这是算法执行时间的最坏情况(Worst Case)。如果这个算法应用在实际的系统中，则需要多次在数组中查找某元素，并且假设以相同的概率查找每个元素，此时算法需平均检索约 n/2 个元素，这是算法时间复杂度的平均情况(Average Case)。这三种情况从不同角度反映了算法效率，各有用途，也各有局限性。其中比较容易分析算法、具有很高的使用价值的是最坏情况的时间复杂度。

2. 算法的空间复杂度

一个算法的空间复杂度(Space Complexity)是指算法运行从开始到结束所需的存储空间量，包括固定部分和可变部分。

固定空间需求(Fixed Space Requirement)与所处理数据的大小和规模无关。通常用来保存本身所用的程序代码、常量、简单变量、定长结构成分的结构变量等。

可变空间需求(Variable Space Requirement)与处理的数据的大小和规模有关，是执行算法时所需的额外空间。例如运行递归算法时需要开辟系统栈空间。

8.5　程序设计方法

程序设计方法主要讨论程序的性质以及程序设计的理论和方法，源于 20 世纪 70 年代初期的软件危机(Software Crisis)，在 E.W. Dijkstra 提出结构化程序设计的思想和概念后得到了快速的发展。除了结构化程序设计方法、逐步求精法、模块化程序设计方法、递归程序设计方法、面向对象程序设计方法、组件式程序设计方法、泛型程序设计方法，程序的正确性证明技术、形式推导技术、程序变换技术、程序的复杂性分析技术，各种计算机模型(图灵机、自动机、有限框图)等都成为当前程序设计的主要指导方法和理论。正是程序设计方法的深入研究，不断推动着人们编程水平的提高、解题规模的扩展；同时，程序设计发展也启示人们研究更好地开发程序的方法。

通俗地讲，程序设计方法学就是希望通过对程序本质属性的研究说明什么是"优秀"的程序，怎样才能设计出"优秀"的程序。概括地讲，"优秀"的程序应该具备这些品质：结构化、模块化(将实现部分保护起来，让用户通过接口使用其功能)、正确性、可重用性、可维护性和性能均衡(系统效率与实际运行环境限制之间的平衡)。

8.5.1　结构化程序设计方法

结构化程序设计方法不仅拥有完整的理论基础，同时也具有很强的实践指导意义。它强调从程序结构和风格上来研究程序设计。对结构程序设计，Tong Hoare 作了以下确切的定义："结构程序设计，是在合理的时间内，用所引出的方法，组织人们的思想，书写一个正确的可读的程序，达到计算任务，具有可理解的表达格式。"

1. 程序的三种基本结构

算法的实现过程包括两个，首先需要一系列的操作，主要包括算术运算、逻辑运算、函数运算等；其次各操作之间的执行次序(控制结构)可以让计算机自动完成这些计算。因此设计算法除了设计操作之外，还要选择适当的控制结构。

1996 年，计算机科学家 Bohm 和 Jacopini 证明了这样的事实：任何简单或复杂的算法都可以由顺序结构、选择结构和循环结构这三种基本结构组合而成。

1) 顺序结构

顺序结构是程序设计中最简单、最常用的基本结构。在该结构中，各语句的执行按照各语句书写次序一条接一条地顺序执行。顺序结构是任何一个算法都离不开的一种基本结构；不论程序中包含了什么样的结构，而程序的总流程都是顺序结构的。

顺序结构在程序框图中的体现就是用流程线将语句块(程序框)自上而下地连接起来，按顺序执行算法步骤。

【例 8-15】 计算一个圆的周长和面积的算法案例。

问题分析：由数学知识可知，若圆的半径为 r，周长为 L，面积为 S，则计算公式(也称数学模型)为 $L = 2 \times \pi \times r$ 和 $S = \pi \times r \times r$。若给定 r 一个确定的值，则根据公式，就可以计算周长 L 和面积 S 的结果，然后输出完成运算。计算流程如图 8.10 所示，每一步操作处理是依次执行的，也只有在输入半径之后，才能计算出圆的周长和面积。

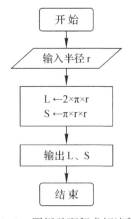

图 8.10　圆周及面积求解流程图

2) 条件结构

条件结构表示程序的处理步骤出现了分支；是在算法中通过对条件的判断，根据条件是否成立而选择不同流向的算法结构。如图 8.11 所示的一个条件分支结构，此结构中包含一个判断框，根据给定的条件 P 是否成立而选择执行语句块 A 或语句块 B。例如出门带伞问题：下雨就是需要判断的条件，如果下雨，带伞后出门；否则不带伞直接出门。

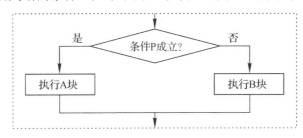

图 8.11　条件结构示意图

无论 P 条件是否成立，只能执行语句块 A 或语句块 B，不可能同时执行语句块 A 和 B，也不可能语句块 A 和 B 都不执行。无论走哪一条路径，在执行完语句块 A 或 B 之后，都会跳出此条件分支结构。语句块 A 或 B 中可以有一个是空的，即不执行任何操作，例 8-10 中的程序采用的就是单分支选择结构。

利用计算机解决实际问题时，有时会遇到这样的情况：处理某个问题时有多种选择方案，根据实际情况只能选择其中的一种。例如智能洗衣机有多种洗衣方式开关值(假设羊毛洗为 01、超快洗为 02、标准洗为 03、单洗涤为 04 等)，选择的开关值不同，洗衣的方式(包括洗衣的时间、脱水转速)就会不同。

处理这类问题时，每种处理方案由一段程序完成，每一段程序可以看做一个分支；程序在执行过程中根据当前选择的不同，决定下一步应执行哪一个分支。这就构成了多个分支的程序。如图 8.12 所示的多分支结构，表达式值不同，所执行的语句序列也不同。和单分支结构一样，多分支结构在执行完某一分支的操作之后，都应该跳出分支结构。

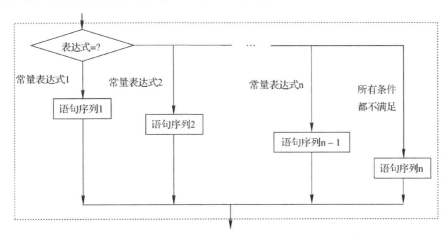

图 8.12　多条件分支结构示意图

3) 循环结构

循环结构实际上是一种特殊的选择结构。程序根据判断循环条件的结果决定是否执行循环体语句。循环体语句是循环结构中的处理语句块，用来执行重复的任务。

循环结构中通常都有一个起循环计数作用的变量，这个变量的取值一般都包含在执行或终止循环的条件中。循环结构有 while 型循环(也称当型循环)和 until 型循环(也称直到型循环)两种，如图 8.13 所示。

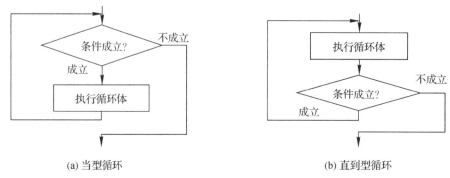

(a) 当型循环　　　　　　　　　　　　　　　　(b) 直到型循环

图 8.13　循环结构示意图

当型循环：先判断条件，当满足给定的条件时执行循环体，并且在循环终端自动返回到循环入口；如果条件不满足，则跳出循环体，即"当条件满足时执行循环"。该循环是"先判断后执行"，其流程如图 8.13(a)所示。

直到型循环：从结构入口处直接执行循环体，在循环终端处判断条件，如果条件不满足，返回入口处继续执行循环体，直到条件为真时再退出循环，是"先执行后判断"。因为是"直到条件为真时循环停止"，所以称为直到型循环。其流程如图 8.13(b)所示。

【例 8-16】　打印输出 5 个数：1、2、3、4、5。

问题分析：打印输出的初值是 1，其后的数据相当于对于上一次输出数据以 1 进行递增，这就是循环处理的部分(循环体)。如果是当型循环，则循环在输出值小于等于 5 时进行，如图 8.14(a)所示；如果是直到型循环，则循环直到输出值大于 5 时结束，如图 8.14(b)所示。

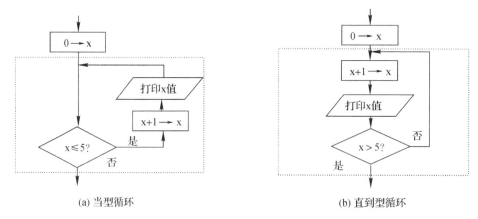

(a) 当型循环　　　　　　　　　　　　　　　　(b) 直到型循环

图 8.14　打印 5 个数的流程图

对比这三种基本结构，发现它们具有以下共同点：

(1) 只有一个入口：不得从结构外随意转入结构中某点。

(2) 只有一个出口：不得从结构内某个位置随意转出(跳出)。

(3) 结构中的每一部分都有机会被执行到，没有"死语句"。

(4) 结构内不存在"死循环"，即无终止的循环。

由以上三种基本结构组成的算法结构可以解决任何复杂问题；由基本结构组成的算法被称作"结构化"算法。

2. 结构化程序设计

结构化程序设计被称为软件发展中的第三个里程碑，其影响比前两个里程碑(子程序、高级语言)更为深远。

通常认为结构化程序设计包括以下几方面的内容：

1) **有限制地使用转移语句**

从理论上讲，利用顺序结构、选择结构、循环结构这三种基本结构，就能表达任何一个只有一个入口和一个出口的程序逻辑。为实际使用方便，往往允许增加多分支结构、REPEAT 型循环等两三种结构。程序中可以完全不用 GOTO 语句，这种程序易于阅读、易于验证。相反，如果无限制地使用 GOTO 语句，将使程序结构杂乱无章，难以阅读，难以理解，其中容易隐含一些错误。

但在某些情况下，例如从循环体中跳出，使用 GOTO 语句描述更为直截了当。因此，一些程序设计语言还是提供了 GOTO 语句。非用不可的情况下，要十分谨慎，并且只限于在一个结构内部跳转，不允许从一个结构跳到另一个结构，这样可缩小程序的静态结构与动态执行过程之间的差异，使人们能正确理解程序的功能。

2) **模块化**

把一个较大的程序划分成若干子程序，每一个子程序独立成为一个模块；每一个模块又可继续划分为更小的子模块。这样程序具有一种层次结构，如图 8.15 所示。

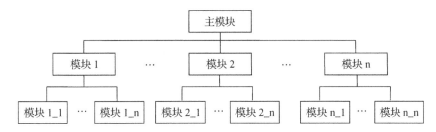

图 8.15　由功能模块组成程序的结构图

运用这种编程方法是，考虑问题必须先进行整体分析，避免边想边写。

【例 8-17】　输入年月日，计算出该日为该年的第几天。模块化的程序结构如图 8.16 所示。

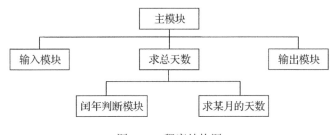

图 8.16　程序结构图

3) 逐步求精

"逐步求精"指的是对一个复杂问题,不是一步就编成一个可执行的程序,而是分步进行。这一方法原理就是对于一个问题(或任务),程序人员首先应立足于全局,考虑这一问题的整体解决方案,而不涉及每个部分的细节。在确保全局的正确性之后,再分别对每一局部进行考虑,每个局部又将是一个问题或任务。采用逐步求精的优点如下:

(1) 便于构造程序。由这种方法设计的程序,其结构清晰、便于阅读、书写、理解、调试和维护。

(2) 适用于大任务、多人员的设计,也便于软件的管理。

4) 自顶向下的设计、编码和调试

先设计第一层(即顶层),然后步步深入,深层细化,逐步求精,直到整个问题可用程序设计语言明确地描述出来为止。

5) 自底向上

自底向上方法与自顶向下方法相反,首先作最低级的决定,其次作较高级的决定,最后建立起整个系统。也就是首先实现最基本的系统构件和系统的内部函数,然后逐步升级到有关外部函数的决策。在这个过程中,开发者手中有越来越复杂和强有力的构件可以用来构造更高级的构件,直到最后构成整个系统。

6) 主程序员制的组织形式

这是程序人员的组织形式,由主程序员(Chief Programmer)、做其助手的备程序员(Backup Programmer)、编程秘书(Programming Secretary)和1~3个程序员组成。必要时,其他领域,例如法律事务、金融事务等方面的专业人员也给予支持。

这个小组的核心人物就是主程序员,他既是一个成功的管理者,也是一个训练有素的程序员;他完成结构化设计以及代码中的关键和复杂的部分。其他的小组成员在主程序员的指导下进行具体的细节设计和编写代码。备程序员在细节上给主程序员以充分的支持,在主程序员由于身体或者工作调动缺席系统开发时,可以接替主程序员。主程序员、备程序员必须在程序设计技术和项目管理等方面具有经验和才能,必须完全熟悉该项目的开发工作。编程秘书负责收集程序员编写的源程序,将它们转换成机器可识别的形式,编译、链接、装载、执行并运行测试实例。

作为这种组织形式中的一个程序员,不仅应具备程序设计的基本知识,还要对项目所在的领域有较深入的了解,熟悉开发的技术环境,才能承担一定的程序编写;更为重要的是必须有高度的组织纪律性和团队精神(Team Spirit),使自己的工作融入整个系统,与组内其他成员协调一致地工作。为此,程序员必须严格遵守:

(1) 不使用可能干扰其他模块的命令或函数;

(2) 按总体设计的要求传递参数,不随意修改其内容与含义;

(3) 按规定的统一格式操作公用文件或数据库;

(4) 按统一的原则使用标识符;

(5) 按统一要求编写文档;

(6) 保持程序风格的一致。

这种组织方式的优势在于显著减少了各子系统之间、各程序模块之间通信和接口方面的问题，把设计的责任集中在少数人身上，有利于提高质量。

8.5.2　面向对象程序设计方法

在面向对象程序设计方法出现以前，程序设计都是面向过程的，即以数学思维方式编制计算流程。而面向过程的程序设计重点在于针对函数类设计，优点是：按照自上而下的方式，从整体出发，分解一个需要求解的问题，程序结构清晰，易于理解。但如果软件系统达到一定规模，即使应用了结构化程序设计方法，程序内模块之间的关系还是会变得极其复杂；可复用性比较差；维护比较困难，软件也不能真正满足用户的需要。作为一种降低复杂性的工具，面向对象语言产生了，面向对象程序设计方法也随之产生。

面向对象程序设计(Object Oriented Programming，OOP)是一种全新的程序设计思想，起源于信息隐藏和抽象数据类型的概念。20 世纪 60 年代后期出现的面向对象编程语言 Simula 67 中首次引入了类和对象的概念，被认为是第一个面向对象语言。Smalltalk-80 更是对后来出现的面向对象的语言(C++、Self、Eiffl)产生了深远的影响。到了 20 世纪 90 年代，面向对象方法已经成为人们在开发软件时首选的范型。面向对象技术已成为当前最好的软件开发技术，与此同时面向对象分析、测试、度量和管理等方面的研究也得到长足发展。

面向对象方法学的出发点和基本原则，是尽可能模拟人类习惯的思维方式，使开发软件的方法和过程尽可能接近人类认识世界的方法与过程，也就是使描述问题的问题空间(问题域)与实现解法的解空间(求解域)在结构上尽可能一致。

1. 面向对象方法的基本概念

1) 对象

对象(Object)是面向对象方法中最基本的成分，在系统中用来描述客观事物的一个实体。客观世界中任何一个事物都可以看成一个对象。或者说，客观世界是由千千万万个对象组成的。一个学生、一台电视、一篇文章等都可视为对象。

任何一个对象都应当具有两个要素，即属性和行为。一个对象往往是由一组属性和一组行为构成的。例如播放音乐的 MP3，需要使用一组特征数据(颜色、重量、型号、出厂日期、寿命等)和一组行为规则(添加/删除音乐的方法，播放的方法和调节音量的方法，电量不足时 MP3 播放的声音会变小，对停电的响应是停止播放音乐等)来模拟其静态特征和动态特征。

2) 类

类(Class)是具有相同属性特征和行为规则的多个"对象"的一种统一描述。类是对象抽象的结果。一个类中的每个对象都是这个类的一个实例(Instance)。例如，"人"类，可以是黄种人、黑人、白人，可以是教师、工人等，他们具有相同的人类特征和行为特征。类可以有子类，同样也可以有父类，从而构成类的层次结构。

3) 消息

消息是一个对象要求另一个对象进行某项操作的请求。在一条消息中，需要包含消息的接收者和要求接收者执行哪些操作的请求，但并没有说明应该怎样做；具体的操作过程由接收者自行决定。消息传递是对象之间相互联系的唯一途径。

消息传递过程被不断地重复，使得应用程序在人的有效控制下正常运转起来，最终得到相应的结果。可以说，消息是驱动面向对象程序运转的源泉。例如一辆汽车(一个对象)具有行驶操作。如果该汽车要以 70 公里时速行驶，人(另一个对象)需要给汽车两个消息："行驶"和"时速 70 公里"。

2. 面向对象程序设计方法的特点

面向对象程序设计思想是按照人们认识世界的方法和思维方式来分析和解决问题，对象是分析解决问题的核心，并最终建立计算机世界的对象与真实世界对象之间一一对应的关系。面向对象的软件开发方法有很多不同于传统方法的独特的特点。

1) 抽象

把众多的事物进行归纳、分类是人们在认识客观世界时经常采用的思维方法，"物以类聚，人以群分"所依据的原则是抽象。抽象是科学研究中经常使用的一种方法，强调实体的本质、内在的属性；也就是去除掉被研究对象中与主旨无关的次要的细节，或是暂时不予考虑的部分，而仅仅抽取出与研究工作有关的实质性的内容加以考察。例如在设计学籍管理系统的过程中，考查学生杨帆这个对象时，主要抽取的是他的班级、学号、各科成绩等，可以忽略他的身高、体重等信息。对其各科成绩教师可以进行录入、修改等操作。

软件开发方法中所使用的抽象有两类：一类是过程抽象，另一类是数据抽象。

过程抽象：将整个系统的功能划分为若干部分，强调功能完成的过程和步骤。

数据抽象：是与过程抽象不同的抽象方法，它把系统中需要处理的数据和这些数据上的操作结合在一起。根据功能、性质、作用等因素抽象成不同的抽象数据类型，每个抽象数据类型既包含了数据，也包含了针对这些数据的授权操作；是相对于过程抽象更为严格、也更为合理的抽象方法。

抽象可以帮助软件开发小组明确工作的重点，理清问题的脉络，明晰处理对象之间的关系。面向对象的软件开发方法之所以能够游刃有余地处理大规模、高复杂度的系统，抽象思维发挥了重要的作用。

2) 封装

面向对象方法封装特性是一个与其抽象特性密切相关的特性。封装就是利用抽象数据类型把数据和基于数据的操作封装在一起；数据被保护在抽象数据类型的内部，系统的其他部分只有通过数据的操作，才能够与这个抽象数据类型进行交互。封装包含两层含义：

(1) 把对象的全部属性及其行为结合在一起，形成一个不可分割的独立单位(即对象)。

(2) 信息隐蔽，即尽可能隐蔽对象的内部细节，对外形成一个边界(或者说形成一道屏障)，只保留有限的对外接口，使之与外部发生联系。

可见封装的原则在软件上的体现是：对象以外的部分不能随意存取对象的内部数据(属性)，从而有效地避免了外部错误对该对象的"交叉感染"，使软件错误能够局部化，大大减少查错和排错难度，从而降低了开发过程的复杂性，提高了效率和质量，也保证了程序中数据的完整性和安全性。

例如在银行日常业务模拟系统中，账户这个抽象数据类型把户头金额和交易明细封装在类的内部，系统的其他部分不能直接获取或改变这些关键数据。只有通过调用类内的方法才能做到，如调用查询余额的方法来获知户头的现在的金额，调用存款、取款或转账的方法来改变金额。只要给这些方法设置严格的访问权限(例如户主就可以取款或进行查询)，就可以保证只有被授权的其他抽象数据类型(如被授权的银行管理人员)可以执行这些操作、影响当前对象的状态。这样就保证了数据的安全和系统的严密。

3) 继承

客观事物既有共性，也有特性。只考虑其一是不能反映出客观世界中事物之间的层次关系，也不能完整地、正确地对客观世界进行抽象描述。运用抽象的原则就是舍弃对象的特性，提取其共性，从而得到适合一个对象集的类。如果在这个类的基础上，再考虑抽象过程中各对象被舍弃的那部分特性，则可形成一个新的类。当一个类拥有另一个类的所有数据和操作时，称这两个类之间具有继承关系。被继承的类称为父类或超类，继承了父类或超类所有属性的类称为子类。

例如把大家熟悉的交通工具抽象成面向对象的类，其继承层次图如图 8.17 所示。

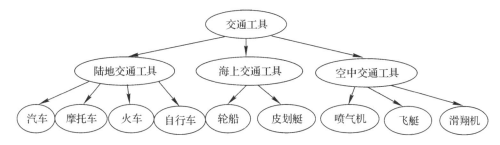

图 8.17　交通工具类继承层次图

从图 8.17 中可以看出，面向对象的这种继承关系实际上很符合人们的日常思维模式。交通工具分为海上、陆地、空中三类。交通工具类(属性有速度、承载人数和状态等，行为有启动、加速、减速、停止、维修等)；派生出来的陆、海、空三类交通工具类，这三种交通工具除了拥有交通工具类的全部属性和行为外，还扩充了新的特性，例如海上交通工具有排水量这个新属性。

继承可以分为单重继承和多重继承。所谓单重继承，是指任何一个类都只有一个单一的父类；而多重继承是指一个类可以有一个以上的父类，它的静态的数据属性和操作从所有这些父类中继承。采用单重继承的程序结构比较简单，是单纯的树状结构(类似图 8.17)，掌握、控制起来相对容易；而支持多重继承的程序，其结构则是复杂的网状，设计、实现都比较复杂。但在现实世界中，实际问题的内部结构多为复杂的网状，用多重继承的程序模拟起来比较自然；而单重继承的程序要解决这些问题，则需要其他的一些辅助措施。

因为继承机制，相似对象可共享程序代码和数据结构，这样提高了软件可重用性；开发新系统时不必从头开始(Start from the Scratch)，可以继承已有系统的功能，或从类库中选取需要的类。C++ 是开发人员熟悉的支持多重继承的面向对象的编程语言，而 Java 语言，出于安全、可靠性的考虑，仅支持单重继承。

4) 多态性

在面向对象的软件技术中，不同的对象接收相同的消息时，会导致完全不同的行动，该现象称为多态性。例如"动物"类有"叫声"的行为。但是对象"猫"接收"叫声"消息时，叫声的行为是"喵喵"；对象"狗"接收"叫声"消息时，叫声的行为是"汪汪"。

多态性是面向对象程序设计的一个重要特征，多态性机制增加了程序灵活性，提高了软件的可重用性和可扩充性。利用多态性，用户能够发送一般形式的消息，而由接收(消息)的对象实现所有细节。

在面向对象方法中，类和继承适应了人们一般思维方式的描述习惯。方法是允许作用于该类对象上的各种操作。对象和传递消息分别表现了现实世界中事物及事物间相互联系的概念。对象、类、消息和方法的程序设计范式的基本点在于对象的封装性和类的继承性。通过封装能将对象的定义和对象的实现分开，通过继承能体现类与类之间的关系，以及由此带来的实体的多态性，从而构成了面向对象的基本特征。

可以说，符合人们的常规思维方法的面向对象的程序设计，解决了传统结构化开发方法中客观世界描述工具与软件结构的不一致性问题，缩短了开发周期，也降低了从分析设计到软件模块结构之间多次转换映射这个繁杂过程的难度。面向对象方法利于结构和代码的重用，易于软件的维护和功能的增减，其与可视化技术相结合后，让人机交互的界面"更友善"。基于诸多优点，面向对象程序设计思想在软件开发领域引起了极大的变革，提高了软件开发的效率。目前常用的面向对象程序设计语言有 C++、Java、Delphi 等，虽然它们风格各异，但都具有共同的概念和编程模式。

同许多开发方法一样，面向对象设计方法需要一定的软件基础支持才可以应用，另外在大型的 MIS 开发中，如果不经自顶向下的整体划分，而是一开始就自底向上地采用面向对象设计方法开发系统，同样也会造成系统结构不合理、各部分关系失调等问题。所以目前面向对象设计方法和结构化方法仍是两种在系统开发领域相互依存的、不可替代的方法。

8.6　软件工程基础

8.6.1　软件工程概念

计算机发展初期，程序开发人员将机器指令程序的集合称为软件。那时的软件开发采用个人手工方式，设计的过程仅在一个人的头脑中完成，质量完全取决于个人的编程技巧。但是随着计算机技术的发展，手工作坊式的程序开发产生了许多问题：程序效率低下、错误频出、开发进度难以控制、工作量难以估计、费用剧增、难以维护和修改软件、缺少适当的文档资料等。这些问题导致了"软件危机"的发生。20 世纪 60 年代后期，西方的计算机科学家开始认真研究解决软件危机的方法，提出了借鉴工程界严密完整的工程设计思想来指导软件的开发和维护，并取得了影响深远的成就，也建立了一门新的学科——软件工程学(Software Engineering)。

1. 软件工程的目的

软件工程是指导计算机软件开发和维护的一门学科，它应用计算机科学、数学和管理科学等原理，并借鉴传统工程的原则和方法来创建软件，从而达到提高质量、降低成本的目的。

2. 主要研究内容

软件工程是研究和应用如何以系统化的、规范的、可度量的方法去开发、运行和维护软件，即把工程化应用到软件上。它的研究内容主要包括：

软件开发技术：软件开发方法学、软件开发过程、软件工具和软件工程环境。

软件工程管理：软件管理学、软件经济学、软件心理学。

软件工程所包含的内容不是一成不变的，随着人们对软件系统研制开发和生产的深入理解，还会从更多的角度去解读软件工程，应该用与时俱进的眼光去看待这门学科。

3. 三个要素

软件工程包含 3 个要素：方法、过程和工具。方法是完成软件工程项目的技术手段；过程是对软件开发各个环节的控制与管理；工具用于支持软件的开发、管理、文档生成。

软件工程工具为过程和方法提供自动的或半自动的支持。这些软件工具被集成起来，建立起一个支持软件开发的系统，称之为计算机辅助软件工程(Computer Aided Software Engineering，CASE)。CASE 集成了软件、硬件和一个存放开发过程信息的软件工程数据库，形成了一个软件工程环境。

4. 软件开发的基本策略

软件工程近 40 年的发展，积累了相当多的方法，其中被广泛采纳的三种基本策略是复用、分而治之、优化与折中。

1) 复用

据统计，截至 20 世纪末，世界上已有 1000 亿多行程序，无数功能被重写了成千上万次，这是一种人力资源的极大浪费。面向对象学者经常会讲："请不要再发明相同的车轮子了。"人类必须在继承了前人的成果，不断加以利用、改进或创新后才会进步。

软件复用就是利用某些已开发的、对建立新系统有用的软件元素来生成新的软件系统。这些具有一定集成度并可以重复使用的软件组成单元被称为软构件(Software Component)。

一方面，构造新的软件系统可以不必每次从零做起，直接使用已有的软构件，即可组装(或加以合理修改)成新的系统。复用方法合理化并简化了软件开发过程，减少了总的开发工作量与维护代价，既降低了软件的成本又提高了生产率。另一方面，由于软构件是经过反复使用验证的，自身具有较高的质量；因此由软构件组成的新系统也具有较高的质量。

2) 分而治之

分而治之是指把大而复杂的问题分解成若干个简单的小问题，然后逐个解决。这种朴素的思想来源于人们生活与工作的经验，完全适合于技术领域。诸如软件的体系结构设计、模块化设计都是分而治之的具体表现。

3) 优化与折中

优化软件有很多方面，例如提高运行速度、提高对内存资源的利用率、使用户界面更加友好，使三维图形的真实感更强等。优化是一个合格的程序开发人员必须要做的事情。当优化工作成为一种责任时，程序员才会不断改进软件中的算法、数据结构和程序组织，从而提高软件质量。

当然优化工作是十分复杂的，有时很难实现所有目标的优化，这时就需要"折中策略"。软件的折中策略是指通过协调各个质量因素，实现整体质量的最优。软件折中的重要原则是不能使某一方损失关键的职能，更不可以像"舍鱼而取熊掌"那样抛弃一方。例如 3D 动画软件的瓶颈通常是速度，但如果为了提高速度而在程序中取消光照明计算，那么场景就会丧失真实感，3D 动画也就不再有意义了。

8.6.2 软件生命周期

同世间万物一样，一个软件产品或软件系统也有一个孕育、诞生、成长、成熟、衰亡等生存过程，一般称为软件生命周期(Software Life Cycle)。软件生命周期是指一个计算机软件从功能确定、设计到开发成功投入使用，并在使用中不断地修改、增补和完善，直到该软件退役的全过程。整个软件生命周期可划分为若干阶段，而且每个阶段有明确的任务，会将规模庞大、结构和管理复杂的软件开发变得容易控制和管理，一般包括问题定义、可行性研究、需求分析、软件设计、编码和单元测试、综合测试、交付使用以及维护等活动。

1. 问题定义

此阶段，软件开发人员必须清楚"要解决的问题是什么"。因为软件开发还是对问题求解的过程，如果不清楚问题所涉及的领域就试图盲目地着手解决，过程会变得难以控制而且最终得出的结果很可能是毫无意义的。确切地定义问题显然是非常重要的，但是人们在实践中却最容易忽视这个步骤。

在这个阶段，通过与客户的交谈或是问卷调查，系统分析员应该提出软件开发的目标，给出功能、性能、可靠性以及接口等方面的要求；估算可利用的计算机资源(计算机硬件、软件、人力等)、成本、效益、开发进度，制定出完成开发任务的实施计划，形成书面报告，并且需要得到客户对这份报告的确认。

2. 可行性研究

可行性研究的目的不是研究如何解决问题，而是确定问题是否能够解决和是否值得解决。不值得开发的项目，做任何时间、人力、经费上的开发活动都是无谓的浪费，应该停止。有些项目值得开发是不言而喻的，有些项目需要经过可行性论证才能知道是否值得开发。如果仅仅根据系统目标的初步描述就开始与开发商签订合同，这是很冒险的。因为并不是所有问题都能在规定的时间和经费内得到解决。中途终止项目的开发，对于双方都是很大的损失，因此，进行可行性分析是不可忽视的。

可行性研究的目的就是用最小的代价在尽可能短的时间内确定问题是否能够解决。怎样达到这个目的，当然不能靠主观猜想而只能去客观分析。系统分析员必须进一步概括地了解用户的需求，并在此基础上提出若干种可能的系统实现方案，每种方案都要从技术、经济效益、社会因素(如法律)和用户操作等方面分析其是否可行，从而最终确定这项工程的可行性。

3. 需求分析

这个阶段的任务仍然不是具体地解决客户的问题，而是准确地回答"目标系统必须做什么"这个问题。在此阶段，系统分析员在确定软件开发可行的情况下，对目标系统提出完整、准确、清晰、总体的要求。

用户了解他们所面对的问题，知道必须做什么，但是通常不能完整准确地表达出他们的要求，更不知道怎样利用计算机解决他们的问题；软件开发人员知道怎样用软件实现人们的要求，但是对特定用户的具体要求并不完全清楚。因此，系统分析员在需求分析阶段必须和用户密切配合，充分交流信息，明确系统必须完成哪些工作，了解软件的信息域及所需要的功能、性能和接口。这个阶段的一项重要任务，是用正式文档准确地记录对目标系统的需求，这份文档通常称为规格说明书(Specification)，需要用户的评审。

4. 软件设计

此阶段主要根据需求分析的结果，对整个软件系统进行设计，如系统框架设计、数据库设计等。从工程管理角度上看，软件设计分为两步：概要设计和详细设计。

1) 概要设计

概要设计又称初步设计、逻辑设计、高层设计或总体设计，这个阶段的基本任务是概括地回答"怎样实现目标系统"这个问题。概要设计把各项需求转换成软件的体系结构，结构中每一个组成部分都是意义明确的模块，每个模块都和某些需求相对应。

软件工程师可以设计出几种可能的实现目标系统的方案供客户选择，至少需要设计出低成本、中成本和高成本三种方案；然后利用适当的表达工具描述每种可能的方案，分析其优缺点，并在充分权衡各种方案利弊的基础上，向客户推荐一个最佳方案。此外，还应该制定出实现所推荐方案的详细计划。

如果客户接受该方案，软件工程师就可以根据程序模块化的原理，确定程序有哪些模块组成以及模块之间的关系。

2) 详细设计

详细设计阶段的任务就是把解法具体化，也就是回答"应该怎样具体地实现这个系统"这个关键问题。

这个阶段对概要设计中每个模块要完成的工作进行具体的描述，确定实现模块功能所需要的算法和数据结构；其任务还不是编写程序，而是设计出程序的详细规格说明。这种规格说明的作用很类似于其他工程领域中工程师经常使用的工程蓝图。它们应该包含必要的细节，为源程序编写打下基础。

5. 编码和单元测试

这个阶段的关键任务是把详细设计阶段的算法或流程转换成计算机可以接受的程序代码形式，即编写模块程序。

程序员应该根据目标系统的性质和实际环境，选取一种合适的高级程序设计语言(必要时可以采用汇编语言)，把详细设计的结果用选定的程序设计语言书写成程序。程序的质量主要是由设计的质量来决定的；但是编码的风格和使用的语言，对编码的质量也有很重要的影响。语言的选择，不仅要考虑语言本身的特点，还应该考虑使用环境等一系列实际因素。具有方便的开发环境和丰富的类库的面向对象程序设计语言，是实现面向对象设计的最佳选择。良好的程序设计风格对于软件的实现来说也格外重要，它既包括传统的结构化程序设计风格的准则，也包括与面向对象方法特点相适应的一些新准则。

在此阶段还应仔细测试编写出的每一个模块，正如在组装一台电视机之前，都会对每个元件进行测试，这就是单元测试。单元测试是对软件中的基本组成单位(如一个类、类中的一个方法、一个模块)进行的测试。因为需要知道程序内部设计和编码的细节，所以单元测试一般由程序员而非测试人员来完成。通过单元测试可以发现该模块的实际功能和定义该模块的功能说明不符合的情况，以及编码的错误。单元测试任务包括：模块接口测试、模块局部数据结构测试、模块边界条件测试、模块中所有独立执行通路测试、模块的各条错误处理通路测试。

6. 综合测试

这个阶段的关键任务是通过各种类型的测试(及相应的调试)使软件达到预定的要求。最基本的测试是集成测试和验收测试。

集成测试是根据设计的软件结构，把经过单元测试检验的模块按一定的集成方法和策略，逐步组装成子系统，进而组装成整个系统的测试。集成测试是在构成程序体系结构的过程中，通过测试发现与接口有关问题的系统化技术。集成测试与系统集成过程是同步进行的，也就是说，集成测试融合在系统的集成过程中。

验收测试则是按照规格说明书的规定(通常在需求分析阶段确定)，由用户(或在用户积极参加下)对目标系统进行验收。为了使用户能够积极参加验收测试，并且保证用户可以在系统投入使用后，能够正确有效地使用该系统，通常需要以正式的或非正式的方式对用户进行培训。

软件测试并不仅是为了要找出错误才运行程序，通过分析错误产生的原因和错误的分布特征，还可以帮助项目管理者发现当前采用的软件过程的缺陷，以便加以改进。这样的分析可以帮助程序员设计出有针对性的检测方法，改善测试的有效性。另外，没有发现错误的测试也是有价值的，完整的测试也是评价测试质量的一种方法。

这个阶段同样需要测试人员用正式的文档资料把测试计划、详细测试方案、测试用例及实际测试结果保存下来，作为软件配置的一个组成部分。

7. 软件维护

软件通过测试验收后就可以交付用户正式使用了，但在软件运行过程中会对软件产品进行某些修改，这就是维护。要求进行维护的原因有三种类型：

(1) 改正在特定的使用条件下暴露出来的一些潜在程序错误或设计缺陷。

(2) 因在软件使用过程中数据环境发生变化(例如二代身份证的号码变为 18 位)或处理环境发生变化(例如安装了新的硬件或操作系统)，需要修改软件以适应这种变化。

(3) 用户和数据处理人员在使用时常提出改进现有功能、增加新的功能以及改善总体性能的要求，为满足这些要求，就需要修改软件把这些要求纳入到软件之中。

软件维护是软件生命周期的最后一个阶段，也是持续时间最长、代价最大的一个阶段。维护的工作量占生存周期 70% 以上，维护成本约为开发成本的 4 倍。为了适应软件功能变化要求，专业人员通过各种必要的维护活动使系统持久地满足用户的需要，延长软件的寿命。通常有四类维护活动：校正性维护、适应性维护、完善性维护、预防性维护。

(1) 校正性维护。在软件交付使用后，由于在软件开发过程中产生的错误并没有完全彻底地在测试阶段发现，因此必然有一部分隐含的错误被带到了维护阶段。这些隐含的错误在某些特定的使用环境下会暴露出来。为了识别和纠正错误、修改软件性能上的缺陷，进行确定和修改错误的过程被称为校正性维护(Corrective Maintenance)，其中包括改正程序错误、文件错误和设计错误。

(2) 适应性维护。随着计算机的飞速发展，计算机硬件和软件环境也在不断发生变化，数据环境也在不断发生变化。由于新的硬件设备不断推出，操作系统和编译系统也不断地升级，为了使软件能适应新的环境而引起的程序修改和扩充活动称为适应性维护(Adaptive Maintenance)。

(3) 完善性维护。社会经济的发展，用户的业务会发生变化，组织机构也会发生变化。在软件漫长的使用过程中，用户往往会对软件提出新的功能要求与性能要求。为了适应这些变化，需要对软件原来的功能和性能进行扩充和增强，为达到这个目的而进行的维护活动被称为完善性维护(Perfective Maintenance)。

(4) 预防性维护。为了改进未来的可维护性或可靠性，或为了给未来的改进奠定更好的基础而修改软件的活动就是预防性维护(Preventive Maintenance)。

在维护阶段最初的 1～2 年中，校正性维护的工作量较大。随着错误发现率急剧降低并趋于稳定，就进入了正常使用周期；然而，由于改造的要求，适应性维护和完善性维护的工作量逐步增加，在这种维护过程中又会引入新的错误，从而加重了维护的工作量。每一项维护活动都应该准确地记录下来，作为正式的文档资料加以保存。统计数字表明，完善性维护占全部维护活动的50%～66%，改正性维护占17%～21%，适应性维护占18%～25%，其他维护活动只占 4% 左右。

8.6.3　软件开发模型

软件生命周期各个阶段之间的关系不可能是顺序且线性的，可以有重复，执行时也可以有迭代，这就是软件开发的一般过程。在软件工程中，这个复杂的过程用软件开发模型来描述和表示。软件开发模型是跨越整个软件生存周期的系统开发、运行和维护所实施的全部工作和任务的结构框架，它给出了软件开发活动各阶段之间的关系。

经典的软件过程模型有瀑布模型、进化树模型、增量模型、螺旋模型、快速原型开发模型、开源生命周期模型、编码-修补模型、敏捷过程、同步-稳定的生命周期模型等。

每一种开发模型都有自己的优缺点，适用的范围也不尽相同。瀑布模型历史悠久、广为人知，它的优势在于纪律性强、文件驱动；但是最终开发出的软件产品可能并不是用户真正需要的。快速原型开发通过构建一个可以在计算机上运行的原型系统，让用户使用原型并收集用户的反馈意见，获取用户的真实需求，很大程度上克服了瀑布模型开发的缺点。编码-修补模型适用于不需要任何维护的小程序，同步-稳定的生命周期模型已被微软公司成功地运用。开源生命周期模型用于建造基础软件，但只在少量实例中取得了显著成功。

在从事实际软件开发工作时，软件的规模、种类、开发环境及开发时使用的技术方法等很多因素，都影响着开发阶段的划分以及软件开发过程。

当然，软件工程的内容远不止上述范围，但限于篇幅和本课程的知识领域要求，主要介绍以上概念，读者可以根据学习与工作需要，进一步参阅软件工程专业书籍或文献资料，以扩充自己的知识和能力。

本　章　小　结

　　软件是计算机系统中必不可少的组成部分。本章介绍了软件的特点及分类，根据应用领域的差异，列举了常用的应用软件。开发设计软件离不开程序设计语言，程序设计语言的分类、实例以及适用范围，都影响着程序员对其的选择。程序作为软件的核心部分，通过数据结构和算法予以实现。本章重点介绍了数据结构的相关概念：数据、数据项、数据逻辑和存储结构、数据结构的操作；算法的特性、算法设计的基本方法和要求，算法的表示和衡量算法的方法。同时详细讲解了结构化程序设计方法，并引入面向对象概念，简明地介绍了当今程序开发中普遍采用的面向对象程序设计方法，软件工程的定义和软件生命周期，力图让读者对软件工程的基本原理和方法有概括性的认识。

习　题　8

一、单项选择题

1．用高级语言来编写的程序_____。

A．称为编译软件　　　　　　　B．称为源程序

C．其运行速度远比机器语言编写的程序要快

D．计算机 CPU 可以直接运行

2．把高级语言的源程序变为目标程序要经过_____。

A．编译　　　　　B．编辑　　　　　C．汇编　　　　　D．解释

3．下面说法正确的是_____。

A．算法＋数据结构＝程序　　　　B．算法就是程序

C．数据结构就是程序　　　　　　D．算法包括数据结构

4．Visual Basic 6.0 是一种_____。

A．自然语言　　　B．机器语言　　　C．汇编语言　　　D．高级语言

5．一位爱好程序设计的同学，想通过程序设计解决"韩信点兵"的问题，他制定的如下工作过程中，更恰当的是_____。

A．设计算法，编写程序，提出问题，运行程序，得到答案

B．分析问题，编写程序，设计算法，运行程序，得到答案

C．分析问题，设计算法，编写程序，运行程序，得到答案

D．设计算法，提出问题，编写程序，运行程序，得到答案

6．从软件归类来看，DOS 属于_____。

A．系统软件　B．应用软件　C．字表处理软件　D．数据库管理系统

7．某单位的财务管理软件属于_____。

A．工具软件　B．应用软件　C．系统软件　　　D．字表处理软件

8．数据处理的最小单位是_____。

A．数据　　　　　B．数据元素　　　C．数据项　　　　　D．数据结构

9. 算法的时间复杂度是指_____。

A. 执行算法程序所需要的时间　　　　　　　B. 算法程序的长度

C. 算法执行过程中所需要的基本运算次数　　　D. 算法程序中的指令条数

10. 算法的空间复杂度是指_____。

A. 算法程序的长度　　　　　　　　　B. 算法程序中的指令条数

C. 算法程序所占的存储空间　　　　　　D. 算法执行过程中所需要的存储空间

11. 算法一般都可以用哪几种控制结构组合而成_____。

A. 顺序、选择、循环　　　　　　　　B. 顺序、循环、嵌套

C. 循环、递归、选择　　　　　　　　D. 循环、分支、递归

12. 数据的存储结构是指_____。

A. 存储在外存中的数据　　　　　　　B. 数据所占的存储空间量

C. 数据在计算机中的顺序存储方式　　D. 数据的逻辑结构在计算机中的表示

13. 在下列选项中，哪个不是一个算法应该具有的基本特征_____。

A. 确定性　　　　B. 可行性　　　　C. 无穷性　　　　D. 输出

14. 结构化程序设计的一种基本原则是_____。

A. 筛选法　　　B. 递归法　　　C. 归纳法　　　D. 逐步求精原则

15. 结构化程序设计是一种面向_____的设计方法。

A. 过程　　　　B. 程序　　　　C. 结构　　　　D. 模块

16. 软件部件的内部实现与外部可访问性分离是指软件的_____。

A. 继承性　　　B. 多态性　　　C. 共享性　　　D. 封装性

17. 在面向对象方法中，一个对象请求另一个对象为其服务的方式是通过发送____。

A. 命令　　　　B. 消息　　　　C. 调用语句　　　D. 参数

18. 系统的健壮性是指_____。

A. 系统能够正确地完成预期的功能

B. 系统能有效地使用计算机资源

C. 在有干扰或输入数据不合理等意外情况下，系统仍能进行适当地工作

D. 在任何情况下，系统均具有错误自修复功能

19. 软件的维护是指_____。

A. 对软件的改进、适应和完善　　　B. 维护正常运行

C. 配置新软件　　　　　　　　　　D. 软件开发期的一个阶段

20. 程序流程图、N-S 图是_____使用的算法表达工具。

A. 设计阶段的概要设计　　　　　　B. 设计阶段的详细设计

C. 编码阶段　　　　　　　　　　　D. 测试阶段

二、填空题

1. 计算机软件系统分为_____和_____类。

2. 程序设计的基本过程一般由_____、_____、_____、_____、整理文档等几个阶段组成。

3. 数据结构包括数据的逻辑结构、数据的_____以及对数据进行_____。

4. 数据结构中，根据数据元素之间关系不同的特性，通常有四种基本结构，分别

是_____、_____、_____和图状结构。

5. 结构化程序设计思想的基本原则可以概括为自顶向下、逐步求精、_____和限制使用 GOTO 语句。

6. 在面向对象方法中，类的实例称为_____。

7. 在软件生命期周期中，_____阶段所需工作量最大，约占 70%。

8. 为了解决软件危机，人们提出了用_____的原理来设计软件，这是软件工程诞生的基础。

9. 面向对象程序设计中，基于父类创建的子类具有父类的所有特性(属性和方法)，这些特点称为类的_____。

10. 如果按用户要求增加新功能或个性已有的功能而进行的维护工作，称为_____。

11. 在结构化程序设计思想提出之前，在程序设计中曾强调程序的效率，现在，与程序的效率相比，人们更重视程序的_____。

12. 算法的五个重要特性是：输入、输出、正确性、确定性和_____。

13. 微机唯一能够直接识别和处理的语言是_____。

14. 软件生存周期一般可分为问题定义、_____、_____、设计、_____、测试、运行与维护阶段。

15. 需求分析的基本任务是准确地回答_____。

三、简答题

1. 计算机采用哪几类形式的程序设计语言？高级语言的特点是什么？请列举你所知道的常用高级语言。

2. 非机器语言翻译成机器语言的软件有哪些？各有何特点？

3. 简述程序设计的一般步骤。

4. 算法特征是什么？有哪些常用的算法描述工具？

5. 数据结构主要研究的内容是什么？

6. 结构化程序设计的优点是什么？如何在编码中使用这种方法？

7. 什么是面向对象程序设计方法？简述对象和传统数据的差别。

8. 什么是软件生命周期？软件的生命周期一般包括哪些阶段？

实践篇

第9章　上机实验与技能训练

9.1　整型数制转换

9.1.1　实验目的

人们在生产实践和日常生活中，创造了多种表示数的方法，这些数的表示规则称为数制。计算机中常用几种不同的进位数制，包括二进制、八进制、十六进制和十进制。二进制数据常用于逻辑线路处理，更接近计算机硬件能直接识别和处理的电子化信息的使用要求，而使用计算机的人更容易接受十进制的数据类型。二者之间的进制转换是经常遇到的问题，应熟练掌握。

本实验就是让学生掌握整型数制转换的方法，并验证转换结果是否正确。

9.1.2　实验内容

(1) Windows 操作系统。

(2) "附件"里"计算器"的使用。

9.1.3　实验过程

十进制到八进制、十六进制和二进制的转换，通常要区分数的整数部分和小数部分，并分别按除以 8、除以 16、除以 2 取余数部分和乘以 8、乘以 16、乘以 2 取整数部分两种不同的方法来完成。以十进制整数转换为二进制为例：对整数部分，要用除以 2 取余数办法完成十进制(D)→二进制(B)的进制转换，其规则如下：

(1) 用 2 除十进制数的整数部分，取其余数为转换后的二进制数整数部分的低位数字；

(2) 再用 2 去除所得的商，取其余数为转换后的二进制数高一位的数字；

(3) 重复执行第二步的操作，直到商为 0，结束转换过程。

1. 将十进制整数 123 转换为八进制数、十六进制数和二进制数

操作步骤：

```
8 │ 123            余数

8 │ 15            3  低位

8 │ 1             7

    0             1  高位
```

转换结果为：$(123)_{10} = (173)_8$。

$$16 \underline{\big|\ 123}　　　　　余数$$

$$16 \underline{\big|\ 7}　　　　　11\quad 低位$$

$$0　　　　　7\quad 高位$$

转换结果为：$(123)_{10} = (7B)_{16}$。

$$2 \underline{\big|\ 123}　　　　　余数$$

$$2 \underline{\big|\ 61}　　　　　1\quad 低位$$

$$2 \underline{\big|\ 30}　　　　　1$$

$$2 \underline{\big|\ 15}　　　　　0$$

$$2 \underline{\big|\ 7}　　　　　1$$

$$2 \underline{\big|\ 3}　　　　　1$$

$$2 \underline{\big|\ 1}　　　　　1$$

$$0　　　　　1\quad 高位$$

转换结果为：$(123)_{10} = (1111011)_{2}$。

2．各进制数制转换验证

操作步骤：

(1) 单击"开始"菜单→"所有程序"→"附件"→"计算器"。

(2) 在计算器窗口下，单击"查看"窗口，选中"科学型"。

(3) 在"十进制"下输入数据"123"，依次转换为八进制、十六进制和二进制，验证运算结果是否正确。它们依次如图 9.1～图 9.4 所示。

图 9.1　输入十进制数据 123 对话框

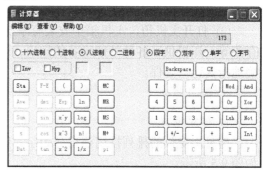

图 9.2　十进制数据 123 转换为八进制数据对话框

图 9.3　十进制数据 123 转换为十六进制数据对话框　　图 9.4　十进制数据 123 转换为二进制数据对话框

9.2 计算机系统组成与键盘操作

9.2.1 实验目的

掌握计算机系统包括硬件系统和软件系统两大部分，以及计算机硬件由运算器、控制器、存储器、输入设备和输出设备五大部分组成；熟悉键盘上各键的功能和使用方法，以及正确的操作指法和姿势。

9.2.2 实验内容

(1) 熟悉 Windows 操作系统。

(2) 熟悉键盘操作。

(3) 用金山打字通训练打字。

9.2.3 实验步骤

1. 计算机硬件系统结构

(1) 从外部看，计算机硬件系统由主机箱、显示器、键盘、鼠标和装在主机箱内的软盘驱动器和光盘驱动器等部件所组成。

(2) 根据不同机型的外观名称，分别指出显示器、主机箱、打印机、键盘分区、软盘驱动器或光盘驱动器等设备的名称和功能。

(3) 打开主机箱，主机箱中安装有系统主板，上面插接有中央处理器 CPU、显卡、内存条等，还提供了各种外部设备的接口；硬盘、软驱、光驱、电源也安装在主机箱中。准确地指认这些硬件。

2. 键盘操作

1) 认识键盘

键盘上键位的排列按用途可分为字符键区、功能键区、全屏幕编辑键区、小键盘区，如图 9.5 所示。

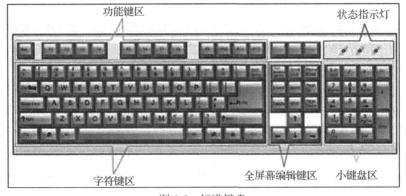

图 9.5 标准键盘

　　字符键区是键盘操作的主要区域,包括 26 个英文字母、0～9 个数字、运算符号、标点符号、控制键等。

　　字母键共 26 个,按英文打字机字母顺序排列,在字符键区的中央区域。一般地,计算机开机后,默认的英文字母输入为小写字母。如需输入大写字母,可按住上档键⇧Shift 击打字母键,或按下大写字母锁定键 CapsLock(此时,小键盘区对应的状态指示灯亮,表明键盘处于大写字母锁定状态),击打字母键可输入大写字母。再次按下 CapsLock 键(小键盘对应的状态指示灯灭),重新转入小写输入状态。

　　2) 键盘常用键及其作用

　　键盘常用键及其作用如表9-1 所示。

表 9-1　键盘常用键及其作用

按　键	名　称	作　用
Space	空格键	按一下产生一个空格
Backspace	退格键	删除光标左边的字符
Shift	换档键	同时按下 Shift 和具有上下档字符的键,上档符起作用
Ctrl	控制键	与其他键组合成特殊的控制键
Alt	控制键	与其他键组合成特殊的控制键
Tab	制表定位	按一次,光标向右跳 8 个字符位置
CapsLock	大小写转换键	CapsLock 灯亮为大写状态,否则为小写状态
Enter	回车键	命令确认,且光标到下一行
Insert	插入覆盖转换	插入状态是在光标左面插入字符,否则覆盖当前字符
Delete	删除键	删除光标右边的字符
PageUp	向上翻页键	光标定位到上一页
PageDown	向下翻页键	光标定位到下一页
NumLock	数字锁定转换	NumLock 灯亮时小键盘数字键起作用,否则为下档的光标定位键起作用
Esc	强行退出	中断当前正执行的程序

　　3) 正确的操作姿势及指法

　　(1) 腰部坐直,两肩放松,上身微向前倾。

　　(2) 手臂自然下垂,小臂和手腕自然平抬。

　　(3) 手指略微弯曲,左右手食指、中指、无名指、小指依次轻放在 F、D、S、A 和 J、K、L 和 ; 八个键位上,并以 F 与 J 键上的凸出横条为识别记号,大拇指则轻放于空格键上。

　　(4) 眼睛看着文稿或屏幕。

　　(5) 按键时,伸出手指弹击按键,之后手指迅速回归基准键位,做好下次击键准备。如需按空格键,则用右手大拇指横向下轻击。如需按 Enter 键,则用右手小指侧向右轻击。

　　(6) 输入时,目光应集中在稿件上,凭手指的触摸确定键位,初学时尤其不要养成用眼确定指位的习惯。

　　4) 金山打字通训练步骤

　　操作步骤:

(1) 在任务栏上打开"开始"菜单，选择"程序"，单击其下"金山打字"，或双击桌面上的"金山打字"快捷方式。

(2) 根据屏幕左边的菜单提示，单击"打字练习"或"打字游戏"。

(3) 根据屏幕指示进行英文输入，注意正确的姿势与指法。

(4) 关机。退出系统关机必须执行标准操作，以利于系统保存内存中的信息，删除在运行程序时产生的临时文件。首先关闭所有已打开的应用程序，然后单击打开"开始"菜单，选择"关闭计算机"选项，在弹出的对话框中单击选中"关闭"选项系统自动关闭。

5) 金山打字通训练

(1) 启动金山打字通软件，分别进入"自由练习"和"模拟练习"进行练习。

(2) 打字练习软件实战考核

序号	考 核 记 录	成绩	备注
1			
2			
3			

9.3　Windows 7 基本操作与应用

9.3.1　实验目的

熟悉 Windows 7 的基本操作，掌握其文件管理(如新建、复制、移动、删除、重命名文件和文件夹、设置文件属性、设置文件夹选项等)与使用、资源管理器的管理与使用、控制面板、程序管理和磁盘管理的基本操作。

9.3.2　实验内容

(1) Windows 7 的基本操作。

(2) 创建和管理文件夹和文件。

(3) 查看和管理计算机中的信息资源。

9.3.3　实验过程

1. Windows 7 的基本操作

1) 启动 Windows 7

按下主机的电源，计算机开始检测主板硬件，包括主板、内存、CPU、显卡等，如果它们工作正常则继续启动过程，否则将终止启动服务。在启动过程中，计算机从设备(一般是硬盘)中搜索系统启动必需的文件，若找到则启动系统并显示启动界面；若未找到，则会显示无法找到文件的错误信息。

2) 认识桌面

Windows 7 操作系统正常启动后进入"桌面"状态，表示此时用户可以开始操作了。桌面是指打开计算机并登录到 Windows 之后看到的主屏幕区域。可以将一些项目(如文件和文件夹)放在桌面上，并随意排列它们。有时候桌面的定义更为广泛，用户还可以在桌面上个性化设置时钟、日历、任务栏、Windows 小工具等。一个典型的 Windows 7 桌面如图 9.6 所示。

图 9.6　Windows 7 操作系统桌面

3) 使用桌面图标

图标是代表文件、文件夹、程序和其他项目的图示图标。首次启动 Windows 时将在桌面上至少看到一个图标，就是"回收站"图标。可以根据需要将一些常用的图标显示在桌面上，以便双击即可打开相应的窗口。其中常用的桌面图标包括"计算机"、"用户的文件"、"网络"、"回收站""Internet Explorer"和"控制面板"等。

根据不同的操作习惯，有些人习惯干净整齐的桌面，有些人喜欢将许多图标都放在桌面上，以便快速访问经常使用的程序、文件和文件夹。所以，Windows 7 允许用户随时添加或删除桌面上的常用图标。下面介绍添加图标和使用图标的方法。

(1) 添加或使用桌面图标。

① 右键单击桌面的空白区域，然后选择"个性化"命令，如图 9.7 所示。然后在打开的窗口左侧单击"更改桌面图标"选项，如图 9.8 所示。

图 9.7　选择"个性化"设置

图 9.8　"更改桌面图标"对话框

② 在打开的"桌面图标设置"对话框中选择要添加到桌面的复选框，或取消选择要从桌面上删除的图标的复选框，然后单击"确定"按钮，如图 9.9 所示。

③ 添加后的图标都允许移动位置，在图标上按下鼠标左键不放，并拖动即可移动图标，然后将其拖动到合适的位置松开鼠标即可。

④ 还可以让 Windows 自动排列图标。只要右键单击桌面的空白区域，选择"查看"命令，即可弹出多个选项供选择。如果选择"自动排列图标"，Windows 将图标排列在左上角并将其锁定在此位置。若要对图标解除锁定以便可以再次移动它们，可以取消"自动排列图标"的被选中状态，如图 9.10 所示。

⑤ 如果想隐藏桌面的所有图标，则在桌面上单击右键，然后选择"查看"→"显示桌面图标"命令，取消该命令的被选中状态即可，如图 9.10 所示。

图 9.9 "桌面图标设置"对话框   图 9.10 自动排序及隐藏和显示桌面的图标

(2) 使用桌面小图标。

Windows 7 提供了多种实用的桌面小工具，这些小工具是可以提供概览信息的微型程序，通过它们可以轻松访问常用工具。Windows 7 附带的一些小工具有"日历"、"时钟"、"天气"、"源标题"、"幻灯片放映"和"图片拼图板"等。

桌面小工具可以保留信息和工具，供用户随时使用。例如，可以在打开程序的旁边显示新闻标题。这样，如果要在工作时跟踪发生的新闻事件，则无需停止当前工作就可以切换到新闻网站。要达到这个目标，可以使用"源标题"小工具显示所选源中最近的新闻标题。在不必停止处理文档的情况下即可了解新闻事件，因为标题始终可见。如果看到感兴趣的标题，则单击该标题，网页浏览器就会直接打开其内容。

添加和关闭桌面小工具的方法如下：

① 在桌面上单击右键，然后选择"查看"→"显示桌面小工具"命令，让系统处于显示桌面小工具的状态，如图 9.10 所示。

② 再次在桌面上单击右键，然后选择"小工具"命令，如图 9.11 所示。

③ 在打开的小工具窗口中选择需要添加的小工具，然后单击小工具的图标将该工具显示在桌面上，如图 9.12 所示。提示：可以将计算机上安装的任何小工具添加到桌面上。如果需要也可以添加多个小工具实例。

④ 如果要获得更多的桌面小工具，可以单击小工具窗口右下方的"联机获取更多小工具"标题。

图 9.11　打开小工具窗口　　　　　　　　　图 9.12　添加桌面小工具

⑤ 打开桌面小工具网页后，可以在页面上查看更多的小工具。如果要下载小工具，可以单击小工具图标下方的"下载"链接按钮。

⑥ 在弹出的"文件下载"对话框中单击"保存"按钮，然后在"另存为"对话框中选择保存目录，再单击"保存"按钮保存小工具程序。

⑦ 此时系统将小工具程序下载到指定的文件夹，下载完成后，在"下载完毕"对话框中单击"打开文件夹"按钮，接着在打开的文件夹中双击小工具程序。

⑧ 在弹出的"桌面小工具"→"安全警告"对话框中，直接单击"安装"按钮安装小工具程序，安装后小工具将显示在桌面上，如图 9.13 所示。

⑨ 如果要将桌面上的小工具删除，可以在小工具上单击右键，然后选择"关闭小工具"命令，或者将鼠标移到小工具上，当出现"关闭"按钮后单击该按钮即可，如图 9.14 所示。

图 9.13　桌面小程序　　　　　　　　图 9.14　关闭桌面小程序

4) 使用任务栏

任务栏是位于屏幕底部的水平长条，与桌面不同的是，桌面可以被窗口覆盖，而任务栏几乎始终可见，如图 9-15 所示。任务栏主要有四个部分，下面分别进行介绍。

图 9.15　任务栏

(1) "开始"按钮。

"开始"按钮用于打开"开始"菜单，如图 9.16 所示。"开始"菜单是运行计算机程序、打开文件夹和进行有关设置的主门户。使用"开始"菜单可以执行以下常见活动：打开常用的文件夹，搜索文件、文件夹和程序，调整计算机设置，获取有关 Windows 操作系统的帮助信息，关闭计算机，注销 Windows 或切换其他用户账户。

图 9.16　打开"开始"菜单

(2) 快速启动区。

单击快速启动区的图标即可启动程序。可以通过添加喜欢的程序来自定义"快速启动"区。只要在"开始"菜单中找到该程序，右键单击并选择"锁定到任务栏"命令(如果没有看到该命令，可以将程序的图标拖动到"快速启动"区上)，该程序的图标便会显示在工具栏中，如图 9.17 所示。若要从"快速启动"区中删除图标，可以右键单击图标，选择"将此程序从任务栏解锁"命令即可，如图 9.18 所示。

图 9.17　将程序锁定到"任务栏"　　　　　图 9.18　将程序从任务栏中解除

(3) 中间部分。

任务栏的中间部分用于显示已打开的程序和文档,并可以在它们之间进行快速切换。当打开多个窗口时,现有的任务栏按钮宽度会缩小,以使新的按钮可以挤进去。但是,如果任务栏上的按钮太拥挤,则相同程序的按钮将自动组合为一个按钮。当用户将鼠标移到任务栏中间部分的程序图标上时,任务栏将显示缩图,以方便用户从缩图中查看程序内容,如图 9.19 所示。

图 9.19　任务栏显示的程序缩图

(4) 通知区域。

任务栏的通知区域包括时间以及一些告知特定程序或计算机设置状态的图标(小图标)。这些图标表示计算机上某程序的状态或提供访问特定设置的途径。看到的图标集取决于已安装的程序或服务以及计算机制造商设置计算机的方式。将鼠标指针移到特定图标上时,会看到该图标的名称和相关信息。例如,将鼠标指针放到音量图标上将显示计算机的当前音量,单击该图标即可打开音量设置,如图 9.20 所示。

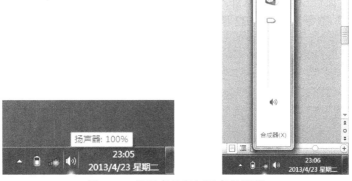

图 9.20　显示音量和打开音量设置

5) 使用"开始"菜单

大部分程序在安装后都会在"开始"菜单中添加启动项目,可以通过"开始"菜单使用和修改这些项目。正确使用与设置"开始"菜单,不但可以提高工作效率,还能对系统进行优化。鼠标单击窗口右下角的"地球"图标即可弹出"开始"菜单,用户就可以使用或管理菜单中的所有项目,也称为"命令"。

6) Windows 窗口的基本操作

日常使用计算机时,绝大部分的操作都是针对窗口的,如打开/关闭、最大化/最小化、移动窗口等，典型操作如下。

(1) 打开和关闭计算机窗口。

在桌面、资源管理器或"开始"菜单等位置，通过单击或双击相应的项目或文件夹，都能打开该项目对应的窗口。例如，单击"开始"菜单的"计算机"项目可以打开"计算机"窗口，在"计算机"窗口中双击某个磁盘图标可以打开该磁盘的窗口，如图 9.21 所示。

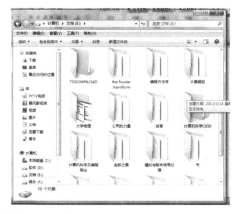

图 9.21　双击磁盘图标打开磁盘窗口

要关闭一个窗口，可以通过以下六种方式进行：

① 使用窗口右上角的"关闭"按钮。

② 按下 Alt + F4 快捷键可以关闭当前窗口。

③ 打开的窗口都会在任务栏上分组显示，如果要关闭任务栏的单个窗口，可以在任务栏的项目上单击右键，选择"关闭窗口"命令。

④ 如果多个窗口以组的形式显示在任务栏上，则可以在一组的项目上单击右键并选择"关闭所有文档"命令，如图 9.22 所示。

图 9.22　关闭所有文档

⑤ 将鼠标移到任务栏窗口的图标上，当出现窗口缩图后单击"关闭"按钮即可关闭当前窗口。

⑥ 将鼠标移到任务栏窗口的图标上，当出现窗口缩图后也可以在缩图上单击鼠标右键，然后在打开的菜单中选择"关闭"命令即可。

(2) 最小化、最大化和还原窗口。

① 通过右上角的三个按钮(由左至右依次为最小化按钮、还原按钮或最大化按钮和关

闭按钮)来最小化、最大化和还原窗口。

② 在窗口的标题栏上单击右键，通过右键菜单中的最大最小化还原命令来最小化、最大化和还原窗口。

③ 当窗口最大化时，双击窗口的标题栏可以还原窗口，反之则将窗口最大化。

(3) 移动与改变窗口大小。

将鼠标指针移动到位于窗口顶部的标题栏上，按住鼠标左键不放，移动鼠标，即可将窗口移动至屏幕的任意位置。

将鼠标指针放在窗口的 4 个角或 4 条边上，这时鼠标指针将变成双向箭头，按住鼠标左键，朝相应的方向拖动即可调整窗口的大小。

(4) 自动排列窗口。

在桌面上可以按照自己喜欢的方式排列窗口，其中有层叠、堆叠和并排三种方式，如图 9.23 所示的窗口层叠。只要在任务栏的空白区域上单击右键，然后选择"层叠窗口"、"堆叠显示窗口"或"并排显示窗口"命令即可。

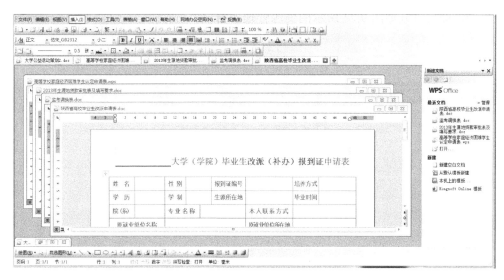

图 9.23　层叠窗口

7) 文件操作与磁盘管理

磁盘是指由硬盘划分出的分区，它储存着电脑中的各种资源，在"计算机"窗口右侧的"硬盘"区域中显示了该台电脑的磁盘数量。磁盘的盘符通常由磁盘图标、磁盘名称和磁盘存储信息组成，如"本地磁盘(E)"，俗称 E 盘。

保存在电脑中的各种信息和数据统称为文件，如一张照片等。在 Windows 7 操作系统的平铺显示方式下，文件主要由文件图标、文件名、分隔点、文件扩展名及文件描述信息组成。文件中各组成部分的作用介绍如下：

(1) 文件图标：与文件扩展名的功能类似，用于表示当前文件的类别，它是应用程序自动建立的，不同类型的文件，其文件图标和扩展名是不同的。

(2) 文件名：当前文件的名称，用户可以自定义文件的名称，以便对其进行管理。

(3) 文件扩展名：操作系统用来标志文件格式的一种机制，如名为"第 5 章.docx"的文件中,"docx"就是其扩展名,表示这个文件是 Word 文件。

(4) 分割点:其实就是一个小圆点,用于区分文件名与文件扩展名。

(5) 文件描述信息:用于显示当前文件的大小和类型等信息。

文件夹用来存放文件或下一级子文件夹。将不同的文件归类存放到相应的文件夹中,可以快速查找到所需的文件。文件夹由文件夹图标和文件夹名称组成。

磁盘、文件夹、文件三者的关系是包含与被包含的关系。磁盘里面包括文件夹或图片,文件夹里存放有文件或子文件夹。

8) Windows 7 资源管理器

(1) 资源管理器窗口。

资源管理器是 Windows 7 操作系统提供的另一种用于管理文件资源的重要工具。使用资源管理器可以显示文件夹结构及其中文件的名称,提供关于其中文件的详细信息(如文件大小、创建时间等),启动应用程序,以及搜索文件等。

在桌面上右键单击"开始"按钮,并在弹出的菜单中选择"打开 Windows 资源管理器"命令单击,即可打开如图 9.24 所示的资源管理器窗口。

图 9.24 资源管理器窗口

资源管理器窗口各部分功能说明如下:

① 地址栏:地址栏出现在每个文件夹的顶部,它可以查看到当前文件夹所在计算机或网络上的位置,且以黑色箭头分隔当前文件夹所在位置的一系列链接。

② "后退"和"前进"按钮:使用"后退"和"前进"按钮可以跳转到已经打开的其他文件夹,而无须关闭当前窗口。该组按钮还可以与地址栏配合使用。例如,使用地址栏更改文件夹后,可以使用"后退"按钮返回到原来的文件夹。

③ 搜索框:在搜索框中输入字符可以查找当前文件夹中存储的文件或子文件夹。例如,当输入字母"B"时,所有以字母"B"开头的文件将显示在文件夹的文件列表中。

④ 工具栏:使用工具栏可以执行常见任务,如更改文件和文件夹的外观,将文件复制到 CD 或启动数字图片的幻灯片放映。

⑤ 导航窗格:该窗格以树状结构显示系统中的所有文件。单击驱动器或文件夹前的透

明小三角符号，可以展开其所包含的子文件夹。

⑥ 对象列表：用于显示当前文件夹中的内容。当通过在搜索栏中输入字符来查找文件时，仅显示与搜索内容相匹配的文件。

⑦ 标题：使用列标题可以更改文件列表中文件的整理方式，还可以排序、分组或堆叠当前视图中的文件。

⑧ 详细信息面板：用于显示与所选文件关联的最常见属性。文件属性是关于文件的信息，如作者、上一次修改文件的日期以及可能已添加到文件的所有描述性标记。提示：在桌面上单击"开始"按钮，依次选择"所有程序"→"附件"→"Windows 资源管理器"命令，也可打开资源管理器窗口。

(2) 组织资源管理器布局。

Windows 7 资源管理器提供了多种布局方式，可以显示或隐藏菜单栏、详细信息面板、预览窗格及导航窗格。在工具栏中单击"组织"按钮，在弹出的菜单中选择"布局"命令，并在打开的子菜单中选择或取消选择各项目即可显示或隐藏该项目，如图 9.25 所示。

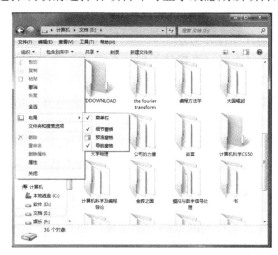

图 9.25　显示或隐藏布局项目

(3) 通过资源管理器搜索文件。

Windows 7 资源管理器提供了搜索功能，当知道要查找的文件存储在某个特定的文件夹中时，可以通过直接搜索或添加搜索筛选器的方式，在指定位置快速查找指定文件，以节省时间和精力。

2. 建立和管理文件夹

1) 创建文件夹

创建文件夹包括如下方法：

(1) 在需要新建文件夹的窗口空白处单击鼠标右键，在弹出的快捷菜单中选择"新建"→"文件夹"命令，如图 9.26 所示。

(2) 单击工具栏中的"新建文件夹"按钮。

执行上述任意一种方法后，窗口中新建文件夹的名称文本框将处于编辑状态，此时输入文件夹名称，如"student-1"，如图 9.27 所示，按 Enter 键完成新建操作。

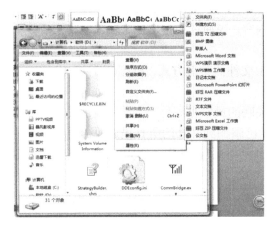

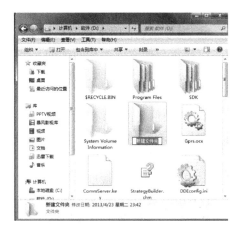

图 9.26　创建文件夹　　　　　　　　　　　　　图 9.27　输入文件夹名称

2) 选择文件或文件夹

在对文件夹进行进一步操作(如复制、移动)前，必须先学会怎么选择它，不同的需要有不同的选择，下面分别介绍操作方法。

(1) 选择单个文件或文件夹。直接使用鼠标单击需要选择的文件或文件夹图标即可，被选择的文件或文件夹呈蓝底显示，如图 9.28 所示。

(2) 选择多个文件或文件夹。选择多个文件或文件夹分几种情况，如选择多个相邻的、多个连续的、多个不连续的文件或文件夹，其方法如下：

① 选择多个相邻的文件或文件夹：在需要选择的文件或文件夹起始位置处按住鼠标左键进行拖动，此时在窗口中将出现一个蓝色的矩形框，当蓝色矩形框覆盖需要选择的文件或文件夹后释放鼠标，即完成了选择。

② 选择多个连续的文件或文件夹：单击某个文件或文件夹图标后，按住 Shift 键不放，然后单击需要选择的文件或文件夹的最后一个图标，即可选择这两个文件或文件夹之间所有连续的文件或文件夹，如图 9.29 所示。

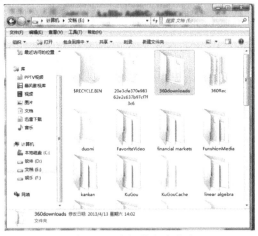

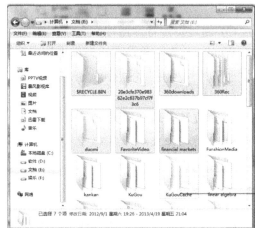

图 9.28　选择单个文件夹　　　　　　　　　　图 9.29　选择多个连续的文件夹

③ 选择多个不连续的文件或文件夹：按住 Ctrl 键不放，依次单击需要选择的文件或文件夹，即可选择多个不连续的文件或文件夹，如图 9.30 所示。

④ 选择所有文件或文件夹：在打开的窗口中单击工具栏中的"组织"下拉按钮，然后在弹出的下拉菜单中选择"全选"命令，或者按 Ctrl + A 键，即可选择该窗口中的所有文件或文件夹，如图 9.31 所示。

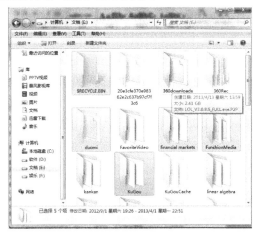
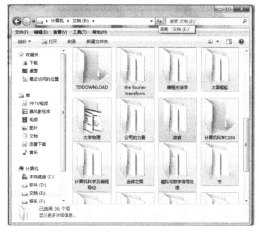

图 9.30　选择多个不连续的文件夹　　　　图 9.31　选择所有文件夹

3) 重命名文件或文件夹

为了便于记忆和以后快速查找到所需的资料，可将各磁盘下的文件或文件夹重命名。

(1) 选中"新建文件夹"单击鼠标右键，在弹出的快捷菜单中选择"重命名"命令。

(2) 此时要重命名的文件图标下面的文字将呈反白显示，输入新的名称"李明"，按 Enter 键或鼠标指向窗体空白处单击确认修改成功。

4) 复制文件或文件夹

复制文件或文件夹不改变文件或文件夹的内容，重新生成一个完全相同的文件或文件夹，原位置处该文件或文件夹仍然存在。复制文件或文件夹的方法如下：

(1) 通过快捷键复制：选择需要复制的文件或文件夹，按 Ctrl + C 键复制，然后在目标位置处按 Ctrl + V 键粘贴。此方法是许多电脑熟手比较常用的方法。

(2) 通过菜单复制：在需要复制的文件或文件夹图标上单击鼠标右键，在弹出的菜单中选择"复制"命令，在目标位置处单击鼠标右键，在弹出的菜单中选择"粘贴"命令。

(3) 通过"组织"下拉按钮复制：选择需要复制的文件或文件夹，单击工具栏中的"组织"下拉按钮，选择"复制"命令，在目标位置处再单击菜单中选择"粘贴"命令。

5) 移动文件或文件夹

移动文件或文件夹同样也不改变文件或文件夹中的内容，只改变其存储位置，原位置处该文件或文件夹不再存在。移动文件或文件夹包括如下几种方法：

(1) 通过快捷键移动：选择需要移动的文件或文件夹，按 Ctrl + X 键剪切，然后在目标位置处按 Ctrl + V 键粘贴。

(2) 通过菜单移动：在需要移动的文件或文件夹图标上单击鼠标右键，在弹出的菜单中选择"剪切"命令，在目标位置处单击鼠标右键，在弹出的菜单中选择"粘贴"命令。

(3) 通过"组织"下拉按钮移动：选择需要移动的文件或文件夹，单击工具栏中的"组织"下拉按钮，在弹出的菜单中选择"剪切"命令，在目标位置处再单击工具栏中的"组织"下拉按钮，在弹出的菜单中选择"粘贴"命令。

6) 删除文件或文件夹

删除文件或文件夹包括如下几种方法：

(1) 选择需要删除的文件或文件夹，按 Delete 键，回答"是"。此方法最常用。

(2) 选择需要删除的文件或文件夹，单击工具栏中的"组织"下拉按钮，在弹出的下拉菜单中选择"删除"命令，如图 9.32 所示。

(3) 选择需要删除的文件或文件夹，单击鼠标右键，在弹出的快捷菜单中选择"删除"命令，如图 9.33 所示。

(4) 选择需要删除的文件或文件夹，按住鼠标左键将其拖动到桌面上的"回收站"图标上，再释放鼠标。

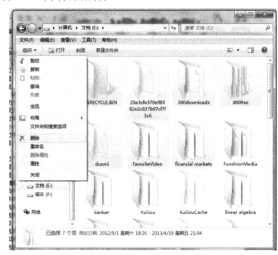

图 9.32　通过"组织"下拉按钮删除文件夹　　　图 9.33　通过单击鼠标右键删除文件夹

3. 查看和管理计算机中的信息资源

1) 查看电脑中的资源

方法一：通过"计算机"窗口查看资源是比较常用且简单的方法。其操作步骤如下：

(1) 单击"开始"按钮，在弹出的菜单中选择"计算机"命令，或双击桌面上的"计算机"图标，打开"计算机"窗口。

(2) 双击本地磁盘(E:)，在打开的 E 盘窗口中双击要打开的文件夹的图标，这里双击"壁纸"文件夹。

(3) 在打开的"壁纸"文件夹窗口中双击要查看的文件的图标，这里双击"Tulips.jpg"图片文件，在打开的窗口中即可查看该图片。

方法二：通过地址栏查看电脑中的资源。其操作步骤如下：

(1) 双击桌面上的"计算机"图标，打开"计算机"窗口，然后单击地址栏中"计算机"文本框后的右箭头，在弹出的下拉列表中选择所需的盘符，如选择 E 盘。

(2) 打开 E 盘后再单击地址栏的右箭头，在弹出的下拉列表中选择所需的文件夹选项，按此方法就可查看到该图片。

方法三：通过资源管理器查看电脑资源。其操作步骤如下：

（1）双击桌面上的"计算机"图标，打开"计算机"窗口，将鼠标指针移到左侧列表框中。

（2）单击需要查看的资源所在的根目录前的右按钮，这里单击本地磁盘(E:)前的右按钮，可展开下一级目录，此时该按钮变成 ◢ 状态。按照相同的方法即可查看到"壁纸"文件夹，双击该文件夹即可打开查看其中的图片文件。

2）浏览与查看文件

Windows 7 提供了图标、列表、详细信息、平铺和内容等显示方式，只需单击窗口工具栏中的▼按钮，在弹出的下拉菜单中选择相应的命令，即可应用相应的显示方式显示所需的内容，如图 9.34 所示。

图 9.34　单击工具栏按钮弹出相应显示方式

各种显示方式介绍如下：

（1）超大图标、大图标、中等图标、小图标格式：将文件夹中所包含的文件分别以大小不同的图标形式进行显示，可以最大化地显示图片效果，如图 9.35 和图 9.36 所示。

图 9.35　中等图标显示方式

图 9.36　小图标显示方式

（2）列表显示方式：将文件与文件夹通过列表显示其中的内容。若文件夹中包含很多文件，列表显示便于快速查找某个文件，在该显示方式中可以对文件和文件夹进行分类，但是无法按组排列文件，如图 9.37 所示。

（3）详细信息显示方式：显示相关文件或文件夹的详细信息，包括名称、类型、大小和日期等，如图 9.38 所示。

图 9.37　列表显示方式　　　　　　　图 9.38　详细信息显示方式

(4) 平铺显示方式：以图标加文件信息的方式显示文件与文件夹，是查看文件或文件夹的常用方式，如图 9.39 所示。

(5) 内容显示方式：将文件的创建日期、修改日期和大小等特征内容显示出来，方便进行查看和选择，如图 9.40 所示。

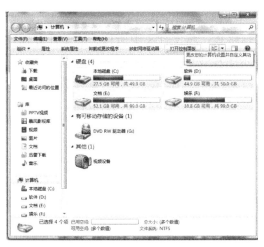 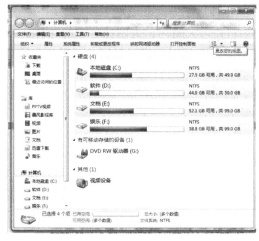

图 9.39　平铺显示方式　　　　　　　图 9.40　内容显示方式

3) 对文件进行排序和分组查看

(1) 对文件进行排序。在默认情况下，磁盘中的文件是以名称或递增的方式进行排序的，用户可以根据需要将文件以名称、修改日期、类型、大小、递增或递减的方式对文件进行排序。设置方法是：在窗口空白处单击鼠标右键，在弹出的快捷菜单中选择"排序方式"命令，然后在弹出的子菜单中选择需要的排序方式即可，如图 9.41 所示。

若以上排序方式还是不能满足用户需要，则可以对其进行添加。方法是：选择"排序方式"命令后，在弹出的子菜单中选择"更多"命令，打开"选择详细信息"对话框，在"详细信息"下拉列表中选中需要的排序方式复选框，然后单击"确定"按钮即可，如图

9.42 所示。

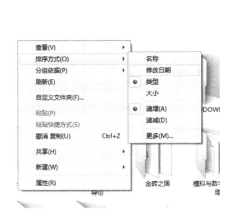

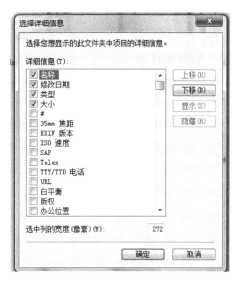

图 9.41 文件排序方式 图 9.42 选择"排序方式"

(2) 对文件进行分组。在默认情况下，磁盘中的文件不进行分组查看，用户可以根据需要将文件以名称、修改日期、类型、大小、递增或递减的方式对文件进行分组。设置方法是：在窗口空白处单击鼠标右键，在弹出的快捷菜单中选择"分组依据"命令，然后在弹出的子菜单中选择需要的分组方式即可，如图 9.43 所示。

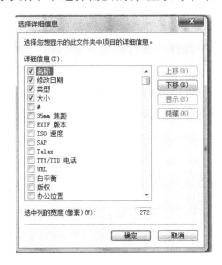

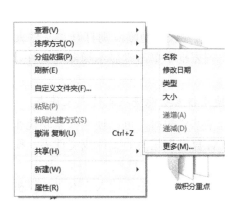

图 9.43 对文件进行分组

若以上几种分组依据还是不能满足用户需要，可以对其进行添加。方法是：选择"分组依据"命令后，在弹出的子菜单中选择"更多"命令，打开"选择详细信息"对话框，在"详细信息"下拉列表中选中需要的排序方式复选框，然后单击"确定"按钮即可。

4) 隐藏/显示文件或文件夹

在默认情况下，电脑中的资源都是显示在磁盘中的，用户遇见重要的文件或文件夹时可以将其隐藏。当然隐藏后的文件或文件夹是可以再现的。操作步骤如下：

(1) 选择"示例图片"文件夹后单击鼠标右键，在弹出的快捷菜单中选择"属性"命令，如图 9.44 所示。

(2) 打开"示例图片 属性"对话框，在"属性"栏选中隐藏复选框，然后单击"确定"按钮，如图 9.45 所示。

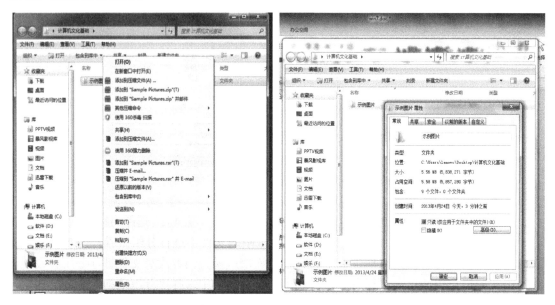

图 9.44　选择"属性"命令　　　　图 9.45　选中隐藏复选框

(3) 返回"示例图片"文件夹，可以发现"示例图片"文件夹已经隐藏，然后单击工具栏中的"组织"下拉按钮，在弹出的下拉菜单中选择"文件夹和搜索选项"命令，可搜索到隐藏后的文件夹。

(4) 若需要恢复隐藏，则打开"文件夹选项"对话框，单击"查看"选项卡，在"高级设置"列表框中单击"显示隐藏的文件、文件夹和驱动器"单选按钮，再单击"确定"按钮。

5) 使用搜索功能查找文件或文件夹

盲查某些资源时，可以使用搜索功能来查找文件或文件夹。下面在"计算机"窗口中搜索与"计算机"相关的文件或文件夹，操作步骤如下：

(1) 双击桌面"计算机"图标，打开"计算机"窗口，在"搜索 计算机"栏单击鼠标，此时呈可输入状态，输入文本"计算机"，然后单击"搜索"按钮，如图 9.46 所示。

图 9.46　搜索方式

（2）系统自动进行搜索，搜索完成后该窗口中将显示所有与"计算机"有关的文件或文件夹，如图 9.47 所示。

图 9.47　搜索结果显示

6）彻底删除文件

前面介绍的删除文件的方法只是将不需要的文件存放到回收站中，同样占用了磁盘空间，彻底删除文件就是将文件从电脑硬盘中完全删除。彻底删除文件包括如下两种方法：

（1）双击"回收站"图标，打开"回收站"窗口，选择需要删除的文件，按 Delete 键，回答"是"即可。

（2）在"回收站"窗口中单击鼠标右键，在弹出的快捷菜单中选择"删除"命令。在打开的"删除文件夹"提示框中将询问是否永久性地删除此文件夹，如图 9.48 所示，单击"确定"按钮将其彻底删除。

图 9.48　确认删除

 课后练习

（1）编辑个性桌面。首先设置任务栏的位置，接着添加一个附件时钟，然后通过"帮助和支持"功能对桌面小工具进行了解，最后在桌面上添加日历工具。

（2）自行打开电脑中的某个磁盘，练习单个或多个文件、文件夹的选择方法。

9.4　Word 2013 操作与应用

9.4.1　实验目的

掌握利用 Word 创建、打开文档，文字录入、其他字符的使用，文档编辑修改、查找、替换、设置文档格式、页面设置、分栏排版、艺术设计、图文混排、制作表格等基本方法。熟悉预览和打印文档的方法。

9.4.2　实验内容

(1) Word 的基本操作。
(2) 文字的输入、编辑与排版。
(3) 艺术编辑、图文混排与输出。
(4) 输入与编辑数学公式。
(5) 制作简单表格。

9.4.3　实验过程

1. Word 文档的创建与保存

创建一个 Word 文档，文件名为：水调歌头.docx，文档内容如图 9.49 所示。

水调歌头

丙辰中秋，欢饮达旦，大醉。作此篇，兼怀子由。

明月几时有？把酒问青天。不知天上宫阙，今夕是何年。我欲乘风归去，又恐琼楼玉宇，高处不胜寒，起舞弄清影，何似在人间！

转朱阁，低绮户，照无眠。不应有恨，何事长向别时圆？人有悲欢离合，月有阴晴圆缺，此事古难全。但愿人长久，千里共婵娟。

图 9.49　输入的文档内容

操作步骤如下：

(1) 启动 Word 2013。

在 Windows 桌面单击"开始"按钮，调出"开始菜单"。单击"开始菜单"中的"所有程序"项，出现下一级菜单。在下一级菜单中选中并单击"Microsoft Office Word 2013"项，在展开的菜单中选中并单击"Word 2013"后，启动到 Word 2013 工作窗口。

(2) 输入文档内容。

(1) 在 Word 文档录入窗口，选择输入法并输入图 9.49 所示的内容。

(2) 保存文件。文档录入完成，单击"文件"按钮，并选择"另存为"命令出现"另存为"对话框，以"水调歌头"为文件名保存到 My documents 文件夹下。

(3) 退出 Word 2013。单击"文件"按钮，并选择"关闭"命令即可退出 Word 2013；也可以单击窗口右上角的"关闭"按钮。

2. 文件"水调歌头.docx"的编辑排版

进行字符格式的设置。将标题"水调歌头"设置为：黑体、2 号字、加粗，将副标题"丙辰中秋……"设置为：楷体、3 号字、加粗并居中；将正文设置为：宋体、4 号字。

操作步骤如下：

(1) 进入 My documents 文件夹，选中并单击打开文件"水调歌头.docx"。

(2) 设置文本的字体、字号并居中。

① 设置标题：在文档中选中标题"水调歌头"，在字体工具栏中下拉"字体"选择框选择"楷书"；在"字号"选择框选择"二号"，并单击"B(加粗)"；在"段落"工具栏中单击"居中"选项。

② 设置副标题：在文档中选中副标题"丙辰中秋……"，在字体工具栏中下拉"字体"选择框选择"隶书"；在"字号"选择框选择"三号"；在"段落"工具栏中单击"居中"选项。

③ 设置正文：选中全部正文，在字体工具栏中下拉"字体"选择框选择"宋体"；在"字号"选择框选择"小四号"。

(3) 设置字、行间距和色彩。

选中标题"水调歌头"在"字符间距"项的"间距"项中设置字间距为 3 磅，使字间距加宽；单击"字体颜色"列表框的下拉式箭头，可选择"蓝色"或"红色"等。

选中全部正文，在"段落"工具栏单击段落设置箭头，下拉"行距"选择框，选择 1.5 倍行距，使正文行距加宽；单击"字体颜色"列表框的下拉式箭头，可选择"蓝色"或"红色"等。

(4) 段落格式的设置。

将标题、正文进行对齐方式(左对齐，右对齐，居中)，段前、段后间隔设置。

选中设置内容，在"段落"工具组单击段落设置箭头打开"段落"选择框，分别选择"对齐方式"或"段前"、"段后"选择框按要求进行设置。

如：将副标题段前、段后各设置"0.5 行"的间隔，请学生自行操作完成。

(5) 设置边框、底纹，页面边框。

① 添加边框：这是给文档加上一个边框。选定全部文档内容，在"段落"工具组中选择"边框"选项并单击下拉箭头，在下拉选项中选择"边框和底纹"单击；在"边框设置"中选择"方框"项；在"样式"中选择线型如实线或点画线；在"宽度"下拉列表框中选择直线粗细磅数如"3.0 磅"；在"颜色"列表框中选择任意颜色。所有设定结束后单击"确定"关闭"边框和底纹"对话框。此时边框形成，边框的大小，可以用鼠标指向边框线，压住左键上下左右拖动鼠标来改变。

② 添加底纹：选定文档副标题"丙辰中秋，欢饮达旦，大醉。作此篇，兼怀子由。"在"段落"工具组中选择"边框"选项并单击下拉箭头出现"边框和底纹"对话框，选择"底纹"选项，在"填充"项中选择自定的"颜色"，单击"确定"关闭，选定对象出现底纹。

③ 添加横线：这是给标题下面加上一段横线。将光标置于文档标题下一行，按回车键插入一个空行。单击"段落"组中的"边框"，在下拉菜单中选择"横线"命令项，单击"横线"选项，此时文档中出现一条横线，单击该"横线"会出现"设置横线格式"对话框，选择所要的横线图案，单击"确定"按钮。

④ 给页面加边框：这是给文档的页边加上艺术边框，可选各种花边，此处选择五角星。

选择"段落"工具组中选择"边框"选项并单击下拉箭头，在下拉选项中选择"边框和底纹"单击：选择"页面边框"选项，单击"艺术型"列表框右侧箭头，在列表中选择一种艺术边框类型。单击"确定"关闭"边框和底纹"对话框，出现如图9.50所示的效果。

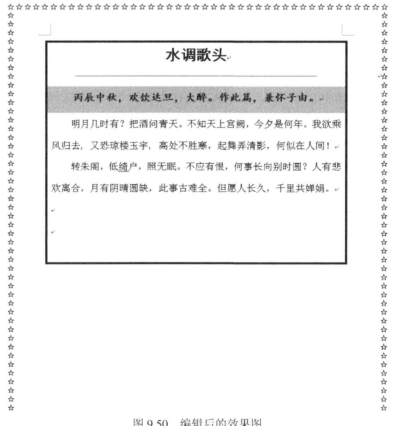

图 9.50　编辑后的效果图

(6) 页面格式、页眉和页脚设置。

① 选择纸张大小和方向：单击"页面布局"选项卡菜单中的"页面设置"命令，出现"页面设置"对话框。单击"页面设置"对话框中的"纸张"选项卡，在项目"纸张大小"中，选"16开"或"A4"型纸。

② 设置页边距：单击"页面设置"对话框中的"页边距"选项卡。设置页边距"上"、"下"为"3厘米"，"左"、"右"为"2厘米"。在打印设置中，选择打印方向为"纵向"打印。

③ 打印预览：单击"文件"按钮，并选择"打印"进入"打印预览"界面，可观察文

档输出样式。

④ 设置页眉或页脚：单击"插入"选项卡，分别选择页眉和页脚组中的"页眉、页脚"命令，会弹出"页眉、页脚"工具栏。单击"页眉"下拉箭头，在页眉区输入文字："宋词：水调歌头"，然后单击"页脚"下拉箭头，将光标移到页脚区。单击"页码"按钮，在下拉式列表框中选择"页面底端"，选择弹出的页码样式，设定页码后，返回原文本编辑状态。

⑤ 编辑页眉：双击页眉，使用"格式"工具栏将页眉设置为"居中"。将页眉设置为"楷体五号字"。

⑥ 编辑页脚(日期居左、页数居右)：双击页脚，进入页脚编辑状态。单击页脚的左端。单击"文本"组中的"日期和时间"按钮。按两次 TAB 键，将光标移到页脚的右端，单击"插入页码"按钮。单击"页眉和页脚"工具栏的"关闭"按钮，返回文本编辑状态。

(7) 文档分栏排版。打开文档"水调歌头"，并选定正文。单击"页面布局"选项卡，选择"页面设置"组中的"分栏"命令，选择"两栏"设置，编辑效果如图 9.51(a)所示。

(8) 设置首字下沉格式。将光标置于第一自然段的任何位置。单击"插入"选项卡，选择"文本"组的"首字下沉"命令，在下拉选项中选择"下沉"选项设为"下沉"。 然后单击"首字下沉"选项，在"下沉行数"中选择"2"，使首字下沉两行，"字体"任选；在"距正文"项中，选择首字和正文之间的距离为"0 厘米"。单击"确定"按钮关闭"首字下沉"对话框，编辑效果如图 9.51(b)所示。

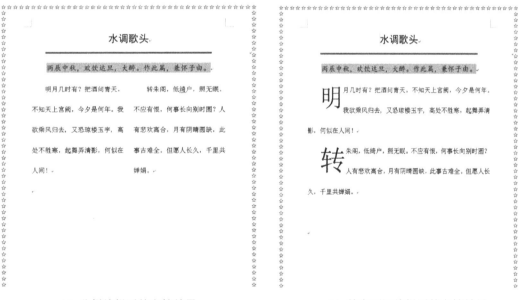

(a) 分栏编辑后的文档效果　　　　　　　(b) 首字下沉编辑后的文档效果

图 9.51　文档编辑后的效果图

3. 编辑数学公式

要求在文档中输入以下所示公式：

$$\int_0^n \frac{\sqrt{ax^2+bx+c}}{x}dx$$

操作步骤：

(1) 单击"插入"选项卡中"符号"功能区的"公式"按钮 $\boxed{\pi\,公式\cdot}$ ，显示"公式工具"的"设计"选项卡。

(2) 在"公式工具"的弹出菜单选项卡中，按编辑的公式选择相应样式单击公式符号选项，实现编辑公式。

提示： 如果需要修改公式，双击已有的公式，即可进行编辑操作。

4. 制作与编辑表格

按照要求制作下列表格，如图 9.52 所示，并使用文件名"学生课程表.docx"存盘。

星期 节次	星期一	星期二	星期三	星期四	星期五
上 午					
下 午					

图 9.52　学生课程表

操作提示：

(1) 自动制表。

① 使用工具栏插入表格：单击"插入"选项卡，选择"表格"，用鼠标拖出一个八行六列的表格。

② 使用菜单插入表格：单击"表格"菜单中的"插入"命令，在子菜单中选择"表格"命令。在"插入表格"对话框中输入所建表格的行数 8 和列数 6。

③ 单击"确定"完成表格的自动插入。

(2) 调整表格的行高和列宽：单击"表格"选项卡的"边框"命令，打开"表格属性"对话框。首先用鼠标选中表格第一行，鼠标右击菜单选择"表格属性"，打开设置对话框，的在"指定高度"右侧的文本框内输入行高：28 磅(1 磅 = 1/72 英寸)。选择"列"选项卡，单击"前一列"或者"后一列"，选定表格的第一列。在"指定列宽"右侧的文本框中输入列宽：70 磅。

采用鼠标拖曳表格行线、列线，也可以调整表格行、列宽、高度。

(3) 合并单元格：选定表格第一列的第二、三、四、五单元格，单击"表格"菜单中的"合并单元格"。同上，将第一列的第六、七、八三个单元合并为一个单元。

(4) 加入表格斜线：选中插入的表格，选择"表格工具"选项卡中的"设计"，选择"边框"组中的"边框"命令，在浮动列表中选择"斜下框线"即可。在"行标题"后的文本框中输入"星期"，在"列标题"后的文本框中输入"节次"。

(5) 输入表格内容：将光标移到各单元格并单击占位，在不同单元格输入表格中的相应内容。

(6) 加入标题：单击表格左上角的单元格。单击"表格"菜单中的"拆分表格"命令。在表格上方输入标题"学生课程表"。

(7) 表标题或表中的文字符号，有关字体、字号和颜色等设置，与文本编辑相同。

(8) 有关表格数据计算、表格数据统计作图等操作，请同学们课余自己训练。

5. 考核要求

Word 文档编辑操作考核记录

序号	考核记录	成绩	备注
1			
2			

 思考题

(1) Word 中的视图方式有哪几种？

(2) 复制一段文字到另一个位置，需要进行哪些步骤？

9.5　Excel 2013 操作与应用

9.5.1　实验目的

(1) 了解 Excel 的工作环境和主要功能及用途。

(2) 掌握数据的输入、编辑及公式与函数的使用。

(3) 学习图表的制作方法；掌握图表的创建、编辑、修饰等基本操作。

9.5.2　实验内容

(1) Excel 的基本操作。

(2) 电子表格的数据输入、编辑，公式与函数的计算。

(3) 图表的创建、编辑、修饰和输出。

9.5.3　实验过程

1. 表格的创建

按以下要求创建表格，文件名为 Ex1.xlsx。

(1) 进入 Excel 2013 工作界面，输入学生成绩表单，或用自动填充序列数的方法填充学号，学号范围为 040101～040110，如图 9.53 所示。

学生成绩一览表							
学号	姓名	大学物理	高数	计算机	英语	总分	个人平均分
040101	张秀英	65	75	77	65		
040102	吴小健	75	81	82	80		
040103	刘艾平	56	70	54	63		
040104	安秀娟	43	63	61	58		
040105	史铁军	82	88	90	89		
040106	付雪	66	68	72	61		
040107	林晨曦	90	89	94	92		
040108	王萧萧	96	88	80	91		
040109	兆言	78	72	68	80		
040110	田甜	86	79	91	83		
各科平均							
最高分							
最低分							

图 9.53　原始表格样文

(2) 利用公式和函数求总分、平均分、最高分和最低分，如图 9.54 所示。

	A	B	C	D	E	F	G	H
1				学生成绩一览表				
2								
3	学号	姓名	大学物理	高数	计算机	英语	总分	个人平均分
4	040101	张秀英	65	75	77	65	282	70.5
5	040102	吴小健	75	81	82	80	318	79.5
6	040103	刘艾平	56	70	54	63	*243*	60.8
7	040104	安秀娟	43	63	61	58	225	56.3
8	040105	史铁军	82	88	90	89	349	87.3
9	040106	付雪	66	68	72	61	*267*	66.8
10	040107	林晨曦	90	89	94	92	365	91.3
11	040108	王萧萧	96	88	80	91	355	88.8
12	040109	兆言	78	72	68	80	298	74.5
13	040110	田甜	86	79	91	83	339	84.8
14	各科平均		73.7	77.3	76.9	76.2	304.1	
15	最高分		96	89	94	92	365	
16	最低分		43	63	54	58	225	

图 9.54　编辑后的样式

(3) 在表格标题与表格之间插入一空行，然后将表格标题设置为蓝色、粗楷体、16 磅大小、加下划双线，并采用合并及居中对齐方式。

(4) 将表格各栏标题设置成粗体、居中，再将表格中的其他内容居中，平均分保留小数 1 位。

(5) 设置单元格底纹填充色：对各标题栏、最高分、最低分、平均分均设置为灰色。

(6) 对学生的总分设置条件格式：总分≥270 分，用红色字体；240≤总分<270 分，采用蓝色、加粗斜体。

(7) 将 Sheet1 表格命名为"学生成绩单"。

2. 操作指导

(1) 在输入学号时，需要将学号作为文本进行输入，即输入"040101"，选中该单元格，单击右下角的填充柄并向下拖曳进行序列的填充；也可以首先设置单元格为文本类型，再输入学号。

(2) 在"开始"选项卡的"编辑"选项组中选取"自动求和"按钮 Σ ▾ 先计算张秀英的总分，然后利用填充柄，将张秀英的总分单元格中的公式复制到其下面的单元格中(也可采用单元格填充方式)，即计算其他学生成绩的总分。计算平均分、最高分和最低分的操作与计算总分的操作类似，单击"自动求和"按钮 Σ ▾ 中的下三角按钮，选择相应的公式即可。在计算平均分、最高分和最低分时，需要注意数据计算范围的选取。

(3) 选中第二行单元格，单击"开始"选项卡中"单元格"选项组的"插入"按钮，在表格标题下插入一行。选中 A1:H1 单元格后，单击鼠标右键，在快捷菜单中选择"设置单元格格式"命令，打开"单元格格式"对话框，在"对齐"选项卡中设置合并单元格及标题对齐方式，在"字体"选项卡中设置标题格式。

(4) 选择表格各栏标题所在的单元格，分别单击工具栏中的"加粗"、"居中"按钮；选择平均分所在的一列单元格，单击"开始"选项卡中"数字"选项组的"增加小数位数"按钮增加一位小数即可。

(5) 选择标题栏、最高分、最低分、平均分所在的单元格，单击"开始"选项卡中"单元格"选项组的"格式"命令，打开"单元格格式"对话框，在"图案"选项卡中可以设置单元格的底纹。

(6) 选取"总分"一列的单元格，单击"开始"选项卡中"样式"选项组的"条件格式"命令，使用"条件格式规则管理器"命令打开"条件格式"对话框，使用"新建规则"按钮分别建立"总分>=270"，和"240<=总分<=270"的数据格式，如图 9.55 所示。

(7) 右击工作表标签 Sheet1，选择快捷菜单中的"重命名"命令，为工作表重新命名。

图 9.55　操作菜单

3. 图表的创建与编辑

按样例创建表格，然后按下面的具体要求建立图表，保存在 E 盘上，文件名为 Ex2.xlsx。

(1) 根据数据表中的源数据(B3:E3 和 B9:E9)，在该工作表中创建嵌入式三维饼图；

(2) 为三维饼图加入标题、添加百分比形式的数据标志，将图例位置调整到图表底部，对图表标题和图例中的文字进行修饰；

(3) 设置绘图区域为无边框线且背景为浅蓝色渐变填充，设置各季度扇形图的填充色，且将第三季度销售扇形图突出显示；

(4) 使用形状工具，在表中相应的位置，如图 9.56 所示，绘制空心椭圆、矩形(在其中添加相应文字)及两条实心箭头线，并做相应的修饰。编辑后的图表样文如图 9.56 所示。

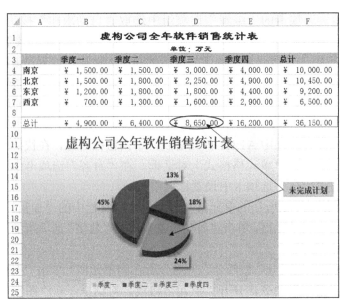

图 9.56 编辑后的样文

4. 操作参考

(1) 选取包含要绘制图表的数据区域 B3:E3 和 B9:E9，单击"插入"选项卡中"图表"选项组的"饼图"命令，根据提示创建嵌入式三维饼图。

(2) 选中所创建的饼图，然后选择"图表元素"选项添加图表标题，标题文字格式为宋体、加粗、黑色、18 号；在"图表元素"的"数据标签"菜单中选择"更多选项"打开"数据标签格式"侧边栏为三维饼图添加百分比形式的数据标签；使用"图表元素"的"图例"菜单将图例位置调整到图表底部。

(3) 双击绘图区、图表区和各季度扇形图，设置颜色填充和边框。选中整个饼图，再单击第三季度销售扇形图，按住鼠标并向外拖动，即将第三季度销售扇形图突出显示。

(4) 单机"插入"选项卡中"插图"选项组的"形状"命令。绘制椭圆后，在屏幕右侧弹出的侧边栏设置椭圆颜色"无填充"，线条"实线、黑色、1 磅宽度"。

5. 数据管理——排序、筛选、分类汇总

按图 9.57 所示的原始样文创建表格，并对表中的数据进行处理。

序号	姓名	部门	分公司	工作时间	工作时数	小时报酬	薪水
			东方软件公司				
			员工薪水表				
28	韩巧丽	培训部	东京	2008/9/18	160	20	3200
29	金若楠	销售部	东京	2001/8/17	160	25	4000
24	张秀英	培训部	北京	2004/4/8	140	27	3780
9	于方方	销售部	北京	2000/1/1	160	28	4480
25	王一民	销售部	西京	2005/11/15	160	29	4640
5	史铁军	软件部	南京	2003/7/12	140	31	4340
30	吴小健	培训部	北京	2004/8/23	160	29	4640
14	安秀娟	软件部	西京	2008/5/12	160	30	4800
35	刘艾平	软件部	北京	2007/11/25	160	30	4800
31	付 雪	软件部	北京	2009/12/13	160	32	5120
20	林晨曦	销售部	南京	2006/7/21	160	33	5280

图 9.57 原始样文

(1) 按分公司和部门进行排序,要求通过自定义排序序列"北京、南京、东京、西京",将样文中的数据按总部(北京)、分部(南京、东京和西京)顺序组织,然后再按工作时间、工作时数定出同一公司相同部门员工的先后次序。

(2) 利用自动筛选功能将各分公司的员工薪水超过 4500 元的人员筛选出来。

(3) 利用分类汇总功能查看每一分公司的薪水总和以及每一部门的薪水总和。

6. 操作参考

(1) 创建自定义序列。选择"文件"中的"选项"命令,打开"选项"对话框,在"Excel 选项"列表中选择"高级"中的"常规",在"常规"中单击"编辑自定义列表",在输入序列中输入"北京,南京,东京,西经",之后单击"添加"按钮。

(2) 利用"开始"选项卡的"编辑"选项组中单击"排序和筛选"按钮选择"自定义排序",在"主关键字"下拉列表中选择"分公司",然后添加两个"次要关键字",分别从下拉列表中选择"工作时间"和"工作时数",将排序方式统一设置为升序排列。单击"确定"按钮,完成排序操作。

(3) 利用"开始"选项卡的"编辑"选项组中单击"排序和筛选"按钮选择"筛选",进入筛选状态,单击"薪水"标题右边的箭头按钮,在弹出的列表中从"数字筛选"菜单中选择"自定义筛选",打开"自定义自动筛选方式"对话框,设置条件为薪水 >4500 元,单击"确定"按钮后,显示出来的记录就只是薪水超过 4500 元的人员了。

(4) 再次单击"筛选"按钮,就可以取消自动筛选,恢复数据表格原状。按分公司和部门重新排序,然后在"数据"选项卡的"分级显示"选项组中单击"分类汇总"按钮,打开"分类汇总"对话框,设置"分公司"为分类字段,以薪水为汇总项,汇总方式为"求和",对数据进行分类汇总。

(5) 再次打开"分类汇总"对话框,设置为按"部门"进行分类汇总,并确保取消对"替换当选分类汇总"复选框的选择。单击"确定"按钮,完成分类汇总,编辑后的样文如图 9.58 所示。

图 9.58　编辑后的样文

7. 考核要求

Excel 编辑操作考核

序号	考核记录	成绩	备注
1			

 思考题

(1) Excel 2013 的窗口与 Word 2013 的窗口有什么不同?

(2) 在 Excel 中如何输入字符串"0123"?

9.6　PowerPoint 2013 操作与应用

9.6.1　实验目的

(1) 掌握在 PowerPoint 2013 的启动方式。

(2) 掌握创建演示文稿的基本过程以及基本编辑操作。

(3) 了解在演示文稿中设置播放对象效果的方法。

9.6.2　实验内容

(1) PowerPoint 的基本操作。

(2) 创建演示文稿的文字输入、编辑与排版。

(3) 演示文稿的设置与输出。

9.6.3　实验过程

1. 制作演示文稿

一份演示文稿通常由一张"标题"幻灯片和若干张"普通"幻灯片组成。

1) 标题幻灯片的制作

(1) 启动 PowerPoint,建立演示文稿:选择菜单"开始"→"所有程序"→"Microsoft Office 2013"→"PowerPoint 2013",启动 PowerPoint。

(2) 用鼠标单击"文件"按钮,在弹出的界面中选择"新建",选择右侧弹出的"空白演示文稿"对话框。

(3) 在工作区中,点击"单击此处添加标题"文字,输入标题字符(如"走进 PowerPoint 2013"等),并选中输入的字符,利用"格式"工具栏上的"字体"、"字号"、"字体颜色"按钮,设置好标题的相关要素。

(4) 点击"单击此处添加副标题"文字,输入副标题字符(如"第一份演示文稿"),仿照上面的方法设置好副标题的相关要素。

(5) 标题幻灯片制作完成，如图 9.59 所示。

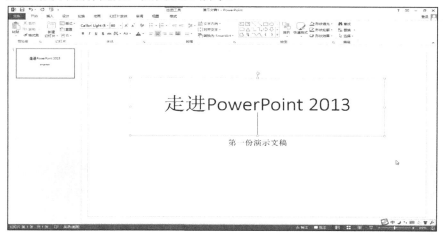

图 9.59　PowerPoint 2013 启动画面

2) 普通幻灯片的制作

(1) 新建一张幻灯片，在功能区里面的"板式"中挑选合适的板式。

(2) 将文本添加到幻灯片中。

输入文本：执行"插入"→"文本框"→"水平(垂直)"命令，此时鼠标变成"细十字"线状，按住左键在"工作区"中拖拉一下，即可插入一个文本框，然后将文本输入到相应的文本框中。

设置要素：仿照上面的操作，设置好文本框中文本的"字体"、"字号"、"字体颜色"等要素。调整大小：将鼠标移至文本框的四角或四边"控制点"处，成双向拖拉箭头时，按住左键拖拉，即可调整文本框的大小。移动定位：将鼠标移至文本框边缘处成"梅花"状时，点击一下，选中文本框，然后按住左键拖拉，将其定位到幻灯片合适位置上即可。旋转文本框：选中文本框，然后将鼠标移至上端控制点，此时控制点周围出现一个圆弧状箭头，按住左键挪动鼠标，即可对文本框进行旋转操作。

(3) 将图片插入到幻灯片中：将光标定在功能区，执行"插入"→"图片"命令，打开"插入图片"对话框，如图 9.60 所示。

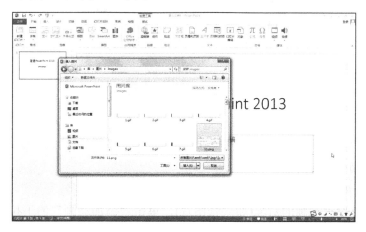

图 9.60　插入图片

2. 插入多媒体

用 PowerPoint 2013 做幻灯片的时候，我们可以利用设计动画、配置声音、添加影片等技术，制作出更具感染力的多媒体演示文稿。

1) 动画的设置

(1) 选中需要设置动画的对象(如一张图片)，点击功能区的"动画"，在出现的选项中可以选中合适的动画效果。如图 9.61 所示。

图 9.61　添加动画

(2) 要想使用其他动画效果，可以点击"高级动画"窗格中的"添加动画"，在下拉菜单中选择合适的动画效果，在单击动画效果后就会自动出现预览。动画的效果如图 9.62 所示。

图 9.62　动画效果图

2) 退出动画的设置

如果我们希望某个对象演示过程中退出幻灯片，则可以通过设置"更多退出效果"来实现。选中需要设置动画的对象，仿照上面"进入动画"的设置操作，为对象设置退出动画。

3) 自定义动画路径

如果对系统内置的动画路径不满意，则可以自定义动画路径。

(1)选中需要设置动画的对象(如一张图片)，单击"添加动画"的下拉按钮，选择"其他动作路径"，选中其中的某个选项，如图 9.63 所示。

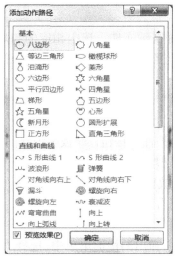

图 9.63　绘制自定义路径

(2) 选中后，单击一下鼠标即可。

4) **声音的配置**

(1) 插入声音文件。

① 准备好声音文件(*.mid、*.wav 等格式)。

② 选中需要插入声音文件的幻灯片，执行"插入"→"音频"→"PC 上的音频"命令，打开"插入音频"对话框，定位到上述声音文件所在的文件夹，选中相应的声音文件，确定返回。

③ 此时，即可将声音文件插入到幻灯片中(幻灯片中显示出一个小喇叭符号)，如图 9.64 所示。

图 9.64　保存菜单

(2) 为幻灯片配音。

① 在电脑上安装并设置好麦克风。

② 启动 PowerPoint 2013，打开相应的演示文稿。

③ 执行"幻灯片放映"→"录制幻灯片演示"命令，在下拉菜单中选择录制方式，如图 9.65 所示。

(3) 单击"开始录制"按钮，进入幻灯片放映状态，即可一边播放演示文稿，一边对着麦克风朗读旁白，如图 9.66 所示。

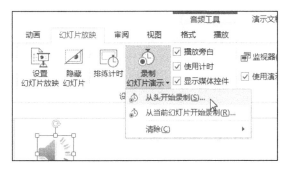

图 9.65　录制旁白菜单

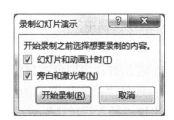

图 9.66　开始录制

5) 添加影片

(1) 插入视频文件：准备好视频文件，选中相应的幻灯片，执行"插入"→"视频"→"PC 上的视频"命令，然后仿照上面"插入音频"的操作，将视频文件插入到幻灯片中。

(2) 添加 Flash 动画。

① 执行"文件"→"选项"→"自定义功能区"，在弹出的菜单中勾选"开发工具"。返回编辑页面，查看发现多出了"开发项目"标签，如图 9.67 所示。

② 单击工具栏上的"其他控件"按钮，即扳手形状的按钮，在弹出的下拉列表中，选择"Shockwave Flash Object"选项，这时鼠标变成了细十字线状，按住左键在工作区中拖拉出一个矩形框(此为后来的播放窗口)。

③ 将鼠标移至上述矩形框右下角成双向拖拉箭头时，按住左键拖动，将矩形框调整至合适大小。

④ 右击上述矩形框，在随后弹出的快捷菜单中，选择"属性表"选项，打开"属性表"对话框，如图 9.68 所示，在"Movie"选项后面的方框中输入需要插入的 Flash 动画文件名及完整路径，然后关闭"属性"窗口。

图 9-67　开发工具

图 9.68　属性表菜单

3. 演示文稿中的超链接

1) 创建超链接

(1) 在幻灯片视图中选择代表超链接起点的文本对象。

(2) 选择"插入"菜单的"超链接"命令或"常用"工具栏的"插入超链接"按钮，出现"插入超链接"对话框，如图 9.69 所示。

图 9.69　超链接菜单

(3) 选择链接位置。

① 单击"现有文件或网页",修改"要显示的文字",在文本框中直接输入或从列表中选择要链接的文件名或 Web 页名称。

② 单击"本文档中的位置",修改"要显示的文字",列表框中列出同一演示文稿中的所有幻灯片,从中选择要链接的幻灯片。

③ 单击"新建文档",修改"要显示的文字",填写新文件的名称,在"编辑时间"选择"以后再编辑新文档"还是马上"开始编辑新文档"。

④ 单击"电子邮件地址",修改"要显示的文字",填写邮件地址和邮件主题。

(4) 超级链接设置完毕。单击"返回"按钮,回到原幻灯片处。

2) 使用动作按钮

利用动作按钮,也可以创建同样效果的超级链接。操作方法如下:

(1) 选择要设置超级链接起点的幻灯片视图。

(2) 选择"插入"→"形状"→"动作按钮"命令,在其级联菜单中选择某一个动作按钮,如图 9.70 所示。

(3) 鼠标变成小十字架,在幻灯片上拖动画动作按钮。画好按钮,系统自动弹出"操作设置"对话框,如图 9.71 所示。

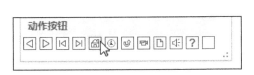

图 9.70　动作按钮菜单　　　　　　　　图 9.71　"操作设置"对话框

(4) "单击鼠标"标签:表示鼠标单击按钮启动跳转。在"超链接到"列表框中选择跳转的位置,要链接同一演示文稿的任一幻灯片,选择"幻灯片"选项,在弹出的对话框中选择。选中"播放声音"可设置启动跳转时的声音。

"鼠标移过"标签：表示鼠标移过按钮启动跳转。

(5) 要在按钮上添加文本，则右击按钮，在弹出的快捷菜单中选择"添加文本"。

3) 编辑和删除超链接

(1) 编辑超链接的方法。

① 右击欲编辑超链接的对象。

② 在快捷菜单中选择"超链接"命令，再从级联菜单中选择"编辑超链接"命令，显示"编辑超链接"对话框或"动作设置"对话框(与创建时使用的超链接方法有关)。

③ 进行超链接的位置改变即可。

(2) 删除超链接的操作方法。

① 指向欲编辑超链接的对象。

② 在快捷菜单中选择"超链接"命令，再从级联菜单中选择"删除超链接"命令即可；或者从级联菜单中选择"编辑超链接"命令，显示"编辑超链接"对话框或"操作设置"对话框。

③ 在"编辑超链接"对话框中选择"取消链接"命令按钮或在"操作设置"对话框中选择"无动作"选项。

4. 考核要求

PPT 编辑操作考核

序号	考核记录	成绩	备注
1			

 思考题

(1) 在 PowerPoint 2013 中，如何使用超链接方法连接一个已存在的 Word 文件？

(2) 在 PowerPoint 2013 中的"动作按钮"和"预设动画"有什么不同？

9.7　Access 2013 操作与应用

9.7.1　实验目的

(1) 掌握建立和编辑 Access 数据表的常用方法。

(2) 掌握修改表结构的基本方法。

(3) 掌握数据表中记录排序的方法。

9.7.2　实验内容

(1) Access 的基本操作。

(2) 建立和编辑 Access 数据表。

(3) 表格结构及数据计算处理。

9.7.3　实验过程

1. 数据表建立和使用实验

建立"学生成绩管理"数据库,并在数据库中建立以下三张表:

学生(<u>学号</u>, 姓名, 性别, 是否党员, 班级, 籍贯)

课程(<u>课程编号</u>, 课程名称, 学分)

选课(<u>学号</u>, <u>课程编号</u>, 成绩, 学期)

带下划线的字段为主键,字段基本情况如表 9-2 所示。

表 9-2　字段基本情况

字段名	字段类型	字段大小
学号	文本	10
姓名	文本	8
性别	文本	2
是否党员	是/否	
班级	文本	20
籍贯	文本	30
课程编号	文本	10
课程名称	文本	50
学分	数字	单精度型,1 位小数
成绩	数字	整型
学期	数字	整型

(1) 单击"开始"→"所有程序"→"Microsoft Office"→"Microsoft Office Access 2013"。
启动 Microsoft Office Access 2013,界面如图 9.72 所示。

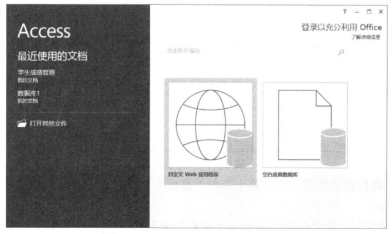

图 9.72　Microsoft Office Access 2013

(2) 创建数据库文件。单击"空白桌面数据库",选择好数据库存放的位置,并将数据库命名为"学生成绩管理"。

(3) 创建"学生"表结构。在打开的"学生成绩管理:数据库"窗口中,选择"创建",单击"表设计"打开表设计器,如图 9.73 所示。按照"学生"表中的数据字段及其属性创建表结构,输入数据表信息,如图 9.74 所示。之后单击菜单中的"保存"项,将表名保存为"学生",在提问是否创建主键时,选择"是"。

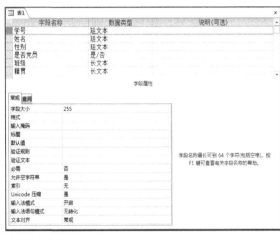

图 9.73 学生成绩管理图   图 9.74 学生表

(4) 更改主键。右单击"学生"表,选择"设计视图",可看到自动增加了"ID"字段,且为主键。将主键改为"学号"字段。

(5) 创建其他表。用同样的方法建立"课程"和"选课"表,并设置主键。

(6) 修改表结构。右单击"学生"表,选择"设计视图",然后右单击"编号"字段,选择"删除行",或选中"编号"行后按 Delete 键,最后将"学号"设置为主键,并保存。

(7) 输入记录。对上面创建的 3 张表,输入一些典型的记录,如双击打开"学生"表,输入多条记录,最少包含 2 个班级的男女生数据,如图 9.75 所示;"课程"表中输入 3 门以上课程;"选课"表中输入各学生的选课情况。

图 9.75 学生表内容

(8) 建立数据表之间的关系。单击菜单"数据库工具"→"关系",打开"关系"窗口,如图 9.76 所示。

建立"学生"表和"选课"表以及"课程"表和"选课"表之间的关系,选择"显示表"中数据表,单机"添加"按钮,将三个数据表添加到关系中,如图 9.77 所示。

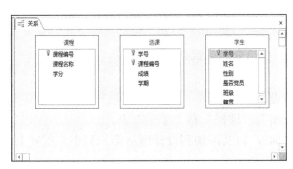

图 9.76　关系窗口

图 9.77　添加数据表

拖动"学生"表中的"学号"字段到"选课"表中的"学号"字段上，打开如图 9.78 所示的"编辑关系"窗口，并选择"实施参照完整性"和"级联更新相关字段"。用相同方法建立"课程"表和"选课"表之间的关系。建立关系之后的数据表关系图如图 9.79 所示。

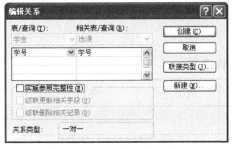

图 9.78　"编辑关系"窗口

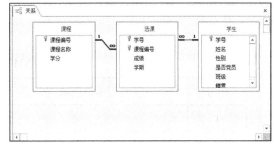

图 9.79　数据表关系图

2．学生成绩的统计分析实验

1) 查询各班学生各门课程的成绩

(1) 打开"学生成绩管理"数据库。

(2) 选择"创建"对象栏中的"查询设计"对象。

(3) 在"显示表"对话框中添加"成绩"、"课程"和"学生"表。

(4) 在"学生"表中，双击"班级"，将其添加到设计网格第一列中。重复上述操作把"课程名称"、"姓名"和"成绩"字段依次添加到后面几列中。在设计网格中设置"班级"、"课程名称"、"姓名"和"成绩"的"排序"行均为"升序"，如图 9.80 所示。

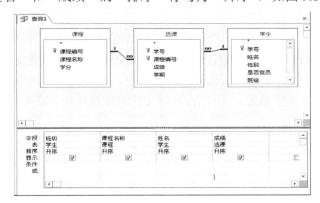

图 9.80　查询窗口

(5) 单击"设计"工具栏中的"运行"按钮(感叹号形状),查看查询结果。

(6) 保存查询。

2) 查询各班学生各门课程的最高分、平均分和最低分

(1) 打开"学生成绩管理"数据库。

(2) 选择"创建"对象栏中的"查询设计"对象。

(3) 在"显示表"对话框中添加"成绩"、"课程"和"学生"表。

(4) 在"课程"表中,双击"课程名称",将其添加到设计网格第一列中。重复上述操作3次把"成绩"字段依次添加到后面几列中。

(5) 单击工具栏上的"汇总"按钮,此时,会在设计网格中增加一行"总计"行。

(6) 在设计网格中依次设置"班级"、"成绩"、"成绩"和"成绩"的总计行为"分组"、"最大值"、"平均值"和"最小值"。

(7) 点击工具栏中的"运行"按钮(感叹号形状),查看查询结果。

(8) 保存查询。

3. 考核要求

Access 2013 操作考核

序号	考核记录	成绩	备注
1			

 思考题

(1) 写出 Access 数据库组成对象的名称,并简要说明它们的作用。

(2) 总结 Access 数据库中表间关系的类型,并说明它们是如何创建的。

9.8 音频与视频格式转换操作

9.8.1 实验目的

在我们的学习、工作、生活中经常需要进行音视频格式文件的格式转换,如将计算机上任何音视频文件转换成 MP4、智能手机、iPod、PSP 等掌上设备支持的视频格式,或将手机、录音笔、摄像机等获取的信息存入计算机中,甚至在计算机中进行播放或进一步的处理(如剪辑、配音、加字幕等)。所以音视频文件的转换操作非常实用。

9.8.2 实验内容

(1) 转化音频格式。

(2) 转化视频格式。

(3) 对转化的音视频进行简单的编辑。

9.8.3　实验过程

1. 使用千千静听转换音频格式

(1) 在需要转换格式的曲目上，单击鼠标右键选择"转换格式"，弹出转换格式窗口。如图 9.81 所示。

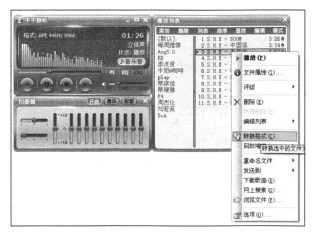

图 9.81　千千静听播放器

在"输出格式"后面的下拉列表中选择要转换的格式。

目前千千静听支持 5 种格式转换：

· WAV：WAVE 文件输出。

· M4A：Nero HE-AAC 编码器，需要 Nero 6 组件。

· ape：Monkey's Audio(APE)编码器 v1.02。

· MP3：MP3 编码器(lame v3.90.3) v1.02，或者命令行编码器 v1.0(需要命令行编码器 lame.exe)。

· WMA：WMA 编码器(Windows Media Audio) v1.02 (需要安装 Windows Media Player/Encoder 9.0 或者更高版本)。

点击"配置"，根据需要配置好选项，点击确定返回。如果对音频编码格式不熟悉，则推荐使用默认配置。

(2) 根据需要，选择"音效处理"下的选项；推荐全部取消(默认)。

(3) 选择指定目标文件夹存储歌曲，点击"立即转换"；转换前可以根据需要选择"转换完成后添加到播放列表"和"自动为目标文件添加序号"。

格式转换完毕后对话框会自动关闭。

提示：

(1) 千千静听可以同时转换多个文件，当然目标格式应该相同。方法是在选择文件时，用 ctrl 或者 shift 进行多选，然后再转换即可。

(2) 转换 cd(cd 抓轨)时，需要先停止播放 cd；因为 cd 播放是独占方式。

2. 使用暴风影音转换视频格式

暴风转码是暴风影音最新推出的一款免费专业音视频转换的全新产品，可以帮助您实现所有流行音视频格式文件的格式转换。从现在开始，可将计算机上任何音视频文件转换成 MP4、智能手机、iPod、PSP 等掌上设备支持的视频格式。而且，对于市场上一直难以解决的 rmvb 格式的转换，暴风转码也有非常优秀的表现。

(1) 在暴风影音上用鼠标单击暴风工具箱 图标，在随后出现的菜单上选择"暴风转码"，如图 9.82 所示。

图 9.82 暴风影音播放器

(2) 在暴风转码窗口中，单击"添加"按钮，选择一个要转换的视频文件(AVI 文件)，如图 9.83 所示。

图 9.83 暴风转码器

(3) 单击"输出设置/详细参数"栏中的流行视频格式按钮，进行输出视频格式的设置，如图 9.84 所示。

注意：在设置输出类型后，会产生不同的配置供用户选择，如最佳播放配置、最佳兼容配置、最佳清晰配置、小文件最佳兼容配置。这些配置之间的差别需要在实践中尝试。

(4) 如果要进一步进行参数的设置，可以单击"详细参数"，如图 9.85 所示。

图 9.84　暴风转码器输出格式设置

图 9.85　暴风转码器输出详细参数设置

如果要调整图 9.85 中的参数，就必须对这些参数的意义非常了解，否则不要轻易调整。

(5) 设置文件输出的目录。

(6) 单击"开始"按钮就可以进行视频转换。

3. 使用暴风影音对转换的音视频文件进行简单的编辑

由于录制水平的差异，不少音视频文件都有着这样或那样的毛病，比如声音太小、片头片尾过长，等等。要想从根本上解决这些问题，必须借助专业的音视频编辑软件。暴风转码在窗口右下侧提供有视频编辑区，可以帮助用户轻松实现对音视频文件的编辑，如图 9.86 所示。

图 9.86　暴风转码器视频编辑区

通常情况下大家都不会以整首 MP3 歌曲作为手机铃声，用来制作手机铃声的音乐一般都是一首歌曲最精华的片段，因此需要对一首完整的歌曲素材进行"裁剪"，保留下最精华的片段部分，只需在软件窗口右下侧的视频编辑区默认的"片段截取"选项卡中勾选"选择片段进行转换"选项，然后借助鼠标拖曳就可以分别指定歌曲开头和结尾需要"裁剪"掉的区域，如图 9.87 所示。

图 9.87　选择片段进行转码

暴风转码在窗口右下侧的视频编辑区还提供了"画面"剪裁服务，用于帮助用户调整欲转换的视频文件播放画面的显示，保证得到最完美的画面效果，如图 9.88 所示。

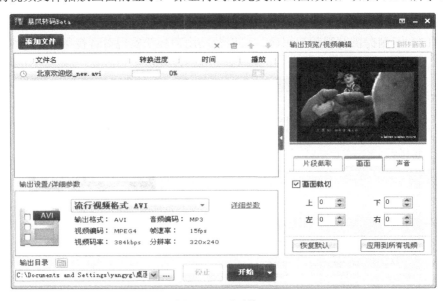

图 9.88　画面剪切

如果把音视频文件拷贝进数码设备后播放的音量感觉偏低，需要将音量要尽可能地放大。利用暴风转码则可以很轻松地放大音源的音量。我们只需在软件窗口右下侧的视频编辑区切换到"声音"选项卡，就可以看到利用暴风转码将音量最大放大至原音量的 5 倍，如图 9.89 所示。

图 9.89　声音放大

9.9　Internet 应用

9.9.1　实验目的

掌握 Internet 提供的一些常用服务的使用方法，学会利用这些服务来为自己的学习和生活提供帮助。

9.9.2　实验内容

(1) Internet 上的网页浏览与信息搜索。

(2) Internet 上的图片和文件下载。

(3) 电子邮件的收发。

(4) 热门服务的申请与注册。

9.9.3　实验过程

1. 网页浏览

使用 IE 浏览器，浏览新浪、网易、搜狐等门户网站上自己感兴趣的网页内容。

操作步骤：启动 IE 浏览器，在地址栏中分别输入新浪网址：http://www.sina.com.cn、网易网址：www.163.com、搜狐网址：www.sohu.com 进行网页浏览。

2. IE 浏览器常用技巧

掌握 IE 浏览器的一些常用技巧。

操作步骤：

(1) 同时打开多个窗口浏览网页。有时用户想通过超链接打开另一个 Web 页面而又不想关闭当前页面，可采用以下方法：按住 Shift 键的同时单击 Web 超链接，或者右键单击超链接，在快捷菜单中选择"在新窗口中打开链接"命令。

(2) 导入和导出收藏夹。如果用户经常在几台计算机上使用 Internet Explorer，则可以通过导出收藏夹来备份收藏夹内容，通过导入收藏夹获得以前收藏的网址。选择"文件"→"导入和导出"命令，单击"下一步"按钮，然后根据需要选择是导入还是导出收藏夹，再回答收藏夹存放的位置等问题并确认即可。

(3) 保存图片。在图片处单击右键，选择快捷菜单中的"图片另存为"命令，选择图片存放的路径后单击"保存"按钮。

(4) 保存整个网页。选择"文件"→"另存为"命令，输入文件名，选择文件存放的路径和保存类型后单击"保存"按钮。

(5) 清除地址列表。如果不想让别人知道用户所访问过的地址，只需选择"工具"→"Internet 选项"命令，然后单击"常规"选项卡下的"清除历史记录"按钮即可。

(6) 快速输入地址。用户可以在地址栏中输入某个单词，然后按 Ctrl + Enter 键，则系统自动在单词的两端添加 http://www.和.com.cn，并且开始浏览。例如，当用户在地址栏中输入"sina"并且按 Ctrl+ Enter 键后，IE 将自动开始浏览 http://www.sina.com.cn。

(7) 将当前网址或网页发送给朋友。在当前网页中选择"邮件"→"发送链接"命令，可将当前网址加入到邮件内容中；选择"邮件"→"发送网页"命令，可将当前网页加入到邮件内容中。用户只需在"收件人"框中输入朋友的 E-mail 地址即可发送。

3. 利用搜索引擎搜索信息

通过百度、搜狐、新浪等网站搜索自己感兴趣的内容。如：IP 地址、域名、子网掩码、TCP/IP 协议、对等网、ADSL 宽带连接、物联网等。

操作步骤：启动 IE 浏览器，在地址栏中输入百度网址"http://www.baidu.com"，然后输入关键字"IP 地址"，再单击"百度一下"按钮进行搜索，如图 9.90 所示。搜索到信息后，即可浏览自己感兴趣的内容。

图 9.90　利用百度搜索信息

域名、子网掩码、TCP/IP 协议、对等网、ADSL 宽带连接等信息搜索方法类似。

需要注意的是：如果关键字有多个，则关键字间用空格隔开。

4. 收藏夹的使用

将自己喜欢的网页添加到"收藏夹"，然后通过收藏夹快捷访问这些网页链接，如将百度网站添加到收藏夹中。

操作步骤：

(1) 浏览到自己喜欢的网页后，单击浏览器"收藏夹"菜单下的"添加收藏夹"命令。

(2) 单击"收藏夹"菜单下的"整理收藏夹"命令，可以删除、移动收藏夹中的内容。

5. 设置和修改 IE 的主页

将 IE 浏览器的主页设置为一个导航网站的网址。如 http://www.265.com、http://www.hao123.com、http://www.114la.com 或 http://hao.360.cn 等。

操作步骤：

(1) 单击 IE 浏览器窗口"工具"菜单下的"Internet 选项"命令，在弹出的"Internet 选项"对话框的主页框中输入某个导航网站的网址，单击"确定"按钮，如图 9.91 所示。

(2) 在图 9.91 所示的"Internet 选项"对话框中，单击"选项卡"栏右边的"设置"按钮，可以设置网页在选项卡中显示的方式，一般选中"始终在新选项卡中打开弹出窗口"选项，如图 9.92 所示。

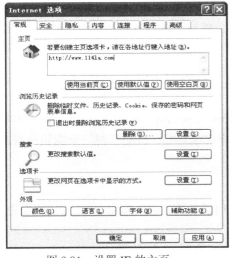

图 9.91　设置 IE 的主页

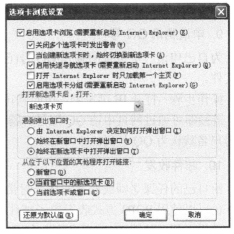

图 9.92　更改网页在选项卡中显示的方式

6. 下载图片

从网上下载几幅自己喜欢的图片保存到硬盘或可移动磁盘上。

操作步骤：通过 IE 浏览器浏览网页，在自己喜欢的图片上单击右键，选择"另存为"命令即可保存图片。

7. 下载文件

通过百度网站下载当前最流行的 5 首歌曲，要求使用浏览器下载和使用专用工具下载两种方式都要尝试一下。

操作步骤：启动 IE 浏览器，访问百度网站：http://www.baidu.com，单击其上的"MP3"链接，在"歌曲 TOP500"栏中找到排在前 5 名的歌曲。单击相应的歌曲，出现试听界面，如图 9.93 所示。如果使用浏览器下载，可单击播放进度条下方的链接；如果使用迅雷或快车下载软件，则在链接处单击右键，选择相应的迅雷下载或快车下载命令即可。

图 9.93 百度歌曲试听界面

8. 申请免费 E-mail 地址

为自己在 www.163.com 或 www.sina.com.cn 上申请一个免费 E-mail 地址(已有 E-mail 地址可不再申请)。

操作步骤：打开 IE 浏览器，访问 www.163.com 或 www.sina.com.cn，单击其主页上方的"免费邮箱"进行申请。当然，也可以在网易、新浪之外的其他的网站申请免费邮箱。

9. 申请腾讯 QQ 号

为自己申请一个免费的腾讯 QQ 号(已有 QQ 号可不再申请)，并使用 QQ 进行聊天和传送文件。

操作步骤：打开 IE 浏览器，访问腾讯网站 http://www.qq.com/，单击左边窗格中的"号码"链接即可通过网页申请 QQ 账号。腾讯 QQ 申请成功后，自动获得一个腾讯免费邮箱，其用户名默认为 QQ 号码。

10. 邮件收发

给自己的任课老师或好友发送一封带附件的电子邮件。可以使用 Web 方式收发电子邮件，也可以使用 POP3 方式收发电子邮件。

操作步骤：使用 Web 方式收发电子邮件，需要使用 IE 浏览器访问自己电子邮箱所在的网站，登录邮箱账号后，在 Web 页面中进行电子邮件的收发操作。

使用 POP3 方式收发电子邮件，需要使用专门的邮件收发工具，如 Outlook Express、Foxmail 等。

如果是第一次使用 Outlook Express，则必须先设置或导入一个邮件账户后才能收发电子邮件。设置过程如下：

(1) 选择"工具"→"账户"命令，打开"Internet 账户"对话框，单击"邮件"选项卡，如图 9.94 所示。

(2) 单击"导入"按钮可导入以前保存的邮件账户，单击"导出"按钮可导出当前的邮件账户。单击"添加"按钮即可添加新的邮件账户，系统首先弹出设置电子邮件显示名的对话框，如图 9.95 所示。在"显示名"文本框中输入姓名，此姓名将出现在用户所发送邮件的"发件人"一栏中。

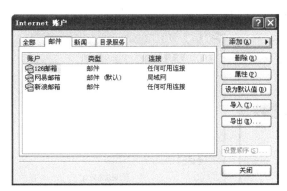

图 9.94　"Internet 账户"对话框　　　　　图 9.95　设置电子邮件的显示名

（3）单击"下一步"按钮，弹出"Internet 电子邮件地址"对话框，如图 9.96 所示。在"电子邮件地址"文本框中输入电子邮件地址。

（4）单击"下一步"按钮，弹出"电子邮件服务器名"对话框，如图 9.97 所示。在"接收邮件(POP3，IMAP 或 HTTP)服务器"文本框中输入 POP3 服务器名；在"发送邮件服务器(SMTP)"文本框中输入 SMTP 服务器名。系统默认"我的接收邮件服务器是 POP3 服务器"，不需要修改。网易免费邮箱的 POP3 服务器名为"pop3.163.com"，SMTP 服务器名为"smtp.163.com"；新浪免费邮箱的 POP3 服务器名为"pop3.sina.com.cn"，SMTP 服务器名为"smtp.sina.com.cn"。

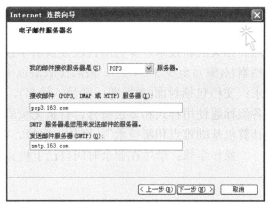

图 9.96　设置 Internet 电子邮件地址　　　　图 9.97　设置电子邮件服务器名

（5）单击"下一步"按钮，弹出"Internet Mail 登录"对话框，如图 9.98 所示。系统会自动显示出用户电子邮件的账户名。如果想收发邮件时不再输入邮箱密码，可以选中"记住密码"复选框，然后输入邮箱密码。为了确保安全，输入的密码显示为星号(*)。如果没有输入密码，系统会在接收邮件时提示用户输入密码。

（6）单击"下一步"按钮，弹出"祝贺您"对话框，完成设置返回"Internet 账户"对话框。在"Internet 账户"对话框中，单击"属性"按钮，打开属性对话框，再单击"服务器"选项卡，选中窗口下方的"我的服务器要求身份验证"复选框，如图 9.99 所示。最后单击"确定"按钮完成所有设置。

使用以上方法，可以完成多个邮件账户的设置。今后，使用 Outlook Express 可以一次收发所有设置邮件账户中的邮件。另外，为了今后使用方便，可将 Outlook Express 中的邮件账号设置好后，导出到磁盘上保存，今后需要时直接导出，不再需要重新设置。

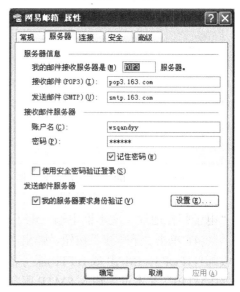

图 9.98　　"Internet Mail 登录"对话框　　　　图 9.99　　Internet 账户属性设置对话框

 综合作业

根据自己的喜好，选择本书中的部分知识，然后根据自己的理解综述其学习的知识难点和相关的新技术，并利用百度搜索引擎搜索与这些知识点相关的信息，整理成一篇长文档素材(编写至少 3～4 页)。最后排版后以电子邮件中的附件形式发给自己的任课老师。要求：文档包括封面(含标题、学号、姓名)、目录和综述正文。目录自动生成，综述文章的各级标题使用样式和多级符号，首页无页眉，奇数页为学生学号和姓名，偶数页为"大学计算机基础难点和新技术"。字体、字号、字形等以美观为准，可自行设定。

操作步骤：学生在业余时间自己上机完成。

9.10　Office 办公软件综合练习

9.10.1　实验目的

综合练习 Office 办公软件 Word 2013、Excel 2013 和 Power Point 2013 创建编辑相关电子文档的基本能力，达到电子办公文档处理的基本要求。

9.10.2　实验内容

(1) 利用字处理软件 Word 2013 创建编辑一篇电子文稿，要求最少限定两页 A4 或 16K 幅面，内容及页面格式自定。

(2) 利用字处理软件 Excel 2013 创建编辑一张电子表格(如学生成绩单)，要求有简单计算、排序、图形分析。

(3) 利用字处理软件 Power Point 2013 创建编辑一篇电子演示文稿，要求有文字、表格、图形、图像，视频、声音以及动画等效果，插入超链接页面，最少限定两页 5～10 个页面，内容及页面格式自定。

9.10.3 实验要求

1. 文档练习作业

通过本实验更加熟练掌握文档的字符格式、段落格式、页眉和页脚、图文混排等格式操作；掌握插入页码、文本框的使用；熟悉长文档的排版与多级目录的使用。

给出 Word 素材参考如图 9.100 所示的样张，按照下列要求进行操作。

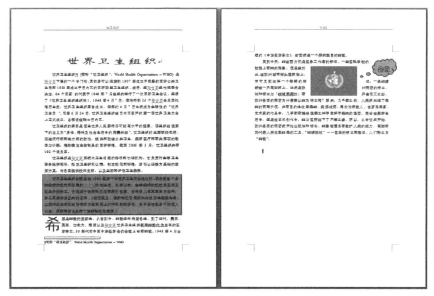

图 9.100 文档参考样张

1) 图文混排综合练习

(1) 页面设置为 16 开，上、下页边距为 4 厘米，左、右页边距为 3 厘米，每页 30 行，每行 34 个汉字；

(2) 参考样张，给文章加标题"世界卫生组织"，并将标题设置为华文新魏、红色、一号字、居中对齐，字符缩放 150%；

(3) 设置正文第五段首字下沉 3 行，首字字体为黑体，其余各段首行缩进 2 字符；

(4) 设置段后间距 1 行，正文所有段落均为 1.5 倍行距；

(5) 将正文中所有"联合国"设置为绿色并带双波浪下划线；

(6) 给正文第四段加上 1.5 磅带阴影的绿色边框，填充金黄色底纹；

(7) 在正文适当位置以四周型环绕方式插入图片 Huihui.jpg，并设置图片高度、宽度大小缩放 60%；

(8) 在正文适当位置插入自选图形"椭圆形标注"，添加文字"会徽"，设置文字格式为"华文彩云、红色、三号字"，设置自选图形格式为"浅绿色填充色、紧密型环绕方式、

右对齐";

(9) 设置奇数页页眉为"世卫组织",偶数页页眉为"WHO",均居中显示;

(10) 在正文第一个"世界卫生组织"右侧插入编号格式为"①，②，③…"的脚注，内容为"简称"世卫组织"，World Health Organization – WHO";

2) 长文档排版(3 页以上，内容自备，主题不限)

(1) 页面设置为 16 开，上、下边距均为 2.5 厘米、左、右边距均为 3 厘米，每页 38 行，每行 36 个字;

(2) 标题样式：标题 1 样式为楷体、二号、加粗，段前、段后均为 1 行；标题 2 样式为仿宋体、三号、加粗；标题 3 样式为宋体、四号、加粗；正文五号、宋体，首行缩进;

(3) 自动生成目录;

(4) 添加封面;

(5) 设置奇偶页不同的页眉和页脚，首页不显示;

(6) 插入艺术字，图文混排(自定)。

2. 电子表格练习作业

启动 Excel 2013 工作环境，创建名为"学生成绩表"的工作簿，输入如图 9.101 所示的数据并存盘，并以此完成以下作业环节。

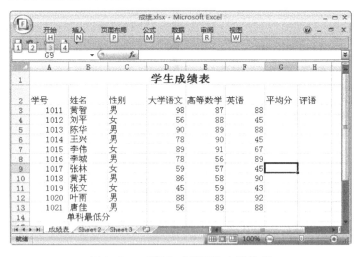

图 9.101　"学生成绩表"中的数据

1) 工作表编辑练习

在"成绩"工作簿中完成以下要求：

(1) 将工作表"Sheet1"重命名为"成绩表"。

(2) 将数据区域 A2:H13 分别复制到"Sheet2"和"Sheet3"工作表中。

(3) 将表中数据设置为垂直方向居中对齐、水平方向居中对齐。

(4) 使用条件格式将三门科目的值用红色数据条突出显示。

2) 公式和函数练习

在"成绩"工作簿的"成绩表"工作表中完成以下要求：

(1) 使用公式计算机平均分，保留两位小数。

(2) 使用函数计算单科最低分。

(3) 使用 IF 函数计算评语；当平均分大于或等于 80 时，评语为优秀；当平均分大于 60 且小于 80 时，评语为合格；当平均分小于 60 时评语为不合格。

提示：需使用函数嵌套。

3) 数据图表化练习

在"成绩表"中，以学号和平均分为数据源，制作图 9.102 所示的簇状柱形图。(提示：学号和平均分都为数值，制作好图 9.103 所示的图表之后，需重新指定数据系列和分类轴标签)

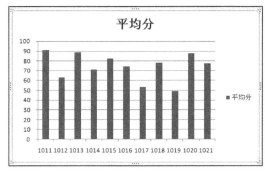

图 9.102　原始图表　　　　　　　　图 9.103　编辑后的图表

4) 数据分析练习

在"成绩"工作簿中完成以下要求：

(1) 在"Sheet2"工作表中，使用高级筛选求平均分高于 80 或者英语分数高于 80 的记录。

(2) 在"Sheet3"工作表中，使用分类汇总按性别求所有记录三门科目的最高分、最低分及平均分。

3. 演示文稿练习作业

主题与创作内容不限，根据自己个人感兴趣内容，收集并整理相关的素材，制作一个图文并茂、生动多彩的演示文稿。具体要求如下：

(1) 演示文稿不少于 10 页，每页要有标题，根据标题配上简要文字或相关联的图片。

(2) 演示文稿中应该有目录页，为目录页的文字制作超链接，使在目录页上通过超链接跳转到相应的内容页，在内容页上制作返回目录页的超链接。

(3) 为演示文稿设置合适的主题，并在幻灯片母版上设置与主题相融合的背景图片。

(4) 演示文稿页面切换时，幻灯片之间要有不同的切换效果，幻灯片切换时要有清晰的声音，并调整好切换速度。

(5) 幻灯片中的对象要有动画效果，并根据幻灯片中的内容调整好对象的动画次序。

(6) 有关文字介绍的幻灯片中要有背景音乐。

(7) 某些内容要在幻灯片上插入视频进行介绍。

(8) 合理设置幻灯片的放映方式。

(9) 演示文稿要美观，能做到页面布局合理、文字大小合适、色彩鲜明、风格突出等，使演示文稿有较强的艺术感染力。

9.11　计算机系统编程基础 Turbo C

9.11.1　实验目的

(1) 了解 Turbo C 集成开发环境。

(2) 掌握调试运行一个 C 程序的基本步骤和方法。

(3) 通过调试运行给定的几个例子，了解结构化编程的思想，理解顺序结构、分支结构，循环结构及 C 程序实现。

9.11.2　实验内容

(1) C 语言的上机环境。

(2) 程序的输入、编辑与调试。

(3) 程序的运行与结果输出。

9.11.3　实验过程

1. Turbo C 集成环境的启动及介绍

一般用以下几种方法：

(1) 选择"MS-DOS 方式"菜单，进入 DOS 窗口，在该窗口中使用上述 DOS 命令，进入 Turbo C 环境。

(2) 通过"我的电脑"或"资源管理器"找到文件夹 TC 中的 tc.exe 文件，双击该文件名进入 Turbo C 环境。

(3) 在桌面上创建 tc.exe 文件的"快捷方式"，双击该图标进入 Turbo C 环境，如图 9.104 所示。

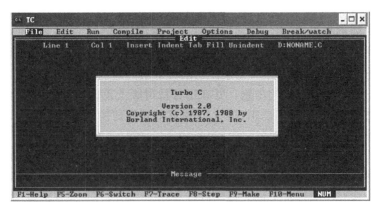

图 9.104　Turbo C 环境

Turbo C 集成开发环境由下面四部分组成：

(1) 菜单命令：位于 Turbo C 的工作窗口的顶部，包括 8 个主菜单，即 File(文件)、Edit(编辑)、Run(运行)、Compile(编译)、Project(项目)、Options(选项)、Debug(调试)、Break/Watch(断点/监视)。每一个主菜单有相应的子菜单，分别用来实现一组相关的操作。

通过选取菜单来完成 Turbo C 所提供的功能，需要用以下步骤：

① 激活菜单命令行(按功能键 F10)。菜单命令行激活后，命令行中某项主菜单反相显示。

② 用光标移动键← →，或在键盘上按主菜单的第一个字母可选到某项主菜单。选好主菜单后按回车键，将出现子菜单。

用光标移动键↑↓或键盘上按子菜单的第一个字母可选子菜单，然后按回车键，即可完成一条菜单命令。

③ 编辑窗口：在主菜单的下方，窗口正上方有 Edit 字样作为标志，如图 9.105 所示。编辑窗口的作用是对 Turbo C 源程序进行输入和编辑。

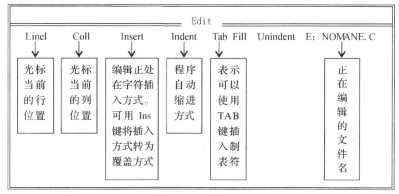

图 9.105　编辑窗口

(3) 信息窗口：在屏幕的下部，窗口上方有"Message"字样作为标志。它用来显示编译和连接时的错误信息警告；在程序调试时，可作为监视窗口显示表达式和变量的当前值。

(4) 功能键提示行：位于屏幕的底行，用于说明最常用的功能键的含义。

F1：Help(帮助)。按 F1 键将显示帮助信息。

F5：Zoom(分区控制)。如果当前窗口为编辑窗口，按 F5 键就不显示信息窗口，且使编辑窗口扩大。若再按一次 F5 键，就会恢复信息窗口。如果当前窗口是信息窗口，按 F5 键就不显示编辑窗口，使信息窗口扩大。若再按一次 F5 键，则会恢复原状。

F6：Switch(转换)。按 F6 键就激活信息窗口(信息窗口中的标题 Message 以高亮度显示)，此时编辑窗口不能工作。若再按一次 F6 键，则又激活编辑窗口(编辑窗口中的标题 Edit 以高亮度显示)，此时可以在编辑窗口中编辑源程序。

F7：Trace(跟踪)。跟踪程序的运行情况。

F8：Step(按步执行)。按一次 F8 键可执行一个语句。

F9：Make(生成目标文件)。编译和连接生成 .obj 文件和 .exe 文件。

F10：Menu(菜单)。激活主菜单。

2. 实例

1) 求圆面积 C 程序

源代码如下：

```
#include<stdio.h>
void main()
{
    float r, s;                     /*  声明两个实数变量，半径 r、面积 s  */
    printf("enter radius:");        /*  输出提示信息  */
    scanf("%f", &r);                /*  输入半径  */
    s=3.14*r*r;                     /*  计算面积 s  */
    printf("area=%f\n", s);         /*  输出面积 s  */
}
```

实验步骤：

(1) 进入 Turbo C 环境，按组合键 Alt + F 展开"File"菜单，使用向下键选择"New"，在编辑窗口闪动光标，在光标处输入源代码，输入界面如图 9.106 所示。

图 9.106　输入源代码

(2) 代码输入结束后，按组合键 Alt + F 展开"File"菜单，使用向下键选择"Save"，保存程序，命名为"liti1.C"，如图 9.107 所示。

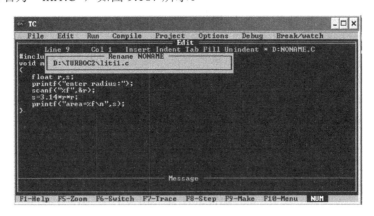

图 9.107　保存源代码

(3) 选择菜单"Compile"→"Compile to OBJ"，如图 9.108 所示。编译源代码，检查错误。若存在错误，在源代码中修改错误，直至错误修改完。经过此步，生成 OBJ 文件。之后选择菜单"Compile"→"Make EXE file"，生成 EXE 文件。最后选择菜单"Run"→"User Screen"，运行源代码，观察运行结果。

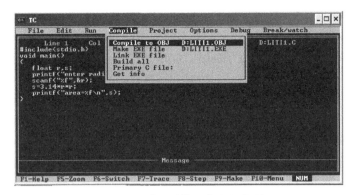

图 9.108　编译链接、执行源代码

2）在任意给定的 a、b、c 三个数中找出最大数

问题分析：三个数分别保存在 a、b、c 中，a 与 b 比较，将大数赋予 a；之后 a 再与 c 比较，将大数赋予 a，即将三个数中最大数赋予 a，最后输出 a。参考代码如下：

```
#include<stdio.h>
void main()
{
    int a, b, c, t;                         /* 声明四个整数变量*/
    printf("please input three numbers: ");  /* 输出提示信息 */
    scanf("%d, %d, %d", &a, &b, &c);        /* 输入 a、b、c 值时用逗号隔开 */
    if(a<b){t=a; a=b; b=t; }                /* 分支语句 a > b 时，交换 */
    if(a<c){t=a; a=c; c=t; }                /* 分支语句 a > c 时，交换 */
    printf("the max= \n", a);               /* 输出结果*/
}
```

按照实例一的输入源代码、编译、链接及运行的步骤完成。

3）求解鸡兔同笼问题

一个笼子里有一些鸡和兔子，现在只知道笼子里面一共有 35 个头、94 只脚，编程计算出鸡和兔子各有多少只。

问题分析：鸡有两只脚，兔子有四只脚。假设笼中有 c 只鸡和 d 只兔。通过数学方法可推算出鸡兔头数和脚数，之后用方程式反推鸡、兔各多少只，编程实现。参考代码如下：

```
#include <stdio.h>
#include <windows.h>
void main()
{   long a, b, c, d;        /*其中 a 为鸡兔总数，b 为鸡兔脚总数，c 为鸡数，d 为兔数*/
    printf("这是一个用于算鸡兔同笼的小程序 \n 请输入鸡兔的总数");
    scanf("%ld", &a);
    printf("请输入鸡兔脚的总数");
    scanf("%ld", &b);
    if(2*a<b && 4*a>b && a%2!=1 && b%2!=1)
```

```
    {    d=(b-2* a)/2;

         c=a-d;

         printf("鸡有%ld 只\n 兔有%ld 只", c, d);

    }

    else

    {

         printf("输入的头数和脚数错误！");

    }

    system("pause");

    }
```

4）乘法表

问题分析：三个数分别保存在 a、b、c 中，a 与 b 比较，将大数赋予 a；之后 a 再与 c 比较，将大数赋予 a，即将三个数中最大数赋予 a，最后输出 a。参考代码如下：

```
    #include<stdio.h>

    void main()

    {    int i, j, k;                          /*   声明三个整数变量  */

         for(i=1; i<=9; i++)                   /*   给 i、j 循环赋值  */

         {

             for(j=1; j<=i; j++)               /*   使 i 的值大于等于 j 的值  */

             {

                 k=i*j;

                 printf("%d*%d=%d    ", i, j, k);    /*   输出结果   */

             }

             printf("\n");                     /*   输出换行   */

         }

    }
```

按照实例一的输入源代码、编译、链接及运行的步骤完成。

 思考题

(1) 总结程序调试的方法与心得。

(2) 常用结构化编程结构的特点和应用。

9.12　计算机系统安全检测与修复

9.12.1　实验目的

计算机系统安全问题是伴随着计算机的发展而产生的。随着互联网的日益普及和各种信息技术在各行业得到越来越广泛的应用，整个社会对信息系统的依赖程度越来越高，安全问题也变得越来越复杂和重要。本实验介绍的是常用信息安全软件 360 安全卫士检测系统安全性及修复系统的基本方法。

9.12.2　实验内容

(1) 检测系统安全。
(2) 查杀木马。
(3) 插件管理及漏洞修复。
(4) 清理垃圾及使用痕迹。
(5) 系统修复。
(6) 查杀病毒。

9.12.3　实验过程

360 安全卫士是当前功能较强、免费的、广受用户欢迎的安全软件，具有如下特点：

(1) 360 安全卫士拥有查杀木马、清理插件、修复漏洞、电脑体检等多种功能，并独创了"木马防火墙"功能，依靠抢先侦测和云端鉴别，可全面、智能地拦截各类木马，保护用户的账号、隐私等重要信息。

(2) 360 安全卫士运用云安全技术，在拦截和查杀木马的效果、速度以及专业性上表现出色，能有效防止个人数据和隐私被木马窃取。

(3) 360 安全卫士自身非常轻巧，同时还具备开机加速、垃圾清理等多种系统优化功能，可大大加快电脑运行速度，内含的 360 软件管家还可帮助用户轻松下载、升级和强力卸载各种应用软件。

1. 使用 360 安全卫士检测系统安全

(1) 在任务栏右下角双击 🌐 图标，打开"360 安全卫士"主界面，如图 9.109 所示。

图 9.109　360 安全卫士对电脑进行安全检测

(2) 待电脑分析出本台计算机的体检得分；如果得分较低，需用查看哪些项目需要优化，哪些安全项目需要重新设置(也可以单击"一键修复"按钮)。

2. 使用 360 安全卫士查杀木马病毒

(1) 单击"查杀木马"按钮，对本机进行木马查杀，如图 9.110 所示。

图 9.110 选择木马查杀的方式

(2) 选择快速扫描或者全盘扫描，对本机进行木马病毒的查杀，如图 9.111 所示。

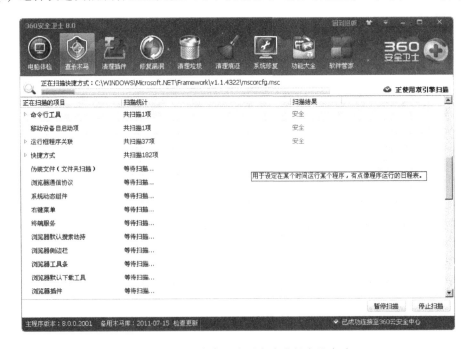

图 9.111 360 安全卫士对电脑进行木马查杀

3. 使用 360 安全卫士进行插件管理及漏洞修复

插件是一种遵循一定规范的应用程序接口编写出来的程序。很多软件都有插件。例如在 IE 中，安装相关的插件后，Web 浏览器能够直接调用插件程序，用于处理特定类型的文件。IE 浏览器常见的插件例如：Flash 插件、RealPlayer 插件、MMS 插件、MIDI 五线谱插件、ActiveX 插件等等；再比如 Winamp 的 DFX，也是插件。

有些插件程序能够帮助用户更方便浏览 Internet 或调用上网辅助功能，也有部分程序被人称为广告软件(Adware)或间谍软件(Spyware)。此类恶意插件程序监视用户的上网行为，并把所记录的数据报告给插件程序的创建者，以达到投放广告、盗取游戏或银行账号密码等非法目的。

因为插件程序由不同的发行商发行，其技术水平也良莠不齐，插件程序很可能与其他运行中的程序发生冲突，从而导致诸如各种页面错误，运行时间错误等现象，阻塞了正常浏览。所以要使计算机上网安全、高效，我们必须清理不必要的和来源不明的插件。

操作步骤：

(1) 单击"清理插件"按钮，对本机进行插件清理，如图 9.112 所示。

图 9.112　360 安全卫士对电脑进行插件清理

(2) 根据本软件的"清理建议"，选择应该被清理的插件。

(3) 单击"修复漏洞"按钮，对本机进行漏洞修复，如图 9.113 所示。

图 9.113　360 安全卫士对电脑进行漏洞修复

4. 使用 360 安全卫士清理垃圾及使用痕迹

(1) 单击"清理垃圾"按钮，对本机进行垃圾清理，如图 9.114 所示。

图 9.114　360 安全卫士对电脑进行垃圾清理

(2) 勾选需要清理的垃圾类型，也可以选择全选。

(3) 单击"开始扫描"按钮。

(4) 单击"立即清除"按钮。

(5) 单击"清理痕迹"按钮，对本机进行痕迹清理，如图 9.115 所示。

图 9.115　360 安全卫士对电脑进行使用痕迹清理

(6) 单击"立即清除"按钮即可清除电脑使用痕迹。

5. 使用 360 安全卫士进行系统修复

(1) 单击"系统修复"按钮。

(2) 单击"开始扫描"按钮，如图 9.116 所示。

图 9.116　360 安全卫士对电脑进行系统修复扫描

(3) 在扫描结束后根据系统提示选择推荐修复项目和可选修复项目，如图 9.117 所示。

图 9.117　360 安全卫士对电脑进行系统修复

(4) 单击"立即修复"按钮。

6. 使用 360 安全卫士查杀病毒

(1) 单击"360 杀毒"按钮。

(2) 根据实际需要，选择杀毒模式，如图 9.118 所示。

图 9.118　360 杀毒软件对系统进行病毒查杀

(3) 查杀完毕，关闭 360 杀毒软件。

 思考题

(1) 如何设置让系统对计算机定时查杀病毒以及自动更新病毒库？

(2) 如何设置定时修复操作系统漏洞或打补丁？

附录1　信息处理技术员证书考试

全国计算机技术与软件专业技术资格(水平)考试

F1.1　信息处理技术员资格简介

全国计算机技术与软件专业技术资格(水平)考试(简称"软考")是由国家人力资源与社会保障部和工业与信息化部共同组织的国家级考试，其目的是科学、公正地对全国计算机技术与软件专业技术人员进行职业资格、专业技术资格认定和专业技术水平测试。这种考试既是职业资格考试，又是职称资格考试。证书全国有效，并实现了国际互认。

信息处理技术员资格是 2006 年在全国推广的计算机软件资格考试初级中的一种资格考试，其考试内容主要涉及计算机基础知识、操作系统、办公自动化软件(Office)、Internet及其常用软件操作。考试分为信息处理基础知识(笔试)和信息处理应用技术(上机)两个模块。考试合格者表明其已具有计算机与信息处理的基本知识，能根据应用部门的要求，熟练使用计算机有效、安全地进行信息处理操作，能对个人计算机系统进行日常维护，具有助理工程师(或技术员)的实际工作能力和业务水平。

全国计算机技术与软件专业技术资格(水平)考试每年举行两次考试，分上半年(5 月中旬)和下半年(11 月中旬)考试。国家和各省(区)设置考试管理机构"软考办公室"具体负责考试，每年度考试具体安排以及报名方式与地点可在国家软考办网站 www.ceiaec.org 或陕西省软考办网站 www.shaanxirk.com 查阅。

F1.2　信息处理技术员考试大纲

F1.2.1　考试说明

1. 考试要求
(1) 了解信息技术的基本概念；
(2) 熟悉计算机的组成、各主要部件的功能和性能指标；
(3) 了解计算机网络与多媒体基础知识；
(4) 熟悉信息处理常用设备；
(5) 熟悉计算机系统安装和维护的基本知识；
(6) 熟悉计算机信息处理的基础知识；
(7) 熟练掌握操作系统和文件管理的基本概念与基本操作；
(8) 熟练掌握文字处理的基本知识和基本操作；

(9) 熟练掌握电子表格的基本知识和基本操作；

(10) 熟练掌握演示文稿的基本知识和基本操作；

(11) 熟练掌握数据库应用的基本概念和基本操作；

(12) 熟练掌握 Internet 及其常用软件的基本操作；

(13) 了解计算机与信息安全的基本知识；

(14) 了解有关的法律、法规要点；

(15) 正确阅读和理解计算机使用中常见的简单英文。

2．通过本考试的合格人员具有计算机与信息处理的基础知识，能根据应用部门的要求，熟练使用计算机有效地、安全地进行信息处理操作，能对个人计算机系统进行日常维护，具有助理工程师(或技术员)的实际工作能力和业务水平。

3．本考试设置的科目包括：

(1) 信息处理基础知识，考试时间为 150 分钟，笔试，选择题；

(2) 信息处理应用技术，考试时间为 150 分钟，机试，操作题。

F1.2.2　考试范围

考试科目 1：信息处理基础知识

1. 信息技术基本概念

1.1 信息社会与信息技术应用

1.2 初等数学基础知识

- 数据的简单统计、常用统计函数、常用统计图表。

2. 信息处理基础知识

- 信息处理的全过程；
- 信息处理的要求(准确、安全、及时)；
- 信息处理系统、信息处理有关的规章制度；
- 数据收集方法、分类方法、编码方法；
- 数据录入方法与要求；
- 数据校验方法；
- 数据输出形式；
- 文件的组织与存取方法；
- 文件的存储格式；
- 文件的压缩与解压。

3. 计算机系统基础知识

3.1 硬件基础知识

- 各主要部件的连接；
- CPU 的主要性能指标；
- 主存的类别和特征、主要性能指标；
- 辅存的类别和特征、主要性能指标；
- 常用存储介质的类别和特征、保护方法；

- 常用输入设备的类别和特征、主要性能指标；
- 常用输出设备的类别和特征、主要性能指标；
- 常用 I/O 接口的类别和特征；
- 常用信息处理设备的安装、使用和维护常识。

3.2 软件基础知识

- 操作系统的基本概念；
- 文件系统的基本概念；
- 应用软件的基础知识；
- 应用系统开发的基本常识。

3.3 多媒体基础知识

- 多媒体数据格式；
- 多媒体创作工具及应用。

4. 操作系统使用和文件管理的基础知识

- 桌面环境的认识；
- 图标、窗口及其各组成部分的基础概念和操作方法；
- 文件、文件夹、目录结构的基本概念；
- 文件管理操作方法。

5. 文字处理基础知识

- 文字处理的基本过程；
- 文字排版基本知识；
- 文字处理软件的基础功能与操作方法；
- 文件类型与格式兼容性。

6. 电子表格基础知识

- 电子表格的基本概念；
- 电子表格的组成；
- 电子表格软件的基本功能与操作方法；
- 常用数据格式和常用函数。

7. 演示文稿基础知识

- 演示文稿的基本概念；
- 常用演示文稿软件的基础功能；
- 演示文稿的制作方法。

8. 数据库应用基础知识

- 数据库应用的基本概念；
- 数据库管理系统的基本功能与操作方法。

9. 计算机网络应用基础知识

- 局域网的基本概念；
- 互联网的基本概念，TCP/IP 协议及其主要应用；
- 常用网络通信设备的类别和特征；

- 常用的上网连接方法；
- 电子邮件的收发和管理方法；
- 网上信息的浏览、搜索和下载方法。

10. 信息安全基础知识

- 计算机安装、连接、使用中的安全基本知识；
- 计算机应用环境的健康与安全基本知识；
- 计算机病毒防治的基本知识；
- 信息安全保障的常用方法(文件存取控制、数据加密/解密、备份与恢复、数字签名、防火墙)。

11. 信息处理实务

- 理解应用部门的信息处理要求以及现有的信息处理环境；
- 构思并选择信息处理方法；
- 发现信息处理中的问题，寻求解决方法；
- 改进信息处理方法，编写技术总结。

12. 有关法律法规的基本知识

- 计算机软件保护条例；
- 共享软件、免费软件、用户许可证的概念；
- 有关信息安全的法律、法规与职业道德要求(商业秘密与个人信息的保护等)。

13. 专业英语

正确阅读和理解计算机使用中常见的简单英文。

考试科目 2：信息处理应用技术

说明：分批进行上机考试。考生用机安装有操作系统 Windows 以及办公软件(采用社会上普遍流行的软件与版本)。考生可在考试时选用合适的软件，按照试题的要求完成操作任务并保存操作结果。

1. 计算机基本操作

- 查看计算机系统的基本参数：CPU 类别、RAM 大小、操作系统及版本、联网的计算机名；
- 查看并更改桌面配置：日期时间、音量设定、屏幕设定、屏幕保护、墙纸；
- 查看并更改控制面板的设置；
- 设置汉字输入方法；
- I/O 设备驱动程序的安装，常用软件的安装；
- 常用 I/O 设备的使用与维护；
- 使用帮助功能；
- 窗口操作、图标操作和命令行操作；
- 为应用程序创建快捷方式，运行应用程序；
- 整理磁盘碎片；
- 查杀病毒。

2. 文件管理

- 认识树型目录，查看并设置文件夹/文件的属性，识别文件的类型；
- 创建、重命名、移动、复制、删除文件或文件夹；
- 将磁盘文件或文件夹备份到软盘或可移动磁盘；
- 文件和目录压缩/解压缩、加密/解密；
- 在硬盘中按文件名、文件类型或更新日期查找指定的文件；
- 清空回收站，恢复回收站中的已删文件；
- 网上邻居之间的文件共享与打印机共享。

3. 文字处理

- 新建文件，打开已有文件，保存文件，另存为文件，关闭文件；
- 使用帮助功能；
- 键入文字，选中、移动、复制、剪切、粘贴文件块；
- 对选中的文字块进行格式设置、超文本链接、基本修饰、字符串查找替换、宏操作；
- 插入表格、图形、特殊符号、文件(包括图像)，建立目录和索引；
- 表格基本操作；
- 多种文档格式转换(纯文本、DOC、HTML、文档模块、PDF 格式)；
- 设置页眉、页脚和页码；
- 页面设置、打印预览、按多种指定方式打印；
- 绘制简单的图形；
- 合并邮件；
- 应用模板制作格式文档，新建模板；
- 排版和版式设计。

4. 电子表格处理

- 新建、打开、保存、另存为、关闭电子表格；
- 使用帮助功能；
- 调整电子表格的基本设置(更改查看模式，缩放工具，修改工具栏，调整行列)；
- 绝对地址和相对地址的引用；
- 设定单元格的格式；
- 在单元格中插入文字、特殊符号、公式、图像，宏操作；
- 电子表格数据的选取、编辑、查找替换、排序；
- 使用公式和常用函数运算，使用自动填充/复制控点工具，复制或递增数据项；
- 辨认错误信息；
- 根据数据表制作各种图表以分析数据，编辑修改图表使之美观实用；
- 表格数据筛选，分类汇总；
- 数据透视表制作；
- 文档版面设置，打印预鉴、打印工作表/工作簿；
- 多种文件格式转换(字处理文档、电子表格、数据库表)；
- 设置页眉、页脚和页码。

5. 演示文稿处理

- 新建演示文稿，选择适当的模块，使用和操作母版；
- 插入新幻灯片，输入文字、表格和图形；
- 插入和编辑公式等各种对象；
- 打开演示文档，编辑修改幻灯片内容，设置格式，进行修饰，设置背景；
- 复制、移动、删除幻灯片，重新排序；
- 设置幻灯片切换方式，加入演讲者的注解，加入动画，设置超链接；
- 浏览演示文稿，调整放映时间；
- 使用帮助功能；
- 多种文件格式转换(字处理文档、电子表格、数据库表、演示文稿)；
- 连接投影仪进行演示操作。

6. 数据库处理

- 新建数据库、数据表和视图，创建数据表结构，输入数据记录，浏览数据表；
- 打开数据库表，编辑数据记录，建立索引，排序，保存/另存数据库表；
- 复制数据库/表结构，复制数据库，制作备份文件；
- 按指定准则查询数据记录，创建有多个准则的查询，保存查询，增/删筛选器；
- 创建、修改、打印报表，设置页眉/页脚，进行数据分组统计；
- 使用帮助功能；
- 多种文件格式转换(字处理文档、电子表格、数据库表)。

7. 上网通信

- 设置网络连接、TCP/IP 属性；
- 浏览器和电子邮件处理软件的设置；
- 根据网址浏览网页，保存、打印指定的网页；
- 进入门户网站，用关键词和逻辑运算符搜索网页；
- 通过 FTP 或 HTPP 协议下载所需的信息；
- 为网页设定书签，打开已加上书签的网页；
- 在电子邮件管理软件中设置邮件新账户，接收邮件；
- 创建各种风格邮件，编辑邮件，发送邮件(可有附件)；
- 创建邮件新文件夹，在文件夹之间移动，搜索、排序、复制、删除邮件；
- 建立通讯簿，输入、编辑、分类、导出、导入邮件地址；
- 使用通讯簿群发邮件，使用回复功能回复邮件，转发邮件。

F1.2.3　题型举例

(一) 选择题

对数据文件进行备份的目标是　(1)　。

(1) A. 所有的数据都要做备份；　　　B. 最早的文件不要放在现场

　　C. 数据备份要准确无误；　　　　D. 要做到能够迅速恢复

(二) 操作题

用"简历向导"模板制作个人简历。

简历样式：表格型；类型：时间型。

标题：技能、工作经历、教育、证书、语言、政治面貌。

要求：表格内容自定，在照片处插入一张模拟图片。完成题目所要求的内容后，将该个人简历以 T1.DOC 为文件名存放于指定文件夹。

F1.3　信息处理技术员证书

信息处理技术员考试通过后由国家权威机构颁发盖有中华人民共和国人力资源与社会保障部和中华人民共和国工业与信息化部印章的信息处理技术员证书(见图1)，该证书全国通用有效。持证人可凭此证应聘相应岗位的工作，也可以凭此证免考职称计算机考试。

图1　信息处理技术员证书式样

F1.4　上半年信息处理技术员考试样题及答案选编

信息处理技术员考试试题历年格式相同，内容大同小异。上午试卷为笔试涂卡，共 75 道选择题，满分 75 分，45 分为及格。下午试卷为上机操作题，共 5 道试题，满分 75 分，45 分为及格。上下午考试同时在及格及其以上为考试合格，可获得信息处理技术员证书。

F1.4.1　信息处理技术员上午考试试题及答案

一、上半年信息处理技术员上午试卷

全国计算机技术与软件专业技术资格(水平)考试
上半年信息处理技术员上午试卷

(考试时间 9:00～11:30　共 150 分钟)

1．在答题卡的指定位置上正确写入你的姓名和准考证号，并用正规 2B 铅笔在你写入的准考证号下填涂准考证号。

2．本试卷的试题中共有 75 个空格，需要全部解答，每个空格 1 分，满分 75 分。

3．每个空格对应一个序号，有 A、B、C、D 四个选项，请选择一个最恰当的选项作为解答，在答题卡相应序号下填涂该选项。

4．解答前务必阅读例题和答题卡上的例题填涂样式及填涂注意事项。解答时用正规 2B 铅笔正确填涂选项，如需修改，请用橡皮擦干净，否则会导致不能正确评分。

例题

· 上半年全国计算机技术与软件专业技术资格(水平)考试日期是 _(88)_ 月 _(89)_ 日。

(88) A．4　　　　　　 B．5　　　　　　　 C．6　　　　　　　 D．7

(89) A．18　　　　　 B．19　　　　　　 C．20　　　　　　 D．21

因为考试日期是"5 月 21 日"，故(88)选 B，(89)选 D，应在答题卡序号(88)下对 B 填涂，在序号(89)下对 D 填涂(参看答题卡)。

· 抽样调查是收集数据的重要方法之一。抽样调查所遵循的原则不包括 _(1)_ 。

(1) A．随机选择，避免主观　　　　　 B．数量上可以估算总体指标

　　 C．可减少统计误差　　　　　　　 D．追求准确性重于成本和效率

· 以下关于数据采集的叙述中，不正确的是 _(2)_ 。

(2) A．数据采集的工作量与费用都占信息处理的相当大的比重

　　 B．数据采集时需要获得描述客观事物的全部信息

　　 C．数据输出的质量取决于数据收集的质量

　　 D．数据采集后还需要进行校验以保证其正确性

· 通常人们通过 _(3)_ 将纸上的图像输入计算机。

(3) A．复制　　　　 B．识别　　　　　 C．键入位图　　 D．扫描

· 计算机处理的常用数据有数值数据和字符数据之分。对信息处理技术员来说，它们的主要区别是 (4) 。

(4) A．录入方法不同　　　　　　　　　B．显示的形式不同

　　 C．是否需要参与算术运算　　　　　D．打印的形式不同

· 数据的存储有在线、近线和离线等方式。系统当前需要用的数据通常采用在线存储方式；近期备份数据通常采用近线存储方式；历史数据通常采用离线存储方式。目前，常用的在线式、近线式、离线式存储介质分别是 (5) 。

(5) A．U 盘、光盘、磁盘　　　　　　　B．移动磁盘、固定磁盘、光盘

　　 C．光盘、磁盘、U 盘　　　　　　　D．固定磁盘、移动磁盘、光盘

·某个字段的数据是原始数据计算的结果，该字段的宽度和小数位数对数据的精度有影响。一般来说，小数位数的确定需要考虑 (6) 。

(6) A．小数点后的位数尽可能多，使精度更高

　　 B．统一规定小数点后取 2 位

　　 C．原始参数的精度和计算结果要求的精度

　　 D．计算机的计算误差

· 数据处理通常有批处理方式和联机实时处理方式两种。下列各种数据处理中适于采用联机实时处理方式的是 (7) 。

(7) A．固定周期的数据处理

　　 B．需要迅速响应的数据处理

　　 C．需要收集数据累积到一定程度后再做的处理

　　 D．需要收集大量不同方面的数据后再做的综合处理

· 一个完整的计算机系统由 (8) 组成。

(8) A．CPU 和系统软件　　　　　　　B．硬件系统和软件系统

　　 C．CPU 和存储器　　　　　　　　D．输入、输出设备和系统软件

· 下面不属于软件开发过程的是 (9) 。

(9) A．软件架构设计　　　　　　　　　B．编程

　　 C．软件测试　　　　　　　　　　　D．软件维护

· 将声音信号进行数字化处理的步骤按先后顺序依次是 (10) 。

(10) A．采样量化编码　　　　　　　　 B．量化采样编码

　　　C．采样编码量化　　　　　　　　 D．量化编码采样

· 利用计算机对指纹、图像和声音进行识别和处理，属于计算机在 (11) 领域的应用。

(11) A．科学计算　　 B．自动控制　　 C．辅助设计　　　 D．数据处理

· 下列清晰度高、显示效果好的显示器分辨率是 (12) 。

(12) A．800×600　　　　　　　　　 B．1024×768

　　　C．1280×1024　　　　　　　 D．1600×1200

· OSI 七层模型中，提供面向用户连接服务的是 (13) 。

(13) A．物理层　　　　　　　　　　　　B．数据链路层

　　　C．传输层　　　　　　　　　　　　D．会话层

· E-mail 一般的格式是 (14) 。

(14) A．用户名.域名　　　　　　　　　　B．用户名-域名

　　　C．用户名@域名　　　　　　　　　　D．用户名#域名

· 在 IE 浏览器中，"收藏夹"收藏的是 (15) 。

(15) A．网站标题　　　　　　　　　　　　B．网站内容

　　　C．网页地址　　　　　　　　　　　　D．网页内容

· 通过网站的域名可知所属机构，下列网站中属于政府机构网站的是 (16) 。

(16) A．www.rkb.gov.cn　　　　　　　　　B．www.ceiaec.org

　　　C．www.sina.com.cn　　　　　　　　　D．www.pku.edu.cn

· Internet 创建的最初目的是用于 (17) 。

(17) A．经济　　　　B．教育　　　　　C．政治　　　　　　D．军事

·在计算机程序设计语言中，可以直接被计算机识别并执行的是 (18) 。

(18) A．机器语言　　B．汇编语言　　　C．算法语言　　　　D．高级语言

· 为与网络传输介质相连，计算机中必须有的设备是 (19) 。

(19) A．交换机　　　B．集线器　　　　C．网卡　　　　　　D．路由器

· 海关为严查一批进口食品罐头含铅量是否超标宜采用的方法是 (20) 。

(20) A．普查　　　　B．抽样检查　　　C．查阅有关单据　　D．原产地检查

· 下列关于预防和清除计算机病毒的叙述中，正确的是 (20) 。

(21) A．专门的杀毒软件不总是有效的

　　　B．删除所有带毒文件就能清除所有病毒

　　　C．若 U 盘感染病毒，则删除其中的全部文件是杀毒的有效方法之一

　　　D．要使计算机始终不感染病毒，最好的方法是装上防病毒卡

· 计算机每次启动时自动运行的计算机病毒称为 (22) 病毒。

(22) A．恶性　　　　B．良性　　　　　C．引导型　　　　　D．定时发作型

· 下列关于信息安全的叙述中，不正确的是 (23) 。

(23) A．黑客是指热衷于利用网络手段潜入并窃取他人非公开信息的人

　　　B．利用操作系统的漏洞是黑客进行攻击的手段之一

　　　C．入侵检测系统有基于主机的入侵检测系统和基于网络的入侵检测系统

　　　D．防火墙能防止所有的非法侵入

· 下列属于著作权法保护对象的是 (24) 。

(24) A．数学方法　　　B．算法　　　　C．计算机软件　　　D．机器的设计

· 依照我国专利法的规定，下列可以授予专利权的是 (25) 。

(25) A．科学发现　　　　　　　　　　　　B．智力活动的规则和方法

　　　C．疾病的诊断和治疗方法　　　　　　D．新产品的设计生产方法

· 在统计学中，用来衡量一个样本中各个数据波动大小的量是 (26) 。

(26) A．样本方差　　B．样本中位数　　C．样本平均数　　　D．样本众数

· 下面记录的是某班 36 人期末考试的数学成绩：

　　　97　　100　　95　　96　　100　　87

　　　96　　100　　89　　100　　93　　69

　　　99　　89　　100　　81　　88　　91

```
100   87    98    75    85    89
 84   92    86   100   100    61
 87   51    81    92    95    97
```

这些成绩的中位数为 (27) 。

(27) A. 90   B. 91   C. 92   D. 93

• 自然数 1、2、3、4、5 中，任意两个数都可以算出平均值，其中有些平均值是相同的。那么，不同的平均值共有 (28) 个。

(28) A. 4   B. 7   C. 8   D. 9

• 对数据记录进行排序的好处不包括 (29) 。

(29) A. 节省存储成本   B. 提高查找速度

   C. 打印后便于直观检查   D. 便于选优使用

• 足球比赛的计分规则为：胜一场得 3 分，平一场得 1 分，负一场得 0 分。某球队总分为 21 分，共踢了 14 场，其中平了 3 场，胜了 (30) 场。

(30) A. 6   B. 5   C. 4   D. 3

• 某商店内的一件衣服，第一天按原价出售，没有人买；第二天打 8 折，还是没有人买；第三天在折扣的基础上再降价 24 元，终于售出。已知实际售出价是原价的 56%，则原价是 (31) 。

(31) A. 33 元   B. 67 元   C. 80 元   D. 100 元

• 西部某省考试机构工作人员统计了去年下半年三个地区四种资格的报考人数，将统计表抄录如下(其中有一个数据抄错了)：

	地区 A	地区 B	地区 C	合计
资格 1	14	9	2	25
资格 2	12	48	4	64
资格 3	84	55	41	181
资格 4	4	1	6	11
合计	114	114	53	281

信息处理技术员小王很快就找出了错误的数据，并进行了纠正。错误的数据是 (32) ，该数据应纠正为 (33) 。

(32) A. 地区 A 报考资格 3 的人数 B. 地区 B 报考资格 3 的人数

   C. 地区 B 报考资格 4 的人数 D. 地区 C 报考资格 4 的人数

(33) A. 2   B. 7   C. 56   D. 85

• 上面的统计表属于 (34) 。

(34) A. 简单表 B. 分组表   C. 复合表   D. 普通表

• (35) 不属于企业信息系统存在的问题。

(35) A. 信息处理不符合规范   B. 信息处理的安全性不高

   C. 企业信息上报不及时   D. 企业信息平台的现有功能不能满足需求

• 建设计算机机房时一般不考虑的因素是 (36) 。

(36) A. 水源充足、电力比较稳定可靠，交通通信方便，自然环境清洁

　　　B. 远离人口密集区域

　　　C. 避开强电磁场干扰

　　　D. 远离强振源和强噪声源

· (37) 不属于信息加工的主要工作。

(37) A. 数据筛选　　　B. 编程　　　　　C. 数据采集　　　　D. 数据分析

· 下列关于信息存储的叙述，不正确的是 (38) 。

(38) A. 企业中的任何人都可以随时向资料库中存入信息资料

　　　B. 利用计算机存储资料时，要保证存储的资料安全可靠

　　　C. 当存储量大时，应采用信息编码技术，以节约存储空间

　　　D. 信息的存储必须满足存取便捷的要求

· 下列关于 Windows 窗口的叙述中，不正确的是 (39) 。

(39) A. 窗口包括应用程序窗口、文档面口、文件夹窗口和对话框窗口

　　　B. 所有的窗口都可以最大化或者最小化

　　　C. 窗口最小化后将体现在状态栏上

　　　D. 应用程序窗口对应一个正在运行的应用程序

· 在 Windows 中，用鼠标左键双击应用程序控制菜单图标，可以 (40) 。

(40) A. 缩小该窗口　　　　　　　B. 放大该窗口

　　　C. 移动该窗口　　　　　　　D. 关闭该窗口

· Windows 系统的快捷方式确切的含义是 (41) 。

(41) A. 特殊文件夹　　　　　　　B. 特殊磁盘文件

　　　C. 各类可执行文件　　　　　D. 指向某对象的指针

· 在 Windows 中，如果要查找文件名的第二个字母为"C"的所有文件，则在查找命令对话框中输入的关键字应为 (42) 。

(42) A. ?C*.*　　　B. ?C.*　　　　　C. *C*.*　　　　　D. *C.*

· 操作系统通过 (43) 来对文件进行编排、增删、维护和检索。

(43) A. 数据物理地址　　　　　　B. 数据逻辑地址

　　　C. 按名存取　　　　　　　　D. 文件属性

· 在 Word 中，若选择的打印页码是"4-10，16，20"，则表示打印的是 (44) 。

(44) A. 第 4 至 10 页，第 16 页，第 20 页

　　　B. 第 4 页，第 10 页，第 16 页，第 20 页

　　　C. 第 4 至 10 页，第 16 至 20 页

　　　D. 第 4 页，第 10 页，第 16 至 20 页

· 在用 Word 编辑文本时，为了使文字绕着插入的图片排列，下列操作正确的是 (45) 。

(45) A. 插入图片，设置环绕方式

　　　B. 插入图片，调整图形比例

　　　C. 建立文本框，插入图片，设置文本框位置

　　　D. 插入图片，设置叠放次序

· 在 Word 2013 中，对当前正在编辑的文档内容进行多次剪切操作后关闭该文档，则

剪贴板中的内容为 (46) 。

(46) A．分多次剪切的内容　　　　　B．第一次剪切的内容

　　　C．最后一次剪切的内容　　　　D．没有任何内容

· 在 Word 的编辑状态中，不可以插入 (47) 。

(47) A．图片　　　　B．可执行文件　　C．表格　　　　D．文本

· 在 Word 的编辑状态中，若对当前内容进行了误删除，可立即使用 (48) 命令进行恢复。

(48) A．粘贴　　　　B．撤消　　　　C．复制　　　　D．剪切

· 在 Word 中，为将正在编辑的文档以新的文件名保存，可使用 (49) 命令。

(49) A．另存为　　　B．保存　　　　C．新建　　　　D．页面设置

· 在 Word 中，下列关于表格自动套用格式的叙述中，正确的是 (50) 。

(50) A．只能直接用自动套用格式生成表格

　　　B．每种自动套用的格式已固定，不能对其进行任何形式的修改

　　　C．在套用一种格式后，不能更改为其他格式

　　　D．可在生成新表时使用自动套用格式或插入表格后使用自动套用格式

· 在 Excel 中，绝对地址在被复制或移动到其他单元格时，其单元格地址 (51) 。

(51) A．不会改变　　　　　　　　　B．部分改变

　　　C．全部改变　　　　　　　　　D．不能复制

· 在 Excel 中，若要计算出 B3:E6 区域内的数据的最大值并保存在 B7 单元格中，应在 B7 单元格中输入 (52) 。

(52) A．=MIN(B3:E6)　　　　　　　B．=MAX(B3:E6)

　　　C．=COUNT(B3:E6)　　　　　　D．=SUM(B3:E6)

· 在 Excel 中，若 A1 单元格中的值为 5，在 B2 和 C2 单元格中分别输入 =“A1”+8 和 =A1+8，则 (53) 。

(53) A．B2 单元格中显示 5，C2 单元格中显示 8

　　　B．B2 和 C2 单元格中均显示 13

　　　C．B2 单元格中显示 #VALUE!，C2 单元格中显示 13

　　　D．B2 单元格中显示 13，C2 单元格中显示 #VALUE!

· 在 Excel 中，若 A1 单元格中的值为 16.24，B1 单元格中的值为 28.589，在 B2 单元格中输入 =SUM(INT(A1)+INT(B1))，则 B2 单元格中的值为 (54) 。

(54) A．44　　　　　B．45　　　　　C．46　　　　　D．#VALUE!

· 在 Excel 中，若在 A1 单元格中输入 (55) ，则 A1 单元格中显示数字 8。

(55) A．=“160/20”　　　　　　　　B．160/20

　　　C．160/20　　　　　　　　　　D．160/20

· 在 Excel 中，若 A1 单元格中的内容为“全国计算机技术与软件专业技术资格(水平)考试”，在 A2 单元格中输入函数 =LEFT(AI, 2)，则 A2 单元格显示的内容是 (56) 。

(56) A．考试　　　　　　　　　　　B．全国计算机考试

　　　C．全国　　　　　　　　　　　D．水平

· 在 Excel 中，若单元格 B2 的内容为 2011-5-21，则函数 =year(B2)的值为 (57) 。

(57) A．2011　　　　B．5　　　　　C．21　　　　　D．1900

· 在 Excel 中，若 A1 单元格中的值为 –100，B1 单元格中的值为 80，C1 单元格中的值为 –50，在 B2 单元格中输入 =SUM(A1+BI+ABS(C1))，则 B2 单元格中的值为 (58) 。

(58) A．–70　　　　　　B．30　　　　　　C．130　　　　　　D．–230

· 在 Excel 中，根据数据表制作统计图表后，如果将其对应数据表中的数据进行修改，则图表 (59) 。

(59) A．自动随之修改　　　　　　　　B．不会改变
　　　C．会报警　　　　　　　　　　　D．被删除

· 在 PowerPoint 2013 中，下列不能利用幻灯片"插入"菜单完成的操作是 (60) 。

(60) A．将声音文件插入到幻灯片中
　　　B．将另一演示文稿中的幻灯片插入到当前演示文稿中
　　　C．在当前幻灯片中插入"批注"
　　　D．在当前幻灯片中插入"页眉"

· 如果要从第二张幻灯片跳转到第八张幻灯片，应使用菜单"幻灯片放映"中的 (61) 。

(61) A．动作设置　　　　　　　　　　B．幻灯片放映
　　　C．预设动画　　　　　　　　　　D．自定义动画

· 下列不属于数据库数据模式的是 (62) 。

(62) A．模式　　　　B．外模式　　　　C．内模式　　　　D．优化模式

· 下列不是 Access 系统数据库对象的是 (63) 。

(63) A．表　　　　B．查询　　　　C．视图　　　　D．模块

· 利用 Access 中的查询向导不能创建 (64) 。

(64) A．选择查询　　B．重复项查询　　　C．交叉表查询　　　D．参数查询

· 操作员对某软件人机界面的以下评价意见中， (65) 并不是表扬。

(65) A．各菜单项通俗易懂，易于操作，容易学
　　　B．可完成每项任务的操作方法唯一，不会乱
　　　C．各菜单项的安排顺序很有规律，容易找
　　　D．执行删除操作前需要用户确认，不易错

· 为了防止操作失误无意中修改某个已保存的重要历史文件，最好将该文件的属性改为"(66)"。

(66) A．只读　　　B．隐藏　　　　C．归档　　　　　D．防窜改

· 在重要的数据处理过程中，领导常会来询问工作进展状况。数据处理技术员在描述进展状况时，以下叙述中，最适宜的是 (67) 。

(67) A．该项工作快要完成了　　　　B．到目前为止进展良好
　　　C．已经连续工作 4 天了　　　　D．该项工作已顺利完成了 80%

· 如果一张幻灯片中的数据比较多，很重要，不能减少，可行的处理方法是 (68) 。

(68) A．用动画分批展示数据　　　　B．缩小字号，以容纳全部数据
　　　C．采用多种颜色展示不同的数据　　D．采用美观的图案背景

· 为 100 多人的会议做讲演，用 PowerPoint 制作的演示稿中，每张幻灯片中的文字最好控制在 (69) 行内。

(69) A．17　　　　　B．43　　　　　C．7　　　　　　D．3

- 数据收集过程中经常会发生错误，数据出错的情况有很多种，最严重的错误是 (70) 。

(70) A．数据过时　　　　　　　　　B．数据格式错

　　　C．数据内容错　　　　　　　　D．数据多余或不足

- The most important core component of computer system is (71) 。

(71) A．CD-ROM　　　　　　　　　B．DRAM

　　　C．CPU　　　　　　　　　　　D．CRT

- In the following，the input device is (72) 。

(72) A．keyboard　　　　　　　　　B．monitor

　　　C．printer　　　　　　　　　　D．plotter

- The wrong IP address is (73) 。

(73) A．126.96.2.6　　　　　　　　B．190.256.38.8

　　　C．203.113.7.15　　　　　　　D．203.226.1.68

- (74) is a single-user multi-task operating system.

(74) A．MS-DOS　　　　　　　　　B．Windows

　　　C．UNIX　　　　　　　　　　　D．Linux

- In the following，which is not search engine? (75)

(75) A．www.google.com　　　　　　B．www.126.com

　　　C．www.baidu.com　　　　　　D．www.sogou.com

二、上半年信息处理技术员上午试卷答案

(1)	D	(16)	A	(31)	D	(46)	C	(61)	A
(2)	B	(17)	D	(32)	B	(47)	B	(62)	D
(3)	D	(18)	A	(33)	C	(48)	B	(63)	C
(4)	C	(19)	C	(34)	B	(49)	A	(64)	D
(5)	D	(20)	B	(35)	C	(50)	D	(65)	B
(6)	C	(21)	A	(36)	B	(51)	A	(66)	A
(7)	B	(22)	C	(37)	C	(52)	B	(67)	D
(8)	B	(23)	D	(38)	A	(53)	C	(68)	A
(9)	D	(24)	C	(39)	B	(54)	A	(69)	C
(10)	A	(25)	D	(40)	D	(55)	B	(70)	C
(11)	D	(26)	A	(41)	D	(56)	C	(71)	C
(12)	D	(27)	C	(42)	A	(57)	A	(72)	A
(13)	D	(28)	B	(43)	C	(58)	B	(73)	B
(14)	C	(29)	A	(44)	A	(59)	A	(74)	B
(15)	C	(30)	A	(45)	A	(60)	D	(75)	B

F1.4.2　信息处理技术员下午考试试题及答案

一、上半年信息处理技术员下午考试试题及答案(A 套)

信息处理技术员下午试题共 5 题，全部为必答题，每题 15 分，满分 75 分。若解答正确给满分；若答出部分要点，可酌情给分，但不给满分。

第 1 小题(总分：15 分)

用 Word 软件录入以下内容，按照题目要求完成后，用 Word 的保存功能直接存盘。

世界的伟大奇迹

众所周知，世界上有七大奇迹，它们分别是埃及的金字塔、巴比伦的空中花园、土耳其境内的月亮女神庙、奥林匹亚的宙斯神像、罗德岛上的太阳神巨像、小亚细亚的摩索拉斯国王陵墓、埃及港口的亚历山大灯塔。不过，除了埃及金字塔之外，这些人间古迹在历经地球的无数次沧桑巨变之后，都因地震、火山和战争的破坏而永远地消失了。然而，当历史的巨轮驶入 20 世纪后，世界上突然出现了第八大奇迹，它就是如今已享誉全球的秦始皇兵马俑。

要求：

1．将文章标题设置为宋体、二号、加粗、居中；正文设置为宋体、小四。

2．将正文开头的"众"设置为首字下沉，字体为隶书，下沉行数为 2。

3．为正文添加双线条的边框，3 磅，颜色设置为红色，底纹填充为灰色-40%。

4．为文档添加页眉，内容为"世界第八大奇迹——秦始皇兵马俑"。

参考答案：

世界第八大奇迹——秦始皇兵马俑

阅卷指南：共有 5 个评分点。

序号	评分点名称	分值
1	文字录入完全正确	3
2	将文章标题设置为宋体、二号、加粗、居中；正文设置为宋体、小四	3
3	将正文开头的"众"设置为首字下沉，字体为隶书，下沉行数为 2	3
4	为正文添加双线条的边框，3 磅，颜色设置为红色，底纹填充为灰色-40%	3
5	为文档添加页眉，内容为"世界第八大奇迹——秦始皇兵马俑"	3

第 2 小题 (总分：15 分)

用 Word 软件制作如图示的"光照图"，按照要求完成后用 Word 的保存功能直接存盘。

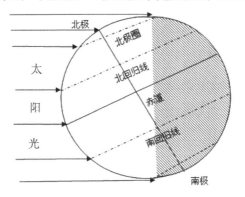

要求：

1. 利用自选图形制作如图示的光照图。

2. 录入图片中的文字，并将文字设置为宋体、五号。

3. 利用"编辑"菜单下的"选择性粘贴"命令将赤道、北回归线、北极圈、南回归线文字旋转到与其对应的线条相平行。

4. 制作完成的光照图样式与图示的基本一致。

参考答案：参考题目中图示。

阅卷指南：共有 4 个评分点。

序号	评分点名称	分值
1	利用自选图形制作如图示的光照图	4.5
2	录入图片中的文字，并将文字设置为宋体、五号	3
3	利用"编辑"菜单下的"选择性粘贴"命令将赤道、北回归线、北极圈、南回归线文字旋转到与其对应的线条相平行	3
4	制作完成的光照图样式与图示的基本一致	4.5

第 3 小题 (总分：15 分)

用 Excel 创建"第二学期月考成绩表"(内容如下表所示)，按照题目要求完成后，用 Excel 的保存功能直接存盘。

A	B	C	D	E	F	G	H	I	J	K	L	M	N	O	P	Q
			第二学期月考成绩								统计各科成绩大于平均分的人数					
学号	姓名	性别	语文	数学	英语	综合	体育	总分		性别	语文	数学	英语	综合	体育	总分
144	A	女	126	121	107	195	96			男						
147	B	男	125	137	92	190	97			女						
158	C	男	129	135	98	191	87									
145	D	女	117	134	102	189	95									
121	E	女	116	134	100	186	88									
138	F	女	119	114	110	182	91									
111	G	男	109	133	103	172	90									
142	H	女	130	113	96	177	83									
及格率																
优秀率																

要求：

1. 表格要有可视的边框，并将表中的内容全部设置为宋体、12 磅、居中。

2. 将第二学期月考成绩表中的列标题单元格填充为浅青绿色，统计各科成绩大于平均分的人数表中列标题和行标题单元格填充为浅绿色。

3. 用函数计算总分。

4. 用函数计算及格率和优秀率，并用百分比表示，保留两位小数，其中语文、数学、英语成绩大于等于 90，综合成绩大于等于 180，体育成绩大于等于 60 为及格；语文、数学、英语成绩大于等于 135，综合成绩大于等于 270，体育成绩大于等于 90 为优秀。

5. 用函数统计男、女学生各科成绩大于平均分的人数，并填入相应单元格中。

参考答案：

A	B	C	D	E	F	G	H	I	J	K	L	M	N	O	P	Q
			第二学期月考成绩								统计各科成绩大于平均分的人数					
学号	姓名	性别	语文	数学	英语	综合	体育	总分		性别	语文	数学	英语	综合	体育	总分
144	A	女	126	121	107	195	96	645		男	2	3	1	2	1	2
147	B	男	125	137	92	190	97	641		女	2	2	3	3	3	2
158	C	男	129	135	98	191	87	640								
145	D	女	117	134	102	189	95	637								
121	E	女	116	134	100	186	88	624								
138	F	女	119	114	110	182	91	616								
111	G	男	109	133	103	172	90	607								
142	H	女	130	113	96	177	83	599								
及格率			100.00%	100.00%	100.00%	75.00%	100.00%									
优秀率			0.00%	25.00%	0.00%	0.00%	62.50%									

阅卷指南：共有 5 个评分点。

序号	评分点名称	分值
1	表格要有可视的边框，并将表中的内容全部设置为宋体、12 磅、居中	1.5
2	将第二学期月考成绩表中的列标题单元格填充为浅青绿色，统计各科成绩大于平均分的人数表中列标题和行标题单元格填充为浅绿色	3
3	用函数计算总分	3
4	用函数计算及格率和优秀率，并用百分比表示，保留两位小数，其中语文、数学、英语成绩大于等于 90，综合成绩大于等于 180，体育成绩大于等于 60 为及格；语文、数学、英语成绩大于等于 135，综合成绩大于等于 270，体育成绩大于等于 90 为优秀	4.5
5	用函数统计男、女学生各科成绩大于平均分的人数，并填入相应单元格中	3

第 4 小题(总分：15 分)

题目：利用系统提供的资料，用 PowerPoint 创意制作演示文稿，按照要求完成后，用 PowerPoint 的保存功能直接存盘。

资料一：科学技术是第一生产力

资料二：1978 年 3 月 18 日，在全国科学大会上，邓小平所做的开幕词指出，四个现代化的关键是科学技术现代化，要大力发展我国的科技教育事业。他着重阐述了科学技术是生产力这一马克思主义的观点。1985 年 3 月 7 日，他在全国科技工作会议上，又进一步肯定了"科学技术是生产力"的论述。1988 年 9 月，他说："马克思说过，科学技术是生产力，事实证明这话讲得对。依我看，科学技术是第一生产力。"1992 年春，他在视察南方的谈话中又说："经济发展得快一点，必须依靠科技和教育。我说科学技术是第一生产力。""科学技术是第一生产力"是邓小平从历史唯物主义认识论的高度出发，从当代世界科技发展的状况出发，得出的科学结论。

要求：

1．演示文稿第一页：用资料一内容，字形、字号和颜色自行选择。

2．演示文稿第二页：用资料二内容，字形、字号和颜色自行选择。

3．自行选择幻灯片设计模板，并在幻灯片放映时有自定义动画的效果(例如添加效果使文字以飞入方式进入)。

4．在幻灯片放映时幻灯片切换有美观的效果(例如水平百叶窗的效果)。

5．制作完成的演示文稿整体美观。

参考答案：

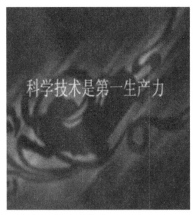

阅卷指南：共有 5 个评分点。

序号	评分点名称	分值
1	演示文稿第一页：用资料一内容，字形、字号和颜色自行选择	1.5
2	演示文稿第二页：用资料二内容，字形、字号和颜色自行选择	1.5
3	自行选择幻灯片设计模板，并在幻灯片放映时有自定义动画的效果(例如添加效果使文字以飞入方式进入)	3
4	在幻灯片放映时幻灯片切换有美观的效果(例如水平百叶窗的效果)	3
5	制作完成的演示文稿整体美观	6

第 5 小题 (总分：15 分)

题目：按照题目要求完成后，用 Access 保存功能直接存盘。

1. 用 Access 创建"员工姓名表"(内容如下表)。

员工编号	姓名
A0711	张东
A0733	王建
A0766	王强
B1123	李婷
B1234	田蕊

2. 用 Access 创建"员工信息表"(内容如下表)。

员工编号	性别	年龄	政治面貌
A0711	男	26	团员
A0733	男	35	群众
A0766	男	42	党员
B1123	女	27	党员
B1234	女	23	团员

3. 通过 Access 的查询功能，生成"员工基本情况汇总表"(内容如下表)。

员工编号	姓名	性别	年龄	政治面貌
A0711	张东	男	26	团员
A0733	王建	男	35	群众
A0766	王强	男	42	党员
B1123	李婷	女	27	党员
B1234	田蕊	女	23	团员

参考答案：

员工姓名表 ：表

员工编号	姓名
A0711	张东
A0733	王建
A0766	王强
B1123	李婷
B1234	田蕊

员工信息表 ：表

员工编号	性别	年龄	政治面貌
A0711	男	26	团员
A0733	男	35	群众
A0766	男	42	党员
B1123	女	27	党员
B1234	女	23	团员

员工基本情况汇总表 ：选择查询

员工编号	姓名	性别	年龄	政治面貌
A0711	张东	男	26	团员
A0733	王建	男	35	群众
A0766	王强	男	42	党员
B1123	李婷	女	27	党员
B1234	田蕊	女	23	团员

阅卷指南：共有 3 个评分点。

序号	评分点名称	分值
1	用 Access 创建"员工姓名表"	4.5
2	用 Access 创建"员工信息表"	4.5
3	通过 Access 的查询功能，生成"员工基本情况汇总表"	6

二、信息处理技术员下午考试试题及答案(B 套)

信息处理技术员下午试题共 5 题，全部为必答题，每题 15 分，满分 75 分。若解答正确给满分；若答出部分要点，可酌情给分，但不给满分。

第 1 小题(总分：15 分)

用 Word 软件录入以下内容，按照题目要求完成后，用 Word 的保存功能直接存盘。

楼兰古国

在 1900 年，瑞典探险家斯文赫定率领一支探险队来到荒凉的塔克拉玛干沙漠中的罗布泊一带。由于带路向导的迷路，他们在孔雀河下游偶然发现了一座神秘的古城遗址。这次的发现，揭开了世界考古史上楼兰文明的序幕。经过数天的发掘，他们在古城找到了钱币、陶器、丝织品、粮食，以及几十张写有汉文的纸片。通过与中国历代有关楼兰古城的文献作比较，考古学家认为这些文物都属于楼兰文明，确定这座被湮没的古城就是楼兰。埋在沙漠中的古城终于重现于世！

要求：

1．将文章标题设置为宋体、二号、加粗、居中；正文设置为宋体、小四。

2．将正文开头的"在"设置为首字下沉，字体为隶书，下沉行数为 2。

3．为正文添加双线条的边框，3 磅，颜色设置为红色，底纹填充为灰色 –40%。

4．为文档添加页眉，内容为"楼兰文明"。

参考答案：

阅卷指南：共有 5 个评分点。

序号	评分点名称	分值
1	文字录入完全正确	3
2	将文章标题设置为宋体、二号、加粗、居中；正文设置为宋体、小四	3
3	将正文开头的"在"设置为首字下沉，字体为隶书，下沉行数为 2	3
4	为正文添加双线条的边框，3 磅，颜色设置为红色，底纹填充为灰色 -40%	3
5	为文档添加页眉，内容为"楼兰文明"	3

第 2 小题（总分：15 分）

用 Word 软件制作如图示的"交通图"，按照要求完成后，用 Word 的保存功能直接存盘。

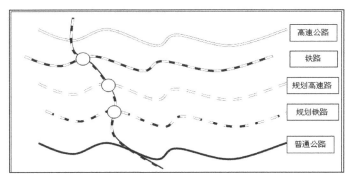

要求：

1. 利用自选图形中的曲线制作如图示的交通图。
2. 将曲线绘制为图中的样式后设置线条粗细为 3 磅。
3. 复制设置完成的线条到其他位置，并将其中的一条线条粗细设置为 2.5 磅、白色。
4. 将设置为 2.5 磅、白色的曲线与 3 磅、黑色的线条相重合，完成高速公路线条的绘制。
5. 利用以上方法，并调整线条的虚实线设置，完成其他公路和铁路等的绘制。
6. 录入图中的文字，并将文字字体设置为宋体、五号。
7. 制作完成的交通图样式与图示的基本一致。

参考答案：参考题目中图示。

阅卷指南：共有 7 个评分点。

评分点数量：5 个。

序号	评分点名称	分值
1	利用自选图形中的曲线制作完成高速公路线条	3
2	利用自选图形中的曲线制作完成其他公路线条	3
3	利用自选图形中的曲线制作完成铁路线条	3
4	录入图中的文字，并将文字字体设置为宋体、五号	1.5
5	制作完成的交通图样式与图示的基本一致	4.5

第 3 小题（总分：15 分）

用 Excel 创建"销售明细表"（内容如下表所示），按照题目要求完成后，用 Excel 的保存功能直接存盘。

	A	B	C	D	E	F	G	H	I	J
1	序号	4月			5月			6月		
2		工号	商品	销售量	工号	商品	销售量	工号	商品	销售量
3	1	A001	索爱手机	11	A001	MOTOROLA手机	10	A002	MOTOROLA手机	19
4	2	B001	NOKIA手机	12	B001	NOKIA手机	11	A002	索爱手机	20
5	3	A002	NOKIA手机	13	B002	MOTOROLA手机	12	A001	NOKIA手机	21
6	4	B001	MOTOROLA手机	14	B001	索爱手机	13	B001	NOKIA手机	22
7	5	B002	MOTOROLA手机	15	B002	三星手机	14	B002	MOTOROLA手机	23
8	6	A002	三星手机	16	A002	索爱手机	15	B001	索爱手机	24
9	7	A003	三星手机	17	A001	NOKIA手机	16	B002	三星手机	25
10	8	A001	三星手机	18	A002	三星手机	17	A002	三星手机	26
11	9	A002	MOTOROLA手机	19	A003	三星手机	18	A003	三星手机	27
12	4月销售总量				5月销售总量			6月销售总量		
13										
14			统计销售明细表中所有"三星手机"的销售量汇总							
15										
16										
17			统计销售明细表中所有工号为B开头的销售量汇总							

要求：

1．表格要有可视的边框，并将表中的内容均设置为宋体、12 磅、居中。

2．将表中的月标题单元格填充为灰色 -25%，列标题单元格填充为茶色，序号列填充为浅色。

3．用函数计算 4 月、5 月和 6 月销售总量，填入相应的单元格中。

4．用函数统计销售明细表中所有"三星手机"的销售量汇总。

5．用函数统计销售明细表中所有工号为 B 开头的销售量汇总。

参考答案：

	A	B	C	D	E	F	G	H	I	J
1	序号	4月			5月			6月		
2		工号	商品	销售量	工号	商品	销售量	工号	商品	销售量
3	1	A001	索爱手机	11	A001	MOTOROLA手机	10	A002	MOTOROLA手机	19
4	2	B001	NOKIA手机	12	B001	NOKIA手机	11	A002	索爱手机	20
5	3	A002	NOKIA手机	13	B002	MOTOROLA手机	12	A001	NOKIA手机	21
6	4	B001	MOTOROLA手机	14	B001	索爱手机	13	B001	NOKIA手机	22
7	5	B002	MOTOROLA手机	15	B002	三星手机	14	B002	MOTOROLA手机	23
8	6	A002	三星手机	16	A002	索爱手机	15	B001	索爱手机	24
9	7	A003	三星手机	17	A001	NOKIA手机	16	B002	三星手机	25
10	8	A001	三星手机	18	A002	三星手机	17	A002	三星手机	26
11	9	A002	MOTOROLA手机	19	A003	三星手机	18	A003	三星手机	27
12	4月销售总量			135	5月销售总量		126	6月销售总量		207
13										
14			统计销售明细表中所有"三星手机"的销售量汇总				178			
15										
16										
17			统计销售明细表中所有工号为B开头的销售量汇总				185			

阅卷指南：共有 5 个评分点。

序号	评分点名称	分值
1	表格要有可视的边框，并将表中的内容均设置为宋体、12 磅、居中	3
2	将表中的月标题单元格填充为灰色 −25%，列标题单元格填充为茶色，序号列填充为浅黄色	3
3	用函数计算 4 月、5 月和 6 月销售总量，填入相应的单元格中	3
4	用函数统计销售明细表中所有"三星手机"的销售量汇总	3
5	用函数统计销售明细表中所有工号为 B 开头的销售量汇总	3

第 4 小题(总分：15 分)

题目：利用系统提供的资料，用 PowerPoint 创意制作演示文稿，按照要求完成后，用 PowerPoint 的保存功能直接存盘。

资料一：没有调查，没有发言权。

资料二：1930 年 5 月，毛泽东为了反对当时红军中存在的教条主义思想，专门写了《反对本本主义》一文，提出"没有调查，没有发言权"的著名论断。他指出："你对某个问题没有调查，就停止你对某个问题的发言权。""注重调查！""反对瞎说！""中国革命斗争的胜利要靠中国同志了解中国情况"。"本本主义"者必须"速速改变保守思想！换取共产党人的进步的斗争思想！到斗争中去！到群众中作实际调查去！"这个论断后来成为中国共产党人深入实际，深入群众，形成正确工作方法的行动口号。

要求：

1．演示文稿第一页：用资料一内容，字形、字号和颜色自行选择。

2．演示文稿第二页：用资料二内容，字形、字号和颜色自行选择。

3．自行选择幻灯片设计模板，并在幻灯片放映时有自定义动画的效果(例如添加效果使文字以飞入方式进入)。

4．在幻灯片放映时幻灯片切换有美观的效果(例如水平百叶窗的效果)。

5．制作完成的演示文稿整体美观。

参考答案：

阅卷指南：共有 5 个评分点。

序号	评分点名称	分值
1	演示文稿第一页：用资料一内容，字形、字号和颜色自行选择	1.5
2	演示文稿第二页：用资料二内容，字形、字号和颜色自行选择	1.5
3	自行选择幻灯片设计模板，并在幻灯片放映时有自定义动画的效果(例如添加效果使文字以飞入方式进入)	3
4	在幻灯片放映时幻灯片切换有美观的效果(例如水平百叶窗的效果)	3
5	制作完成的演示文稿整体美观	6

第 5 小题(总分：15 分)

题目：按照题目要求完成后，用 Access 保存功能直接存盘。

要求：

1. 用 Access 创建"应聘人员表"(内容如下表)。

面试序号	姓名	年龄	性别
1	王双庆	33	男
2	李清清	24	女
3	曾强	26	男
4	李艳红	26	女
5	李华松	40	男

2. 用 Access 创建"应聘信息表"（内容如下表）。

面试序号	应聘部门	应聘职位
1	计算机技术部	经理
2	企划公关部	企划专员
3	计算机技术部	网络工程师
4	人力资源部	人事专员
5	市场部	总监

3. 通过 Access 的查询功能，生成"应聘人员情况统计表"(内容如下表)。

面试序号	姓名	年龄	性别	应聘部门	应聘职位
1	王双庆	33	男	计算机技术部	经理
2	李清清	24	女	企划公关部	企划专员
3	曾强	26	男	计算机技术部	网络工程师
4	李艳红	26	女	人力资源部	人事专员
5	李华松	40	男	市场部	总监

参考答案：

应聘人员表：表

	面试序号	姓名	年龄	性别
	1	王双庆	33	男
	2	李清清	24	女
	3	曾强	26	男
	4	李艳红	26	女
	5	李华松	40	男

应聘信息表：表

	面试序号	应聘部门	应聘职位
	1	计算机技术部	经理
	2	企划公关部	企划专员
	3	计算机技术部	网络工程师
	4	人力资源部	人事专员
	5	市场部	总监

应聘人员情况统计表：选择查询

	面试序号	姓名	年龄	性别	应聘部门	应聘职位
	1	王双庆	33	男	计算机技术部	经理
	2	李清清	24	女	企划公关部	企划专员
	3	曾强	26	男	计算机技术部	网络工程师
	4	李艳红	26	女	人力资源部	人事专员
	5	李华松	40	男	市场部	总监

阅卷指南：共有 3 个评分点。

序号	评分点名称	分值
1	用 Access 创建"应聘人员表"	4.5
2	用 Access 创建"应聘信息表"	4.5
3	通过 Access 的查询功能，生成"应聘人员情况统计表"	6

附录 2　ASCII 码表

ASCII(American Standard Code for Information Interchange)的全称是美国标准信息交换代码，是基于拉丁字母的一套电脑编码系统，主要用于显示现代英语和其他西欧语言。它是现今最通用的单字节编码系统，并等同于国际标准 ISO/IEC 646。具体编码及含义如附表 2.1 所示。

附表 2.1　ASCII 码表

ASCII 值	控制字符	ASCII 值	控制字符	ASCII 值	控制字符	ASCII 值	控制字符
0	NUL	32	(space)	64	@	96	`
1	SOH	33	!	65	A	97	a
2	STX	34	"	66	B	98	b
3	ETX	35	#	67	C	99	c
4	EOT	36	$	68	D	100	d
5	ENQ	37	%	69	E	101	e
6	ACK	38	&	70	F	102	f
7	BEL	39	,	71	G	103	g
8	BS	40	(	72	H	104	h
9	HT	41	)	73	I	105	i
10	LF	42	*	74	J	106	j
11	VT	43	+	75	K	107	k
12	FF	44	,	76	L	108	l
13	CR	45	–	77	M	109	m
14	SO	46	.	78	N	110	n
15	SI	47	/	79	O	111	o
16	DLE	48	0	80	P	112	p
17	DC1	49	1	81	Q	113	q
18	DC2	50	2	82	R	114	r
19	DC3	51	3	83	X	115	s
20	DC4	52	4	84	T	116	t
21	NAK	53	5	85	U	117	u
22	SYN	54	6	86	V	118	v
23	TB	55	7	87	W	119	w
24	CAN	56	8	88	X	120	x
25	EM	57	9	89	Y	121	y
26	SUB	58	:	90	Z	122	z
27	ESC	59	;	91	[	123	{
28	FS	60	<	92	\	124	|
29	GS	61	=	93	]	125	}
30	RS	62	>	94	^	126	~
31	US	63	?	95	_	127	DEL

其中组合控制字符的含义见附表 2.2。

附表 2.2　组合控制字符含义

控制字符	含 义	控制字符	含 义	控制字符	含 义
NUL	空字符	VT	垂直制表	SYN	空转同步
SOH	标题开始	FF	走纸控制	ETB	信息组传送结束
STX	正文开始	CR	回车	CAN	作废
ETX	正文结束	SO	移位输出	EM	纸用尽
EOY	传输结束	SI	移位输入	SUB	换置
ENQ	询问字符	DLE	空格	ESC	换码
ACK	承认	DC1	设备控制 1	FS	文字分隔符
BEL	报警	DC2	设备控制 2	GS	组分隔符
BS	退一格	DC3	设备控制 3	RS	记录分隔符
HT	横向列表	DC4	设备控制 4	US	单元分隔符
LF	换行	NAK	否定	DEL	删除

参 考 文 献

[1] 王移芝. 大学计算机. 北京：高等教育出版社，2013

[2] 龚尚福. 大学计算机基础. 西安：西安电子科技大学出版社，2012

[3] 龚沛曾，杨志强. 大学计算机基础. 5 版. 北京：高等教育出版社，2009

[4] 冯博琴. 大学计算机基础. 北京：清华大学出版社，2009

[5] 陈国良. 计算思维导论. 北京：高等教育出版社，2012

[6] [美]Carl Reynolds. 计算机科学导论. 陈宗斌，译. 北京：清华大学出版社，2010

[7] 徐甲同. 计算机操作系统教程. 2 版. 西安：西安电子科技大学出版社，2006

[8] 陆楠. 现代网络技术. 西安：西安电子科技大学出版社，2006

[9] 龚尚福. 多媒体技术及应用. 西安：西安电子科技大学出版社，2010

[10] 王晓东. 计算机算法设计与分析. 北京：电子工业出版社，2010

[11] [英]Ian Sommerville. 软件工程. 程成，译. 北京：机械工业出版社.，2011

[12] 萨师煊. 数据库系统概论. 北京：高等教育出版社.，2001